普通高等教育电气信息类规划教材

中国石油和化学工业优秀出版物奖教材奖一等奖

# 电器与PLC控制技术

## （第四版）

张万忠 刘明芹 主编

化学工业出版社

·北京·

本书兼顾工程应用及教学需要，介绍了常用低压电器、变频器、继电器接触器控制电路及可编程控制器应用技术，系统阐述了电气控制分析及设计的一般方法。全书共四篇十三章，第一至第三章为第一篇，介绍常用低压电器及继电器接触器构成的基本应用电路。第四章独立成篇，介绍了西门子 MM4 变频器及其应用方法。第五至十二章为第三篇，介绍了西门子 S7-200 系列 PLC 基本指令、功能指令、高速计数、高速输出、中断、通信、模拟量处理及 PID 处理等指令及应用。第四篇含第十三章，介绍电气控制系统设计及应用实例。本书第四版充实了电气控制在机电设备中应用的内容，加强了电气控制应用实例的介绍，教学知识点分布更加合理，工程氛围更加浓厚，能更好地满足素质教育的需要。

本书可作为高等院校电气工程及其自动化、自动化、电子信息工程、机械制造及其自动化、机电一体化、电气技术等相关专业教材，也可供相关工程技术人员参考。

**图书在版编目（CIP）数据**

电器与 PLC 控制技术/张万忠，刘明芹主编．—4 版．—北京：化学工业出版社，2019.6（2022.11重印）

普通高等教育电气信息类规划教材．中国石油和化学工业优秀出版物奖教材奖一等奖

ISBN 978-7-122-34242-3

Ⅰ.①电…　Ⅱ.①张…②刘…　Ⅲ.①电气控制系统-高等学校-教材②PLC 技术-高等学校-教材　Ⅳ.①TM571

中国版本图书馆 CIP 数据核字（2019）第 060599 号

责任编辑：郝英华　　装帧设计：张　辉

责任校对：杜杏然

出版发行：化学工业出版社（北京市东城区青年湖南街 13 号　邮政编码 100011）

印　　装：三河市延风印装有限公司

787mm×1092mm　1/16　印张 17½　字数 460 千字　2022 年 11 月北京第 4 版第 4 次印刷

购书咨询：010-64518888　　售后服务：010-64518899

网　　址：http://www.cip.com.cn

凡购买本书，如有缺损质量问题，本社销售中心负责调换。

**定　　价：48.00 元**

# 前　言

本书第一版自2002年出版以来已有十七个年头了。承蒙广大师生的喜爱，十七年来本书已再版两次，教学效果不断得到提高。第三版以来，电器及PLC控制技术领域又有了新的进步，相关专业的教学重点也在不断地调整，为了进一步满足教学需要，本书进行了第三次修订。

本次修订采用了电气设计的新的国家标准，介绍了西门子可编程控制器相关的最新的技术进展，删除了技术上相对落后的电器的介绍，调整了电气控制设计的侧重点。

本次修订涉及本书绝大多数章节，删减了各章的一般性叙述，使内容更加紧凑；调整了全书知识点的分布，更有利于教学组织，更符合学生的学习及理解。

修订后全书分为四篇共十三章，第一至第三章为第一篇，介绍常用低压电器及继电器接触器构成的基本应用电路。第四章独立成篇，介绍了西门子MM4变频器及其应用方法。第五至十二章为第三篇，介绍了西门子S7-200系列PLC基本指令、功能指令、高速计数、高速输出、中断、通信、模拟量处理及PID处理等指令及应用。第四篇含第十三章，介绍电气控制系统设计及应用实例。本书第一至第三章及第十三章由刘明芹负责编写，第七至第十二章由张万忠负责编写，钱入庭编写了第四到第六章。全书由张万忠统稿。参加本书编写工作的还有：王民权、武红军、胡全斌、孙远强、吴志宏等同志。

本书可作为高等院校电气工程及其自动化、自动化、电子信息工程、机械制造及其自动化、机电一体化、电气技术等相关专业教材，也可供相关工程技术人员参考。

本书在编写过程中得到了北京西门子办事处的支持，提供了部分资料。在此表示感谢。

由于编者水平有限，书中错误及不妥之处在所难免，敬请读者批评指正。

编者

2019年3月

# 目　录

## 第四篇　电气控制系统设计及应用



## 附录

Chapter 01

# 第一篇 低压电器及继电器接触器控制技术

# 第一章　电磁式低压电器

**内容提要：**电气控制系统离不开低压电器。电磁式电器是低压电器的代表性器件。本章从电磁式低压电器的结构、工作形式等入手，为在后续章节中引出电气控制线路分析的根本线索——“某一电器操作线圈的得电或失电将会引起整个电路中哪些接线状态的变化”作出铺垫。

低压电器指工作在交流1200V、直流1500V额定电压以下的电路中，用于电路或非电对象的切换、控制、检测、保护、变换和调节的电器。低压电器是工业控制系统中不可或缺的电器。

## 第一节　低压电器的分类及结构

### 一、低压电器的分类

低压电器种类很多，功能、规格、工作原理及技术要求各不相同。按用途划分，低压电器主要有以下几类。

1. 低压配电电器

用于供电系统电能输送和分配的电器。含低压断路器、隔离开关、刀开关、自动开关等。这类电器的主要技术要求是分断能力强，限流效果好，动稳定及热稳定性能好。

2. 低压控制电器

用于各种控制电路和控制系统的电器。如接触器、继电器、启动器、各种控制器等。这类电器的主要技术要求是有一定的接通与分断电路的能力，操作频率高，电气和机械寿命长。

3. 低压主令电器

用于发送控制指令的电器。如按钮、主令开关、行程开关和万能转换开关等。这类电器的主要技术要求是操作频率高，电气和机械寿命长，抗冲击。

4. 低压保护电器

用于电路和用电设备保护的电器。如熔断器、热继电器、电压继电器、电流继电器等。这类电器的主要技术要求是有一定的接断能力，可靠性高，反应灵敏。

5. 低压执行电器

用于完成某种动作和传动功能的电器。电动机是用得最多的执行电器。常用的还有电磁铁、电磁离合器等。

低压电器还可按使用场合分为一般工业用电器、工矿用特种电器、安全电器、农用电器、牵引电器等。按操作方式分为手动电器和自动电器等。按动作原理分为电磁式电器、非电量控制电器等。

## 二、低压电器的结构

低压电器一般由工作机构、操动机构及灭弧机构三大部分组成。

### (一) 工作机构

触头也称为触点，是接通及分断电路的关键部件，也是低压电器的工作机构。对触头的工作要求是接触电阻小，导电、导热性能好。

1. 触头的接触形式

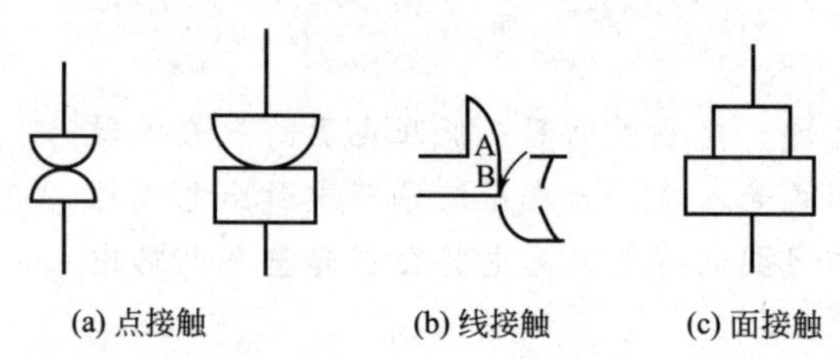


图 1-1　触头的接触形式

触头有点接触、线接触和面接触三种接触形式，如图 1-1 所示。

点接触适用于电流不大，触头压力小的场合。线接触适用于接电次数多，电流较大的场合。面接触适用于大电流的场合。

2. 触头的结构形式

触头由静触头和动触头两部分组成。触头动作时动触头动作而静触头不动。依触头动作前的自然状态可分为常开触头（动合）及常闭触头（动断）。常开触头指动作前处于断开状态的触头，常闭触头指动作前处于接通状态的触头。

触头依结构及接触形式有桥式触头及指形触头等基本种类。

(1) 桥式触头　如图 1-2 所示，桥式触头常同时安装结构及动作对称的常开和常闭触点。如图 1-2 中，动触头 5 依图中箭头方向动作时，常开触头闭合时，常闭触头断开。

(2) 指形触头　如图 1-3 所示，指形触头以动触头形似手指而得名。指形触头接通或分断时产生滚动摩擦，能去掉触头表面的氧化膜。指形触头的接触形式一般是线接触。

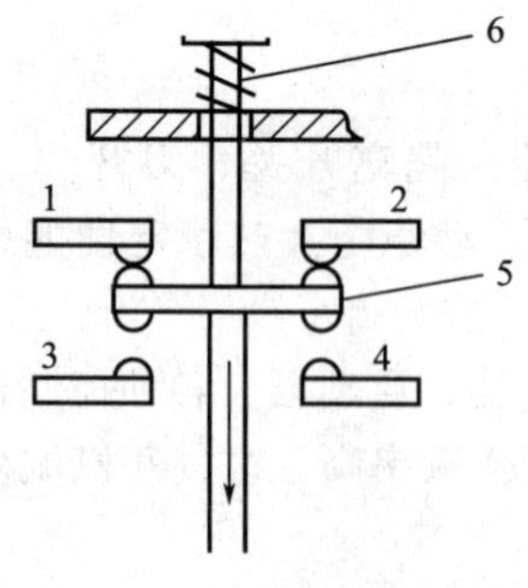


图 1-2　桥式触头的结构

1,2,5—常闭触头；3,4,5—常开触头；

5—动触头；6—复位弹簧

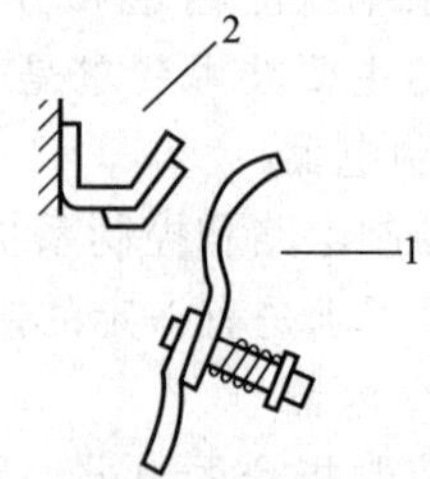


图 1-3　指形触头的结构

1—动触点；2—静触点

**（二）操动机构**

操动机构指使触头动作的机构。手动电器的操动机构为操作手柄，如刀开关的手柄，按钮的按钮帽等。自动电器的操动机构指检测动作信号及产生动作动力的机构。现实中应用最普遍的操动机构为电磁机构。

1. 电磁机构的组成

电磁机构由线圈、铁芯和衔铁组成，根据衔铁相对铁芯的运动方式可分为直动式和拍合式两种。图 1-4 及图 1-5 分别为直动式电磁机构及拍合式电磁机构。电磁机构在线圈通入电流，产生磁场并吸引衔铁向静铁芯运动时带动动触头向静触头运动或从静触点离开，从而完成接通或分断电路的功能。触头动作的效能是常开触头接通而常闭触头断开它们各自连接的电路。

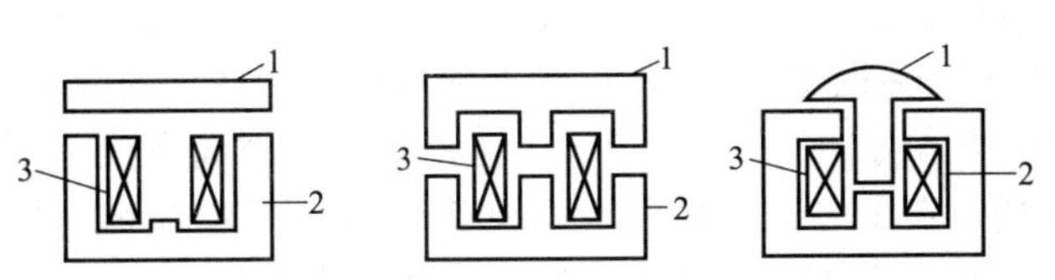


图 1-4　直动式电磁机构

1—衔铁；2—铁芯；3—吸引线圈

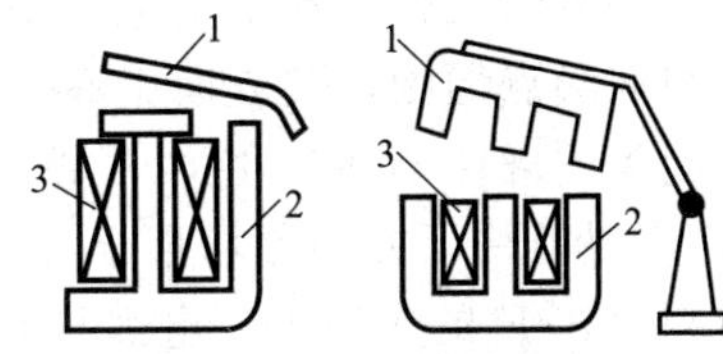


图 1-5　拍合式电磁机构

1—衔铁；2—铁芯；3—吸引线圈

吸引线圈的作用是将电能转换为磁能。按通入电流种类可分为直流型线圈和交流型线圈。直流型线圈一般做成无骨架、高而薄的瘦高型，使线圈与铁芯直接接触，易于散热。交流型线圈由于铁芯存在磁滞和涡流损耗，铁芯会发热，为了改善线圈和铁芯的散热情况，线圈设有骨架，使铁芯与线圈隔离并将线圈制成短而厚的矮胖型。另外，根据线圈在电路中的连接形式，可分为串联接入线圈和并联接入线圈。串联线圈主要用于电流检测类电磁式电器中，并联线圈主要用于电压检测类电磁式电器中。大多数电磁式电器线圈都按照并联接入方式设计。为减少接入线圈对电路电压分配的影响，串联线圈采用粗导线制造，匝数少，线圈的阻抗较小。并联线圈为减少电路的分流作用，需要较大的阻抗，一般线圈的导线细，匝数多。

2. 电磁吸力及交流铁芯的短路环

电磁线圈通电以后，铁芯吸引衔铁带动触点改变状态接通或分断电路的力称为电磁吸力，电磁吸力与磁路中磁通的磁感应强度的平方成正比。

对于直流电磁铁，外加电压恒定，电磁吸力的大小只与气隙有关。对于交流电磁铁，由于外加正弦交流电压在气隙宽度一定时，其气隙磁感应强度按正弦规律变化，因而有两次电磁力为零的时刻，使电磁机构产生剧烈的振动和噪声，不能正常工作。解决办法是在铁芯端面开一小槽，在槽内嵌入铜质短路环，如图 1-6 所示。加上短路环后，磁通被分为大小接近、相位相差约 90°的两相磁通。因两相磁通不会同时为零，由两相磁通合成的电磁吸力变化较为平坦，使通电期间电磁吸力始终大于复位弹簧反力，铁芯牢牢吸合。一般短路环包围 2/3 的铁芯端面。

**（三）灭弧机构**

通电状态下动、静触头脱离接触时，由于电场的存在，使触头表面的自由电子大量溢出，在高热和强电场的作用下，电子运动撞击空气分子，使之电离，产生电弧。电弧烧损触头金属表面，降低触头的寿命，又延长了电路的分断时间，所以分断较大电流的电器都配有灭弧机构。

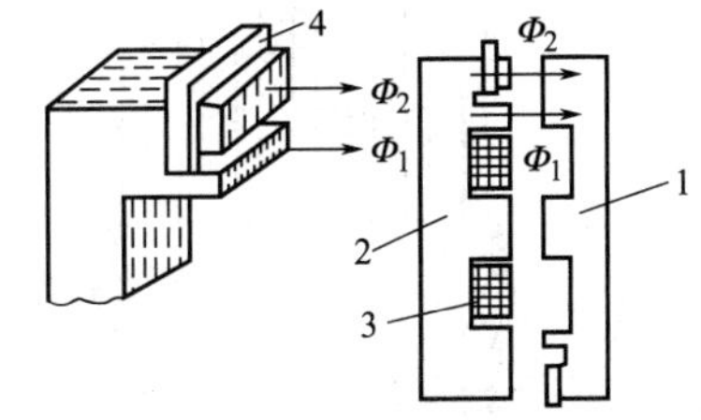


图 1-6　交流铁芯的短路环

1—衔铁；2—铁芯；3—线圈；4—短路环

1. 常用的灭弧原理

(1) 迅速拉大电弧长度而降低单位长度电弧分担的电压　迅速使触点间隙增加，电弧长度增长，电场强度降低，同时又使散热面积增大，电弧温度降低，使自由电子和空穴复合的运动加强，可以使电弧容易熄灭。

(2) 冷却　使电弧与冷却介质接触，带走电弧热量，也可使复合运动得以加强，从而使电弧熄灭。

2. 常用的灭弧装置

(1) 电动力吹弧　如图 1-7 所示。桥式触头在分断时具有电动力吹弧功能。当触头打开时，在断口中产生电弧，同时也产生如图中所示的磁场。根据左手定则，电弧电流要受到指向外侧的力 $F$ 的作用，使其迅速离开触头而熄灭。这种灭弧方法多用于小容量交流电器中。

(2) 磁吹灭弧　在触头电路中串入吹弧线圈，如图 1-8 所示。该线圈产生的磁场由导磁夹板引向触点周围，其方向由右手定则确定（为图中×所示）。触点间的电弧所产生的磁场，其方向为 ⊕和⊙所示。这两个磁场在电弧下方方向相同（叠加），在弧柱上方方向相反（相减），所以弧柱下方的磁场强于上方的磁场。在下方磁场作用下，电弧受力的方向为 $F$ 所指的方向，在 $F$ 的作用下，电弧被吹离触头区，经引弧角引进灭弧罩，使电弧熄灭。

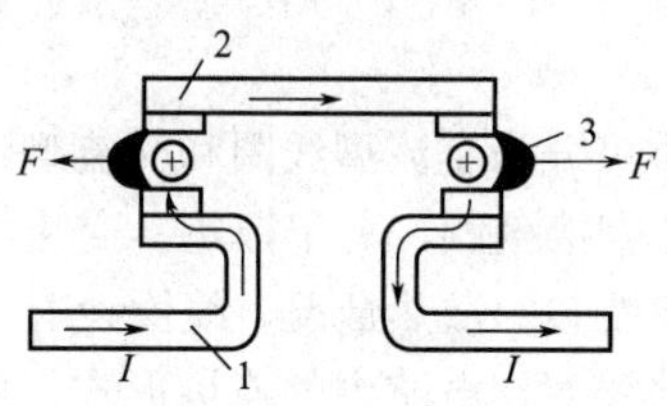


图 1-7　双断口结构触头的电动力吹弧效应

1—静触头；2—动触头；3—电弧

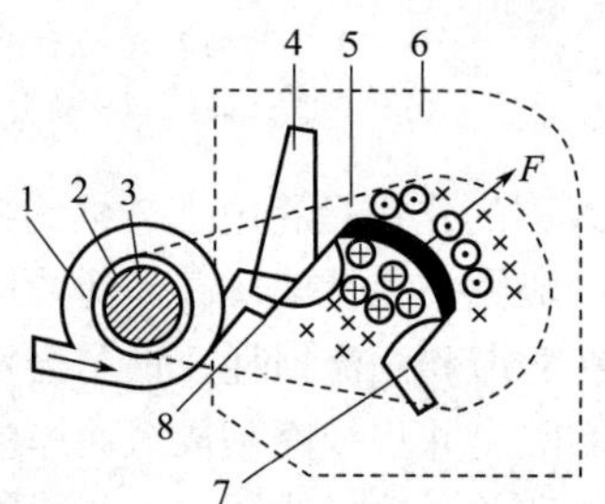


图 1-8　磁吹灭弧示意图

1—磁吹线圈；2—绝缘线圈；3—铁芯；4—引弧角；5—导磁夹板；6—灭弧罩；7—动触点；8—静触点

(3) 栅片灭弧　灭弧栅是一组薄钢片，它们彼此间相互绝缘，如图 1-9 所示。当电弧进入栅片时被分割成一段段串联的短弧，而栅片就是这些短弧的电极，这就使每段短弧上的电压达不到燃弧电压，电弧迅速熄灭。此外，栅片还能吸收电弧热量，加速电弧的冷却。由于栅片灭弧装置的灭弧效果在交流时要比直流时强得多，因此在交流电器中经常采用。

(4) 窄逢灭弧　这种灭弧方法是利用灭弧罩的窄缝来实现的。灭弧罩内有一个或数个纵缝，缝的下部宽上部窄，如图 1-10 所示。当触头断开时，电弧在电动力的作用下进入缝内，窄缝的分割降压、压缩及冷却去游离作用，使电弧熄灭加快。灭弧罩通常用耐弧陶土、石棉水泥或耐弧塑料制成。

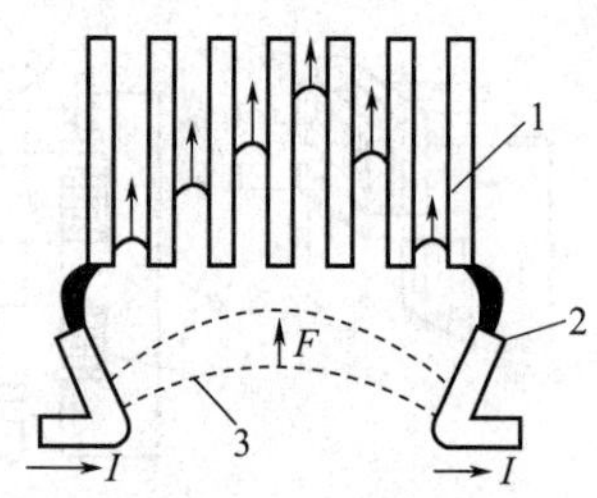


图 1-9　栅片灭弧示意图

1—灭弧栅片；2—触头；3—电弧

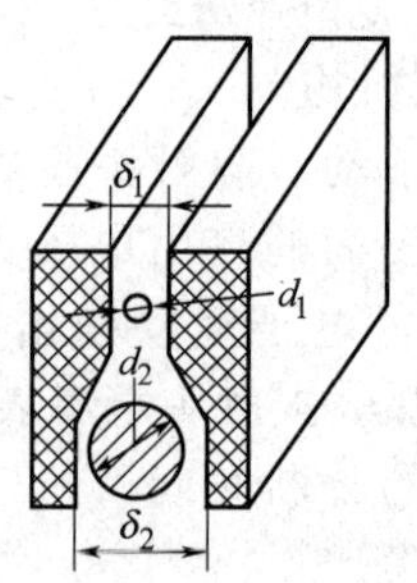


图 1-10　窄缝灭弧罩的断面

# 第二节　电磁式接触器

接触器是用来远距离频繁接通与分断交、直流较大容量电路的电器，也是最典型的电磁式电器。主要用于控制电动机、电焊机、电容器组等设备，具有供电电压降低时自动释放的保护功能，是电力拖动控制系统中使用最广泛的负荷开关之一。

按控制电流种类不同，接触器分为直流接触器和交流接触器。按主触点的极数可分为单极、双极、三极、四极、五极几种，单极、双极多为直流接触器。

## 一、　接触器的结构及工作模式

以下以交流接触器为例说明接触器的结构及工作模式。

1. 交流接触器的结构

交流接触器的结构示意图如图 1-11 所示。它主要由电磁机构、三相触头系统、灭弧装置和其他辅助部件组成。

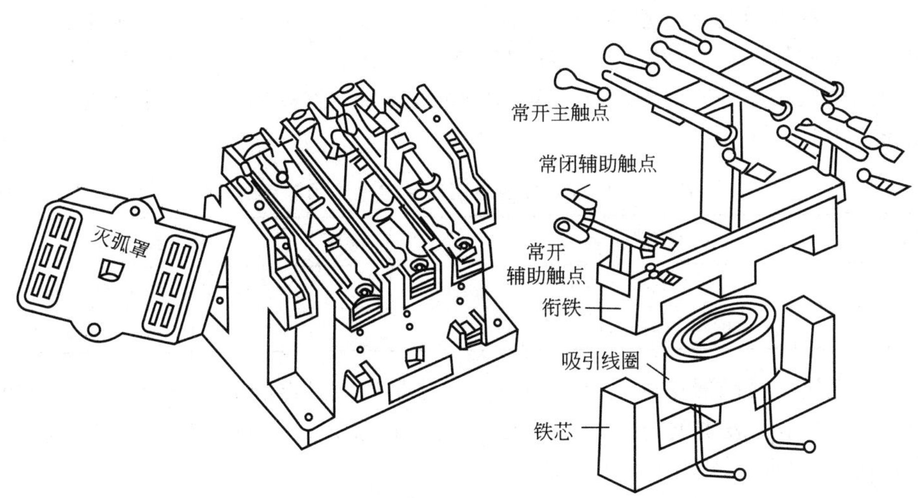


图 1-11　交流接触器结构示意图

其中，触头分为主触点及辅助触头。三相主触头用于接通或断开大电流主电路。辅助触头用于控制电路作电气联锁用。主触头一般容量较大，多为常开触点。辅助触头容量较小，通常是常开和常闭成对的，每组触头都由静触点或动触点组成。当线圈得电后，衔铁在电磁吸力的作用下吸向铁芯，同时带动全部动触头移动，实现全部触头状态的同步切换。

接触器的其他辅助部件包括复位弹簧、缓冲弹簧、触头压力弹簧、传动机构、支架及底座等。

2. 交流接触器的接线及工作模式

接触器接入线路使用时，主触头接入主电路，如三相电动机的供电线路。线圈及辅助触点接入控制回路。当线圈接通大于线圈额定电压 85%的电压时，线圈磁场力克服复位弹簧力，使衔铁带动触头动作，使常闭触头先断开，常开触头后闭合。当线圈断电或电压降到较低值时，电磁吸力消失或减弱，衔铁在复位弹簧的作用下释放，触头复位，实现低压释放的保护功能。

直流接触器的结构和工作原理基本上与交流接触器相同。

目前我国常用的交流接触器主要有：CJ20、CJX1、CJX2、CJX3 和 CJX4 等系列；引进产品应用较多的有德国 BBC 公司制造生产的 B 系列，德国 SIEMENS 公司的 3TB 系列，法国 TE 公司的 LC1 系列等。常用的直流接触器有 CZ18、CZ21、CZ22 等系列。

接触器型号的表达及含义如图 1-12 所示。

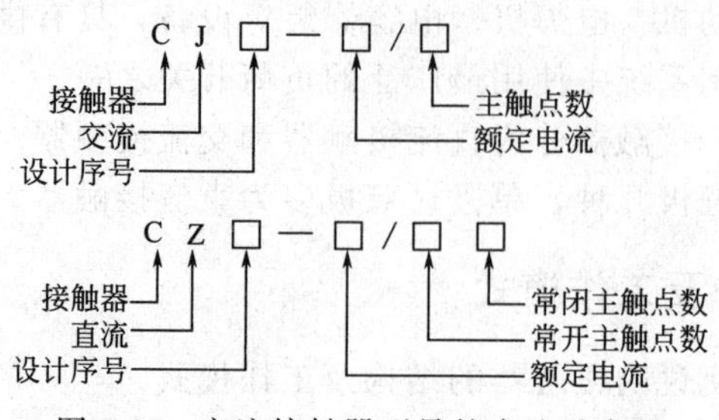


图 1-12 交流接触器型号的表达及含义

## 二、 接触器的主要技术参数

电器的主要技术参数含电器的额定值，如额定电压、额定电流、额定转速等。额定值是电器长期正常工作的使用值。额定值标示在电器的铭牌上。

（1）额定电压 接触器铭牌上标注的额定电压是指主触点的正常工作电压。常用的额定电压等级如表 1-1 所示。

**表 1-1 接触器额定电压和额定电流的等级表**

| 技术参数 | 直流接触器 | 交流接触器 |
|---|---|---|
| 额定电压/V | 110,220,440,660 | 127,220,380,500,660 |
| 额定电流/A | 5,10,20,40,60,100,150,250,400,600 | 5,10,20,40,60,100,150,250,400,600 |

（2）额定电流 接触器铭牌上标注的额定电流是指主触点的额定电流。常用的额定电流等级也如表 1-1 所示。表中的电流值是接触器安装在敞开式控制屏上，触点不超过额定温升，负荷为间断-长期工作制时的电流值。

（3）线圈额定电压 指接触器电磁系统线圈的额定电压。常用的电压等级如表 1-2 所示。一般交流线圈用于交流接触器，直流线圈用于直流接触器，但交流负载在频繁动作时可采用直流线圈的交流接触器。线圈的额定电压可与触点的额定电压相同或不同。

**表 1-2 接触器线圈的额定电压等级表**

| 技术参数 | 直流线圈 | 交流线圈 |
|---|---|---|
| 额定电压/V | 24,48,110,220,440 | 36,110,127,220,380 |

（4）额定操作频率 指每小时的操作次数。交流接触器和直流接触器最高为 1200 次/h。操作频率直接影响到接触器的寿命和灭弧罩的工作条件，对于交流接触器还影响到线圈的温升。

（5）接通和分断能力 指主触点在规定条件下能可靠地接通和分断的电流值（此值远大于额定值）。在此电流值下，接通时主触点不应发生熔焊，分断时主触点不应发生长时间燃弧。电路中超出此值电流的分断任务则由熔断器、自动开关等保护电器承担。

接通及分断能力与使用类别有关，因此接触器用于不同负载时，对主触点的接通和分断能力的要求不一样。接触器在电力拖动控制系统使用时，常见的使用类别及其典型用途如表

1-3 所示。

表 1-3　接触器使用类别及典型用途

| 电流种类 | 使用类别 | 典　型　用　途 |
|---|---|---|
| AC 交流 | AC-1 | 无感或微感负载、电阻炉 |
| | AC-2 | 绕线式电动机的启动和分断 |
| | AC-3 | 鼠笼型异步电动机的启动、运转中分断 |
| | AC-4 | 鼠笼型异步电动机的启动、反接制动、反向和点动 |
| DC 直流 | DC-1 | 无感或微感负载、电阻炉 |
| | DC-3 | 并励电动机的启动、反接制动、点动 |
| | DC-5 | 串励电动机的启动、反接制动、点动 |

接触器的使用类别通常标注在产品的铭牌或工作手册中。表 1-3 中要求接触器主触点达到的接通和分断能力为：AC-1 和 DC-1 类允许接通和分断 1 倍的额定电流，AC-2、DC-3 和 DC-5 类允许接通和分断 4 倍的额定电流，AC-3 类允许接通 6 倍的额定电流和分断 1 倍的额定电流，AC-4 类允许接通和分断 6 倍的额定电流。表 1-4 列出 CJ20 系列交流接触器主要技术数据。

接触器图形及文字符号如图 1-13 所示。

表 1-4　CJ20 系列交流接触器主要技术数据

| 型　号 | 主触点 | | 额定绝缘电压/V | 辅助触点对数 | 额定工作电压/V | 线圈电压/V | 额定操作频率/(次/h) | 可控制电器的最大功率/kW | |
|---|---|---|---|---|---|---|---|---|---|
| | 对数 | 额定电流/A | | | | | | 220V | 380V |
| CJ20-10 | 3 | 10 | 660 | 2 常开<br>2 常闭 | 220、380、660 | AC:36、127、220、380<br>DC:48、110、220、 | 1200/600 | 2.2 | 4 |
| CJ20-16 | 3 | 16 | | | | | | 4.5 | 7.5 |
| CJ20-25 | 3 | 25 | | | | | | 5.5 | 11 |
| CJ20-40 | 3 | 40 | | | | | | 11 | 22 |
| CJ20-63 | 3 | 63 | | 2 常开<br>2 常闭或<br>4 常开<br>2 常闭 | | | | 18 | 30 |
| CJ20-100 | 3 | 100 | | | | | | 28 | 50 |
| CJ20-160 | 3 | 160 | | | | | | 48 | 85 |
| CJ20-250 | 3 | 250 | | 4 常开 2 常闭或 3 常开 3 常闭 | | | 600/300 | 80 | 132 |

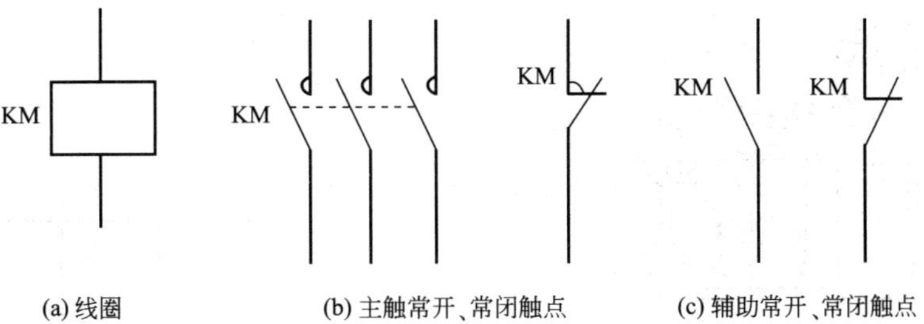


(a) 线圈　(b) 主触常开、常闭触点　(c) 辅助常开、常闭触点

图 1-13　接触器的图形及文字符号

## 三、 接触器的选用

一般根据接触器所控制的负载性质来选择接触器的类型。生产中广泛使用中小容量的笼型电动机，而且是一般负载，它相当于 AC-3 使用类别。控制机床电动机的接触器，负载比

较复杂，有用AC-3、AC-4，也有用AC-1和AC-4混合的。根据电动机（或其他负载）的功率和操作情况来确定接触器主触点的电流等级时，如接触器的使用类别与所控制负载的工作任务相对应，一般应使主触点的电流等级与所控制负载的电流等级相当，或稍大一些。即额定电流应大于或等于被控回路的额定电流。吸引线圈的额定电压一般与所接控制电路的电压一致。触头数量和种类应满足主电路和控制线路的要求。

## 第三节 电磁式继电器

### 一、 电磁式继电器的结构和特性

继电器指控制电路中根据某种输入信号的变化接通或断开电路，实现控制或保护目的的电器。与接触器的输入信号为单纯电压不同，继电器的输入信号种类很多，可以是电量，也可以是时间、压力、速度等非电量。其中采用电压及电流量，利用电磁力操动的继电器为电磁式继电器。

1. 电磁式继电器的结构

电磁式继电器的结构与动作原理和电磁式接触器相似，图1-14所示为电磁式继电器的典型结构。

（1）电磁机构 交流电磁机构有U形拍合式、E形直动式、空心或装甲螺管式等结构形式。U形拍合式和E形直动式的铁芯及衔铁均由硅钢片叠成，且在铁芯柱端面上装有短路环（图1-14中未标出）。直流电磁机构为U形拍合式。铁芯和衔铁均由电工软铁制成。为了增加闭合后的气隙，在衔铁的内侧面上装有非磁性垫片，且铁芯铸在铝基座上。与接触器不同的是，为了调节继电器动作参数的方便，继电器具有释放弹簧及衔铁气隙大小的调节装置，例如图1-14中的调节螺钉及非磁性垫片。

（2）触点系统 由于继电器的触点工作在小电流电路中，故不装灭弧装置。一般为桥式触点，有常开和常闭两种形式。额定电流一般为5A。

2. 电磁式继电器的特性

继电器的主要特性是输入-输出特性，又称为继电特性。继电特性曲线为跳跃式的回环，即继电器的吸合值与释放值不等，一般继电器的释放值小于吸合值，如图1-15所示，$X_2$为继电器的吸合值，$X_1$为继电器的释放值。

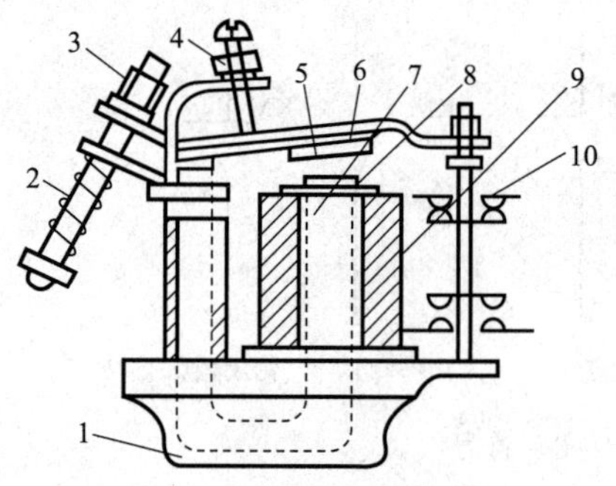


图1-14 电磁式继电器的典型结构

1—底座；2—反力弹簧；3,4—调节螺钉；5—非磁性垫片；6—衔铁；7—铁芯；8—极靴；9—电磁线圈；10—触点系统

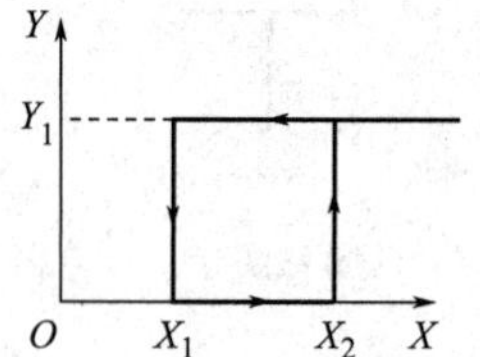


图1-15 继电器特性曲线

继电器的返回系数 $K_f = X_1/X_2$，是继电器的重要参数之一。$K_f$ 值可以通过调节释放弹簧或调整铁芯与衔铁之间非磁性垫片的厚度来达到所要求的值。不同的场合要求不同的 $K_f$ 值。一般继电器要求低的返回系数，$K_f$ 值应在 0.1～0.4 之间，这样当继电器吸合后，输入量波动较大时不至于引起误动作。欠电压继电器则要求高的返回系数，$K_f$ 值应在 0.6 以上，以提高欠电压保护的准确度。

## 二、 电压继电器及电流继电器

电压继电器及电流继电器用于电压量及电流量的检测。它们电磁系统的主要差别是电压继电器线圈导线细且匝数多，电流继电器线圈导线粗且匝数少。电压继电器在接入电路时并联连接在待测量的电路端点，而电流继电器在接入电路使用时串联连接在待检测的电路中。

1. 电磁式电压继电器

电压继电器用于电力拖动系统的电压保护和控制，可分为交流型和直流型。按吸合电压相对额定电压的大小，电压继电器又分为过电压和欠电压继电器。

（1）过电压继电器　在电路中用于过电压保护。过电压继电器线圈在额定电压时，衔铁不产生吸合动作，只有当线圈的电压高于其额定电压一定值时衔铁才产生吸合动作，所以称为过电压继电器。常利用过电压继电器的常闭触点断开待保护电路的负荷开关。交流过电压继电器吸合电压的调节范围为 $U_x=(1.05\sim1.2)\ U_N$。因为直流电路不会产生波动较大的过电压现象，所以没有直流过电压继电器。

（2）欠电压继电器　在电路中用作欠电压保护。当电路中的电气设备在额定电压下正常工作时，欠电压继电器的衔铁处于吸合状态。当电路中出现电压降低至线圈的释放电压时，衔铁释放，利用欠电压继电器的常开触点分断待保护的电路，实现欠电压保护。

通常，直流欠电压继电器的吸合电压与释放电压的调节范围分别为 $U_x=(0.3\sim0.5)\ U_N$ 和 $U_F=(0.07\sim0.2)\ U_N$。交流欠电压继电器的吸合电压与释放电压的调节范围分别为 $U_X=(0.6\sim0.85)\ U_N$ 和 $U_F=(0.1\sim0.35)\ U_N$。

选用电压继电器时，首先要注意线圈种类和电压等级与控制电路一致。然后，根据在控制电路中的作用（是过电压还是欠电压）选型。最后，按控制电路的要求选择触点的类型（是常开还是常闭）和数量。

2. 电磁式电流继电器

电流继电器触点的动作与线圈的电流大小有关，可用作电路的电流保护。电流继电器分为交流型和直流型，按吸合电流相对额定电流的大小又可分为过电流继电器和欠电流继电器。

（1）过电流继电器　过电流继电器在电路中用作过电流保护。正常工作时，线圈中流有额定电流，此时衔铁为释放状态。当电路中出现比负载正常工作电流大的电流时，衔铁产生吸合动作，从而带动触点动作，分断待保护电路。所以电路中常用过电流继电器的常闭触点。通常，交流过电流继电器的吸合电流调整范围为 $I_X=(1.1\sim4)I_N$，直流过电流继电器的吸合电流调整范围为 $I_X=(0.7\sim3.5)I_N$。

（2）欠电流继电器　欠电流继电器在电路中作欠电流保护。正常工作时，衔铁处于吸合状态。当电路的电流低于负载额定电流，达到衔铁的释放电流时，则衔铁释放，同时带动触点动作，分断电路。所以电路中常用欠电流继电器的常开触点。

在直流电路中，负载电流的降低或消失往往会导致严重的后果，如直流电动机的励磁回路断线，会产生飞车现象。因此，欠电流继电器在这些控制电路中是不可缺少的。当电路中出现低电流或零电流故障时，欠电流继电器的衔铁由吸合状态转入释放状态，利用其触点的动作切断电气设备的电源。直流欠电流继电器的吸合电流与释放电流调整范围分别为$I_X=(0.3\sim0.65)I_N$和$I_F=(0.1\sim0.2)I_N$。

选用电流继电器时，首先要注意线圈电流的种类和额定电流与负载电路一致。然后，根据对负载的保护作用（是过电流还是欠电流）来选用电流继电器的类型。最后，根据控制电路的要求选触点的类型（是常开还是常闭）和数量。

图 1-16 是电磁继电器产品的型号及含义示例。

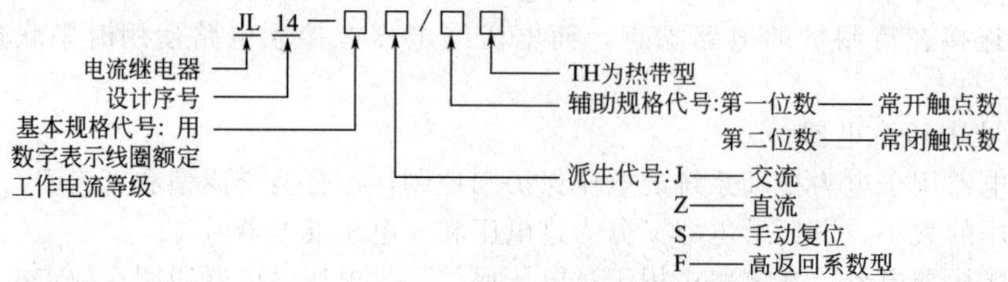


图 1-16　电磁继电器产品的型号及含义示例

表 1-5 为 JL14 系列继电器的技术数据。图 1-17 为电压、电流继电器的图形及文字符号。

**表 1-5　JL14 系列交直流电流继电器技术数据**

| 电流种类 | 型号 | 吸引线圈额定电流/A | 吸合电流调整范围 | 触点组合形式 | 用　途 | 备　注 |
|---|---|---|---|---|---|---|
| 直流 | JL14—□□Z<br>JL14—□□ZS | 1，1.5，2.5，5，10，15，25，40，60，300，600，1200，1500 | 70%～300%$I_N$ | 3 常开，3 常闭<br>2 常开，1 常闭 | 在控制电路中过电流或欠电流保护用 | 可替代<br>JT3—1<br>JT4—JJT4—S<br>JL3<br>JL3—JJL3—S<br>等老产品 |
| | JL14—□□ZO | | 30%～65%$I_N$ 或释放电流在 10%～20%$I_N$ 范围 | 1 常开，2 常闭<br>1 常开，1 常闭 | | |
| 交流 | JL14—□□J | | 110%～400%$I_N$ | 2 常开，2 常闭 | | |
| | JL14—□□JS | | | 1 常开，2 常闭 | | |
| | JL14—□□JG | | | 1 常开，1 常闭 | | |

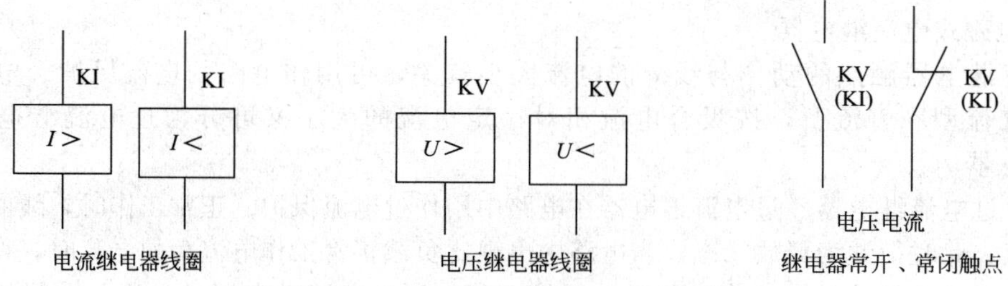


图 1-17　电压、电流继电器的图形及文字符号

## 三、中间继电器

中间继电器的结构与接触器相似，只是其触头容量一般为 5A。中间继电器常在控制电路中完成触点类型的转换、补充及信号的中继传递功能。

常用的中间继电器有 JZ15、JZ17、JZ18 等系列。以 JZ18-22 为例，JZ 为中间继电器的代号，18 为设计序号，22 为触头组合形式。表 1-6 为 JZ18 系列中间继电器的主要技术数据。

中间继电器在电路中的图形及文字符号见图 1-18。

**表 1-6　JZ18 系列中间继电器的主要技术数据**

| 型号 | 触头参数 | | | | 操作频率/(次/h) | 线圈消耗功率/W | 线圈电压/V |
|---|---|---|---|---|---|---|---|
| | 常开 | 常闭 | 电压/V | 电流/A | | | |
| JZ18-22 | 2 | 2 | 交流:380,直流:220 | 6 | 1200 | 12 | 交流：36,(110),127,220,380, |
| JZ18-31 | 3 | 1 | | | | | |
| JZ18-33 | 3 | 3 | | | | | |
| JZ18-40 | 4 | 0 | | | | | |
| JZ18-42 | 4 | 2 | | | | | |
| JZ18-51 | 5 | 1 | | | | | |
| JZ18-60 | 6 | 0 | | | | | |

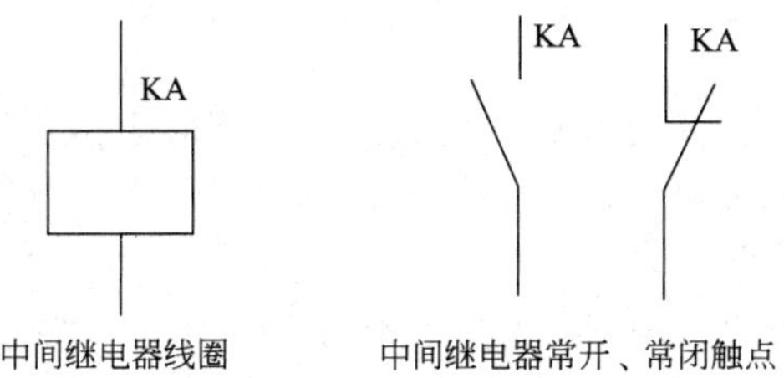


图 1-18　中间继电器的图形及文字符号

## 习题及思考题

1-1　低压电器通常由哪几个部分组成，各部分的功能是什么？

1-2　试述电磁式电器的一般工作模式。

1-3　如何区分常开与常闭触点，当电磁式电器的线圈通电时常开及常闭触点如何动作？

1-4　低压电器中熄灭电弧所依据的原理有哪些？以本章中涉及电器的灭弧机构为例，说明它们各依据什么原理。

1-5　接触器的作用是什么？根据结构特征如何区分交流、直流接触器？

1-6　交流接触器在衔铁吸合前的瞬间，为什么在线圈中产生很大的电流冲击？直流接触器会不会出现这种现象？为什么？

1-7　交流接触器能否将线圈串联使用？为什么？

1-8　交流接触器在线圈断电后，衔铁仍掉不下来，电动机不能停止，这时应如何处理？故障原因在哪里？应如何排除？

1-9　线圈电压为 220V 的交流接触器，误接入 380V 交流电源时会发生什么问题？为什么？

1-10　电压继电器和电流继电器在电路中各起什么作用？它们的线圈和触点应如何连接在电路中？

1-11　将释放弹簧放松或拧紧一些，对电压（或电流）继电器的吸和与释放有何影响？

1-12　在交流接触器及交流继电器的铁芯上安装短路环的作用是什么？

1-13　中间继电器与交流接触器的工作模式及用途有哪些异同点？

# 第二章 其他常用低压电器

**内容提要：**除了电磁式电器外，在电气控制电路中，还有许多其他低压电器，如刀开关、低压断路器、按钮、各种保护电器及各种控制电器等。这些电器与电磁式电器组合连接，可以构成各种电路，实现各类控制功能。

## 第一节 刀开关及低压断路器

### 一、 刀开关

低压刀开关俗称闸刀开关，有开启式、封闭式及旋转手柄式等结构形式。刀开关是一种手动配电电器，主要作为隔离电源的开关使用，也可以用作不频繁接通和分断电路，如直接控制小容量电动机的场合。

图 2-1 是开启式刀开关的结构图。它由操作手柄、熔丝、触刀、触刀座和瓷底座等部分组成，靠触刀与触刀座的分合来接通和分断电路。由于带有熔丝，具有短路保护功能。图 2-1 中还给出了开启式刀开关的型号、图形及文字符号。

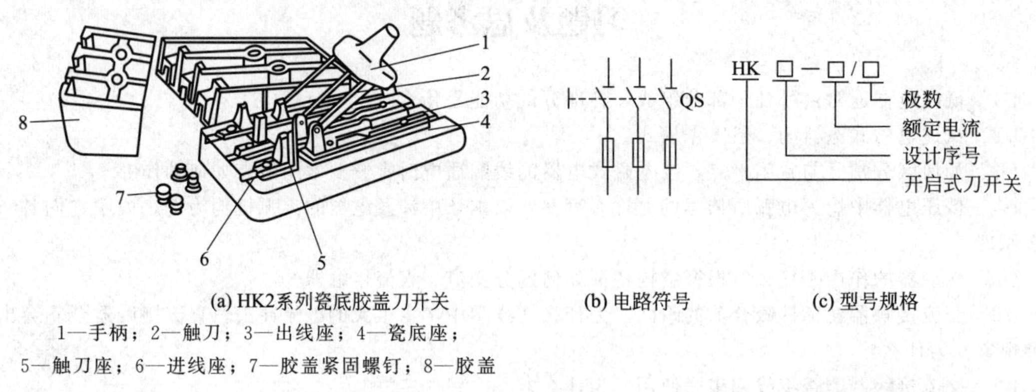


(a) HK2系列瓷底胶盖刀开关 (b) 电路符号 (c) 型号规格

1—手柄；2—触刀；3—出线座；4—瓷底座；
5—触刀座；6—进线座；7—胶盖紧固螺钉；8—胶盖

图 2-1 开启式刀开关

封闭式刀开关也叫负荷开关，一般带有灭弧装置和铁质外壳，俗称铁壳开关。图 2-2 给出了封闭式刀开关结构组成、型号、图形及文字符号。负荷开关可带负荷通断电路，一般用于小容量异步电动机的启停控制。

旋转手柄式刀开关也叫转换开关，如图 2-3 所示，是用旋转动触片代替闸刀的一种开关电器，常用作电源隔离开关及小电流电路的控制。图 2-3 中还给出了转换开关的型号、图形及文字符号。

开启式刀开关使用时手柄要向上安装，不得倒装或平装，触刀座接电源进线，触刀接负载端导线，这样既可防止手柄因自重下滑引起误合闸造成人身安全事故，又方便更换熔丝。

以 HK2 系列刀开关为例的刀开关技术数据见表 2-1。

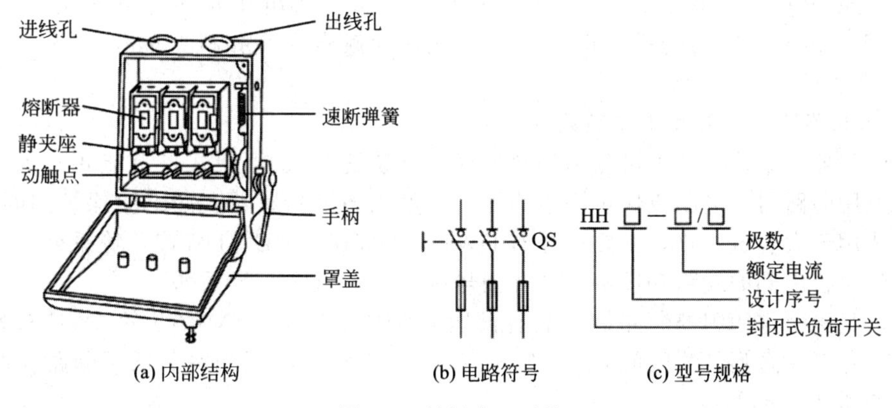


图 2-2　封闭式刀开关

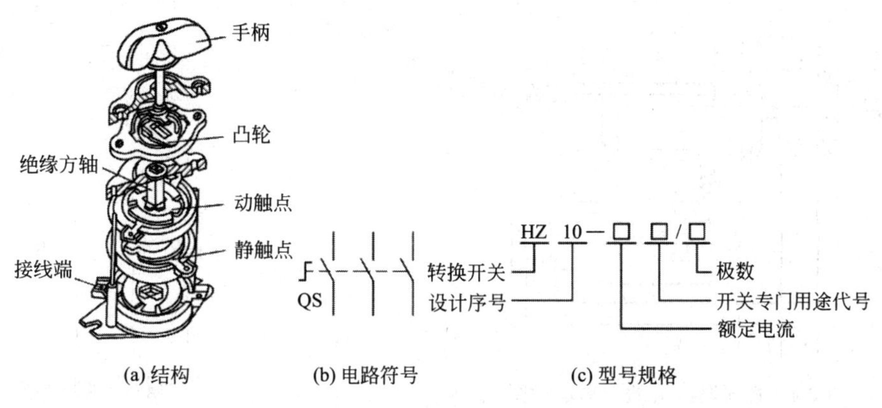


图 2-3　转换开关

**表 2-1　HK2 系列刀开关的技术数据**

| 型号 | 额定电流/A | 极数 | 额定电压/V | 可控制电动机最大容量/kW | 熔丝规格 |
|---|---|---|---|---|---|
| | | | | | 熔体线径/mm |
| HK2 | 10 | 2 | 250 | 1.1 | 0.25 |
| | 15 | 2 | 250 | 1.5 | 0.41 |
| | 30 | 2 | 250 | 2.0 | 0.56 |
| | 15 | 3 | 500 | 3.2 | 0.45 |
| | 30 | 3 | 500 | 4.0 | 0.71 |
| | 60 | 3 | 500 | 5.0 | 1.12 |

## 二、 低压断路器

低压断路器也称空气开关。低压断路器既可用来分配电能，又可用来不频繁地启停电动机，且可通过脱扣装置对线路及电动机实现过载、短路、欠电压等保护。具有体积小，保护功能强，动作后不需更换元件，工作安全可靠，断流能力大，电流值可以在一定范围内整定，使用方便等特点。

1. 低压断路器的结构及动作原理

低压断路器由触点系统、灭弧装置、操作机构及脱扣装置组成，结构如图 2-4 所示。低压断路器的主触点利用操作机构电动或手动闭合。图 2-4 所示为触点的闭合状态，主触点在闭合后即被搭钩锁住。图中部件 6、11 及 12 分别为过电流脱扣器、欠电压脱扣器及热脱扣器（双金属片），可分别在过电流、欠电压及热过载时动作，推动杠杆 7 带动可沿转轴 5 转动的搭钩向上动作，从而使触点在脱扣机构的作用下断开，实现电路的自动分断。

2. 低压断路器的类型及主要参数

低压断路器按结构及外观可分为塑料外壳式（装置式）、框架式（万能式）等，按用途可分为配电用断路器、电动机保护用断路器、照明用微型断路器、漏电流保护用断路器等。其中框架式用于大容量线路，主要型号有 DW15、DW16、ME（DW17）等系列。塑料外壳式适用于建筑物内部的线路和设备，主要型号有 C45N、DZ20 等系列。

另外，我国引进的国外断路器产品有德国的 ME 系列、SIEMENS 的 3WE 系列，日本的 AE、AH、TG 系列，法国的 C45、S060 系列，美国的 H 系列等。低压断路器的图形及文字符号如图 2-5 所示。

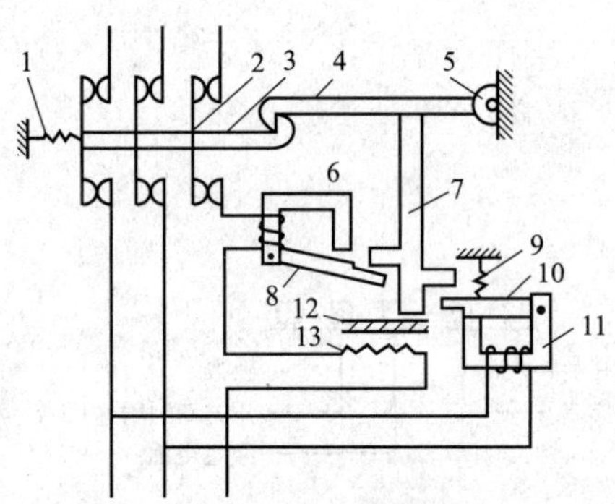


图 2-4 低压断路器的结构示意图

1,9—弹簧；2—触点；3—锁键；4—搭钩；5—转轴；6—过电流脱扣器；7—杠杆；8,10—衔铁；11—欠电压脱扣器；12—双金属片；13—热元件

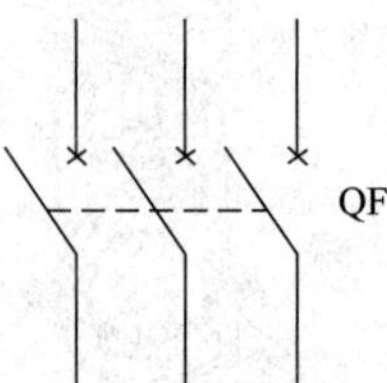


图 2-5 低压断路器图形及文字符号

国产低压断路器 DW15、DZ20 系列的技术数据如表 2-2 及表 2-3 所示。

3. 低压断路器的选择及使用注意事项

选择低压断路器时应注意以下几个方面。

（1）低压断路器的额定电流和额定电压应大于或等于线路、设备的正常工作电压和工作电流。

（2）低压断路器的极限分断能力应大于或等于电路最大短路电流。

（3）欠电压脱扣器的额定电压等于线路的额定电压。

（4）过电流脱扣器的额定电流大于或等于线路的最大负载电流。

使用低压断路器应注意以下几个方面。

（1）低压断路器投入使用时应先进行整定，按照要求整定热脱扣器的动作电流，以后就不应随意旋动有关的螺丝和弹簧。

（2）在安装低压断路器时应注意把来自电源的母线接到开关灭弧罩一侧的端子上，来自电气设备的母线接到另外的一侧端子上。

（3）在正常情况下，每 6 个月应对开关进行一次检修，清除灰尘。

（4）发生断、短事故的动作后，应立即对触点进行清理，检查触点有无熔坏，清除金属熔粒、粉尘等，特别要把散落在绝缘体上的金属粉尘清除掉。

表 2-2　DW15 系列断路器的技术参数

| 型号 | 额定电压/V | 额定电流/A | 额定短路接通分断能力/kA | | | | | 外形尺寸宽高深/mm×mm×mm |
|---|---|---|---|---|---|---|---|---|
| | | | 电压/V | 接通最大值 | 分断有效值 | cosϕ | 短路时最大延时/s | |
| DW15-200 | 380 | 200 | 380 | 40 | 20 | — | — | 242×420×341(正面)<br>386×420×316(侧面) |
| DW15-400 | 380 | 400 | 380 | 52.5 | 25 | — | — | 242×420×341<br>386×420×316 |
| DW15-630 | 380 | 630 | 380 | 63 | 30 | — | — | 242×420×341<br>386×420×316 |
| DW15-1000 | 380 | 1000 | 380 | 84 | 40 | 0.2 | — | 441×531×508 |
| DW15-1600 | 380 | 1600 | 380 | 84 | 40 | 0.2 | — | 441×531×508 |
| DW15-2500 | 380 | 2500 | 380 | 132 | 60 | 0.2 | 0.4 | 687×571×631<br>897×571×631 |
| DW15-4000 | 380 | 4000 | 380 | 196 | 80 | 0.2 | 0.4 | 687×571×631<br>897×571×631 |

表 2-3　DZ20 系列塑料外壳式断路器的技术参数

| 型号 | 壳架额定电流/A | 额定电压/V | 脱扣器整定电流/A | 断路器额定电流/A |
|---|---|---|---|---|
| DZ20Y-100 | 100 | 220<br>380 | 配电用 $10I_N$，保护电机用 $12I_N$ | 16，20，32，40，50，63，80，100 |
| DZ20J-100 | | | | |
| DZ20G-100 | | | | |
| DZ20Y-200 | 200 | | 配电用 $5I_N$、$10I_N$，保护电机用 $8I_N$、$12I_N$ | 100，125，160，180，200，225 |
| DZ20J-200 | | | | |
| DZ20G-200 | | | | |
| DZ20Y-400 | 400 | | 配电用 $10I_N$，保护电机用 $12I_N$ | 200，250，315，350，400 |
| DZ20J-400 | | | 配电用 $5I_N$，$10I_N$ | |
| DZ20G-400 | | | | |

## 第二节　主令电器

主令电器是用来发送控制命令，借以引起其他电器动作，改变控制系统工作状态的电器。主令电器种类繁多，应用十分广泛。常用的有控制按钮及指示灯、行程开关及接近开关、万能转换开关、主令控制器和脚踏开关等。

1. 控制按钮及指示灯

控制按钮是一种手动且自动复位的主令电器。当按下按钮时，先断开常闭触点，然后才接通常开触点。按钮释放后，在复位弹簧作用下触点复位。按钮常用来控制电器的点动。按钮接线没有进线和出线之分，直接将所需的触点连入电路即可。

指示灯又称信号灯。用于对指令或电器工作状态的确认。指示灯用不同颜色的灯光指示不同的信息。为了节省安装位置，有时将指示灯装在按钮帽中。

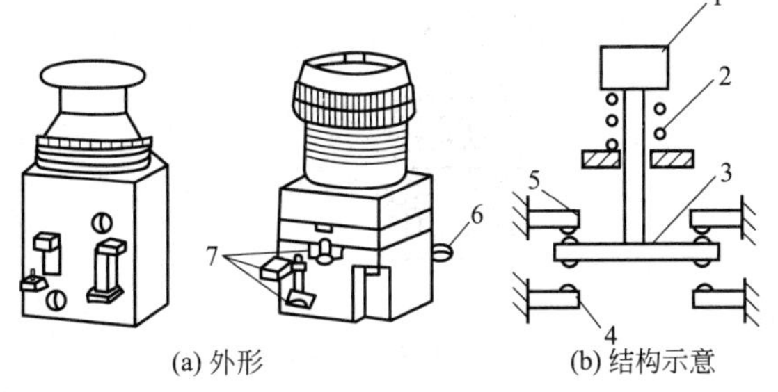


图 2-6　控制按钮的外形及结构示意图

1—按钮帽；2—复位弹簧；3—动触点；4—常开触点的静触点；5—常闭触点的静触点；6，7—触点的接线柱

控制按钮的外形及结构如图 2-6 示，图形和文字符号如图 2-7 示。每个按钮中触点的形式和数量可根据需要装配成 1 常开 1 常闭到 6 常开 6 常闭形式。控制按钮可做成单

式（一个按钮）、复式（两个按钮）和三联式（有三个按钮）的形式。为便于区别各个按钮的作用，避免误操作，通常在按钮帽上做出不同标志或涂以不同颜色。一般停止按钮为红色，启动按钮为绿色。

指示灯的图形及文字符号如图 2-8 所示。

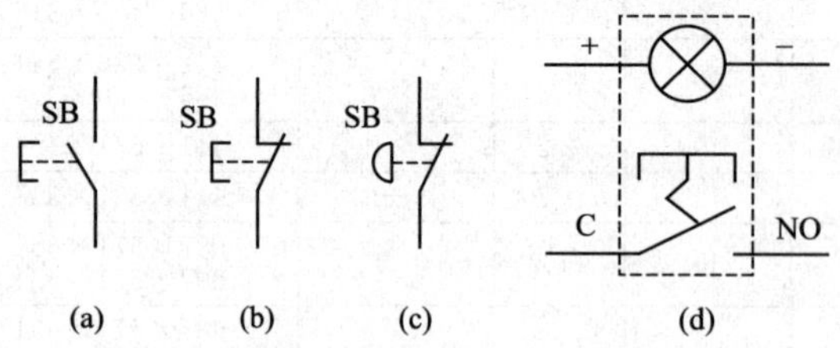


图 2-7 控制按钮的图形及文字符号

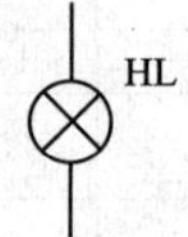


图 2-8 指示灯的图形及文字符号

2. 行程开关及接近开关

行程开关又称限位开关，是用于检测运动部件的位置以控制其运行方向或行程长短的主令电器。

行程开关按结构可分为接触式有触点行程开关和非接触式接近开关。

接触式行程开关靠运动物体碰撞开关可动部件使常开触头接通、常闭触头分断，实现对电路的控制。运动物体一旦离开，行程开关复位，其触点恢复为自然状态。

接触式行程开关按其操动型式可分为直动式（如 LX31、JLXK1 系列）、滚轮式（如 LX32、JLXK2 系列）和微动式（如 LXW-11、JLXK1-11 系列）三种。直动式行程开关如图 2-9 所示，其缺点是触点分合速度取决于生产机械的移动速度，当移动速度低于 0.4m/min 时触点分断太慢，易受电弧烧损。此时，应采用有盘形弹簧机构瞬时动作的滚轮式行程开关，如图 2-10 所示。当生产机械的行程比较小而作用力也很小时，可采用具有瞬时动作和微小动作的微动开关，如图 2-11 所示。

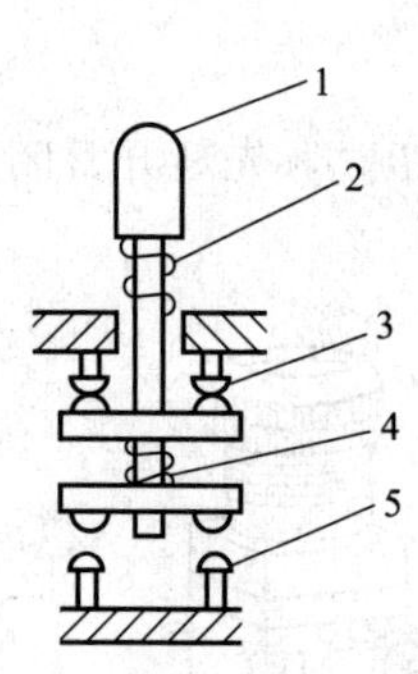


图 2-9 直动式行程开关

1—顶杆；2—弹簧；3—常闭触点；4—触点弹簧；5—常开触点

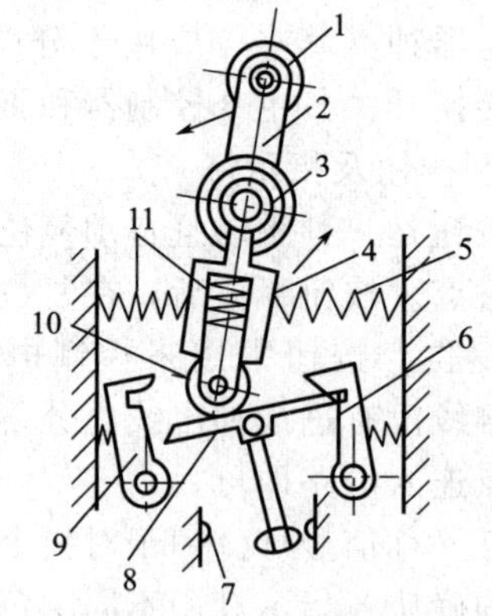


图 2-10 滚轮式行程开关

1—滚轮；2—上轮臂；3,5,11—弹簧；4—套架；6,9—压板；7—触点；8—触点推杆；10—小滑轮

接近开关是一种以电子电路为基础的新型行程开关。当运动物体接近它到一定距离范围之内时，就能发出控制信号。与行程开关比较，接近开关具有重复定位精度高、操作频率高、与运动体无接触、寿命长、耐冲击振动、耐潮湿、能适应恶劣工作环境等优点，因此，

在工业生产中逐渐得到推广应用。

从原理上看，接近开关有高频振荡型、感应电桥型、霍尔效应型、光电型、永磁及磁敏元件型、电容型及超声波型等多种形式。除了机械式行程开关同样的使用方式外，接近开关还可用来产生脉冲串。

行程开关及接近开关的图形和文字符号如图 2-12 所示。

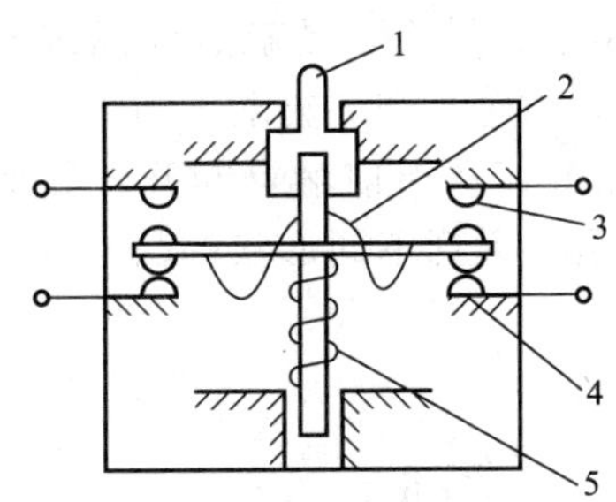


图 2-11　微动式行程开关

1—推杆；2—弯形片状弹簧；3—常开触点；4—常闭触点；5—复位弹簧

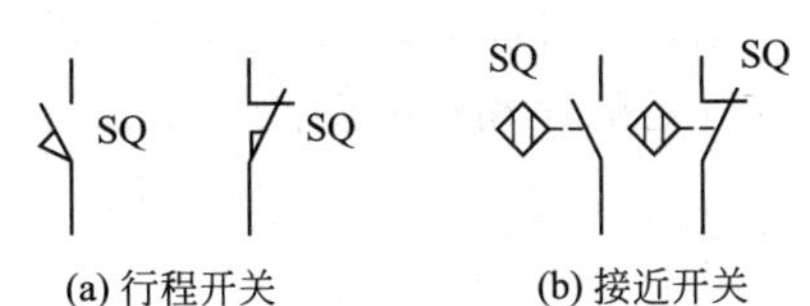


图 2-12　行程开关及接近开关的图形及文字符号

3. 万能转换开关

万能转换开关是一种多挡式主令电器，用于多个回路的同时切换。它由操作机构、定位装置和触点等部分组成。

万能转换开关结构如图 2-13 所示，其触点为双断点桥式结构，动触点设计成自动调速式以保证通断时的同步性，静触点装在触点座内，每个由胶木压制的触点座内可安装 2～3 对触点，且每组触点上还有隔弧装置。触点的通断由凸轮控制，为了适应不同的需要，手柄还能做成带信号灯的、钥匙型的等多种形式。

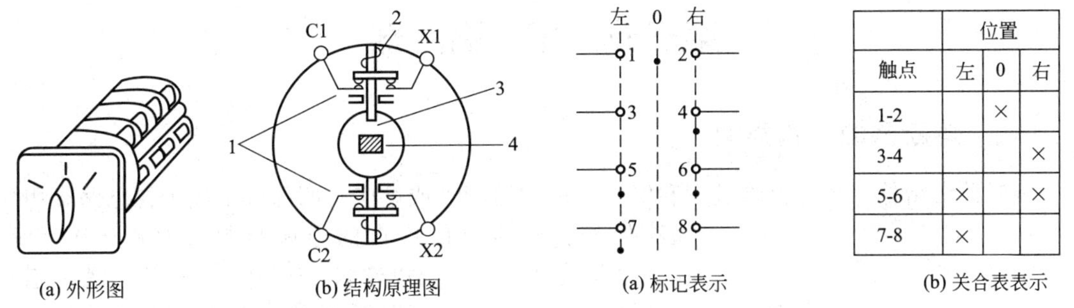


| 触点 | 位置 左 | 位置 0 | 位置 右 |
|---|---|---|---|
| 1-2 | | × | |
| 3-4 | | | × |
| 5-6 | × | | × |
| 7-8 | × | | |

图 2-13　LW5 系列万能转换开关

1—触点；2—触点弹簧；3—凸轮；4—转轴

图 2-14　万能转换开关的图形及文字符号

万能转换开关触点的图形及文字符号如图 2-14 所示。为了表示触点的分合状态与操作手柄位置的关联，图中给出了两种方法。一种是在电路图中画虚线和画“•”的方法，即用虚线表示操作手柄的位置，用有无“•”表示触点是闭合还是断开状态，如图 2-14（a）所示。另一种是在电路和图中既不画虚线也不画“•”，而是在触点图形符号上标出触点编号，再用关合表表示操作手柄于不同位置时的触点分合状态，如图 2-14（b）所示。在关合表中用“×”来表示操作手柄某位置时触点闭合。

常用的万能转换开关有 LW5、LW6、LW15-16 等系列，主要用于低压控制线路的转换、电压和电流表的换相测量、配电装置线路转换和遥控等。

4. 主令控制器

主令控制器是用来频繁地按顺序换接多个控制电路的主令电器，一般由触点、凸轮、定位机构、转轴、面板等部分组成。其触点采用桥式结构，一般由银质材料制成，所以操作轻便，允许每小时分断次数较多。主令控制器与接触器组成的磁力控制盘配合，可实现对起重机、轧钢机及其他生产机械的远距离控制。

图 2-15 为主令控制器的结构示意图。凸轮 1 和 7 固定于方轴上，动触点 4 固定于能绕轴 6 转动的支杆 5 上，当操作主令控制器手柄转动时，带动凸轮 1 和 7 转动，当 7 到达推压小轮 8 的位置时，使小轮带动支杆 5 绕轴 6 转动，支杆张开，从而使触点断开。其他情况下，由于凸轮块离开小轮，触点是闭合的。这样，只要安装一系列不同形状的凸轮块，就可获得一组按一定顺序动作的触点。

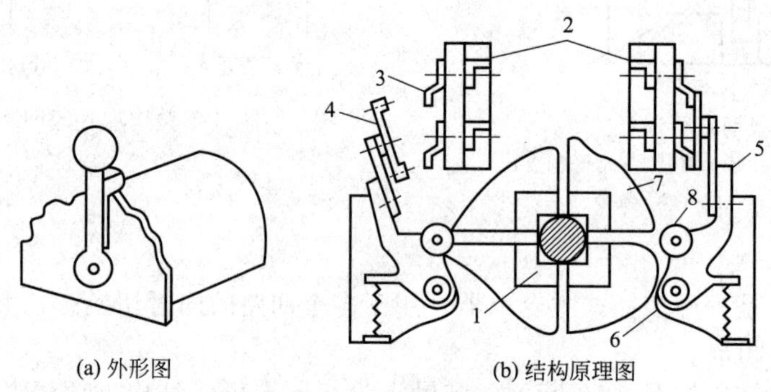


(a) 外形图　(b) 结构原理图

图 2-15　凸轮主令控制器结构示意图

1,7—凸轮；2—接线端子；3—静触点；4—动触点；5—支杆；6—转动轴；8—小轮

在电路图中主令控制器触点的图形符号以及操作手柄在不同位置时触点分合状态的表示方法与万能转换开关类似。从结构意义上讲，主令控制器相当于专用在控制电路中的万能转换开关。

# 第三节　熔　断　器

## 一、熔断器的结构类型

熔断器由熔体（俗称保险丝）和安装熔体的熔管（或熔座）两部分组成，在电路中用作短路保护。熔体由低熔点的金属材料（如铅、锡、锌、铜、银及其合金等）制成丝状、带状、片状等，既是感测元件又是执行元件。熔管的作用是安装熔体和在熔体熔断时熄灭电弧，一般由陶瓷、绝缘纸或玻璃纤维材料制成。熔断器的熔体串接于被保护电路中，当电路正常工作时，熔体通过的电流不会使其熔断，当电路发生短路或严重过载故障时，熔体中通过很大电流，使其发热达到熔化温度时熔体自行熔断，切断故障电路，起到保护作用。

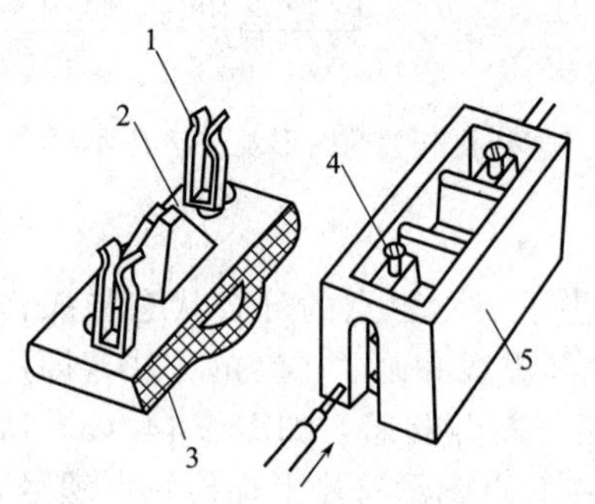


图 2-16　RC1A 系列瓷插式熔断器

1—动触点；2—熔丝；3—磁盖；4—静触点；5—磁底

熔断器的种类很多，按结构来分有半封闭瓷插式、螺旋式、无填料密封管式和有填料密封管式等，图 2-16～图 2-18 给出了部分熔断器的外观图，熔断器的图形及文字符号也绘在图 2-18 中了。

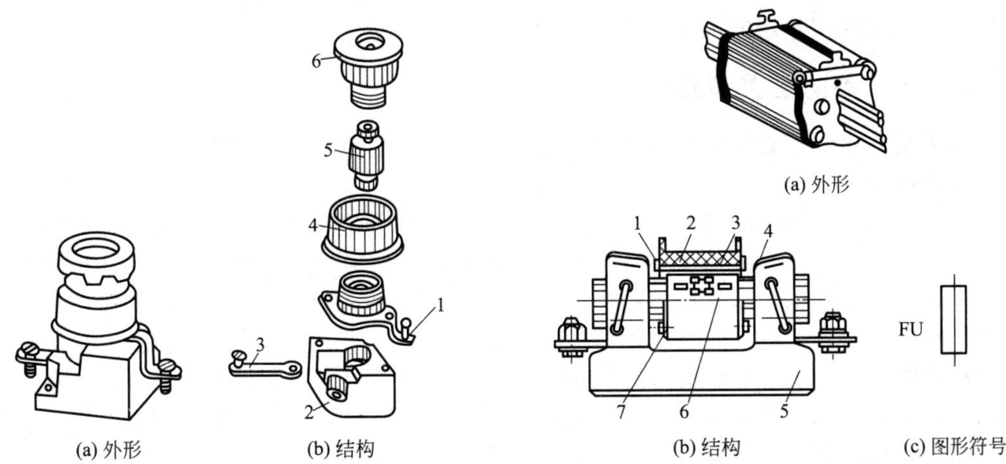


图 2-17　RL6 系列螺旋式熔断器

1—上接线柱；2—瓷底；3—下接线柱；4—瓷套；5—熔体；6—瓷帽

图 2-18　RT0 有填料密封式熔断器

1—熔断指示器；2—石英砂填料；3—熔丝；4—插刀；5—底座；6—熔体；7—熔管

熔断器的型号及其含义如图 2-19 所示。

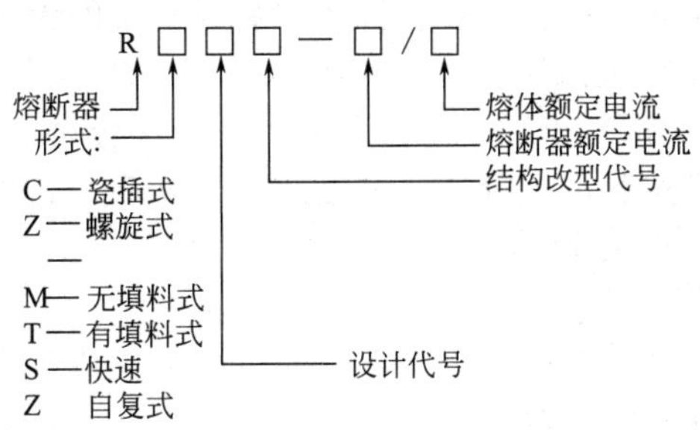


图 2-19　熔断器的型号及含义

## 二、 熔断器的保护特性

电流通过熔体时产生的热量与电流的平方及电流通过的时间成正比，但对于具体的熔体来说，通过的电流越大，熔体熔断的时间越短，这一特性称为熔断器的保护特性（或称安秒特性），如图 2-20 所示。图中有一条熔断与不熔断电流的分界线，最小熔化电流 $I_r$。当熔体通过电流小于 $I_r$ 时，熔体不熔断。根据对熔断器的要求，熔体在额定电流 $I_{re}$时绝对不应熔断，并定义最小熔化电流 $I_r$ 与熔体额定电流 $I_{re}$之比为熔断器的熔化系数，即 $K_r=I_r/I_{re}$。从过载保护观点来看，$K_r$ 小时对小倍数过载保护有利，但 $K_r$ 也不宜接近于 1，当 $K_r$ 为 1 时，不仅熔体在 $I_{re}$下的工作温度会过高，而且还有可能因为保护特性本身的误差而发生熔体在 $I_{re}$ 下也熔断的现象，因而会影响熔断器工作的可靠性。

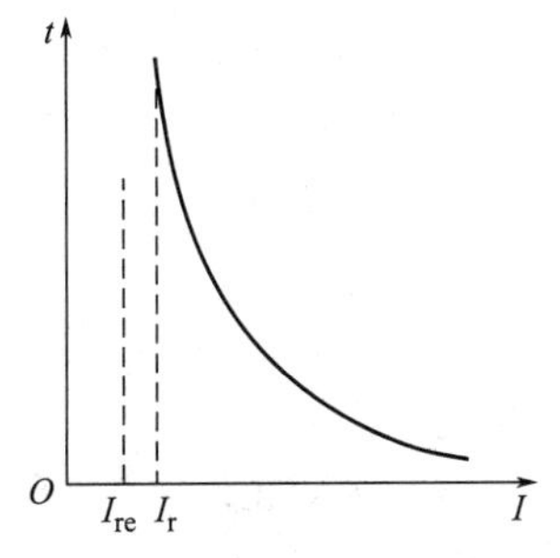


图 2-20　熔断器的保护特性

当熔体采用低熔点的金属材料（如铅、锡、铅锡合金及锌等）时，熔化时所需热量小，故熔化系数较小，有利于过载保护。但它们的电阻系数较大，熔体截面积较大，熔断时产生的金属蒸气较多，不利于熄弧，故分断能力较低。当熔体采用高熔点的金属材料（如铝、铜和银）时，熔化时所需热量大，故熔化系数大，不利于过载保护，而且可能使熔断器过热，但它们的电阻系数低，熔体截面积较小，有利于熄弧，故分断能力较强。由此看来，不同熔体材料的熔断器，在电路中起保护作用的侧重点是不同的。

## 三、 熔断器的主要参数

(1) 额定电压 指熔断器长期工作和分断后能够承受的电压，其值一般等于或大于电气设备的额定电压。

(2) 额定电流 指熔断器长期工作时，部件温升不超过规定值时所能承受的电流。厂家为了方便生产，减少熔断管额定电流的规格，熔断器的额定电流等级比较少，而熔体的额定电流等级比较多，即某个额定电流等级的熔断器可适用于安装多个额定电流等级的熔体，但熔体的额定电流最大不能超过熔断器的额定电流。

(3) 极限分断能力 指熔断器在规定的额定电压和功率因数条件下，能分断的最大电流值。在电路中出现的最大电流值一般是指短路电流值。所以，极限分断能力也反映了熔断器分断短路电流的能力。

## 四、 熔断器的选用

熔断器选择时主要是依据熔断器的类型、额定电压、熔断器额定电流和熔体额定电流等。

1. 熔断器类型的选择

熔断器的类型选择主要依据负载的保护特性和短路电流的大小。例如，用于保护照明电路和电动机的熔断器，一般是考虑它们的过载保护，这时，希望熔断器的熔化系数适当小些，所以容量较小的照明线路和电动机宜采用熔体为铅锌合金的 RC1A 系列熔断器。用于车间低压供电线路的保护熔断器，一般是考虑短路时分断能力，当短路电流较大时，宜采用具有较高分断能力的 RL6 系列熔断器。

2. 熔体额定电流的选择

(1) 用于保护照明或电热设备的熔断器，因为负载电流比较稳定，所以熔体的额定电流应等于或稍大于负载的额定电流，即

$$I_{re} \geqslant I_e$$

式中，$I_{re}$为熔体的额定电流；$I_e$ 为负载的额定电流

(2) 用于保护单台长期工作电动机的熔断器，考虑电动机启动时不应熔断，即

$$I_{re} \geqslant (1.5 \sim 2.5) I_e$$

式中，$I_{re}$为熔体的额定电流；$I_e$ 为电动机的额定电流，轻载启动或启动时间比较短时，系数可取近 1.5，带重载启动或启动时间比较长时，系数可取近 2.5。

(3) 用于保护频繁启动电动机的熔断器，考虑频繁启动时发热熔断器也不应熔断，即

$$I_{re} \geqslant (3 \sim 3.5) I_e$$

式中，$I_{re}$为熔体的额定电流；$I_e$ 为电动机的额定电流。

(4) 用于保护多台电动机的熔断器，在出现尖峰电流时也不应熔断。通常，将其中容量最大的一台电动机启动，而其余电动机正常运行时出现的电流作为其尖峰电流，为此，熔体的额定电流应满足下述关系，即

$$I_{re} \geqslant (1.5 \sim 2.5) I_{emax} + \sum I_e$$

式中，$I_{emax}$为多台电动机中容量最大的一台电动机额定电流；$\sum I_e$ 为其余电动机额定电流之和。

(5) 为防止发生越级熔断，上、下级（即供电干、支线）熔断器间应有良好的协调配合，为此应使上一级（供电干线）熔断器的熔体额定电流比下一级（供电支线）大 1～2 个级差。

3. 熔断器额定电压的选择

熔断器的额定电压应等于或大于所在电路的额定电压。

# 第四节　热继电器

## 一、 热继电器的作用及分类

热继电器对连续运行的电动机作过载及断相保护，可防止因过热而损坏电动机的绝缘材料。过载保护是针对具有热惯性发热的保护，不同于瞬时过载及短路保护。过电流继电器和熔断器不能胜任过载保护。

按相数来分，热继电器有单相、两相和三相三种类型，每种类型按发热元件的额定电流又有不同的规格。三相式热继电器有不带断相保护和带断相保护两种类型。

## 二、 热继电器的结构及工作原理

热继电器的结构如图 2-21 所示，主要由发热元件 3、双金属片 2 和触点 6、7、9 三部分组成，应用时发热元件串接于电动机绕组电路中，直接反映电动机的过载电流。触点接入控制电路中，如将常闭触点 6 及 9 串接于电动机接触器线圈电路中。

双金属片是热继电器的感测元件。所谓双金属片，就是将两种线膨胀系数不同的金属片以机械辗压方式使之形成一体。受热后由于两层金属的膨胀系数不同，使得双金属片向膨胀系数小的金属所在侧弯曲，并产生机械力带动触点动作。

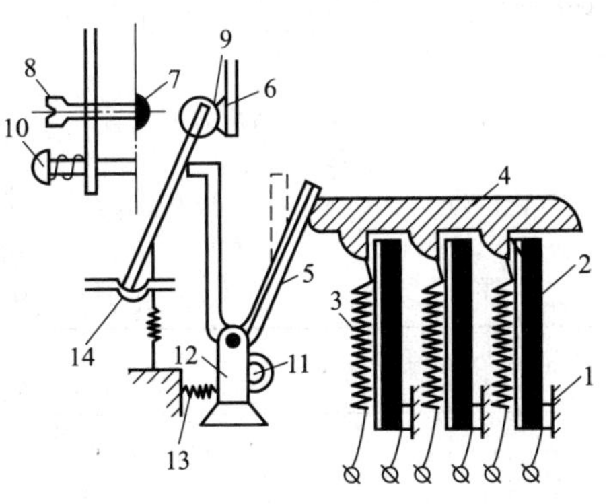

图 2-21　热继电器的结构示意图
1—双金属片的固定支点；2—双金属片；3—发热元件；4—导板；5—补偿双金属片；6—常闭触点；7—常开触点；8—复位螺钉；9—动触点；10—复位按钮；11—调节旋钮；12—支撑件；13—压簧；14—推杆

图 2-21 中，当电动机正常运行时，发热元件产生的热量虽能使双金属片 2 弯曲，但还不足以使继电器动作；当电动机过载时，发热元件产生的热量增大，双金属片弯曲位移增大，经过一定时间后，双金属片弯曲到推动导板 4，并通过补偿双金属片 5 与推杆 14 将触点 9 和 6 分开，使接触器线圈失电。调节旋钮 11 是一个偏心轮，它与支撑件 12 构成一个杠杆，13 为压簧，转动偏心轮，改变它的半径即可改变补偿双金属片 5 与导板的接触距离，达到整定动作电流的目的。此外，靠调节复位螺钉 8 来改变常开触点 7 的位置使热继电器能工作在手动复位和自动复位两种工作状态。采用手动复位时，在故障排除后要按下按钮 10 才能使动触点恢复与静触点 6 的接触。

## 三、 带断相保护的热继电器

三相电动机的一根接线断开或一相熔丝熔断，是造成三相异步电动机烧坏的主要原因之一。如果热继电器所保护的电动机是星形接法，线电流等于相电流，当线路发生一相断电时，另外两相电流即便增大很多，流过电动机绕组的电流和流过热继电器的电流增加比例相同，因此普通的两相或三相热继电器可以对此做出保护。如果电动机是三角形接法，线电流与相电流不等，发生断相时，流过电动机绕组的电流和流过热继电器的电流增加比例不相同（其中一相增加最多）。而热元件串接在电动机的电源进线中，按电动机的额定电流，即线电流整定，整定值大于相电流。当故障线电流达到额定电流时，故障相电流将超过额定相电流，有过热烧毁的危险。所以三

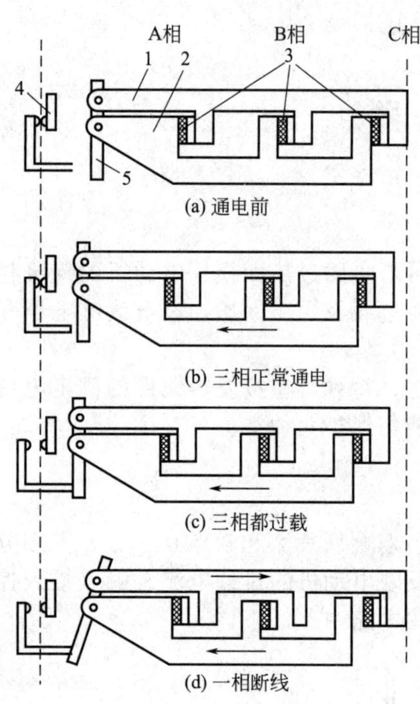


图 2-22 差动式断相保护热继电器动作原理

1—上导板；2—下导板；3—双金属片；4—常闭触点；5—杠杆

角形接法电动机必须采用带断相保护的热继电器。

带有断相保护的热继电器是在普通热继电器的基础上增加一个差动机构，能对三相的三个电流进行比较，结构原理如图 2-22 所示。

差动机构由上导板 1、下导板 2 及杠杆 5 组成，它们之间都用转轴连接。图 2-22（a）为通电前各部件的位置。图 2-22（b）为正常通电时的位置，此时三相双金属片都受热向左微小弯曲，下导板向左移动很小段距离，继电器不动作。图 2-22（c）是三相同时过载时的情况，三相双金属片同时向左弯曲，推动下导板 2 向左移动，通过杠杆 5 使常闭触点打开。图 2-22（d）是 C 相断相的情况，这时 C 相双金属片逐渐冷却降温，端部向右移动，推动上导板 1 向右移。而另外两相双金属片温度上升，端部向左弯曲，推动下导板 2 继续向左移动。由于上、下导板一左一右移动，产生了差动作用，通过杠杆的放大作用，使常闭触点加速打开，从而实现电动机的保护。

## 四、 热继电器的主要技术参数

在三相交流电动机的过载保护中，JR20 和 JRS 系列三相式热继电器应用较广泛。这两个系列的热继电器都有带断相保护和不带断相保护两种类型，表 2-4 给出 JR20 系列热继电器的技术数据。

表 2-4 JR20 系列热继电器的技术数据

| 型号 | 热继电器额定电流/A | 发热元件规格 | | 结构特征 |
|---|---|---|---|---|
| | | 热元件号 | 刻度电流调整范围/A | |
| JR20-10 | 10 | 1R | 0.1～0.13～0.15 | 可与同容量的 CJ20 交流接触器配套安装及单独安装，250A 以上需配电流互感器分流 |
| | | 2R | 0.15～0.19～0.23 | |
| | | 3R | 0.23～0.29～0.35 | |
| | | 4R | 0.35～0.44～0.53 | |
| | | 5R | 0.53～0.67～0.8 | |
| | | 6R | 0.8～1.0～1.2 | |
| | | 7R | 1.2～1.5～1.8 | |
| | | 8R | 1.8～2.2～2.6 | |
| | | 9R | 2.6～3.2～3.8 | |
| | | 10R | 3.2～4.0～4.8 | |
| | | 11R | 4.0～5.0～6.0 | |
| | | 12R | 5.0～6.0～7.0 | |
| | | 13R | 6.0～7.2～8.4 | |
| | | 14R | 7.0～8.6～10.0 | |
| | | 15R | 8.6～10.0～11.6 | |
| JR20-16 | 16 | 1S | 3.6～4.5～5.4 | |
| | | 2S | 5.4～6.7～8 | |
| | | 3S | 8.0～10～12 | |
| | | 4S | 10～12～14 | |
| | | 5S | 12.0～14～16 | |
| | | 6S | 14～16～18 | |
| JR20-25 | 25 | 1T | 7.8～9.7～11.6 | |
| | | 2T | 11.6～14.3～17 | |
| | | 3T | 17～21～25 | |
| | | 4T | 21～25～29 | |

热继电器的型号含义如图 2-23 所示。

热继电器的图形符号及文字符号如图 2-24 所示。

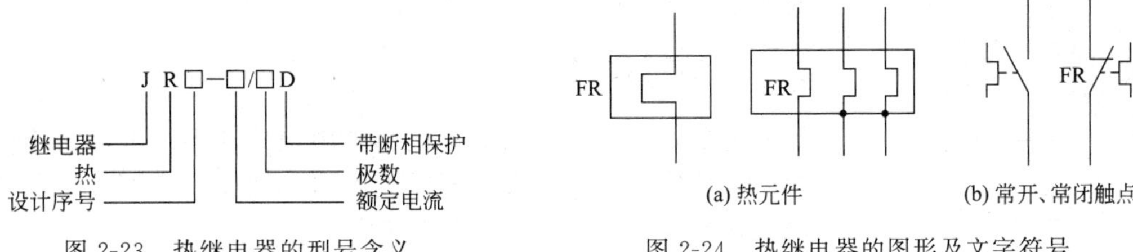


图 2-23　热继电器的型号含义

图 2-24　热继电器的图形及文字符号

## 五、 热继电器的选用

热继电器选用时通常按电动机接线形式、工作环境、启动情况及负荷情况等几方面综合考虑。

(1) 原则上热继电器的额定电流应按电动机的额定电流选择。对于过载能力较差的电动机，其配用的热继电器（主要是发热元件）的额定电流可适当小些。通常，选取热继电器的额定电流（实际上是选取发热元件的额定电流）为电动机的额定电流的 60%～80%。

(2) 在不频繁启动场合，要保证热继电器在电动机的启动过程中不产生误动作。通常，当电动机启动电流为其额定电流 6 倍以及启动时间不超过 6s 时，若很少连续启动，就可按电动机的额定电流选取热继电器。

(3) 当电动机为重复短时工作时，首先注意确定热继电器的允许操作频率。因为热继电器的操作频率是很有限的，如果用它保护操作频率较高的电动机，效果很不理想，有时甚至不能使用。

# 第五节　控制用继电器

## 一、 时间继电器

从输入信号到达（一般为通电或断电）开始，经过一定的时间延迟后才输出信号（触点状态变化）的继电器，称为时间继电器。时间继电器可分为通电延时型和断电延时型。通电延时型接收输入信号后延迟一定时间，输出信号才发生变化，当输入信号消失后，输出信号瞬时复原。断电延时型接收输入信号时，瞬时产生输出信号的变化，当输入信号消失后，延迟一定的时间，输出信号才复原。

时间继电器种类很多，常用的有直流电磁式、空气阻尼式、电动式和电子式等。以下以晶体管式通电延时型时间继电器为例介绍其工作原理。

晶体管时间继电器以电容对电压变化的阻尼为延时基础。图 2-25 所示为阻容式延时电路，如以该电路接电，电容 $C$ 充电为计时开始时刻，晶体管导通为输出信号时刻。不难看出，在电压 $E$ 不变的前提下，改变充电电阻 $R$ 的大小即可影响充电时间常数 $RC$，并影响时间继电器延时的长短。

随着集成电路的大量应用，数字显示时间继电器获得了广泛的应用。它们的特点是延时精度高，延时范围广，触点容量大，调整方便，工作状态直观，指示清晰准确等。

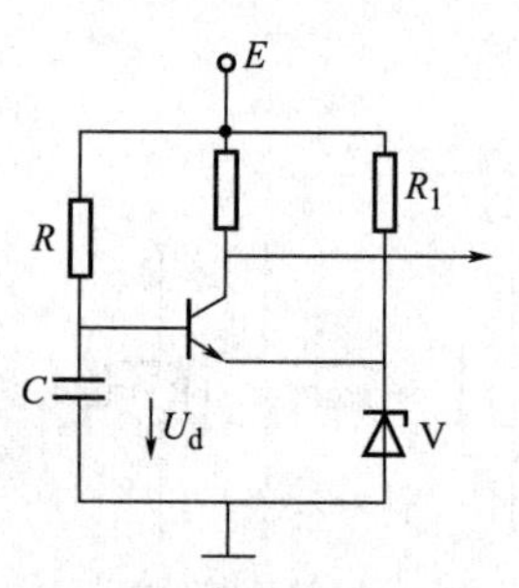


图 2-25 阻容式延时电路

JSS1 系列数显时间继电器的技术数据见表 2-5 所示。

除延时触点外，时间继电器一般还带有瞬时动作的常开常闭触点。

时间继电器的图形符号及文字符号如图 2-26 所示。

## 二、 速度继电器

依靠电磁感应原理实现触点动作的感应式速度继电器结构如图 2-27 所示。由定子、永磁转子和触点三部分组成，使用时继电器轴与电动机轴相连，触点接在控制电路中。

**表 2-5 JSS1 系列数显时间继电器的技术数据**

| 型号 | 延时动作触点数 | 重复误差 | 电源波动误差 | 温度误差 | 安装方式 | 额定工作电压/V | | 延时范围 |
|---|---|---|---|---|---|---|---|---|
| | | | | | | 交流 | 直流 | |
| JSS1-01 | 2 转换 | ±1% | 2.5% | 2.5% | 装置式<br>面板式 | 24,36,42,<br>48,110,127,<br>220,380 | 24,48,110 | 0.1～9.9s<br>1～99s |
| JSS1-02 | | | | | | | | 0.1～9.9s<br>10～990s |
| JSS1-03 | | | | | | | | 1～99s<br>10～990s |
| JSS1-04 | | | | | | | | 0.1～9.9min<br>1～99min |

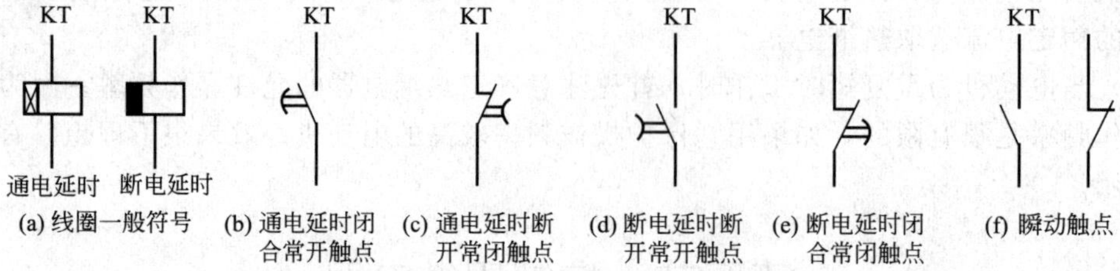


图 2-26 时间继电器的图形及文字符号

当电动机转动时，转子 11 形成的旋转磁场切割定子导体，使定子受到随转子转动的力。当转子转速达到一定数值时，定子偏转到一定角度，在杠杆 7 的作用下使某一侧的常闭触点打开而常开触点闭合。在电动机转速下降时，反力弹簧使定子返回到原来的位置，使对应的触点恢复原状。调节螺钉 1 的松紧，可以调节反力弹簧的反作用力，从而调节触点动作所需的转子转速。速度继电器一般具有正反两个方向动作的两组常开、常闭触点，可实现两个方向的速度控制。

常用的感应式速度继电器有 JY1 和 JFZ0 系列。JY1 系列能在 3000r/min 以下可靠地工作；JFZ0-1 型适用于 300～1000r/min，JFZ0-2 型适用于 1000～3600r/min。

速度继电器的图形及文字符号如图 2-28 所示。

## 三、 压力继电器

压力继电器广泛用于各种气压和液压控制系统中，通过检测气压或液压的变化，发出信号，控制执行器件工作。图 2-29 为一种简单的压力继电器结构示意图。压力传送装置包括入油口管道接头 5、橡皮膜 4 及滑杆 2 等。当油管内的压力达到某给定值时，橡皮膜 4 便受力向上凸起，推动滑杆 2 向上，压动微动开关 1，发出控制信号。旋转弹簧 3 上面的给定螺帽，便可调节弹簧的松紧程度，改变动作压力的大小，以适应控制系统的需要。

压力继电器的图形及文字符号如图 2-30 所示。

## 四、温度继电器

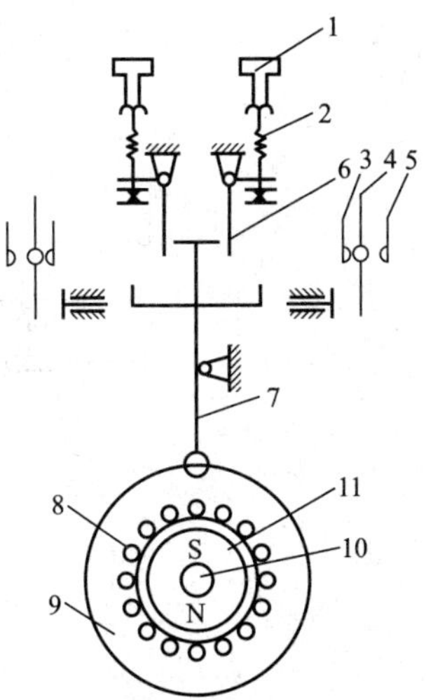

图 2-27　感应式速度继电器的结构示意图

1—调节螺钉；2—反力弹簧；3—常闭触点；4—动触点；5—常开触点；6—返回杠杆；7—杠杆；8—定子导体；9—定子；10—转轴；11—转子

电动机过载时，热继电器的发热元件可间接地反映出绕组温升的高低，起到过载保护的作用。然而，热继电器不能检测电网电压升高，铁损增加引起的铁芯发热，或者环境温度过高及通风不良等引起的绕组发热。为此，出现了按温度原则动作的继电器，这就是温度继电器。

温度继电器有两种类型，一种是双金属片式温度继电器，另一种是热敏电阻式温度继电器。

双金属片式温度继电器的工作原理与热继电器类似，由于体积大，放置位置不可能充分接近绕组以致动作滞后，故不宜用来保护高压电动机，因为过强的绝缘层会减缓热量的传导，加剧动作滞后。

热敏电阻式温度继电器的主体为电子电路，作为温度检测元件的热敏电阻装在电动机机壳内。图 2-31 为某正温度系数热敏电阻温度继电器的电路。正温度系数热敏电阻具有明显的开关特性，电阻温度系数大，体积小，灵敏度高，在温度继电器中得到广泛的应用。

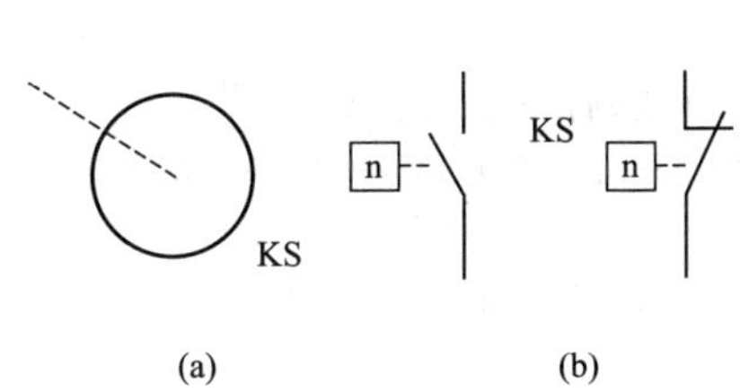

图 2-28　速度继电器的图形及文字符号

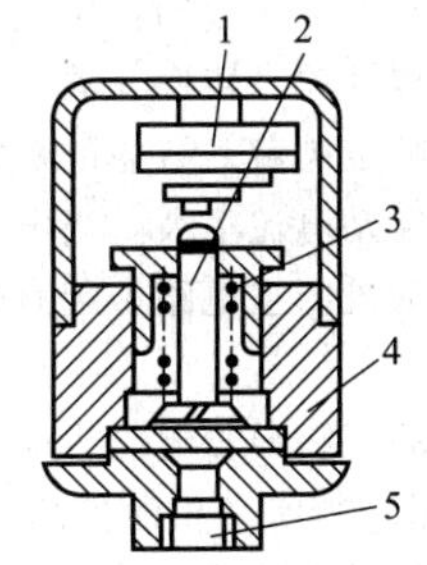

图 2-29　压力继电器结构示意图

1—微动开关；2—滑杆；3—弹簧；4—橡皮膜；5—入油口管道接头

## 五、液位继电器

某些锅炉和水柜需根据液位的高低变化来控制水泵电动机的启停，这一控制可由液位继电器完成。

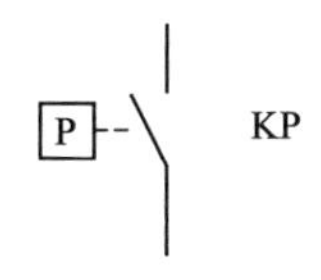

图 2-30　压力继电器的图形及文字符号

图 2-32 为液位继电器的结构示意图。浮筒置于被控水柜内，浮筒的一端有一根磁钢，水箱外壁装有一对触点，动触点的一端也有一根磁钢，它与浮筒一端的磁钢相对应。当锅炉或水柜内的水位降低到极限值时，浮筒下落使磁钢端绕支点 A 上翘。由于磁钢同性相斥的作用，使动触点的磁钢端被斥下落，通过支点 B 使触点 1-1 接通，2-2断开。反之，水位升高到上限位置时，浮筒上浮使触点 2-2 接通，1-1 断开。显然，液位继电器的安装位置决定了被控液位的高低。

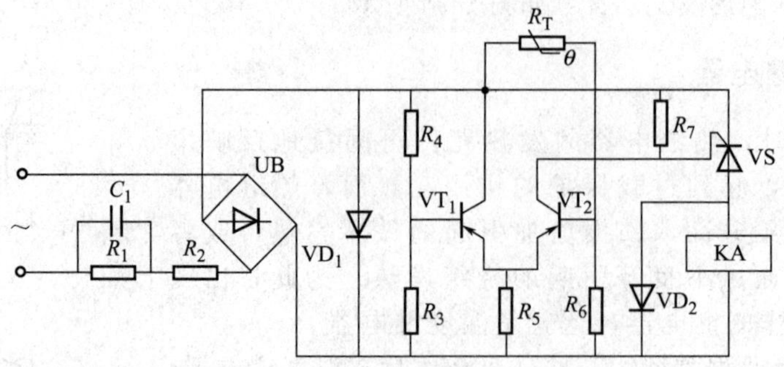

图 2-31 热敏电阻温度继电器电路图

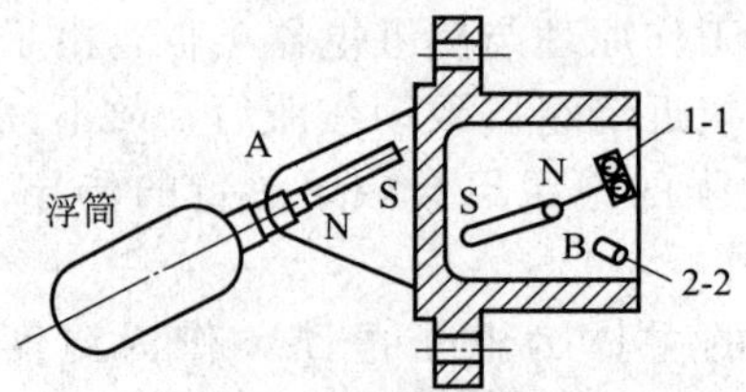

图 2-32 液位继电器的结构示意图

# 习题及思考题

2-1 隔离开关与负荷开关的区别在哪里？选用时要注意些什么？

2-2 低压断路器在电路中的作用是什么？失压、过载及过电流脱扣器起什么作用？

2-3 按钮、行程开关、转换开关及主令控制器在电路中各起什么作用？

2-4 熔断器的额定电流、熔体的额定电流有何区别？

2-5 电动机的启动电流很大，当电动机启动时，热继电器会不会动作？为什么？

2-6 既然在电动机的主电路中装有熔断器，为什么还要装热继电器？装有热继电器是否就可以不装熔断器？为什么？

2-7 星形接法的三相异步电动机能否采用两相结构的热继电器作为断相和过载保护？三角形接法的三相电动机为什么要采用带有断相保护的热继电器？

2-8 是否可以用过电流继电器来作电动机的过载保护？为什么？

2-9 两台电动机不同时启动，一台电动机额定电流为 12A，另一台电动机额定电流为 6A，试选择作短路保护熔断器的额定电流及熔体的额定电流。

2-10 试叙述刀开关、熔断器、热继电器、速度继电器、液位继电器等电器如何安装及接入电路使用。

2-11 叙述通电延时及断电延时时间继电器的工作过程。画出它们的线圈及触点的图形符号。

# 第三章 基于继电器接触器的电力拖动控制电路

**内容提要：**工农业生产中，电力拖动常使用继电器接触器控制电路。这是依一定逻辑关联，用导线将接触器、继电器、按钮、行程开关等电器元件连接组成的线路。本章以典型单元电路说明电路的基本结构技巧，以交直流电动机的启动、制动、调速等常用电路，说明电气图纸的读图分析方法。

## 第一节 电气图纸的图形、文字符号及绘制原则

图纸是工程的通用语言，在电气控制工程中也是这样。常用的电气控制工程图纸有三种：电气原理图、电气元件布置图、电气安装接线图。其中后两种为工艺图纸。电气控制系统图纸是根据国家标准，用规定的图形及文字符号及规定画法绘制的。

### 一、 常用的电器图形符号及文字符号

我国已颁布实施了电气图纸和相关文件的国家标准，如 GB/T 4728《电气简图用图形符号》及 GB/T 6988《电气技术用文件的编制》。国家规定从 1990 年 1 月 1 日起，电气图纸中的文字符号、图形符号及图纸的绘制方法必须符合新的国家标准规定。本书附录 A 列出了部分常用的图形符号与文字符号以供参考。其他有关规定，如电气设备用图形符号、工业系统装置及设备以及工业产品结构原则与参照代号等，请自行参阅相关国家标准。

### 二、 电气原理图

电气原理图是用来表达电路结线构成及工作原理的图纸。图中含电路所用的电器元件及结线，但不以元件的实际外形，也不按照元件的安装布置来绘制，而是根据电气绘图标准，采用规定的图形符号、文字符号及线路标号，依展开图画法表示元器件之间的连接关系。以下以图 3-1，CA6140 型普通车床电气原理图说明绘图要求。

(1) 国家相关标准规定，图纸的幅面选择应符合规定，图纸应布局紧凑、清晰和方便使用。

(2) 电气原理图一般分为主电路和辅助电路两部分。主电路指由电源到执行电器，如电动机的电路，为有较强电流通过的电路。主电路常由开关、熔断器、接触器的主触点、热继电器的热元件及电动机绕组等组成。辅助电路包括控制电路、照明电路、信号电路及保护电路等，由按钮、接触器和继电器的线圈、辅助触点以及其他元件组成。辅助电路中通过的电流比较小。图纸中，主电路用粗实线绘制在图面的左侧或上方，辅助电路用细实线绘制在图面的右侧或下方。图 3-1 中主电路绘在左侧，辅助电路绘在了右侧。

(3) 无论是主电路还是辅助电路的电器部件，均应按动作顺序以方便阅读排列。其布局的顺序应该是从左到右、从上到下。原理图中，同一元件的各个部分为方便布图，一般不画在一起，但必须用同一文字符号表示。如图 3-1 中接触器 $KM_1$ 的主触点、常开辅助触点及

线圈分别绘在了主电路及辅助电路的不同部位。对于图中的多个同类电器，在表示名称的文字符号后加上数字序号，以示区别，如 $K_1$、$KM_2$、$KT_1$、$KT_2$ 等。电路图中的各段导线也需编号。

（4）所有电器的可动部分均以自然状态画出。所谓自然状态是指操动机构没有通电或没有受到外力作用时的状态。如对于接触器、电磁式继电器等是指其线圈未加电压的状态，对于按钮、行程开关等，则是指其尚未被按压的状态。

（5）原理图上应尽可能减少线条和避免线条交叉。各导线之间有电的联系时，对“T”形连接点，在导线的交点处画一个实心圆点，也可以不画。对“十”形连接点，必须画实心圆点。绘图时根据图面布置的需要，可以将图形符号旋转 90°或 180°或 45°绘制，即图面可以水平布置，或者垂直布置，也可以采用斜的交叉线。

（6）为了便于确定图纸的内容和组成部分，方便查找、更改、补充和分析，可在图纸上分区。具体做法可以是：从与标题栏相对应图幅的左上角开始，竖边方向上用大写的拉丁字母编号，横边上用阿拉伯数字编号，横竖坐标结合则代表图纸的具体分区位置。还可以为分区的电路功能在图上安排说明文字。图 3-1 中则只作了横向分区，并分别在图的上下方标注了区号及功能说明文字。

（7）还可以在图上标注符号关联位置的索引。如图 3-1 图区 2 中 $KM_1$ 主触点旁的“6”即表示接触器的线圈在图区 6。而图区 6，$KM_1$ 线圈符号下则安排了接触器的触点索引。索引的含义如表 3-1 所示。对于继电器触点的索引表示方法如表 3-2 所示。当接触器或继电器的某些触点没有接入电路时，相应图区位置以“×”表示。

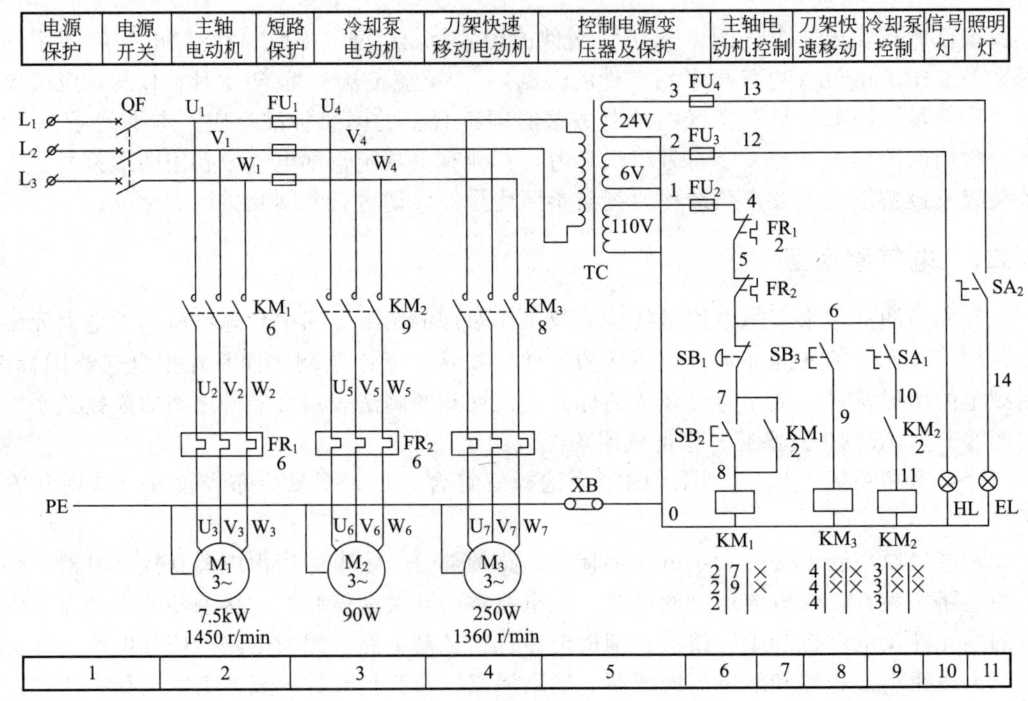


图 3-1 CA6140 型普通车床电气原理图

**表 3-1 接触器索引表示方法**

| 左栏 | 中栏 | 右栏 |
|---|---|---|
| 主触点所在图区号 | 辅助常开触点所在图区号 | 辅助常闭触点所在图区号 |

表 3-2　继电器索引表示方法

| 左栏 | 右栏 |
| --- | --- |
| 辅助常开触点所在图区号 | 辅助常闭触点所在图区号 |

## 三、电气元件布置图

电气元件布置图表示电气设备各元器件的实际安装情况。一般可有以下几种内容的图纸。

(1) 表示电气元器件在设备上分布的。如图 3-2 所示为 CA6140 型普通车床电气元件布置图，图中以机床前后平面图为基础标明了电气元件的分布位置。

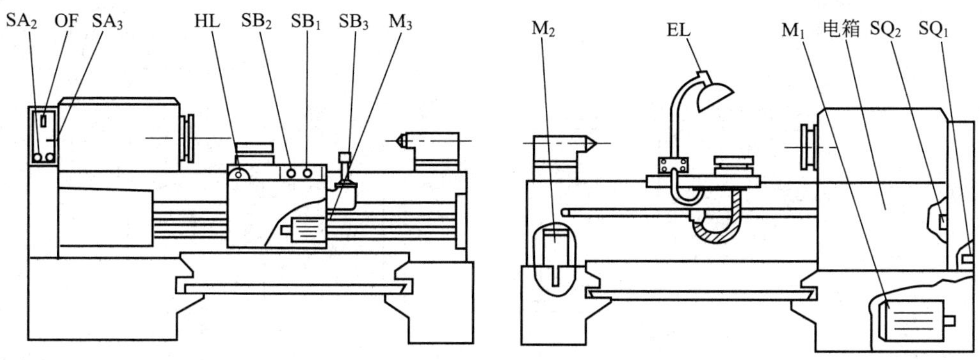


图 3-2　CA6140 型普通车床电气元件布置图

(2) 除了电动机及操作器件分散安装外，电器大多会在电器箱中集中安装，因而需要电器箱内电气元件的布置图。这类图中绘出了各种电器在箱安装板上分布的情况。对于一些大型设备，具有大型操作面板的，还需有操作面板元件布置图。为了加工及维修方便，以上这些图纸要详细标明元件及安装位置的具体尺寸，元件的相互位置关系。图 3-3 即为电器箱安装板元件布置图的例子，图中 KM、$KA_1$、TC 等为元件的文字符号，$XT_1$、$XT_0$ 为接线端子排。

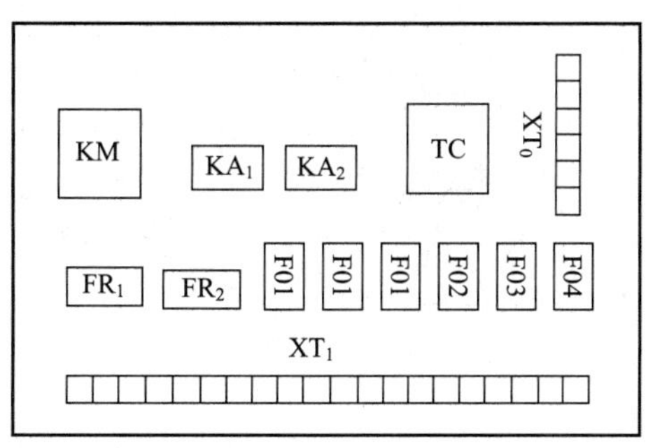


图 3-3　电器箱安装板元件布置图

## 四、电气接线图

设备生产中接线图用于电器的安装接线，也可用于制作完工后的线路检查、维修和故障处理。接线图绘出了电器安装时的相对位置、安装方式，标有电器的代号、端子号，有时还需要对配线给出要求，如导线号、导线类型、导线截面积、屏蔽和配线方式等内容。接线图中的各个项目（如元件、器件、部件、组件、成套设备等）采用简化外形（如正方形、矩形、圆形）表示，必要时也可图形符号表示。电气接线图的绘制原则如下。

(1) 各电气元件均按其在安装底板中的实际安装位置绘出，元件所占图面按实际尺寸以统一比例绘制。

(2) 一个元件的所有部件绘在一起，并且用点画线框起来，即采用集中表示法。有时将多个电气元件用点划线框起来，表示它们是安装在同一安装底板上的。

(3) 各元件的图形符号和文字符号必须与原理图一致，并符合国家标准。

(4) 各元件上凡是需要接线的部件端子都应绘出，并予以编号，各接线端子的编号必须与原理图的导线编号相一致。

（5）安装底板内外的电气元件之间的连线通过接线端子排进行连接，安装底板上有几根接至外电路的引线，端子排上就应绘出几个线的接点。

（6）绘制安装接线图时，走向相同的相邻导线可以绘成一股线。

图 3-4 为根据上述原则绘制的 CA6140 型普通车床电气接线图。

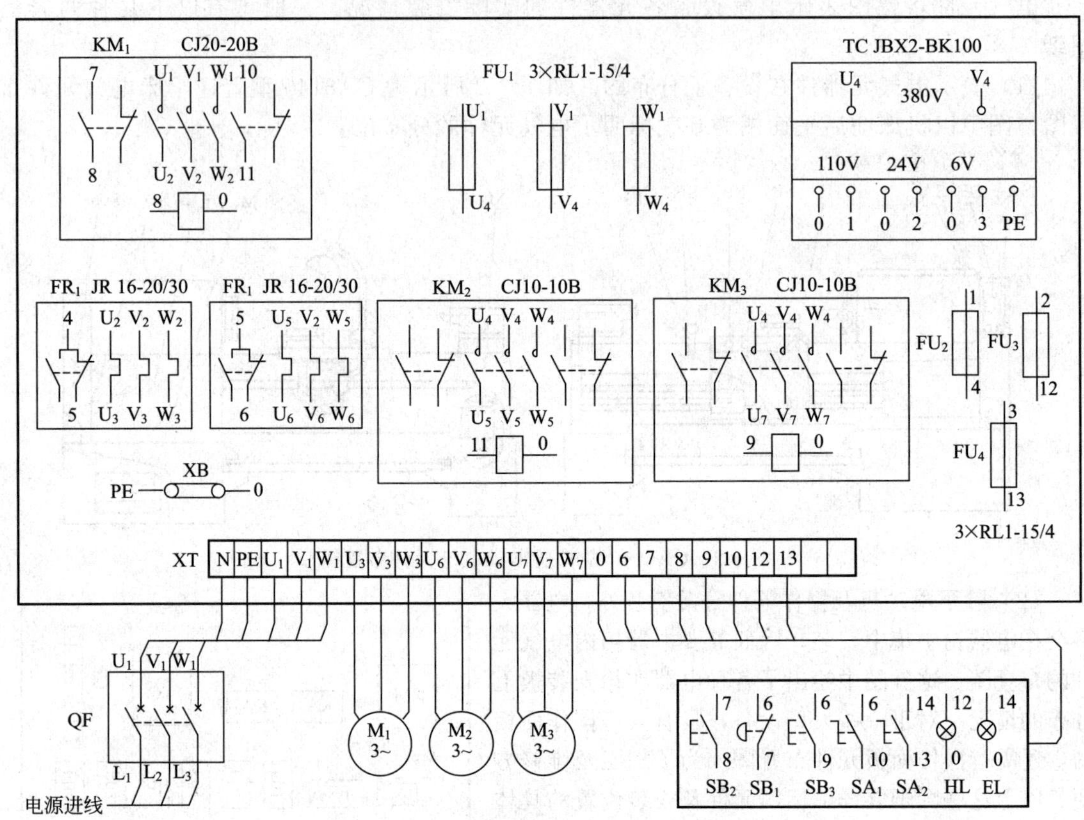


图 3-4 CA6140 型普通车床电气安装接线图

## 第二节 继电器接触器控制常用单元电路

以接触器为主要开关电器，配以继电器及其他电器连接的，具有特定控制功能的电路，称为继电器接触器控制系统。系统的功能取决于系统中电器所代表的事件及电器间接线所代表的事件间的逻辑关联。继电器接触器控制系统经常由一些具有基本功能的单元电路组成，它们是可以在各类电路中反复使用的接线方式或技巧。

### 一、 点动及连续运转

在生产实践中，机械设备有时需长时间运转，有时需间断工作，因而有连续工作电路和点动工作电路。如图 3-5 所示，CA6140 型普通车床刀架快速移动电动机控制电路（$KM_3$）是点动电路，冷却泵电动机控制电路（$KM_2$）是连续运转电路。不难发现，点动功能是由按钮 $SB_3$ 实现的，$SB_3$ 按下时 $KM_3$ 接通，电动机工作，手一松，按钮自动恢复原位，$KM_3$ 失电，电动机停转，这就是“点动”的含义。而冷却泵电动机接触器是由转换开关 $SA_1$ 控制的，$SA_1$ 是接通后不会自动复位的电器，因而冷却泵电动机当 $SA_1$ 接通后连续运转。

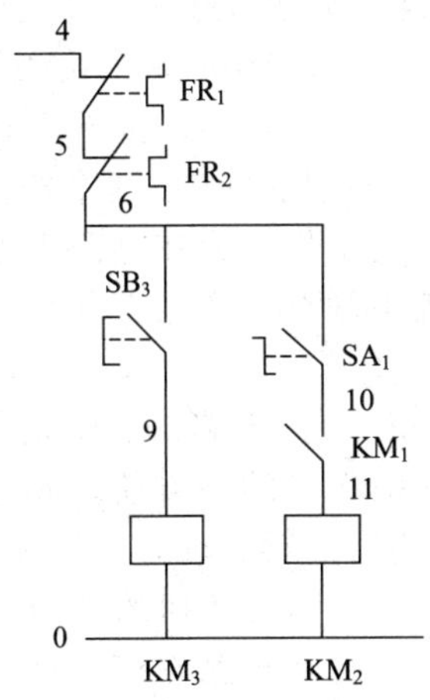


图 3-5　CA6140 型普通车床刀架电动机及冷却泵电动机控制电路

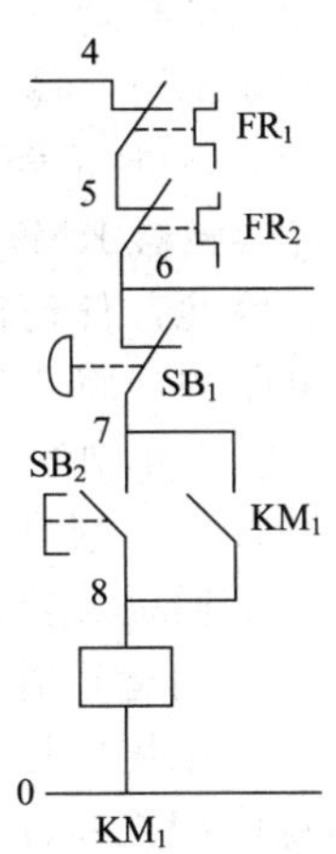


图 3-6　CA6140 型普通车床主轴电动机控制电路

## 二、 自锁及互锁

图 3-6 是 CA6140 型普通车床主轴电动机控制电路，这也是连续运转电路。和刀架快速移动点动控制电路的区别是启动按钮 $SB_2$ 的常开触点上并联了接触器 $KM_1$ 的常开触点。该电路在启动按钮 $SB_2$ 按下后，$KM_1$ 吸合。而按钮 $SB_2$ 复位后，$KM_1$ 的线圈通过自身的常开触点通电，使电动机能够连续运行。这种靠接触器本身触点保持通电的方法称为“自锁”。该电路需电动机停止时，只要按下停止按钮 $SB_1$，线圈回路断电，衔铁复位，主电路及自锁电路均断开，电动机失电停止。以上电路为最基本的功能电路，称为启-保-停电路。自锁功能实现的连续运行和图 3-5 中依靠不能自动复位开关实现的连续运行相比，一个重要的优点是自锁电路具有失压保护，即当电路失电又来电时，使用自锁的电路不会自己启动，比较安全。

图 3-7 是三相异步电动机正反向运转控制电路。在生产实践中，有很多情况需要电动机具有正向、反向两种运行状态，如工作台的往复移动，夹具的夹紧与松开，起重机吊钩的上

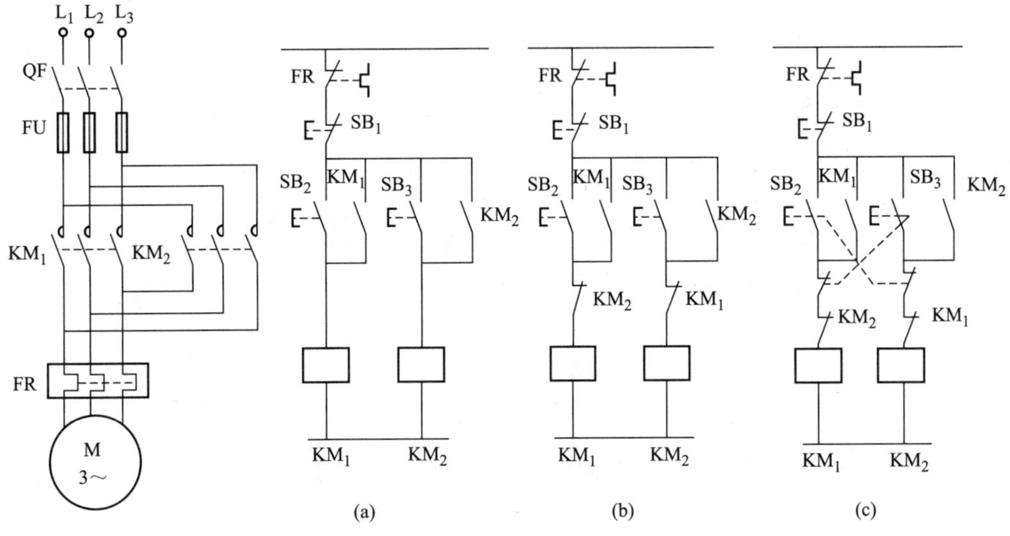


图 3-7　三相异步电动机正反向运转控制电路

升和下降等。要使电动机运行方向改变，只需改变电动机绕组的通电顺序，即使电动机绕组中任意两相接线交换即可。图 3-7（a）中，主电路中安排了正向和反向两只接触器。按下正转启动按钮 $SB_2$ 时，正向接触器 $KM_1$ 线圈得电并自锁，电动机正转；按下反转启动按钮 $SB_3$ 时，反向运转接触器 $KM_2$ 得电，电动机反转。如果误操作同时按下两个按钮，将会使电动机电源短路。因此，任何时候只能允许一个接触器通电工作。为在电路中保障这一要求，通常在控制电路中，将正反转控制接触器的常闭触点串联在对方的工作线圈里，如图 3-7（b）所示，构成相互制约关系，称为“互锁”。

仅利用电器常闭触点的互锁称为正-停-反电路。也就是说正向运行时需先停车才能启动反转。这是一种操作上的不方便。如希望能在正向运行时直接启动反转或反向运行时直接启动正转，可以在图 3-7（b）中增加按钮互锁，如图 3-7（c）所示。互锁的按钮的常闭触点可以实现先断开正在运行的正转控制电路，再由常开触点接通反向运转的电路。称为正-反-停电路。

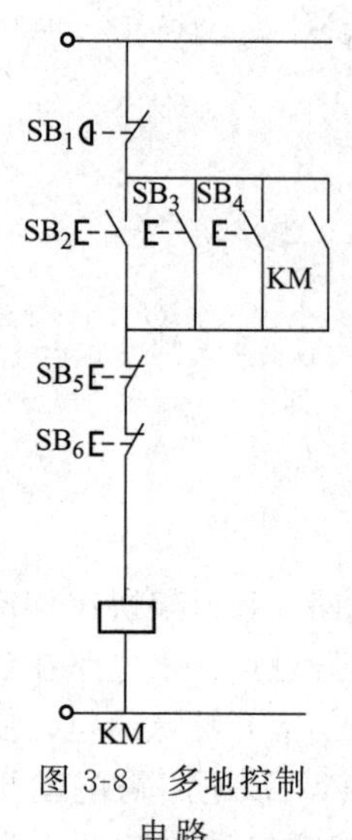

图 3-8　多地控制电路

## 三、　多地控制

在有些大型机械和生产设备上，为方便，常需设多个操作位置，称为多地控制，具体实现是设多组功能相同的按钮。多处按钮连接的原则是：常开（启动）按钮要并联，即逻辑或的关系。常闭（停止）按钮应串联，即逻辑与的关系。图 3-8 是多地控制电路的例子。

## 四、　顺序控制

实际生产中，有些设备的多台电动机的启停有确定的顺序，如磨床上要求先启动油泵电动机，再启动主轴电动机。图 3-9（a）是两台电动机顺序启动控制主电路，图 3-9（b）、图 3-9（c）为控制电路。图 3-9（b）电路的工作原理如下：按下启动按钮 $SB_2$，$KM_1$ 通电并自锁，电动机 $M_1$ 运转，串在 $KM_2$ 控制回路中的 $KM_1$ 常开触点闭合。按下 $SB_4$，$KM_2$ 通电并自锁，电动机 $M_2$ 启动。如果先按下 $SB_4$，因 $KM_1$ 常开触点未接通，电动机 $M_2$ 不可能先启动，达到了按顺序启动的要求。

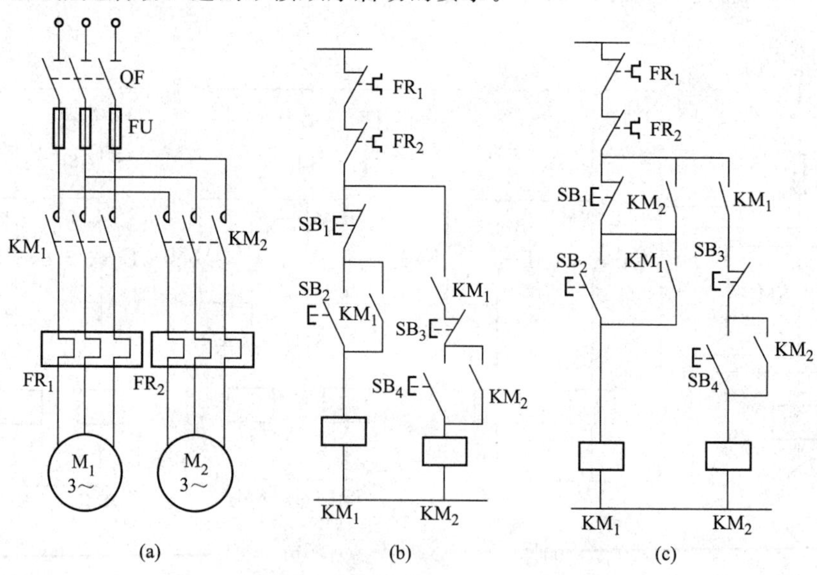

图 3-9　两台电动机顺序启停控制电路

有些生产机械还要求按一定顺序停止。如皮带运输机，启动时应先启动终点处的皮带机，再启动前序的皮带机。停止时应先停投料料口处的皮带机，最后停终点处的皮带机，这样才不会造成物料在皮带上的堆积。要达到两台电动机先开后停的目的，可在顺序启动控制电路图 3-9（b）的基础上，将接触器 $KM_2$ 的一个辅助常开触点并接在停止按钮 $SB_1$ 的两端，如图 3-9（c）所示，这样，即使先按 $SB_1$，由于 $KM_2$ 通电，电动机 $M_1$ 也不会停转。只有当按下 $SB_3$，电动机 $M_2$ 先停后，再按下 $SB_1$ 才能停止电动机 $M_1$。

### 五、 自动循环

生产中，机床的工作台常需往复运行。自动往复运行通常是利用行程开关检测运动体的位置，控制电动机的正反转或电磁阀的通断电来实现。

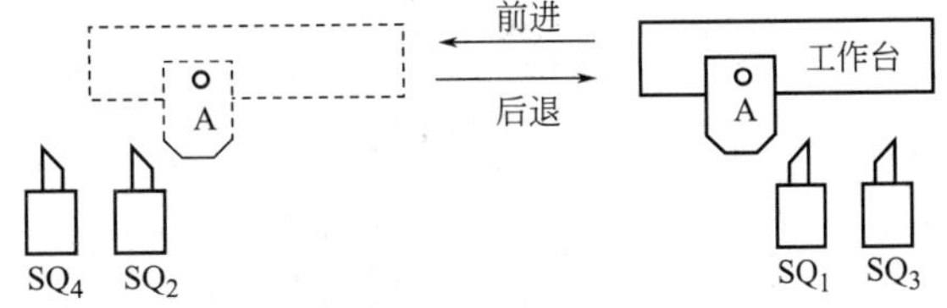

图 3-10　机床工作台往复运动示意图

图 3-10 为机床工作台往复运动示意图。行程开关 $SQ_1$、$SQ_2$ 分别固定在床身上，为加工终点与起点。撞块 A 固定在工作台上，随着运动部件移动，分别按压行程开关 $SQ_1$、$SQ_2$，来改变控制电路的通断状态，使电动机正反方向运转，实现自动往复运动。

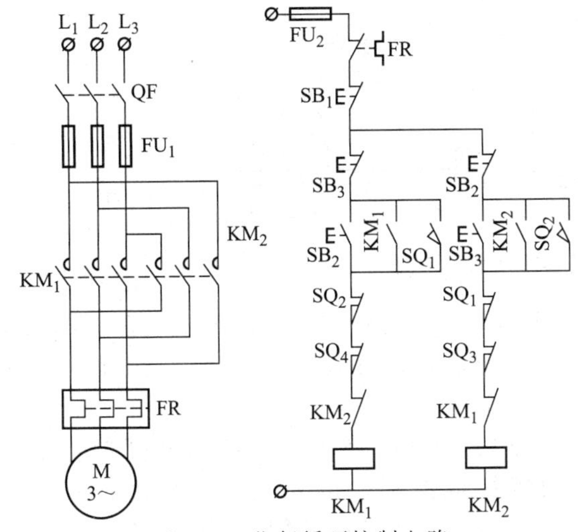

图 3-11　往复循环控制电路

图 3-11 为往复循环的控制电路。图中 $SQ_1$ 为后退转前进行程开关，$SQ_2$ 为前进转后退行程开关，$SQ_3$、$SQ_4$ 为极限保护用行程开关。电路工作原理如下：合上电源开关 QF，按下正转启动按钮 $SB_2$，$KM_1$ 线圈通电并自锁，电动机正转前进，拖动运动部件向左运动。当撞块 A 按压 $SQ_2$，其常闭触点断开、常开触点闭合，使 $KM_1$ 断电、$KM_2$ 通电，电动机由正转变为反转，拖动部件向右运行。当达到右限时，撞块 A 按压 $SQ_1$，使 $KM_2$ 断电，$KM_1$ 通电，电动机由反转变为正转，拖动部件再向左运行，如此周而复始自动往复工作。按下停止按钮 $SB_1$ 时，电动机停止，运动部件停下。当行程开关 $SQ_1$ 或 $SQ_2$ 失灵时，则由极限保护行程开关 $SQ_3$、$SQ_4$ 实现保护，避免运动部件因超出极限位置而发生事故。

## 第三节　三相异步电动机控制电路

三相交流异步电动机的启动、调速及制动电路是机械设备控制电路的基础，了解这些线路的构成及工作过程对学习完整的机械设备电路是必要的。同时也可以进一步感受电气控制原理图的读图方法。

### 一、 三相异步电动机启动控制电路

中小型异步电动机可采用直接启动方式。启动时将电动机的定子绕组直接接到额定电压的交流电源上。对于较大功率的电动机，当其容量超出供电变压器容量的一定比例时，应采

用降压启动方式，以防止过大的启动电流引起电源电压的波动。三相异步电动机定子侧降压启动常用的方法有：定子串联电阻、定子串联自耦变压器、星-三角形降压启动、延边三角形降压启动等。线绕式转子异步电动机可以采用转子串电阻启动。

1. 星-三角形换接降压启动电路

星-三角形换接降压启动仅用于正常运转时绕组为三角形接法，绕组线电压为380V的电动机。启动时将定子绕组接成星形，加在电动机每相绕组上的电压为线路线电压的$1/\sqrt{3}$，为降压启动。星形连接经一定延时，当转速上升到接近额定转速时，再将绕组换接成三角形，接入全电压。星-三角形降压启动电路如图3-12所示，启动换接延时使用了接通延时时间继电器KT。

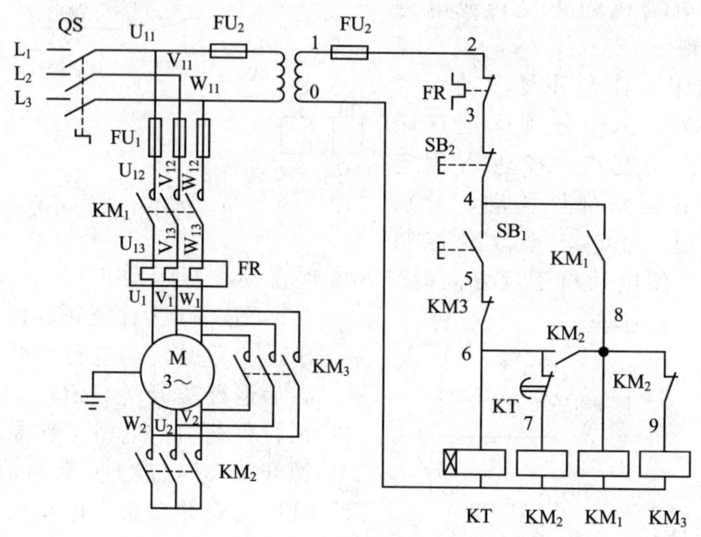


图3-12 星-三角形降压启动电路

分析电路动作情况如下。主电路中$KM_1$为主接触器，$KM_2$及$KM_3$为星三角换接用接触器。当$KM_1$与$KM_2$同时接通时电动机绕组为星形接法，当$KM_1$与$KM_3$同时接通时电动机绕组为三角形接法。

合上电源开关QS，按下启动按钮$SB_1$，使$KM_2$得电（KT常闭延时断开触点处于接通状态）并接通$KM_1$，且$KM_1$自保，电动机接成星形，接入三相电源进行降压启动。在$KM_2$得电的同时，时间继电器KT得电，经设定值长短的延时后，KT的常闭延时断开触点断开$KM_2$，并由8及9接线端$KM_2$的常闭触点接通$KM_3$，电动机绕组接成三角形全压运行。当$KM_2$断电后，6及8接线端的$KM_2$常开触点断开，使KT断电，避免时间继电器长期工作。电路中$KM_2$、$KM_3$线圈电路中互串了对方的常闭触点，形成互锁，以防止同时接成星形和三角形造成电源短路。

2. 串电阻（电抗器）降压启动控制电路

当电动机额定电压为220V/380V（△/Y）时，是不能用Y-△方法降压启动的。这时，可采用定子电路串联电阻（或电抗器）的启动方法。在电动机启动时，将电阻（或电抗器）串联在定子绕组与电源之间，由串联电阻（或电抗器）起分压作用，电动机定子绕组上所承受的电压只是线路电压的一部分。这样就限制了启动电流，当电动机的转速上升到一定值时，再将电阻（或电抗器）短接，电动机便在额定电压下运行。降压启动电路如图3-13所示。切换电阻的延时也是通过得电延时时间继电器获得的。

图3-13（a）中，合上电源开关QS，按下按钮$SB_2$，接触器$KM_1$和时间继电器KT的

线圈同时得电，$KM_1$ 闭合自锁，$KM_1$ 主触点闭合，电动机串联电阻（或电抗器）降压启动。其后，KT 的常开延时闭合触点延时闭合，$KM_2$ 线圈得电，$KM_2$ 主触点闭合，电阻（或电抗器）被短接，电动机加额定电压运转。

图 3-13（b）线路中，接触器 $KM_2$ 得电自锁后，其常闭触点将 $KM_1$ 和 KT 的线圈电路断电。这样电动机启动后，只有 $KM_2$ 得电，减少了 $KM_1$ 及 KT 的通电时间。

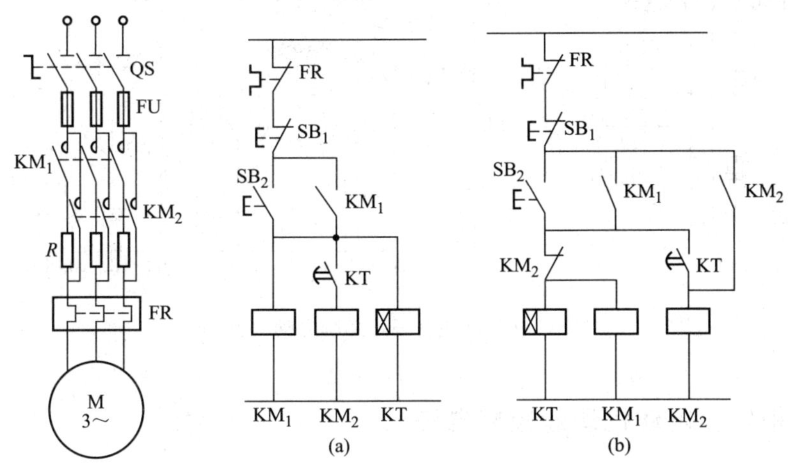


图 3-13 定子串电阻降压启动电路

3. 自耦变压器降压启动控制电路

利用自耦变压器来降低启动电压，也可达到限制启动电流的目的。启动时，定子绕组得到的是自耦变压器的副边电压，待转速上升到一定数值时，再将自耦变压器切除，电动机加额定电压运行。电气控制原理图如图 3-14 所示。基动作过程用电器动作顺序表示如下。顺序表中，电器文字符号右上角标“+”表示得电或得电动作，“-”表示失电或失电动作。文字符号上标（——）表示为常闭触点。水平箭头表示进程。

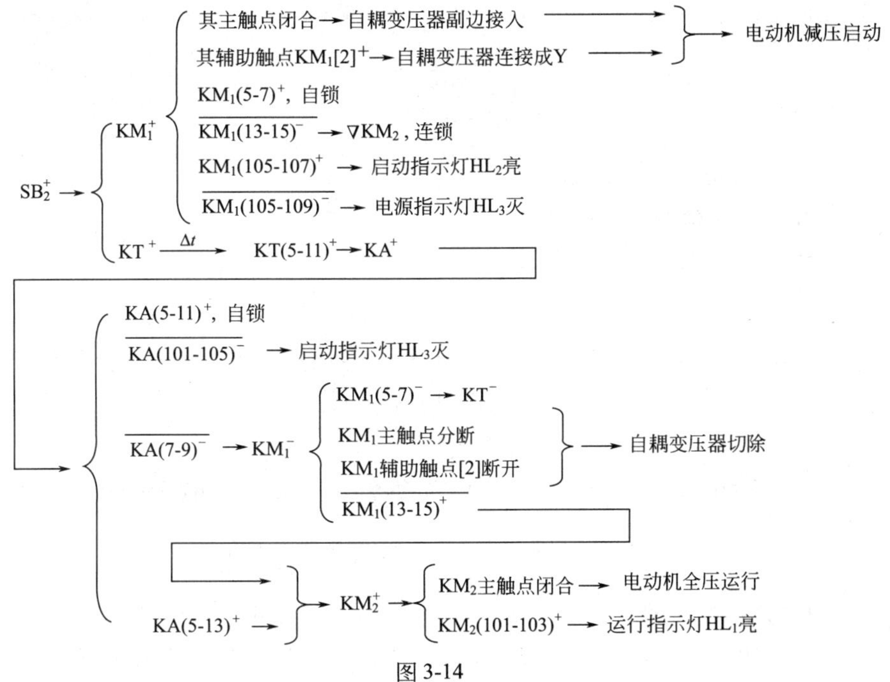


图 3-14

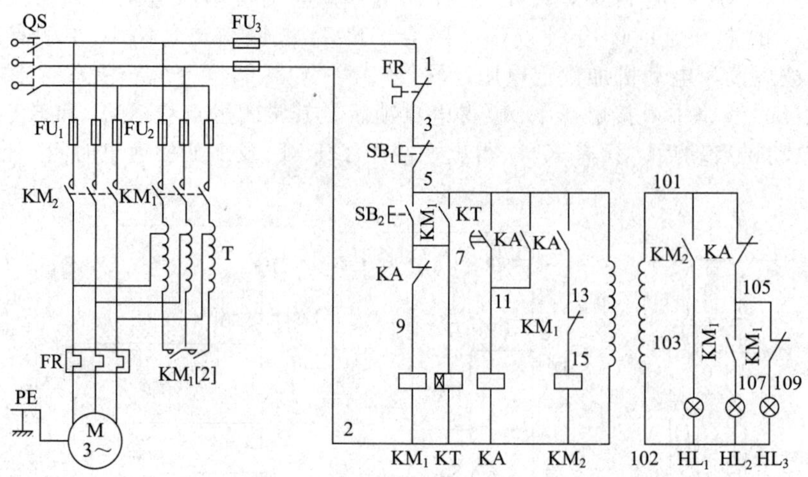


图 3-14 自耦变压器降压启动电路

## 二、 三相异步电动机调速控制电路

三相异步电动机可通过变频、变极对数、变转差率调速。线绕转子串电阻调速为改变转差率调速。变频调速将在第四章介绍。

1. 改变定子绕组极对数的多速控制电路

由电机学可知，异步电动机同步转速与极对数成反比。改变电动机的磁极对数调速是一种有级调速方式，需使用专门的装有多套绕组的变极调速电动机。某双速电动机定子绕组连接图如图 3-15 所示，低速时接为三角形，高速时接为双星形。

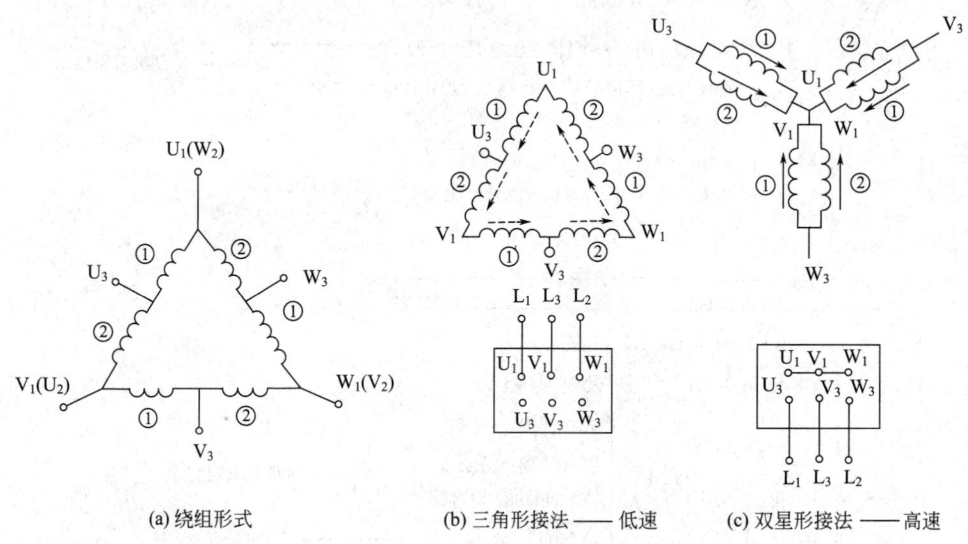


图 3-15 双速电动机定子绕组变极调速接线

双速电动机调速控制线路如图 3-16 所示。主电路中，$KM_1$ 为定子绕组三角形接法接触器，$KM_2$、$KM_3$ 为定子绕组双星形接法接触器。图 3-16（b）中控制电路是三角形接法启动，自动转为双星接高速运转电路。$SB_2$ 按下后的启动过程及电器动作顺序如下所示。

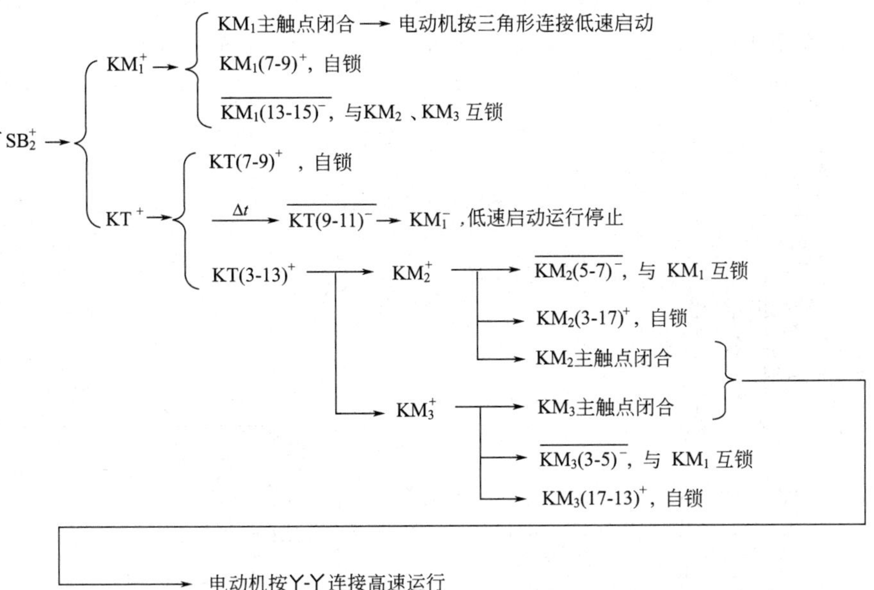


图 3-16（c）则为可选低速或高速运行的控制电路。图中 SA 是双向开关，中间位置时为停止位，位于低速位置时电动机三角形接法启动，低速运行，位于高速位置时则执行图 3-16（b）相同的启动过程后高速运行。各电器的详细动作过程请读者自己分析。

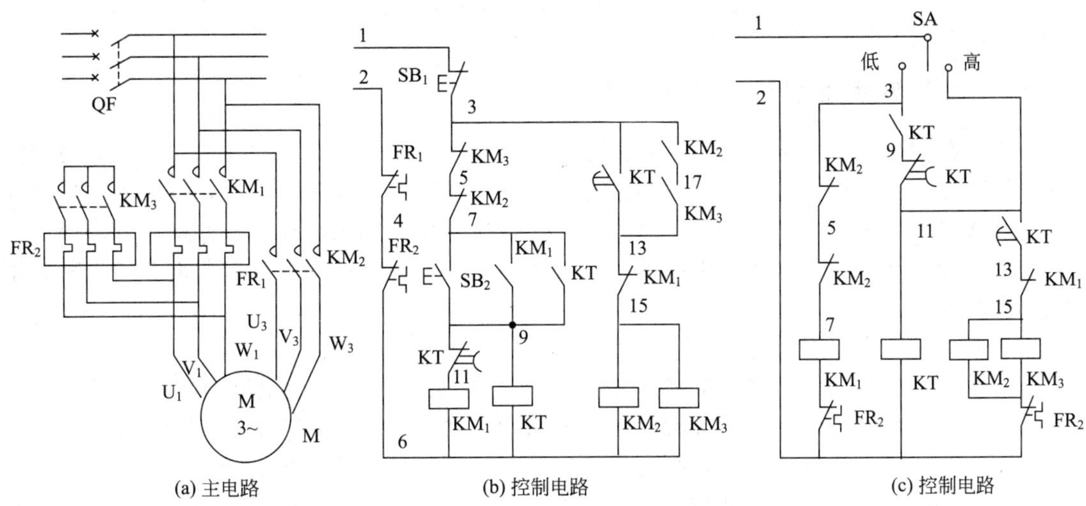


图 3-16　双速电动机变极调速控制电路

双速电动机调速的优点是可以适应不同负载性质要求，线路简单、维修方便；缺点是电动机价格较高且为有级调速。通常与机械变速配合使用，以扩大其调速范围。

2. 绕线转子串电阻调速电路

绕线转子异步电动机可以采用转子回路串电阻调速。电路如图 3-17 所示，接触器 $KM_1$ 为主接触器，作电源控制，电动机转子中串有三级电阻，$KM_2$、$KM_3$、$KM_4$ 为切除电阻接触器，每切除一段电阻，电动机的转速上升一挡。电机启动需按下按钮 $SB_2$，此时 $KM_1$ 得电并自锁，电动机转子串入全部电阻启动运行，并稳定在最低转速。其后，依次按下 $SB_3$、

$SB_4$、$SB_5$ 时，接触器 $KM_2$、$KM_3$、$KM_4$ 依次得电切除转子电阻，电动机的转速依次升高。控制电路中，$KM_1$ 线圈回路中串入了 $KM_2$、$KM_3$、$KM_4$ 的常闭触点，$KM_2$ 线圈回路中串入了 $KM_3$、$KM_4$ 的常闭触点，$KM_3$ 线圈回路中串入了 $KM_4$ 的常闭触点，是为了保障电阻的切除顺序而设置的。

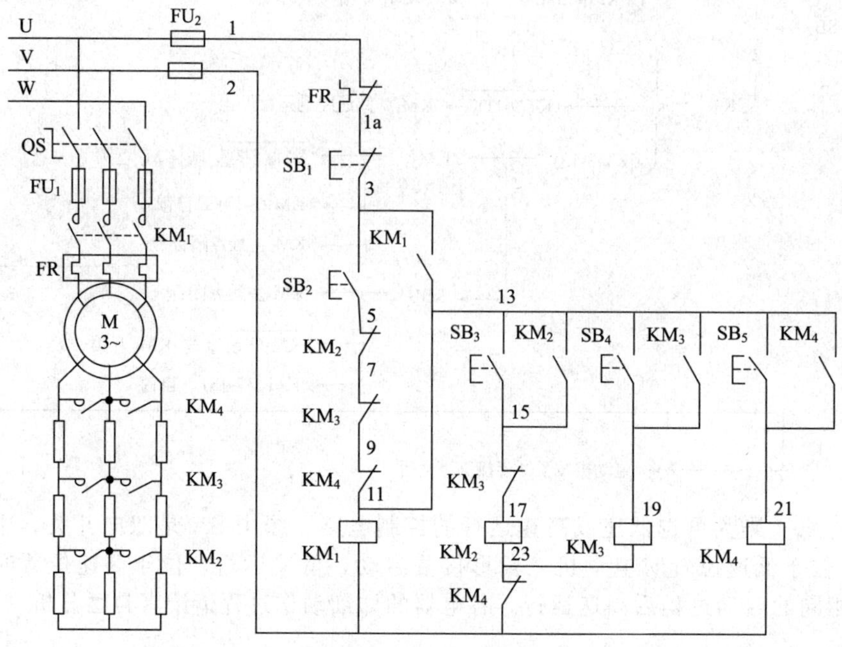


图 3-17 绕线转子串电阻调速控制电路

## 三、 三相异步电动机制动控制电路

由于惯性的存在，电动机从切断电源起到完全停止转动，总要经过一段时间。时间的长短与负载阻力、电动机及负载的转动惯量有关。为了提高生产效率及安全，有时要求快速停车，这时就要采用制动方法。常用的制动方法有机械制动（如电磁抱闸、摩擦离合器或其他机械方法）和电气制动两大类。电气制动有反接制动、能耗制动等方式。下面介绍几种典型的制动控制电路。

1. 单向启动反接制动控制电路

单向启动反接制动控制电路如图 3-18 所示。反接制动时需改变电动机电源的相序，使定子绕组产生与转子转向相反的旋转磁场，因而产生制动转矩。当转子转速接近零时，则需断开反向电源，使电动机停止，否则会反向启动。反接制动可使用速度继电器作为速度接近零时的检测器件。由于反接制动时，转子与旋转磁场的相对速度接近于两倍的同步转速，所以定子绕组中流过的反接制动电流相当于全压直接启动时电流的两倍，因此反接制动制动迅速，效果好，但冲击大，通常适用于 10kW 以下的小容量电动机。为了减小冲击电流，电动机主电路中可串接限流电阻。

图 3-18 中，KS 是速度继电器，R 是反接制动电阻，$KM_1$ 是运行接触器，$KM_2$ 是制动接触器。按下启动按钮 $SB_2$，$KM_1$ 线圈得电自保，主触点闭合，电动机通电正常运行，同时速度继电器常开触点闭合，为制动做准备。停止时，按下 $SB_1$，$KM_1$ 线圈失电，其常闭触点复位，$KM_2$ 线圈得电，电动机接电阻反接制动，当转速较低时，速度继电器触点断开，$KM_2$ 线圈失电，其主触点断开反向电源，制动结束。

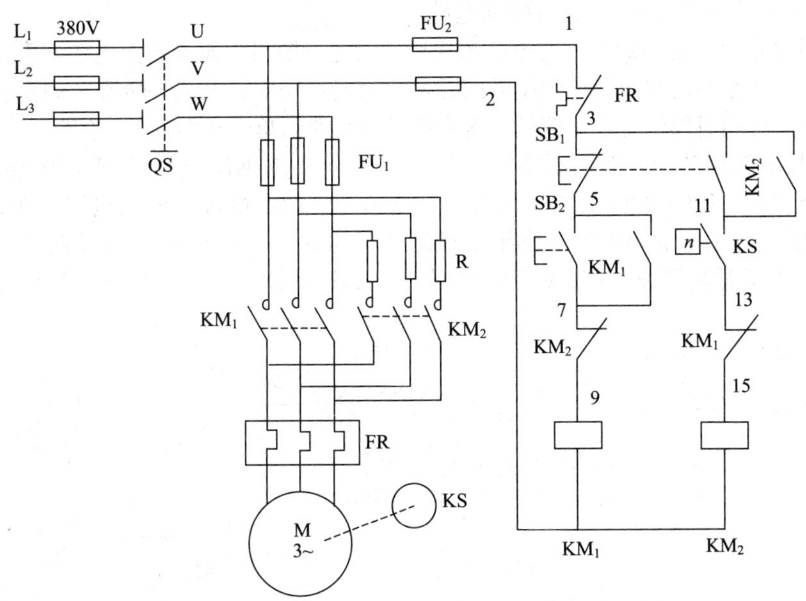


图 3-18　单向启动反接制动控制电路

2. 可逆运行反接制动控制电路

图 3-19 是可逆运行的反接制动控制线路。从电路上看，正转反接与反转反接是对称的，电路的原理与单向运行反接相同。在进行电路分析时，首先要弄清同属一个速度继电器的 KS-1 及 KS-2 两组触点哪一组用于正转，哪一组用于反转（图中 $KM_1$、KS-1 为正转，$KM_2$、KS-2 为反转）。其次要弄清辅助继电器 $KA_1$、$KA_2$、$KA_3$、$KA_4$ 各起什么作用。还有一点要注意，主电路中的电阻既是制动用电阻，又是启动用电阻。电路工作过程请读者自己分析。

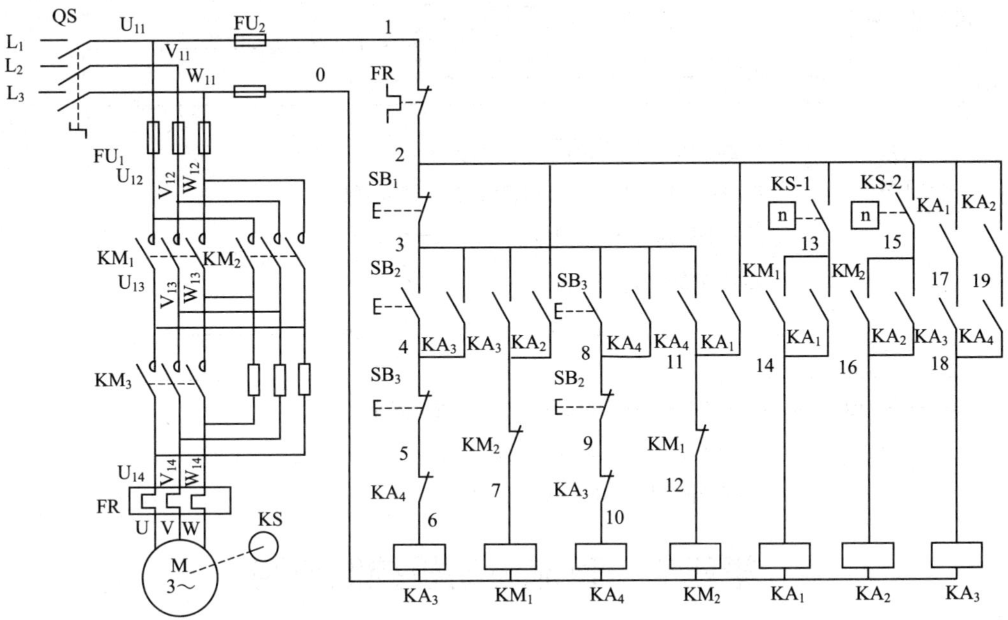


图 3-19　可逆运行反接制动控制电路

3. 单向运行全波整流能耗制动控制电路

能耗制动是在电动机脱离三相交流电源之后，向定子绕组内通入直流电流，利用旋转转子与静止磁场的作用产生制动转矩，达到制动的目的。制动过程中，电流、转速和制动转矩三个参量都随时间变化，可用时间作为控制信号。这样的控制线路简单、成本较低，实际应用较多。

图 3-20 是单向运转全波能耗制动控制电路。按下 $SB_2$，$KM_1$ 线圈得电，电动机正常运转。停止时，按下 $SB_1$，$KM_1$ 线圈失电，其常开触点断开，切断电源。控制电路中 $KM_1$ 常闭触点闭合，$KM_2$ 线圈得电，电动机定子绕组中接入直流电源，电动机开始能耗制动，同时，时间继电器计时，当延时时间到，KT 常闭触点断开，$KM_2$ 线圈失电，直流电源被切除。

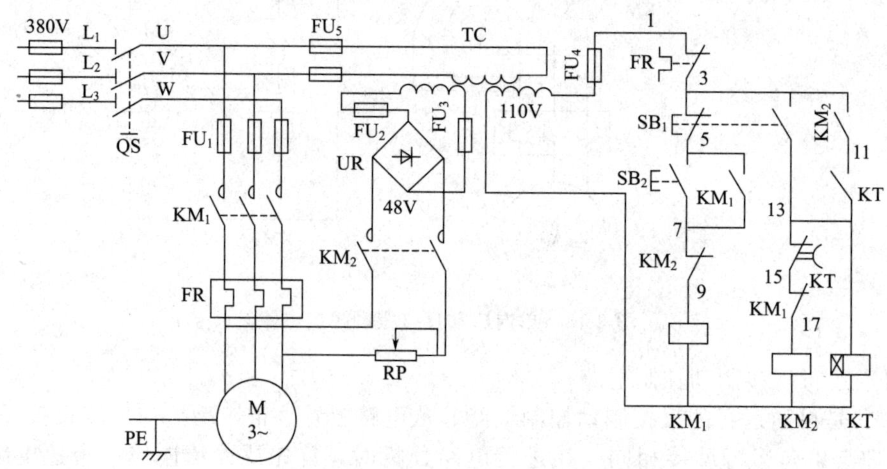


图 3-20 单向运转全波能耗制动控制电路

上述过程用电器元件动作顺序表示为：

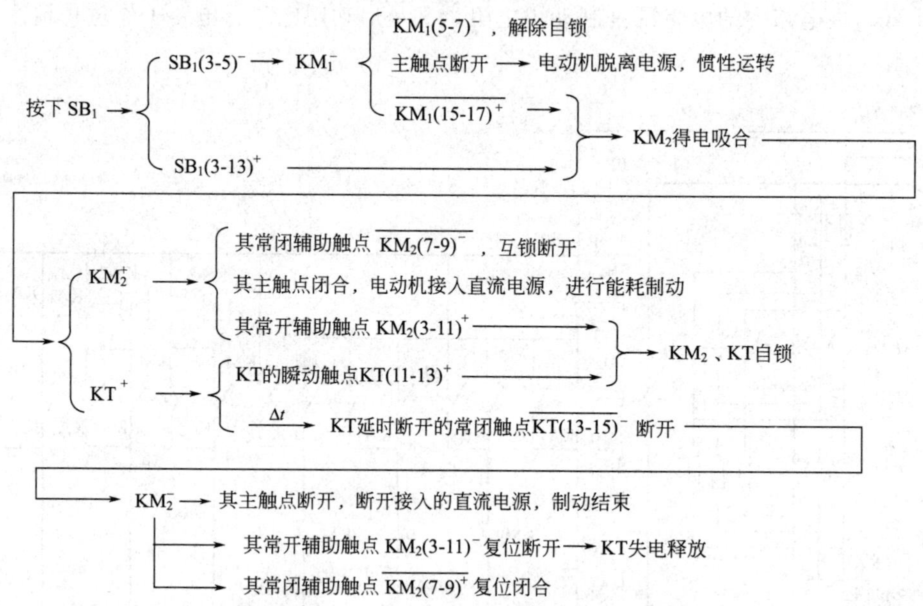


## 第四节 直流电动机控制电路

直流电动机具有良好的启动、制动与调速性能，容易实现各种运行状态的自动控制。直流电动机按励磁方式可分为他励、并励、串励和复励。其中他励为电枢电源与励磁电源分别独立的直流电机，并励电机为励磁电流与电枢电流使用同一电源的电动机。下面介绍直流电动机启动及制动控制电路。

## 一、 单向运转能耗制动控制电路

图 3-21 为直流电动机单向运转能耗制动控制电路。图中主电路中 $KM_1$ 为电源接触器，$KM_2$、$KM_3$ 为切除电阻接触器，直流电动机直接启动电流为额定电流十数倍以上，不能直接启动，必需串接启动电阻。$KM_4$ 为制动接触器，$R_4$ 为制动电阻，$KA_1$ 为过电流继电器，$KA_3$ 为电压继电器。控制电路中，M 为励磁线圈，$KA_2$ 为失磁保护用欠电流继电器，$KT_1$、$KT_2$ 为断电延时时间继电器。电路工作原理如下。

(1) 启动前的准备　合上电源开关 $QS_1$ 和控制开关 $QS_2$，励磁回路通电，$KA_2$ 通电，其常开触点闭合，为启动做好准备；同时，$KT_1$ 通电动作，瞬时打开断电延时闭合的常闭触点切断 $KM_2$、$KM_3$ 电路，保证串入电阻 $R_1$、$R_2$ 启动。

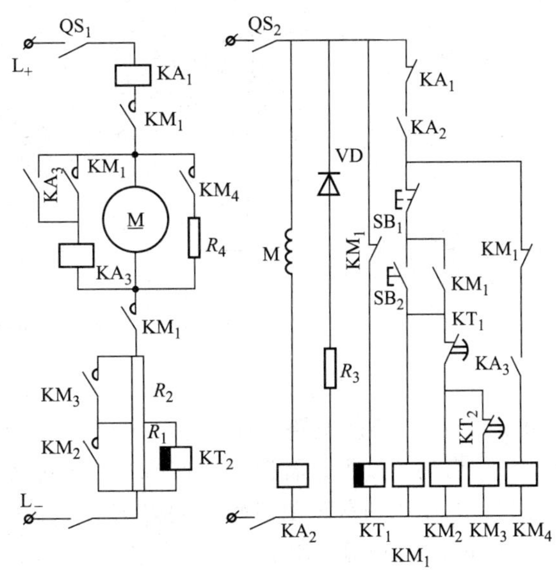

图 3-21　单向运转能耗制动控制电路

(2) 启动　按下启动按钮 $SB_2$，$KM_1$ 通电并自锁，主触点接通电动机电枢回路，串入两级电阻启动，同时 $KT_1$ 线圈断电，开始计时，其断电延时闭合触点打开，为 $KM_2$、$KM_3$ 通电短接电枢回路电阻做准备。在电动机启动的同时，并接在 $R_1$ 两端的时间继电器 $KT_2$ 通电，其常闭触点打开，使 $KM_3$ 不能通电，确保 $R_2$ 电阻在 $R_1$ 后切除。经一段时间后，$KT_1$ 延时闭合触点闭合，$KM_2$ 线圈通电，短接电阻 $R_1$，$KT_2$ 线圈断电。经一段延时时间，$KT_2$ 常闭触点闭合，$KM_3$ 线圈通电，短接电阻 $R_2$，电动机加速进入全压运行。启动过程中，在 $KM_1$ 接通时并在电枢两端的电压继电器 $KA_3$ 接通自锁为制动作好准备。

(3) 制动　按下停止按钮 $SB_1$，$KM_1$ 线圈断电，切断电枢直流电源。此时电动机因惯性仍以较高速度旋转，电枢两端电压使 $KA_3$ 仍保持通电，$KM_1$ 的常闭触点接通，$KM_4$ 线圈通电，电阻 $R_4$ 并联于电枢两端，电动机实现能耗制动，转速很快下降。当电枢电势降低到一定值时，$KA_3$ 释放，$KM_4$ 断电，电动机能耗制动结束。

(4) 电动机的保护环节　当电动机发生严重过载或短路时，主电路过电流继电器 $KA_1$ 动作，$KM_1$、$KM_2$、$KM_3$ 线圈均断电，使电动机脱离电源。当励磁线圈断路时，欠电流继电器 $KA_2$ 动作，也可以使 $KM_1$、$KM_2$、$KM_3$ 线圈断电，起失磁保护作用。电阻 $R_3$ 与二极管 VD 构成励磁绕组的放电回路，其作用是在断开 $QS_2$ 时防止过大的自感电动势引起励磁绕组绝缘击穿和损坏其他电器。

## 二、 可逆运行反接制动控制电路

图 3-22 所示电路为一并励直流电动机可逆运行和反接制动控制电路。主电路中 $R_1$、$R_2$ 为启动电阻，$R_3$ 为制动电阻，它们分别并联了切除用接触器 $KM_3$、$MK_6$、$KM_7$ 的触点。$KM_1$、$KM_2$ 为正反转接触器，电枢两端并接的电压继电器 KV 为制动控制用继电器。励磁

及辅助电路共有 5 个支路。第一个支路为磁场线圈支路，$R_0$ 为励磁绕组的放电电阻；第二个支路为转向控制；第三个支路为制动控制；第四、五个支路为启动控制，其中时间继电器 $KT_2$ 的延时时间大于时间继电器 $KT_1$ 的延时时间，它们都为断电延时的时间继电器。以下分析电路的工作过程。

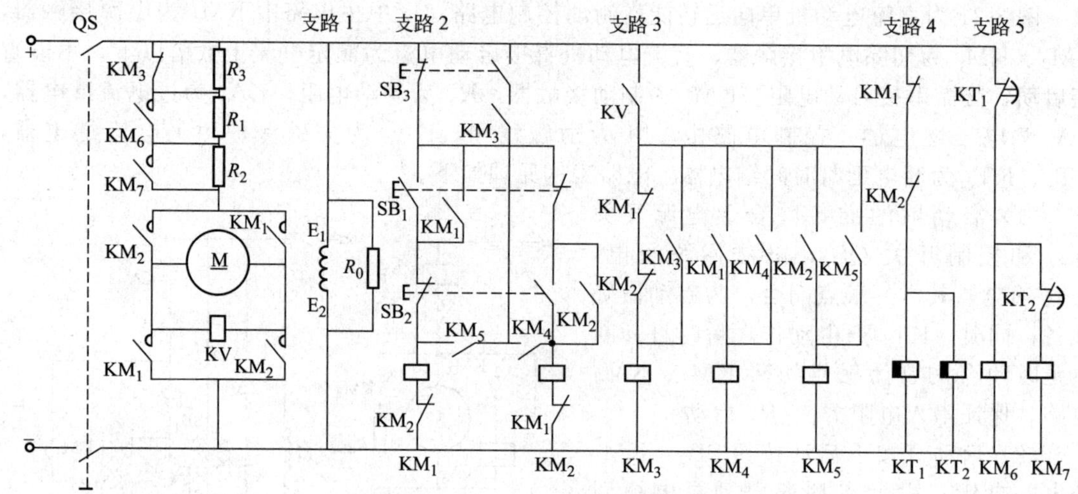


图 3-22 可逆运行和反接制动控制电路

（1）启动前的准备　合上电源开关 QS，励磁回路通电，$KT_1$ 及 $KT_2$ 通电，其常闭触点切断 $KM_6$、$KM_7$ 电路，保证串入电阻 $R_1$、$R_2$ 启动。

（2）启动　按下正转启动按钮 $SB_1$，正转接触器 $KM_1$ 通电并自锁，主触点接通电动机电枢回路，串入两级电阻启动，同时 $KT_1$、$KT_2$ 线圈断电计时，延时一段时间后先后接通 $KM_6$ 及 $KM_7$，切除电阻 $R_1$ 及 $R_2$，电机全压运行。此时电压继电器 KV 接通，$KM_4$ 得电并自保，接通位于第二个支路区域的反转接触器电源通路，为制动作好准备。

（3）停车制动　按下停止按钮 $SB_3$，正转接触器失电，$KM_3$ 得电自保，制动电阻 $R_3$ 串入电枢回路，$KT_1$、$KT_2$ 得电也将启动电阻串入电枢回路。$KM_3$ 在转向控制支路中的常开触点通过 $KM_4$ 接通反向运行接触器 $KM_2$，电机反接制动。当电机电枢电动势低于 KV 吸合值时，KV 释放，$KM_4$ 失电，$KM_2$ 失电，制动结束。

（4）正转时的反向启动　电动机正转时按下反转按钮 $SB_2$，$SB_2$ 的常闭触点断开 $KM_1$ 线圈电路，电枢从电源上脱开。$KM_1$ 在辅助电路支路 3 及 4 的常闭触点接通。$KM_3$ 得电自保，制动电阻 $R_3$ 串入电枢回路，$KT_1$、$KT_2$ 得电也将启动电阻串入电枢回路。当 $SB_2$ 的常开触点接通 $KM_2$ 时，$KM_2$ 得电自保并接入反向电源及全部电阻反接制动。接下来，$KM_3$ 失电，切除制动电阻 $R_3$，$KT_1$、$KT_2$ 失电并依次切除启动电阻 $R_1$、$R_2$。电机反向运行。以上分析需注意的是，反接制动的时间极短，仅一个继电器的动作时间而已。

## 第五节　电气原理图的读图分析方法

电气控制图纸的读图分析是一项十分重要的技能，无论从掌握设备的功能，方便维修，还是学习电路的设计，都离不开这一步。

通过前边电路的解读，不难悟出电气控制图的分析是循着电器的得电过程进行的。先找到一个电路的入口，这常常是某种操作的按钮或开关，然后从这个按钮或开关的操作开始，分析图中会有哪些电器得电，哪些触点动作，并引出哪些执行器或机械部件动作，再引出下一轮电器的动作，直至完成所分析的电路及机械的所有功能。这种方法就是工程中最流行的读图分析方法——查线读图法。该方法具体的过程及注意事项如下。

（1）了解生产工艺与执行电器的关系 在分析电气线路之前，应该了解生产设备要完成哪些动作，这些动作之间有什么联系，这些动作对电器的动作有什么要求，给分析电气线路提供线索和方便。

例如，机床主轴转动时，要求油泵先给齿轮箱供油润滑，即应保证在润滑油泵电动机启动后才允许主拖动电动机启动，也就是控制对象对控制线路提出了顺序工作的联锁要求。

（2）分析主电路 电路分析应先从主电路着手。这一是由于主电路的开关器件，如接触器，是控制电路的工作对象，二是由于主电路的电器构成及电路结构是电路分析的重要线索，如有没有降压启动，有没有制动功能等。结合以往的读图及电气工程经验，可以以这些线索初步推测控制电路的大致控制过程，如接触器的工作顺序等。这样，在分析控制电路时，就能做到心中有数，有的放矢。

（3）分析控制电路 分析控制电路时也应先了解电路的元器件构成，如用了哪些主令及检测电器，安排了哪些保护器件，特别是要弄清那些随机械运动动作的电器的情况，并结合对主电路的了解初步判断控制电路各电器的用途。

控制电路分析的根本内容，也是查线读图法的根本做法，是依控制功能仔细阅读相关电路的过程。这里强调依功能读图是基于任何一个电路都是由多个功能组成的。比如，最简单的电动机直接启动电路也有启动和停车两个功能，而功能又是有关联的，比如停车过程的分析必须在启动功能完成的基础上进行。机械设备的功能分析更是这样，机械的辅助运动常常在主运动的前提下实现。而且，不同功能在电路中往往有不同的入口，比如启动及停车大多都不使用同一个主令电器。

查线读图法的基本依据是电流的流动途径，即沿着通电导线找寻哪个电器得电并引起其他电器及机械发生后序动作，直到通过对电器动作的全面了解推断电路及设备的功能。

查线读图的具体操作是从电路功能涉及的电路入口开始的。入口往往是电路中的主令电器，如启动控制中的启动按钮，按下按钮就开始了一个启动过程。后序的分析则依电器动作信息的流转查看有哪些电器状态会发生连锁的变化，直到实现控制功能的全过程。当然“操作”入口电器之前系统中相关电器的初始状态是应弄清楚的，就像前文谈到直流电动机启动之前先强调磁场及断电延时继电器已得电，相关继电器及触点已动作一样。

（4）全部电路的融汇，分析电路的特殊功能及设计技巧 无论多么复杂的电气线路，都是由一些基本的电气控制环节构成的。在分析线路时，要依功能分别分析，这是化整为零。但在功能电路都分析过后，最终还要积零为整，即将电路重新统一起来。这时要注意各个功能的联系及制约，以便进一步理解电路的机理及结构要点，为读图后续的工程任务做到心中有数。

融汇电路还有一个特别注意的是电路中各种保护功能的实现，完善的电路一定有完整的保护。前边已经讨论过短路保护、过电流保护、失压及欠压保护、失磁保护及机械运动的超速及限位保护等，掌握它们的实现方式对电路的分析是很有用的。

查线读图法的优点是直观，容易掌握，因而得到广泛采用。其缺点是分析复杂线路时易出错，叙述也较冗长。以下以两个实例电路的分析说明读图方法的应用。

**【例 3-1】** T68 卧式镗床电气原理图读图分析 镗床可以用来钻孔、扩孔、铰孔、镗孔，并能进行铣削端面和车削螺纹，是一种高精度、多用途的加工机床，在机械生产企业有广泛的应用。

1. T68卧式镗床的机械机构及控制要求

T68卧式镗床主要由床身、前后立柱、镗床架、尾座、上下溜板、工作台等几部分组成，其结构图如图3-23所示。镗床生产加工时，一般是将工件固定在工作台上，由镗杆或平旋盘上固定的刀具进行加工。

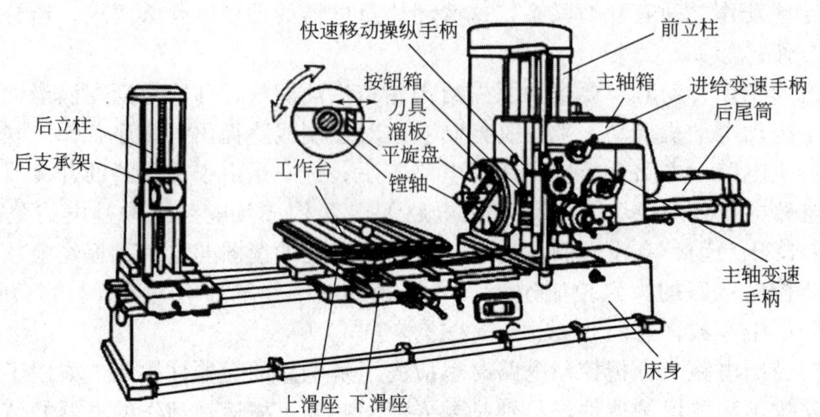


图3-23 T68卧式镗床结构示意图

T68卧式镗床的加工运动如下。

(1) 主运动 主轴及平旋盘的旋转运动。

(2) 进给运动 主轴在主轴箱中的轴向进给，平旋盘上刀具的径向进给，主轴箱升降的垂直进给，工作台的横向和纵向进给。以上进给都要求既可手动也可机动。

(3) 辅助运动 回转工作台的转动，主轴箱、工作台进给运动上的快速调位移动，后立柱的纵向调位移动，尾座的垂直调位移动。

以上控制要求中部分可以通过机械功能实现，需电气控制电路完成的功能如下。

(1) 主运动与进给运动由一台双速电动机拖动，高低速可选择。

(2) 主电动机可正反转以及点动控制。

(3) 主电动机应有快速停车环节。

(4) 主轴变速应有变速冲动环节。

(5) 快速移动电动机采用正反转点动控制方式。

(6) 进给运动和工作台水平移动两者只能取一，必须要有互锁。

2. T68卧式镗床电器元件配置及功用

T68卧式镗床电器元件配置及功用见表3-3所示。T68卧式镗床电气原理图如图3-24所示。

**表3-3 T68卧式镗床电器元件配置及功用**

| 符 号 | 名称与用途 | 符 号 | 名称与用途 |
|---|---|---|---|
| $M_1$ | 主电动机 | YB | 机械制动电磁铁 |
| $M_2$ | 快速移动电动机 | $SQ_1$ | 限位开关，用于$M_1$的高低速转动 |
| QS | 隔离开关 | $SQ_2$ | 限位开关，用于主轴与进给变速 |
| $KM_1$、$KM_2$ | 主电动机正反转用接触器 | $SQ_3$、$SQ_4$ | 限位开关，用于进给联锁 |
| $KM_3$～$KM_5$ | 主电动机高低速转换用接触器 | $SQ_5$、$SQ_6$ | $M_2$快速移动用限位开关 |
| $KM_6$、$KM_7$ | 快速移动电动机正反转用接触器 | FU1～$FU_3$ | 短路保护用熔断器 |
| KT | 通电延时时间继电器 | HL | 指示灯 |
| $SB_1$ | 主电动机停止按钮 | FR | 主电动机过载保护 |
| $SB_2$、$SB_3$ | 主电动机正反转启动按钮 | EL | 照明灯 |
| $SB_4$、$SB_5$ | 主电动机正反转点动按钮 | SA | 照明灯开关 |

3. T68卧式镗床电气原理图主电路分析

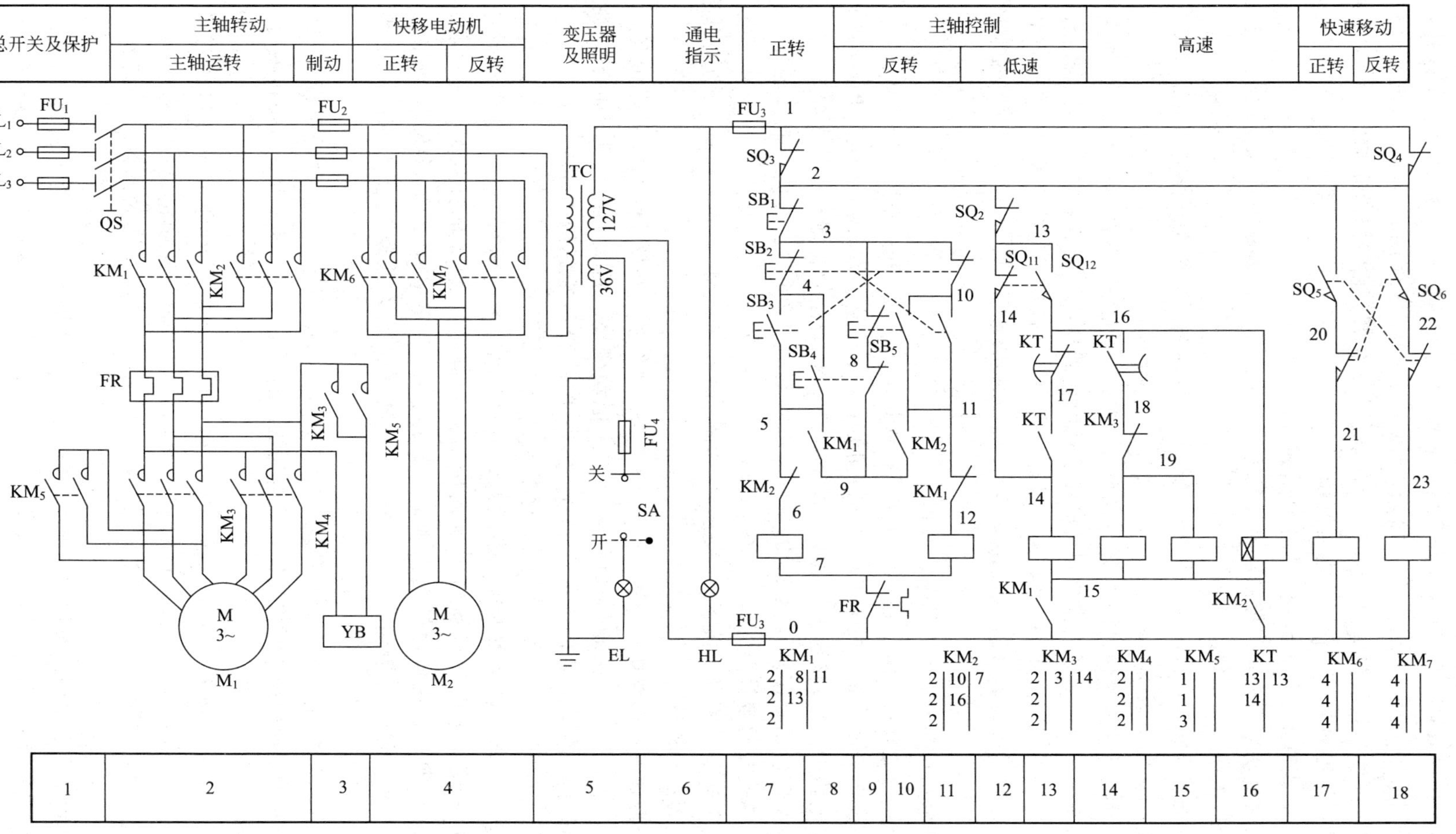


图3-24　T68卧式镗床电气控制原理图

根据 T68 卧式镗床机械与电气控制分工，主轴及进给使用同一台变速电动机 $M_1$，设有 5 台接触器，其中 $KM_1$、$KM_2$ 用于正反转，$KM_3$ 用于低速，$KM_4$、$KM_5$ 用于高速，高速或低速运转时必须 $KM_1$ 或 $KM_2$ 其一接通，$KM_1$ 及 $KM_2$ 不能同时接通。另设一台快速移动电动机 $M_2$ 用于快速进给运动，$KM_6$、$KM_7$ 用于正反转控制。另外主轴设有制动电磁铁，在主轴电动机得电时放松主轴，失电时制动。

4. T68 卧式镗床电气原理图控制电路分析

根据接触器功用及分布，控制电路大致可以分为三个区，电路的功能分析前应先大致了解一下各分区的电器及电路结构。

(1) 主轴正反转控制区（图纸 7～11 区）正反转控制区电路为对称结构电路，接有按钮联锁，是较典型的正-反-停电路。

(2) 主轴高低速控制区（图纸 12～16 区）主轴电动机采用三角、双星形变极调速电机，启动过程与本章第三节所述内容相同。高速启动时低到高速的变换采用时间继电器控制，转速变换电路串入了 $KM_1$、$KM_2$ 并联常开触点，表示此区仅在正反转接触器工作后得电。

(3) 快速移动控制区（图纸 17、18 区）本区的电器很简单，为正反转互锁控制的单向启动电路。

以下按电路功能分析电路的工作过程。

控制电路由变压器 127V 线圈经 $FU_3$ 后接入供电。$SQ_3$、$SQ_4$ 先按接通对待。

(1) 正反转启动控制　按下正转启动按钮 $SB_3$，正转接触器 $KM_1$ 得电，并经 3-8-9-5 号线自锁。主电路中 $KM_1$ 接通正向电源。控制电路 9 区 $KM_1$ 自保触点中串入的 $SB_4$、$SB_5$ 是点动按钮。反转启动时接触器 $KM_2$ 的自锁电路为线号 3-8-9-11。转向控制接触器工作后，下一步则是转速控制接触器工作。

(2) 正反转点动控制　按下按钮 $SB_4$ 或 $SB_5$，$KM_1$ 或 $KM_2$ 工作，这时 3-8-9 号线断开，没有自锁，为点动运行。

(3) 高低速的选择及切换控制　$KM_1$ 或 $KM_2$ 工作后，0-2 号线间接工作电压，变速电路工作。此时若 $SQ_{11}$ 接通则 $KM_3$ 得电，主电动机接成角形工作在低速状态。此时若 $SQ_{12}$ 接通则时间继电器 KT 得电，KT 位于 13 区的瞬动常开触点接通 $KM_3$，$M_1$ 低速启动并在延时时间到时，由 KT 在 13 区的常闭延时断开触点断开 $KM_3$，并经 KT 在 14 区的常开延时闭合触点接通 $KM_4$ 及 $KM_5$，电动机 $M_1$ 高速运行。以上是启动时选择低速或高速的情况。主电动机运转中由低速切换为高速或由高速切换为低速也很方便，直接操作 $SQ_1$ 即可，由低速转向高速时，$SQ_{11}$ 先断开 $KM_3$，再接通 KT，再由 KT 将 $KM_3$ 接电，并经延时后接通 $KM_4$、$KM_5$。由高速转换为低速时通过 $SQ_{12}$ 切除时间继电器 KT，也就将 $KM_4$、$KM_5$ 切除了。

(4) 变速冲动控制　机床常设有变速冲动手柄，$SQ_2$ 是这种变速冲动手柄下的位置开关。改变齿轮变速时轻推并很快复原，使电动机短时断电引起转速变化，方便机械变速箱中齿轮的啮合。

(5) 工作台及主轴进给联锁控制　切削加工时，一般只允许单一方向的进给。如 T68 卧式镗床主轴进给及工作台进给是不允许同时行的。控制电路 1-2 号线间接有的 $SQ_3$ 及 $SQ_4$ 分别为两个方向进给选择手柄下的操作开关，如同时选择两种进给，控制电路将没有电源。

T68 卧式镗床电路中设有较多的保护环节。除了上述提到的进给方向控制外，变速控制区 0-15 号线间并接的 $KM_1$、$KM_2$ 常开触点是为了保证正反转接触器必须在变速接触器工作前接通的。图 13 区 17-14 号线间时间继电器的瞬动触点是为了保证在时间继电器得电计时

后才接通 $KM_3$ 的。图 14 区 18-19 号线间的 $KM_3$ 常闭触点则是为了保证在 $KM_3$ 断开后才接通 $KM_4$、$KM_5$ 的。

此外，电路中还具有过载保护、短路保护、失压保护及操作部位低电压供电的防触电保护等。

**【例 3-2】** 20/5t 桥式起重机电气原理图读图分析

1. 桥式起重机的结构及电气控制概况

桥式起重机是厂矿、仓储部门常用的起重设备，由可整体左右移动的横梁（大车）、前后移动的小车和固定在小车上可上下移动的主副吊钩组成。工作时，主钩或副钩将工件吊起，通过横梁和小车的移动将工件搬到另外一个地方，再将工件放下。

桥式起重机的结构示意如图 3-25 所示。

交流桥式起重机以主钩/副钩的起重吨位标示规格，以主钩吨位在 20t 以下的多见。传统交流桥式起重机使用起重用绕线式转子交流异步电动机拖动，其中横梁的移动使用 2 台相同的电动机，小车的移动使用 1 台电动机，主钩和副钩各使用 1 台电动机。5 台电动机均采用转子串电阻调速方式，以增加启动转矩，减小启动电流。

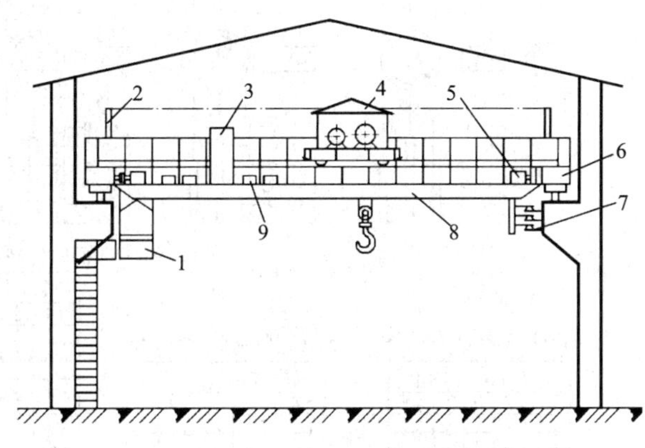

图 3-25 桥式起重机外观图

1—驾驶室；2—辅助滑线架；3—控制盘；4—小车；5—大车电动机；6—大车端梁；7—主滑线；8—大车主梁；9—电阻箱

从控制的角度说，交流桥式起重机的 5 台电动机均需正反转。为了节省造价，简化控制电路，桥式起重机的 2 台大车电动机、1 台小车电动机和 1 台副钩电动机均采用凸轮控制器进行控制。主钩电动机由于动作复杂，工作条件恶劣，工作频率较高，电动机容量较大，常采用主令控制器配合继电接触器屏组成的控制电路进行控制。

20/5t 交流桥式起重机主电路及控制电路如图 3-26 所示。上部为主电路，下部为控制电路。控制电路左侧为起重机的保护配电柜电路。右侧部分为主钩主令控制器电路。中部为起重机控制操作用凸轮控制器及主令控制器触点图及关合表。主电路中 KM 是起重机的总电源接触器，$Q_1$、$Q_2$、$Q_3$ 是大车、小车及副钩的凸轮控制器，$QS_2$ 是为主钩专设的电源开关。

2. 20/5t 桥式起重机凸轮控制器电路分析

使用凸轮控制器的各台电机，由于凸轮控制器触点上流过的是电动机的绕组电流，没有图 3-26 下半部分右侧类似的电路，且小车、副钩、大车的电路基本相同。为了分析的方便，现据图 3-26 转绘小车控制电气原理图如图 3-27 所示。并对其功能做以下讨论。

凸轮控制器是用在大电流电路中的多触点多工位联动开关电器。从图 3-27 及图 3-26 中的关合表中可以看到，小车凸轮控制器 $Q_2$ 有 11 个工位，其中零位是准备工位，向前或向后各 5 挡用于电动机不同运行方向及速度的调节，挡的位号越大，电动机转速越高。$Q_2$ 有 12 对触点，在图 3-27 中表示 $Q_2$ 范围的方框中分作左右两排排列，并用挡位下的黑点表示触点的状态，标有黑点的挡位触点接通（关合表中用“+”表示接通）。

查找各对触点的接线可以判明它们的用途。

（1）左侧由上向下数第 1、2 对触点分别连接了前向限位开关 $SQ_{FW}$ 及后向限位开关 $SQ_{BW}$，为小车向前及向后位置保护线路。

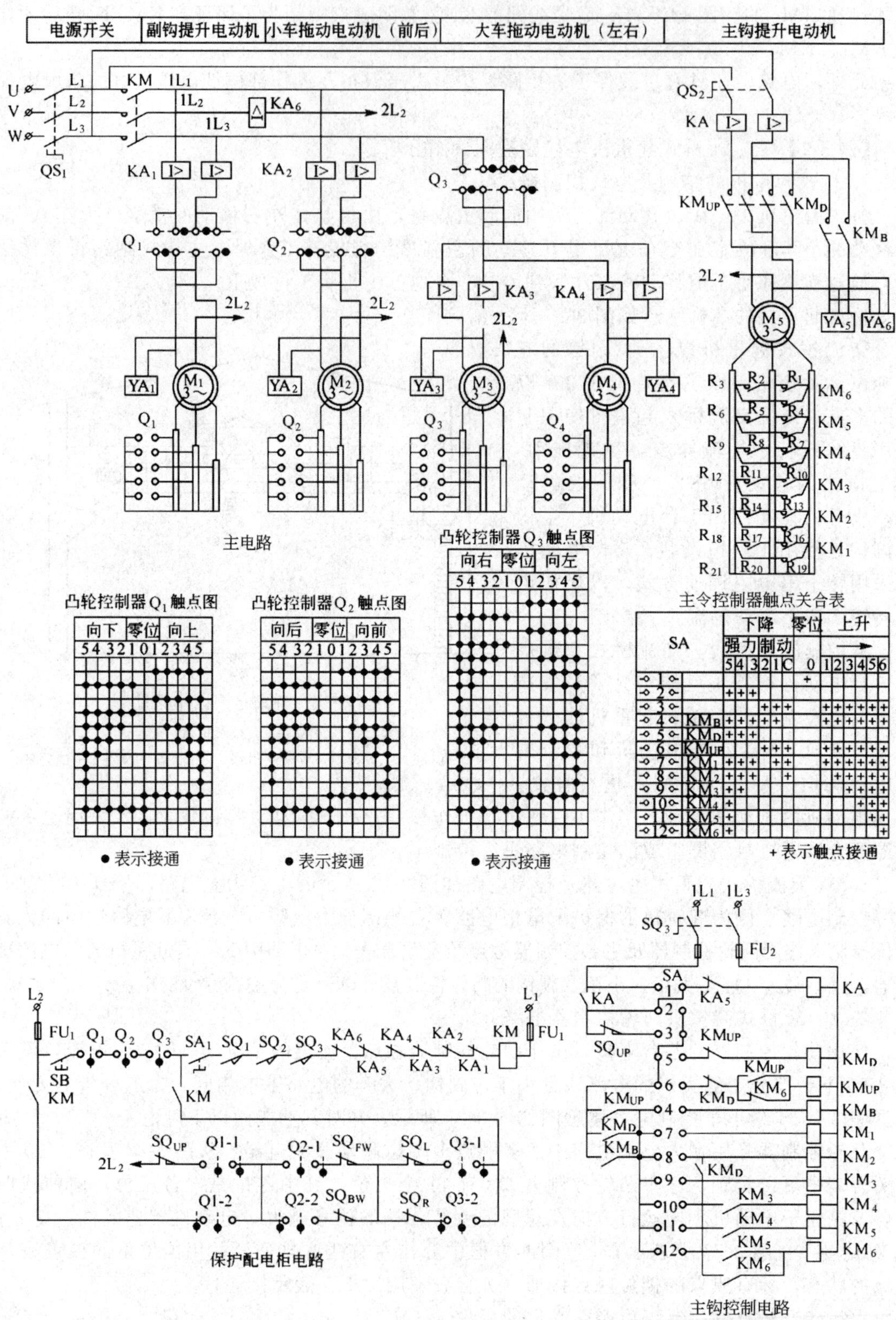


图 3-26 20/5t 交流桥式起重机主电路及控制电路

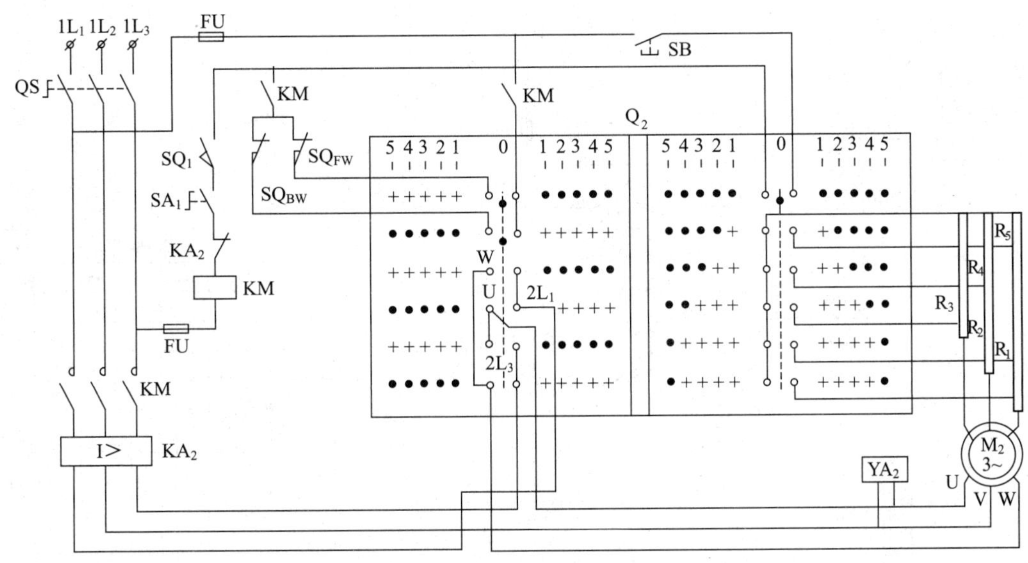


图 3-27　小车电动机 $M_2$ 控制电路

（2）左侧由上向下数第 3～6 对触点中连接了电动机 $M_2$ 的电源，当 $Q_2$ 向前向或后向各挡操作时，分别将不同相序的电源接入电动机，用于电动机的转向控制。

（3）右侧由上向下数第 1 对触点回路接有启动按钮 SB、起重机电源接触器 KM 的线圈及一些保护电器，为保护回路。其中 $KA_2$ 为电动机的过电流保护，$SQ_1$ 为门窗及护栏类保护，在门窗及护栏没有关闭完好时不允许启动起重机工作，$SA_1$ 为脚踏应急开关，用于在出现危险时紧急停车。$Q_2$ 右侧由上向下数第 1 对触点只有 $Q_2$ 在零位时接通，称为零位触点，接入保护电路可提供起重机械常用的零位保护。零位保护指起重机的所有操作部件都位于零位时才能接通主开关 KM，以防始料未及的因开关误置造成的意外通电事故。

（4）右侧其余的 5 个触点连接了小车电动机 $M_2$ 的转子电阻，这些电阻采用不对称连接，在凸轮控制器 $Q_2$ 从零位转向 5 位时，分段逐级切除转子电阻。

以下分别说明小车的操作功能。

（1）凸轮控制器操作前的准备　$Q_2$ 必先置零位，此时按下启动按钮 SB，KM 得电并自保，同时从 $M_1$ 线圈回路中切除启动按钮及 $Q_2$ 的零位触点，接入小车的限位开关 $SQ_{FW}$ 或 $SQ_{BW}$，为小车的运行做好准备。

（2）小车运行改变方向及换挡变速　KM 接通后，向前或向后转动 $Q_2$ 操作手柄，可选择小车向前或向后运动，在同一方向上换挡时可以有序地切除电动机转子电阻调速。小车运行到横梁端头时，限位保护会断开起重机电源。需停车时可将 $Q_2$ 置零位，电动机抱闸可以加快小车的停车。

以上是小车的情况。大车与小车的电路结构相同，两台电动机并联，同步切除电阻。

副钩电路与小车电路结构也相同，操作相似，但由于副钩电机拖动的是位能负载，操作上有一些特殊的地方，将与主钩电机的操作控制一并说明。

3. 20/5t 桥式起重机主令控制器电路分析

图 3-28 为图 3-26 中截取的主钩电动机控制相关电气原理图。主钩是起重机最重要的工作部件，主钩电动机工况较复杂，图 3-29 为主钩电动机的机械特性曲线，在以下的分析中可对照查阅。

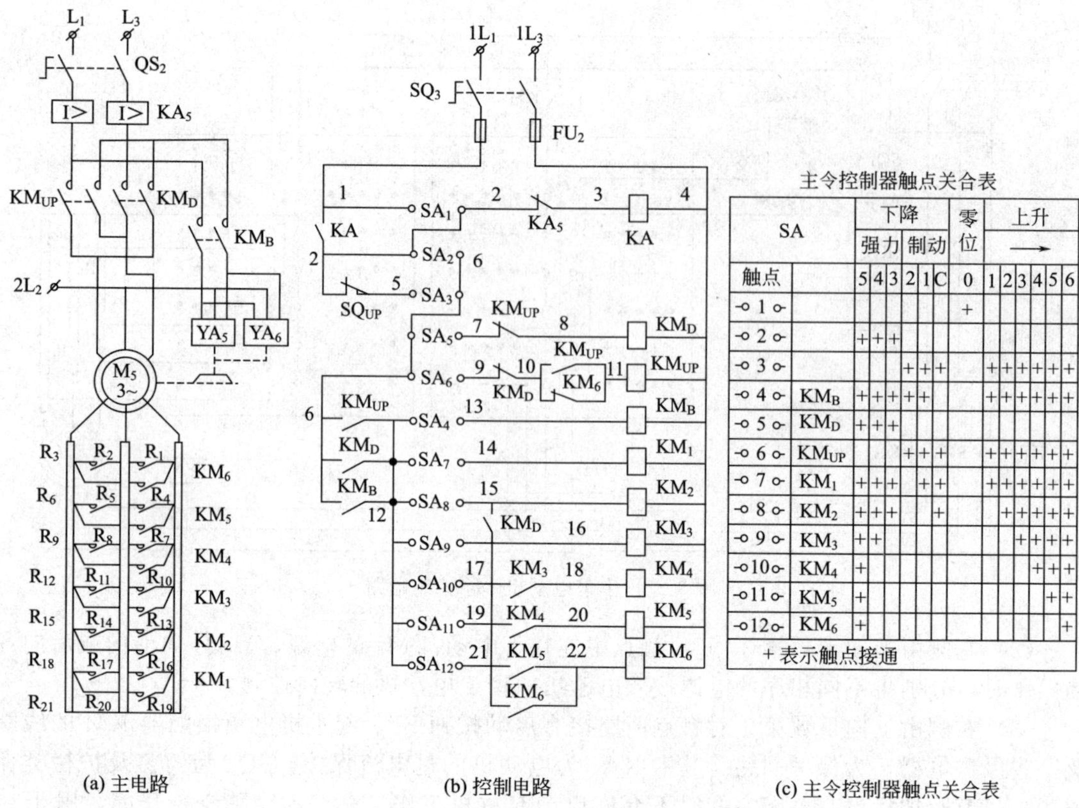

主令控制器触点关合表

| SA | | 下降 | | | | | | 零位 | 上升 | | | | | |
|---|---|---|---|---|---|---|---|---|---|---|---|---|---|---|
| | | 强力 | | | 制动 | | | | → | | | | | |
| 触点 | | 5 | 4 | 3 | 2 | 1 | C | 0 | 1 | 2 | 3 | 4 | 5 | 6 |
| -○ 1 ○- | | | | | | | | + | | | | | | |
| -○ 2 ○- | | + | + | + | | | | | | | | | | |
| -○ 3 ○- | | | | | + | + | + | | + | + | + | + | + | + |
| -○ 4 ○- | $KM_B$ | + | + | + | + | + | | | + | + | + | + | + | + |
| -○ 5 ○- | $KM_D$ | + | + | + | | | | | | | | | | |
| -○ 6 ○- | $KM_{UP}$ | | | | + | + | + | | + | + | + | + | + | + |
| -○ 7 ○- | $KM_1$ | + | + | + | | + | + | | + | + | + | + | + | + |
| -○ 8 ○- | $KM_2$ | + | + | + | | | + | | | + | + | + | + | + |
| -○ 9 ○- | $KM_3$ | + | + | | | | | | | | + | + | + | + |
| -○10○- | $KM_4$ | + | | | | | | | | | | + | + | + |
| -○11○- | $KM_5$ | + | | | | | | | | | | | + | + |
| -○12○- | $KM_6$ | + | | | | | | | | | | | | + |
| + 表示触点接通 | | | | | | | | | | | | | | |

(a) 主电路　　(b) 控制电路　　(c) 主令控制器触点关合表

图 3-28 20/5t 交流桥式起重机主钩电动机控制电气原理图

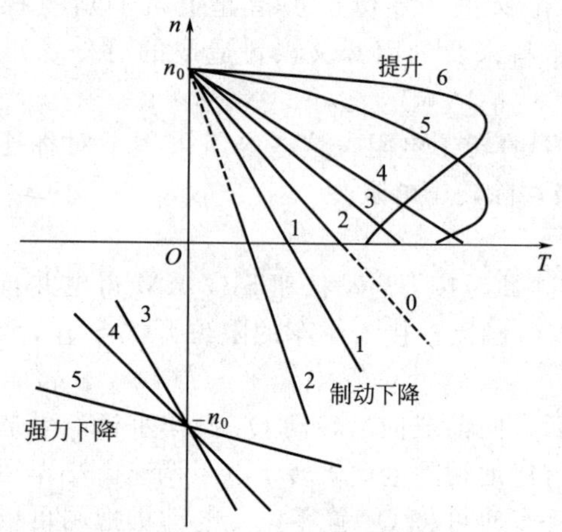


图 3-29 主钩电动机机械特性曲线

主钩采用主令控制器配合继电器接触器屏组成控制电路。主令控制器 SA 具有上升 6 挡，制动下降 C 挡、1 挡、2 挡及强力下降 3、4、5 三挡，加上零位挡计 13 个挡位，12 对触点。各对触点配接的是主电路中的接触器、继电器。由主电路的结线构成可以推知连接在 $SA_4$ 触点上的是主电动机电磁抱闸接触器 $KM_B$，连接在 $SA_5$、$SA_6$ 触点上的是主钩电动机正转接触器 $KM_{UP}$ 及反转接触器 $KM_D$，接在 $SA_7$～$SA_{12}$ 触点上的为转子电阻切除用接触器 $KM_1$～$KM_6$。与小车电动机转子电阻不同的是主钩的转子电阻是对称配置的，这对提高调速性能有利。

以下采用查线读图法结合主钩的操作说明控制电路的功能。主令控制器触点 $SA_1$～$SA_3$ 所连接电器的功能也在操作中介绍。

(1) 主令控制器 SA 操作前的准备　SA 置零位，电压继电器 KA 得电吸合，同时 KA 接在 1、2 号线间的常开触点短接零位触点 $SA_1$ 将电源送至 KA 线圈，实现 KA 自保。这就为 SA 从零位移开做好了准备。KA 的选用还有一个重要的用途是使主钩电动机获得失压保护。接在 $SA_1$ 触点线路上的 $KA_5$ 是过电流继电器触点，用于主钩电动机的过电流保护。

(2) 提升重物操作　提升 6 个挡位控制情况如下。结合主令控制器关合表及控制电路知，$SA_3$，$SA_4$ 两触点在 6 个挡位全接通。$SA_3$ 用于串入主钩上升限位开关 $SQ_{UP}$，主钩上升到接近卷缆车时 $SQ_{UP}$ 常闭触点断开控制电路电源使电动机停电，防止卷断钢丝绳。$SA_4$ 通电松开电磁抱闸，使电动机可以转动。

当 SA 置于上升 1 挡时，$SA_6$、$SA_7$ 闭合，接触器 $KM_{UP}$ 及 $KM_1$ 接通，主钩电动机接正序电源电动运行。此时除 $R_{19}$～$R_{21}$ 被短接外，转子串入了其余全部电阻，此时启动转矩小，一般只用做拉紧钢绳及消除机械间隙使用。

当 SA 置于上升 2～6 挡时，$SA_8$～$SA_{12}$ 依次闭合，接触器 $KM_2$～$KM_6$ 相继通电吸合并短接转子各段电阻，使电动机转速提高，可以获得 5 级提升速度。上升 6 个挡位电动机均工作在电动运行状态。

（3）制动下降　制动下降和强力下降的区别在于制动下降时电机不是接反序电源而是接正序电源。制动下降时 $SA_3$、$SA_6$ 接通的功能与提升重物时相同。这三挡中的 C 挡是除零位挡外 12 个挡位中唯一不接通 $KM_B$ 的挡位，也就是说在 C 挡时电动机并不会转动。虽然由于 $SA_7$、$SA_8$ 的接通，使 $KM_1$、$KM_2$ 切除了转子电阻 $R_{16}$～$R_{21}$，但转子电阻总体还是较大，电动机产生的正向力矩较小，只能和抱闸共同承担重物的重力。此挡用在重物提起后带重物进行平行地面的移动及从下降挡位停车时防止溜钩。

制动 1、2 两挡时 $SA_7$、$SA_8$ 相继断开，电阻 $R_{16}$～$R_{21}$ 相继串入转子绕组中，$SA_4$ 接通，电磁抱闸松开。这时电动机的机械特性较软，电磁转矩也较小，电动机工作在倒拉反转的反接制动工作状态，得到两挡较低的重载下放速度，且 2 挡比 1 挡的下放速度快。在轻载及空钩下放时，若误将主令控制器置于下降 1 或 2 挡，由于电动机加有正转电源，会出现不降反升现象，这时需迅速将手柄置于强力下降挡。

（4）强力下降　强力下降的三个挡位中，$SA_2$ 接通，$SA_3$ 断开，切除了上升限位。$SA_4$ 及 $SA_5$ 接通作用是松开抱闸及接入反序电源。主令控制器位于强力下降 3 挡时，$SA_7$、$SA_8$ 接通切除电阻的情况与 C 挡相同。在其后的强力下降 4 挡及 5 挡中，$SA_9$ 及 $SA_{10}$～$SA_{12}$ 接通 $KM_3$ 及 $KM_4$～$KM_6$ 还将分两段直到切除全部电阻。电动机运行在反向电动运行状态，为快速下放轻物及空钩提供依次加快的三挡速度。

（5）电路的联锁控制　以上将主钩的几种操作都做了分析，但电路中还有环节没有涉及，它们大多是与起重机的安全操作有关的。

① 限制高速下降的环节。控制电路 15 号线与 22 号线间接有 $KM_D$ 及 $KM_6$ 的常开触点，是为了防止司机操作失误，在下放较重的负载时使用了强力下降挡。这时重力及电动力会使电机工作在发电反馈制动状态，电动机的转速会高于同步转速，且强力 3 挡高于强力 4 挡，强力 4 挡高于强力 5 挡。这时应立即经强力 5 挡再置制动 1 挡或 2 挡。经强力 5 挡的意义一是 5 挡对应的下放速度最低，其次是强力 5 挡时 $KM_6$ 接通并经串联的 $KM_D$ 常开触点实现 $KM_6$ 的自保。这就保证了在 SA 手柄经过强力 4 挡及强力 3 挡时不会再串入转子电阻而出现更高的下放速度。

② 改变电源相序时保障反接电阻先于正向电源接入的环节。当操作主令控制器由强力下降挡变换为制动下降挡时，因重物高速下放，须接入反接制动电阻后才能接入正序电源。电气控制电路 9 号线到 11 号线间串有 $KM_{UP}$ 常开并联 $KM_6$ 常闭组合再与 $KM_D$ 串联的电路。该电路可保障反向电源断开，$KM_6$ 断开，反接电阻接入后再接通正序电源的目的。

③ 制动下降挡与强力下降挡相互转换时断开机械制动的环节。控制电路 6 号线与 2 号线间接有 $KM_{UP}$、$KM_D$、$KM_B$ 三个常开触点的并联电路。该电路可使 $KM_B$ 接通后自保，从而在电动机电源换接时电磁抱闸保持得电状态。

④ 顺序联锁控制环节。接触器 $KM_6$、$KM_5$、$KM_4$ 的线圈回路中分别串入了 $KM_5$、

$KM_4$、$KM_3$ 的常开触点，保障了电阻的依次切除。

4. 桥式起重机整体控制电路分析

整体控制电路主要是保护电路。在小车凸轮控制器控制电路中曾提到过有关的保护电路，其实这些保护在大车、副钩及主钩电路中都存在着，为了统一实现保护，总是将所有设备的保护都接在同一个电源接触器 KM 的线圈回路中。图 3-30 就是桥式起重机保护配电柜电路图。该图已将位置开关，过流保护、门窗护栏保护、零位保护开关都统一接好了。从电路不难看出，所有限位开关是串联连接后通过 KM 的常开触点并在三个串联的零位开关上的。这说明，限位开关只在起重机某一操作开关移开零位时才发挥作用，且当因位置开关动作而发生起重机保护性断电时，只需将所有操作开关（凸轮控制器、主令控制器）置零位，再按启动按钮即可恢复供电。

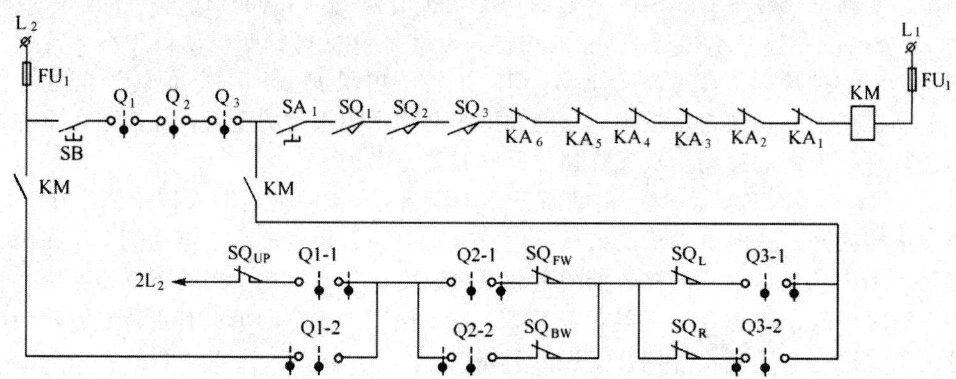


图 3-30 20/5t 交流桥式起重机保护配电柜电路

## 习题及思考题

3-1 为什么说电气安装图及电气接线图为工艺图纸，电气原理图与它们有什么不同？

3-2 什么叫电气原理图的展开图画法，展开图画法具有哪些优点？

3-3 什么叫电器的自然状态？举例说明。

3-4 图 3-31 中三种点动电路从器件、操作上及功能上有什么不同？图（a）中的热继电器 FR 是否可以不要？

3-5 电器动作顺序表在电路分析中常用。请绘出图 3-12 电路的电器动作顺序表。

3-6 请绘出图 3-18 电路的电器动作顺序表。

3-7 设计三台交流异步电动机控制电路，要求第一台电动机启动 10s 后，第二台启动。运行 5s 后，第一台电动机停止同时使第三台电动机启动。再运行 15s 后，电动机全部停止。异步电动机采用直接启动。

3-8 分析图 3-32 的工作过程，写出电器动作顺序表。

3-9 有一台四级皮带运输机，分别由四台交流异步电动机 $M_1$、$M_2$、$M_3$、$M_4$ 拖动，动作顺序如下：启动时要求按 $M_1$、$M_2$、$M_3$、$M_4$ 顺序，停止时按 $M_4$、$M_3$、$M_2$、$M_1$ 顺序，要求上述动作有一定时间间隔。具有必要的保护措施。

3-10 为两台交流异步电动机设计一个控制线路，要求如下：两台电动机互不影响的独立操作，能同时控制两台电动机的启动与停止，当一台电动机发生过载时，两台电动机均应停止。

3-11 设计一小车运行的控制线路，小车由交流异步电动机拖动，其动作程序如下：小车由原位开始前进，到终端后自动停止，在终端停留 2min 后自动返回原位停止，在前进或后退途中任意位置都能停止或启动。

3-12 两台三相异步电动机 $M_1$、$M_2$，可直接启动，按下列要求设计主电路及控制电路：$M_1$ 先启动，

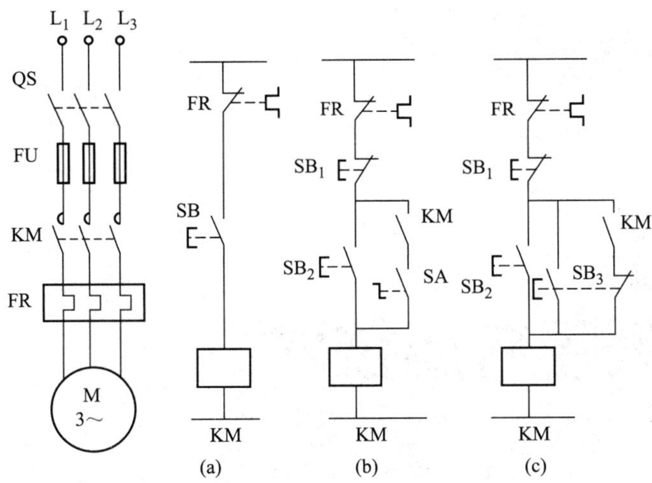


图 3-31　点动及连续运转控制电路

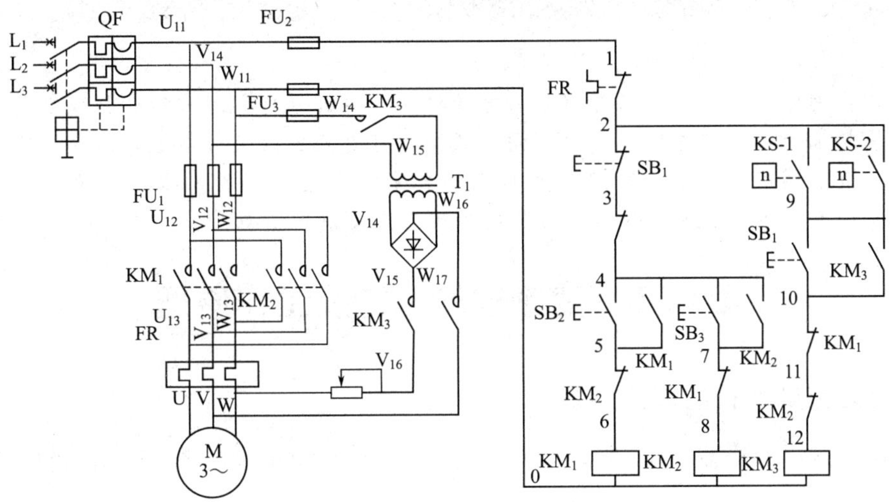


图 3-32　可逆运行能耗制动电路

经一定时间后 $M_2$ 自行启动。$M_2$ 启动后，$M_1$ 立即停车。$M_2$ 能单独停车。$M_1$、$M_2$ 均能点动。

3-13　某升降台由一台笼型电动机拖动，直接启动，制动有电磁抱闸，要求：按下启动按钮后先松闸，经 3s 后电动机正向启动，工作台升起，再经 5s 后，电动机自动反向，工作台下降；再经 5s 后，电动机停止，电磁闸抱紧，设计主电路与控制电路。

3-14　某水泵由交流异步电动机拖动，采用降压启动，要求在三处都能控制启停，设计主电路与控制电路。

3-15　某机床主轴由一台笼型电动机拖动，润滑油泵由另一台笼型电动机拖动，均采用直接启动。工艺要求：主轴必须在油泵开动后，才能启动。主轴正常为正向运转，但为调试方便，要求能正、反向点动。主轴停止后，才允许油泵停止。有短路、过载及失压保护。试设计主电路及控制电路。

3-16　起重机保护电路图 3-30 中 KM 的作用是什么？KM 线圈电路中只有三只凸轮控制器的零位触点，主令控制器的零位触点为什么没有出现？

3-17　起重机为什么不用热继电器而用过电流继电器进行电流保护？

Chapter 02

# 第二篇 通用变频器应用技术

## 第四章　通用变频器应用技术

**内容提要：** 通用变频器是以电力电子技术、微计算机技术和现代控制理论为基础发展起来的智能型电器。由于可向负载提供可变频率的交流电能，近年来在交流调速及节能领域获得了十分广泛的应用。本章在介绍变频器基本结构原理的基础上，介绍西门子MM440系列变频器的使用方法及应用实例。

### 第一节　变频器的结构及工作原理

#### 一、 交流电动机的转速控制

从发电厂送出的交流电的频率是恒定不变的，在我国是50Hz。而交流电动机的同步转速

$$N_1=\frac{60f_1}{P} \tag{4-1}$$

式中，$N_1$为同步转速，r/min；$f_1$为定子电流频率，Hz；$P$为电动机的磁极对数。

异步电动机转速

$$N=N_1(1-S)=\frac{60f_1}{P}(1-S) \tag{4-2}$$

式中，$S$为异步电动机转差率，$S=(N_1-N)/N_1$，一般小于3%。

以上两式说明，无论是同步电动机还是异步电动机，转速都与送入电动机的电流频率$f$成正比例变化。也就是说，改变电源频率可以方便地改变电动机的运行速度。因此，变频器诞生以后，以其优良的调速性能，在各种调速应用中迅速占据了主导地位。

#### 二、 通用变频器的基本工作原理及分类

1. 异步电动机变频调速对供电装置的要求

通用变频器是将输入的固定频率的交流电变换为可变频率交流电输出的电力电子设备，其主要供电对象是交流异步及同步电动机。由《电机学》可知，三相异步电动机定子每相电

动势的有效值为

$$E_1 = 4.44 k_{r1} f_1 N_1 \Phi_M \tag{4-3}$$

式中，$E_1$ 为气隙磁通在定子每相绕组中感应电动势的有效值，V；$f_1$ 为定子频率，Hz；$N_1$ 为定子每相绕组串联匝数；$k_{r1}$ 为与绕组结构有关的常数；$\Phi_M$ 为每极气隙磁通量，Wb。

由式（4-3）可知，如果定子每相电动势的有效值 $E_1$ 不变，改变定子频率时就会出现以下两种情况。

如果 $f_1$ 大于电动机的额定频率 $f_{1N}$，气隙磁通就会小于额定气隙磁通量 $\Phi_{MN}$。其结果是：尽管电动机的铁芯没有得到充分利用，但在机械特性允许的条件下长期使用，电动机不会损坏。

如果 $f_1$ 小于电动机的额定频率 $f_{1N}$，那么气隙磁通就会大于额定气隙磁通量 $\Phi_{MN}$。其结果是：电动机的铁芯产生过饱和，从而导致过大的励磁电流，严重时会因绕组过热而损坏电动机。

因而在保障电机不因电流加大而过载且充分利用电动机磁路的前提下，变频调速时，电源的电压与频率最好同时变化。结合电动机的负载能力，又有以下两种情况。

（1）基频以下调速　由式（4-3）可知，要保持 $\Phi_M$ 不变，当频率 $f_1$ 从额定值 $f_{1N}$ 向下调节时，必须同时降低 $E_1$，使 $E_1/f_1$ = 常数，即采用电动势与频率之比恒定的方式。但是，电动机绕组中的感应电势是难以直接控制的，当电动势较高时，可以忽略绕组中的漏阻抗压降，而认为 $U_1 \approx E_1$，则得

$$\frac{U_1}{f_1} = \text{常数} \tag{4-4}$$

这是恒定压频比的控制方式。在恒定压频比条件下变频调速时，异步电动机的机械特性如图 4-1 所示。由于磁通恒定，如果电动机在不同转速下都工作在额定电流状态，则输出转矩恒定。也就是说基频下恒定压频比的调速是恒转矩调速。低频时，$U_1$ 和 $E_1$ 都较小，定子漏阻抗压降不能再忽略，这时可以人为地把电压 $U_1$ 抬高一些，以近似地补偿定子压降。基频以下调速与直流电动机改变电枢电压调速特性类似。

（2）基频以上调速　在基频以上调速时，频率可以从 $f_{1N}$ 往上增高，但电压 $U_1$ 却不能超过额定电压 $U_{1N}$，最多只能保持 $U_1 = U_{1N}$。由式（4-3）知，这将迫使磁通随频率的升高而降低，相当于直流电动机弱磁升速的情况。

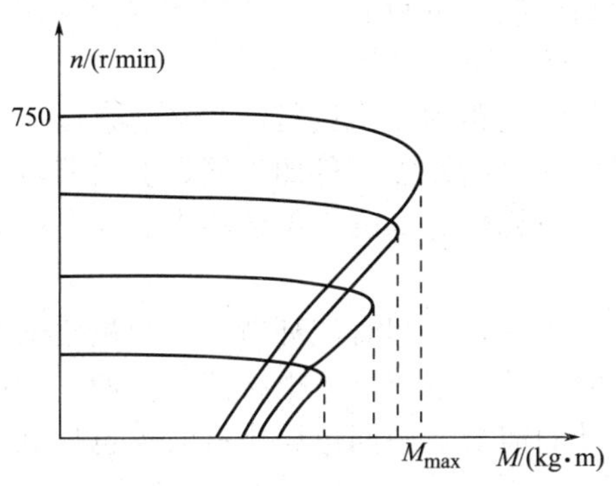


图 4-1　恒定压频比变频调速时异步电动机机械特性

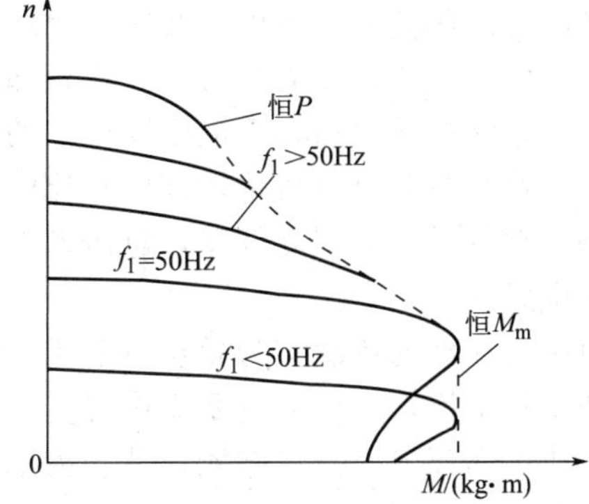


图 4-2　磁通下降调速时异步电动机的机械特性

在基频 $f_{1N}$ 以上变频调速时，不难证明，频率上升，同步转速上升，最大转矩减小，机

械特性上移如图 4-2 所示。由于频率提高而电压不变，气隙磁动势必然减弱，导致转矩减小。由于转速升高了，可以认为输出功率基本不变。也就是说，基频以上调速属于恒功率调速。

综上，异步电动机有基频以上及基频以下两种调速方式。基频以上电压基本不变，弱磁而为恒功率调速。基频以下则需电压与频率同步变化，磁通不变，为恒转矩负载特性。由此可知，变频调速的供电装置必须具有以上功能才能满足电动机的要求。

这样的装置称为变压变频（Variable Voltage Variable Frequency，VVVF）装置，而变压变频是由内部的计算机控制实现的。

2. 通用变频器的电路结构

从频率变换的形式来说，变频器分为交-交和交-直-交两种形式。交-交变频器将工频交流电直接变换成频率、电压均可控制的交流电，称为直接式变频器。而交-直-交变频器则先把工频交流电通过整流变成直流电，然后再把直流电变换成频率、电压均可控制的交流电，又称间接式变频器。低压（输出电压 380～650V）变频器多是交-直-交变频器，其基本结构如图 4-3 所示，现将各部分的功能分述如下。

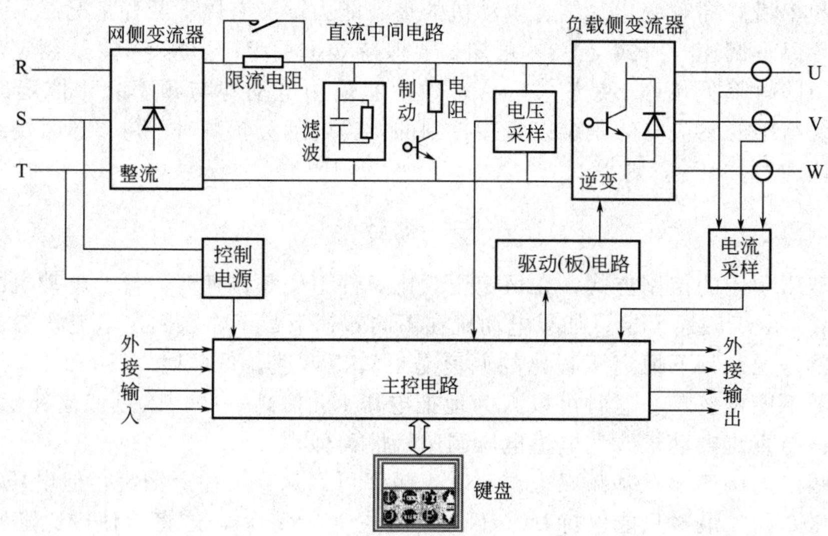


图 4-3 交-直-交变频器的电路结构

（1）网侧变流器 网侧变流器的作用是把三相（也可以是单相）交流电整流成直流。普通变频器的网侧变流器多由三相整流桥组成。可拖动位能性负载的变频器网侧变流器还需担负逆变任务，变流元件需为可控元件，如可关断晶闸管及 IGBT 等。

（2）直流中间电路 直流中间电路的作用是对整流电路的输出进行滤波平滑，以保证逆变电路及控制电源得到质量较高的直流电源。根据中间电路储能元件的不同，变频器可分为电压型变频器及电流型变频器，电压型直流回路的滤波元件是电容，电流型直流回路的滤波元件是电感。

由于逆变器的负载多为异步电动机，属于感性负载。在中间直流环节和电动机之间会有无功功率的交换，无功能量要靠中间直流环节的储能元件（电容器或电抗器）缓冲，所以又常称直流中间环节为直流储能环节。为了电动机制动的需要，中间电路中有时还包括制动电阻及一些辅助电路。

（3）负载侧变流器 负载侧变流器为逆变器，逆变器的主要作用是在控制电路的控制下将直流中间电路的直流电转换为频率及电压都可以调节的交流电。逆变电路最常见的结构形式是利用六个半导体主开关器件组成的三相桥式逆变电路。电路使用的电力电子器件为GTR、IGBT等高性能可控器件。

(4) 控制电路　变频器的控制电路包括主控电路、信号检测电路、门极驱动电路、外部接口电路及保护电路等几个部分，其主要任务是完成对逆变器开关的控制，对整流器的电压控制及完成各种保护功能。控制电路是变频器的核心，多由16位或32位单片机或DSP组成。

3. 通用变频器的控制方式及分类

伴随着自动控制技术的不断发展，变频器控制中出现了多种控制方式，并决定着变频器的性能。现以交-直-交变频器控制为例简要说明。

(1) $u/f=C$ 控制　$u/f=C$（$C$ 为常数）控制即电压与频率成比例变化控制。其特点是控制电路结构简单，成本较低、机械特性硬度也较好，能够满足一般传动的平滑调速要求。已获得了较广泛的应用。

$u/f$ 控制由于忽略了电动机漏阻抗的作用，在低频段工作特性不理想，表现为最大转矩减少，无法克服低速较大的静摩擦力，因而常在低频段增加电压提升功能。采用 $u/f$ 控制方式的变频器多为普通功能变频器。

(2) 转差频率控制　转差频率控制是在 $E/f$ 控制基础上增加转差控制的一种控制方式，是一种以电动机的实际运行速度加上该速度下电动机的转差频率确定变频器输出频率的控制方式。更重要的是，在 $E/f=C$ 条件下，通过对转差频率的控制，方便实现电动机转矩的控制。采用转差频率控制的变频器通常属于多功能型变频器。

(3) 矢量控制(VC)　矢量控制是受调速性能优良的直流电动机磁场电流及转矩电流可分别控制启发而设计的一种控制方式。矢量控制将交流电动机的定子电流采用矢量分解的方法，计算出定子电流的磁场分量及转矩分量，并分别控制，从而大大提高了变频器对电动机转速及力矩控制的精度及性能。采用矢量控制的变频器又可分为基于转差频率控制的矢量控制、无速度传感器的矢量控制及有速度传感器的矢量控制等几种类型。矢量控制变频器通常称为高功能型变频器。

(4) 直接转矩控制(DTC)　直接转矩控制把转矩作为直接被控量，而不是通过控制电流及磁链间接控制转矩。转矩控制引入了磁链观测器可直接估算出同步速度信息，可方便地实现无速度传感器控制。

通用变频器按工作方式分类的主要工程意义在于各类变频器对负载的适应性。普通功能型变频器适用于泵类负载及要求不高的反抗性负载，而高功能变频器可适用于位能性负载。

## 第二节　西门子MM4系列通用变频器简介

M3及M4系列变频器是德国西门子公司标准型变频器的著名产品。MM4系列标准变频器又分为MM410紧凑型通用变频器，MM420基本型通用变频器，MM430节能型通用变频器及MM440矢量型通用变频器。本节主要以MM440型为例说明。

### 一、MM440矢量型通用变频器的技术性能

MM440矢量型通用变频器部分常规技术数据如表4-1所示。

表 4-1 MM440 矢量型通用变频器部分常规技术数据

<table>
<tr><td colspan="2" rowspan="5">输入电压和功率范围</td><td>输入电压/V</td><td>功率范围(恒转矩)/kW</td><td>功率范围(变转矩)/kW</td></tr>
<tr><td>单相 AC200～240(1±10%)</td><td>0.12～3</td><td>0.12～4</td></tr>
<tr><td>三相 AC200～240(1±10%)</td><td>0.12～45</td><td>5.5～45</td></tr>
<tr><td>三相 AC380～480(1±10%)</td><td>0.37～200</td><td>7.5～250</td></tr>
<tr><td>三相 AC500～600(1±10%)</td><td>0.75～75</td><td>1.5～90</td></tr>
<tr><td colspan="2">输入频率</td><td colspan="3">47～63Hz</td></tr>
<tr><td colspan="2">输出频率</td><td colspan="3">0～650Hz</td></tr>
<tr><td colspan="2">功率因数</td><td colspan="3">0.98</td></tr>
<tr><td colspan="2">变频器效率</td><td colspan="3">96%～97%</td></tr>
<tr><td rowspan="2">过载能力</td><td>恒转矩</td><td colspan="3">150%负载过载能力,持续 60s;间隔周期 300s 或 200%负载,持续 3s,间隔周期 300s</td></tr>
<tr><td>变转矩</td><td colspan="3">110%负载过载能力,持续 60s;间隔周期 300s 或 140%负载,持续 3s,间隔周期 300s</td></tr>
<tr><td colspan="2">合闸冲击电流</td><td colspan="3">小于额定输入电流</td></tr>
<tr><td colspan="2">控制方式</td><td colspan="3">无传感器矢量控制,无传感器矢量转矩控制,带编码器的转矩控制,线性 u/f;二次方 u/f(风机曲线);可编程 u/f</td></tr>
<tr><td colspan="2">PWM 频率</td><td colspan="3">2～16kHz</td></tr>
<tr><td colspan="2">固定频率</td><td colspan="3">15 个,可编程</td></tr>
<tr><td colspan="2">跳转频率</td><td colspan="3">4 个,可编程</td></tr>
<tr><td colspan="2">频率设定值的分辨率</td><td colspan="3">0.01Hz,数字设定;0.01Hz,串行通信设定;0.1Hz,10 位模拟设定</td></tr>
<tr><td colspan="2">数字输入</td><td colspan="3">6 个完全可编程的带隔离的数字输入;可切换为 PNP/NPN</td></tr>
<tr><td colspan="2">模拟输入</td><td colspan="3">2 个,0～10V、0～20mA、-10～10V;0～10V、0～20mA</td></tr>
<tr><td colspan="2">继电器输出</td><td colspan="3">3 个,可组态为 DC30V/A(电阻性负载),AC250V/2A(感性负载)</td></tr>
<tr><td colspan="2">模拟输出</td><td colspan="3">2 个,可编程(0/4～20mA)</td></tr>
<tr><td colspan="2">串行接口</td><td colspan="3">RS-485,可选 RS-232</td></tr>
<tr><td colspan="2">制动</td><td colspan="3">直流注入式制动,复合制动,动力制动</td></tr>
</table>

## 二、 MM440 通用变频器的外观及接线端口

MM440 系列变频器具有多种型号，额定功率 120W～200kW，该系列变频器均为竖立安装的长方形箱体，图 4-4 为 MM4 系列变频器的外形及尺寸。图中可见正面面板上装有状态显示屏“SDP”。

MM440 系列变频器安装使用时可装置在电气控制箱内，功率大的也可以像大型控制柜一样直接安装在基台上。MM440 主电路的接线端子及控制电路的接线排均安排在箱体的下部，接线端子及接线排上标有标号，端子示意图如图 4-5 所示。图中各接线点用途如下所列。

(1) 主电路端子 $L_1$、$L_2$、$L_3$ 为三相交流电源接入端子，U、V、W 为可调频电源输

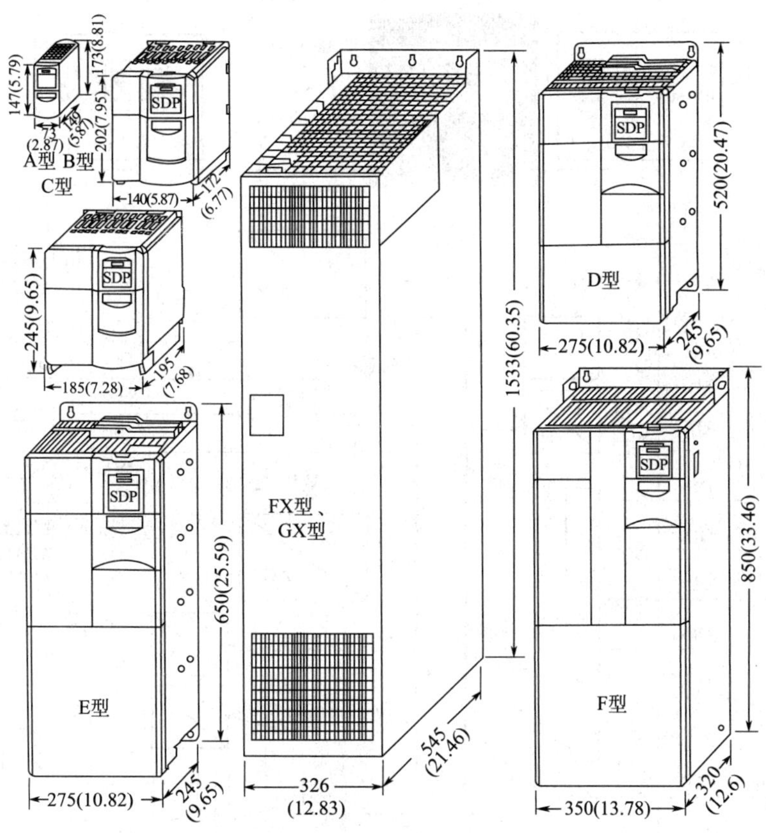


图 4-4　MM4 系列通用变频器的外形及尺寸

出端子。控制板上的 DIP 开关可以选择接入。$L_1$、$L_2$、$L_3$ 三相交流电源的频率是 50Hz 或 60Hz。此外，主电路还设有制动电阻接入端子。

（2）模拟量输入控制端子　$AIN_1+$，$AIN_1-$ 及 $AIN_2+$，$AIN_2-$（端子号 3、4 及 10、11）为两对模拟量输入控制端子。通过 I/O 板上的 DIP 开关，可以选择输入的模拟量类型，或是 4～20mA 电流，或是 0～10V 电压。端子板上 1 号及 2 号端子是为模拟量输入端子供电的机内 10V 直流电源接线端。

（3）开关量输入控制端子　$DN_1$～$DN_6$（端子号 5～8 及 16、17）为数字量输入控制端子。这 6 个端子可用于变频输出的启动停止、输出电压的相序控制及选择已设定的输出电压频率。端子板上 9 及 28 号端子可为开关量输入端子提供直流 24V 操作电源。

（4）电动机保护用热敏电阻接入端子　PTCA、PTCB（端子号 14、15）为预埋在电动机中的热敏电阻传感器接入端子。电动机过热时可关断变频器。

（5）通信接口　P＋、P－（端子号 29、30）为 RS-485 通信口，可使用通信方式控制变频器的启停及频率变化。

（6）模拟量输出端子　$AOUT_1+$、$AOUT_1-$ 及 $AOUT_2+$、$AOUT_2-$（端子号 12、13 及 26、27）为两组模拟量输出端子，经过一定的设定后，该两组端子可输出反映变频器工作参数的模拟量，如变频器的输出频率等，用于变频器工作状态的显示或用于对其他器件的控制。

（7）开关量输出端子　$RL_1$-A、$RL_1$-B、$RL_1$-C 及 $RL_3$-A、$RL_3$-B、$RL_3$-C（端子号

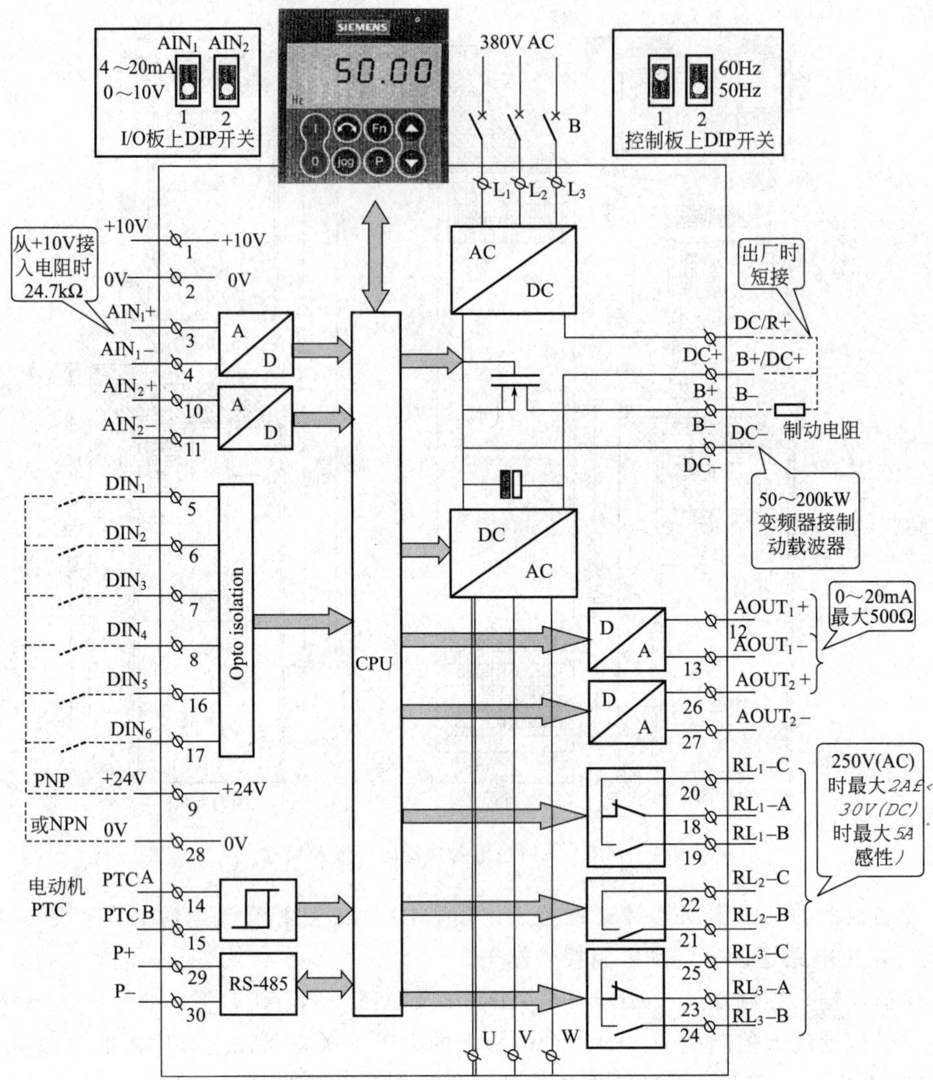


图 4-5 MM440 系列变频器接线端子示意图

18、19、20 及 23、24、25)，为两组三端开关量输出端子。RL2-B、RL2-C（端子号 21、22）为一组二端开关量输出端子。其中三端开关量端子含常开及常闭触点各一对，二端开关量端子含常开触点一对。这些端子为变频器工作状态的开关量输出信号，可用于显示、报警及对其他设备的控制。

## 三、 MM440 系列通用变频器的参数及分类

通用变频器设有数十甚至数百个参数，其中一些是变调器运行时的各种量值显示，是只读的，通常可以有选择地显示在变频器的操作显示屏上，以方便用户了解变频器的运行情况。MM440 变频器的这类参数以 r××××表示。但更重要的参数是可用来设定及选择变频器功能的参数，称为“功能码”。MM440 变频器中用 P××××表示。

1. 参数的分类及访问级

为了方便参数的访问，MM440 变频器的参数分了 12 个区，分区由参数 P0004 索引。

表 4-2 为参数分区及 P0004 索引值。比如，当 P0004＝2 时，可访问变频器类参数。而当 P0004＝3 时，可以访问电动机有关参数。在每个分区中，参数又有三个访问级：标准级（1 级），扩展访问级（2 级）和专家访问级（3 级）。其中标准级及扩展访问级可由用户访问修改，专家级一般只有授权专门人员才能访问及修改。访问等级的区分称为变频器参数的过滤功能，也由参数 P0004 设定。当 P0004＝0 时无过滤功能，可直接访问全部参数，当 P0004 取表 4-2 各分区对应的值时，访问级由参数 P0003 选择，即 P0003＝1 时为标准级，P0003＝2 时为扩展级，P0003＝3 时为专家级。

**表 4-2 参数分区及 P0004 索引值**

| P0004＝2 | 变频器 | P0004＝7 | 命令和数字 I/O | P0004＝13 | 电动机控制 |
|---|---|---|---|---|---|
| P0004＝3 | 电动机数据 | P0004＝8 | 模拟 I/O | P0004＝20 | 通信 |
| P0004＝4 | 速度传感器 | P0004＝10 | 设定值通道和斜坡发生器 | P0004＝21 | 报警及监控 |
| P0004＝5 | 工艺应用装置 | P0004＝12 | 驱动装置特点 | P0004＝22 | PI 控制器 |

2. 参数的功能及缺省值

变频器的功能码都有确定的控制功能且在出厂时已根据变频器的一般工况作了缺省设定。使用者在使用变频器时虽应尽可能详细地了解所有功能码的意义，但并不需要修改全部参数，因为许多参数是通用的。了解变频器功能码可查阅有关手册。本章变频器应用例 4-1 中较详细地列出了 MM440 系列变频器的功能码及调整设定内容，读者可以参阅。

变频器的参数修改可以通过操作面板或通过通信方式进行。

## 四、 MM440 通用变频器的基本操作面板及功能码的修改操作

图 4-6 MM440 系列变频器基本操作面板（BOP）

图 4-6 为 MM440 系列变频器的基本操作面板（BOP）。BOP 可代替图 4-4 中的 SDP 安装在变频器的同一个位置，SDP 只能用来显示变频器的工作状态，而 BOP 可用来对变频器进行操作，如启停变频器，改变电动机转向及转速等，还可以修改变频器的工作参数。除了 BOP 外，MM440 变频器还可配接高级操作面板（AOP），AOP 较 BOP 具有更多的操作功能。

（1）基本操作面板上的部件 基本操作面板上的部件为 LCD 显示屏及按钮，它们的功用及操作如表 4-3 所列。

（2）用基本操作面板修改 MM440 系列变频器的功能码 图 4-7 及图 4-8 介绍如何使用 BOP 板修改参数 P0004 及修改下标参数 P0719 时的操作。参数的下标指出了参数的分组，如参数 P0014［3］中“［3］”即为下标，表示该参数具有 0、1、2 三组参数。

为了快速修改参数，MM440 系列变频器还可以通过基本操作面板上的“Fn”键（功能键）进行参数的按位修改，操作时，先找到该访问级下的具体参数，再按 Fn 键，这时参数的最右边一位数字闪烁，表示该位数字可以修改，按上升及下降键修改后再按 Fn 键，闪烁就移到左一位数字，这时又可以修改闪烁位的数据了。每一位都修改完成后按 P 键退出。

**表 4-3 基本操作面板上的部件及用途**

| 显示/按钮 | 功能 | 功能的说明 |
| --- | --- | --- |
| P(1) r0000 Hz | 状态显示 | LCD 显示变频器当前的设定值 |
| I | 启动电动机 | 按此键启动变频器。缺省值运行时此键是被封锁的。为了使此键的操作有效,应设定 P0700=1 |
| 0 | 停止电动机 | OFF1:按此键,变频器将按选定的斜坡下降速率减速停车。缺省值运行时此键被封锁;为了允许此键操作,应设定 P0700=1。<br>OFF2:按此键两次(或一次,但时间较长)电动机将在惯性作用下自由停车。此功能总是"使能"的 |
| ⟲ | 改变电动机的转动方向 | 按此键可以改变电动机的转动方向。电动机的反向用负号(−)表示或用闪烁的小数点表示。缺省值运行时此键是被封锁的,为了使此键的操作有效,应设定 P0700=1 |
| Jog | 电动机点动 | 在变频器无输出的情况下按此键,将使电动机启动,并按预设定的点动频率运行。释放此键时,变频器停车。如果变频器/电动机正在运行,按此键将不起作用 |
| Fn | 功能 | 此键用于浏览辅助信息。<br>变频器运行过程中,在显示任何一个参数时按下此键并保持不动 2s,将显示以下参数值。<br>直流回路电压,V(用 d 表示);<br>输出电流,A;<br>输出频率,Hz;<br>输出电压,V(用 o 表示)。<br>连续多次按下此键,将轮流显示以上参数。<br>跳转功能 在显示任何一个参数(r×××× 或 P××××)时短时间按下此键,将立即跳转到 r0000,如果需要的话,可以接着修改其他的参数。跳转到 r0000 后,按此键将返回原来的显示点。<br>退出 在出现故障或报警的情况下,按 Fn 键可以将操作板上显示的故障或报警信息复位 |
| P | 访问参数 | 按此键即可访问参数 |
| ▲ | 增加数值 | 按此键即可增加面板上显示的参数数值 |
| ▼ | 减少数值 | 按此键即可减少面板上显示的参数数值 |

改变P0004 ——参数过滤功能

| 操作步骤 | 显示的结果 |
|---|---|
| 1　按 P 访问参数 | r0000 |
| 2　按 ▲ 直到显示出P0004 | P0004 |
| 3　按 P 进入参数数值访问级 | 0 |
| 4　按 ▲ 或 ▼ 达到所需要的数值 | 7 |
| 5　按 P 确认并存储参数的数值 | P0004 |
| 6　使用者只能看到电动机的参数 | |

图 4-7　普通参数的修改过程示意图

修改下标参数P0719—— 选择命令/设定值源

| 操作步骤 | 显示的结果 |
|---|---|
| 1　按 P 访问参数 | r0000 |
| 2　按 ▲ 直到显示出P719 | P0719 |
| 3　按 P 进入参数数值访问级 | in000 |
| 4　按 P 显示当前的设定值 | 0 |
| 5　按 ▲ 或 ▼ 选择运行所需要的数值 | 12 |
| 6　按 P 确认和存储这一数值 | P0719 |
| 7　按 ▼ 直到显示出r0000 | r0000 |
| 8　按 P 返回标准的变频器显示(由用户定义) | |

图 4-8　下标参数的修改过程示意图

# 第三节　通用变频器的基本操控方式及应用举例

## 一、通用变频器的基本操控方式

通用变频器的输出频率控制有以下几种基本方式。

（1）基本操作面板（BOP）操作方式　这是通过操作面板上的按钮手动调节输出频率的操作方式。具体操作有两种方法，一是按面板上频率上升或频率下降按钮调节输出频率，二是通过直接设定频率数值调节输出频率。MM440 变频器使用上升、下降按钮调节频率的操作如下。

将 P0700 设为 1（BOP 为命令源），按下绿色键启动电动机；按下增加键时电动机旋转速度随频率上升；当变频器频率达到 50Hz 时，按下减少键，变频器输出频率及电动机的速度显示值减小；按方向功能键时电动机可以改变转向；按下红色键可停止电动机。

（2）外输入端子开关量频率选择方式　变频器通常具有多段固定频率选择操作功能。各频率值通过功能码设定，频率段的选择通过外部端子选择。如图 4-5 中的 $DN_1$～$DN_6$，这些端子或端子的组合在经过参数设定后可用于变频器的启停及某个固定频率的运行选择。本节例 4-1 是多段固定频率选择调速的应用过程。

（3）外输入端子模拟量频率选择操作方式　为了方便与输出量为模拟电流或电压的调节器、控制器的连接，变频器还设有模拟量输入端，如图 4-5 中 $AIN_1^+$、$AIN_1^-$ 及 $AIN_2^+$、$AIN_2^-$ 端。当接在这些端口上的电流或电压量在一定范围内平滑变化时，变频器的输出频率在一定范围内平滑变化，也可以由变频器内部电源输出端接电位器并送入电压输入端调节变频器频率。本节例 4-2 给出了具体的应用过程。

（4）通信数字量操作方式　为了方便变频器的网络控制，变频器一般都设有网络接口，可以通过通信方式接收频率控制指令，不少变频器生产厂家还为自己生产的变频器与 PLC 通信设计了专用的协议，如西门子公司的 USS 协议即是西门子 MM4 系列变频器的专用通信协议。具体应用情况在第十二章中介绍。

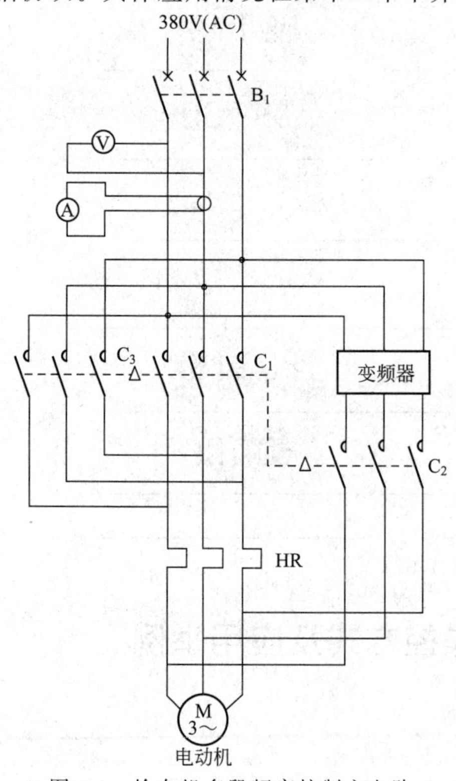

图 4-9　检布机多段频率控制主电路

## 二、西门子 M4 系列变频器应用例

**【例 4-1】**　变频器多段速度控制系统——某检布机变频调速控制　某检布机，依工艺要求共有四个工作速度，对应频率分别为 20Hz、30Hz、40Hz 和 50Hz。系统需设有正转点动及反转点动操作方式，其运行频率与正常运行时相同。

本例选取 MM440 变频器。主电路图如图 4-9 所示，图中 $C_1$ 及 $C_3$ 为工频供电正反序电源接触器，$C_2$ 为变频器供电接触器，图形符号间虚线上的“△”表示接触器间具有机械互锁。检布机控制电路电气原理图如图 4-10 所示，图中 $SW_1$ 为工频、变频选择开关。两个工位每次只有一路线路接通。$SW_2$ 为变频器输出频率选择开关。三个工位对应 20Hz、30Hz、40Hz 三种频率。本例中就是利用 $SW_2$ 控制 $R_1$、$R_2$、$R_3$ 三个继电器分别接通变频器 $DIN_4$、$DIN_5$、$DIN_6$ 三个频率控制端的。图 4-10 中 $BT_1$ 为停止按钮，$BT_2$ 为启动按钮，$BT_3$ 是正转点动按钮，$BT_4$ 为反转点动按钮。$R_0$ 为启动继电器。$R_4$ 及 $R_5$ 分别为正转及反转继电器，$R_6$ 为故障指示继电器。变频器的接线图如

图 4-11 所示。图中 $DN_1$ 作为正转启动用，$DIN_2$ 作为反转启动用，$DIN_4$ 用于选取第一段速（20Hz），$DIN_5$ 及 $DIN_6$ 分别用于第二、第三段速（30Hz 及 40Hz）。变频器的输出口上还接有频率表及报警信号装置。图 4-10 中还设有蜂鸣及故障指示电路。

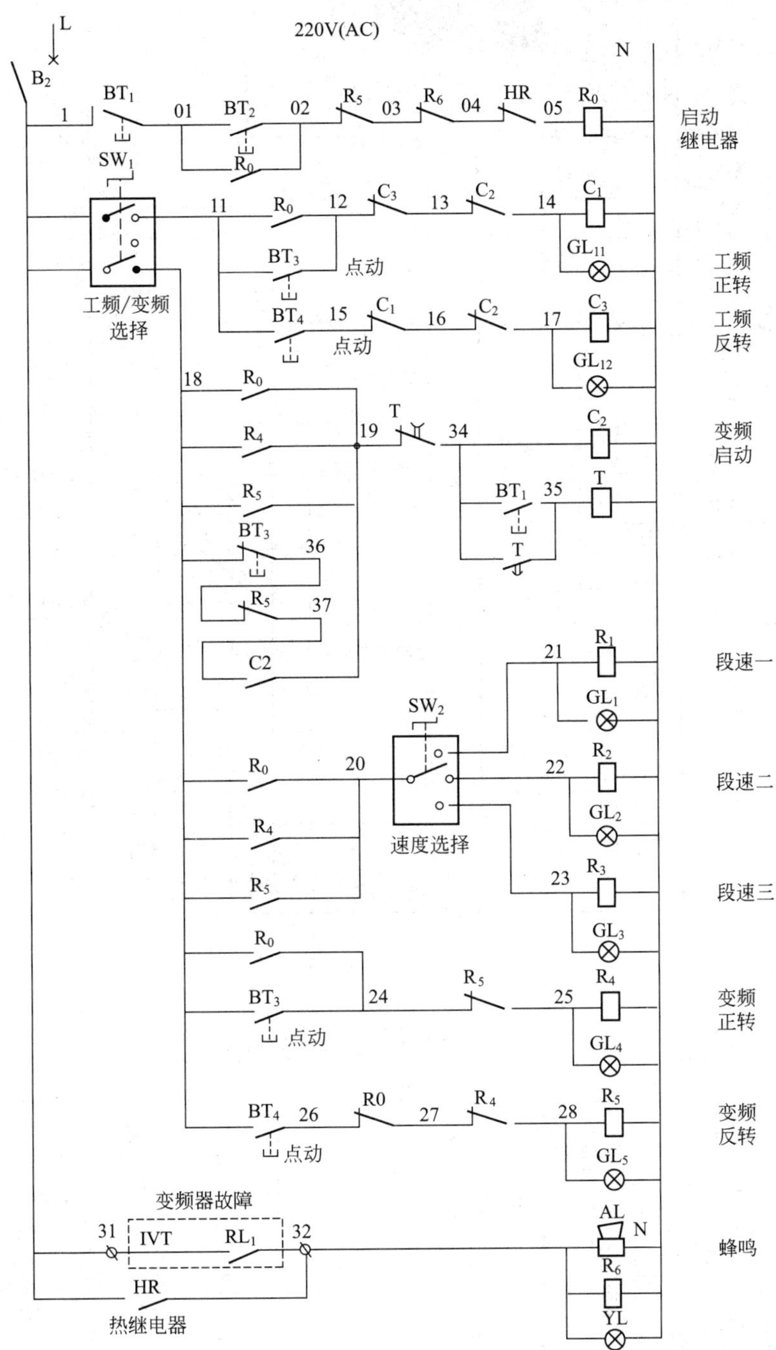


图 4-10　检布机多段频率控制电路电气原理图

图 4-12 及图 4-13 为本系统电控箱平面图及操作面板平面图。表 4-4 为本例变频器的参数设置表。表中变频器的状态栏表示参数的数值可以在变频器的这一状态下修改，其中 C 为调试，U 为运行，T 为运行准备就绪。

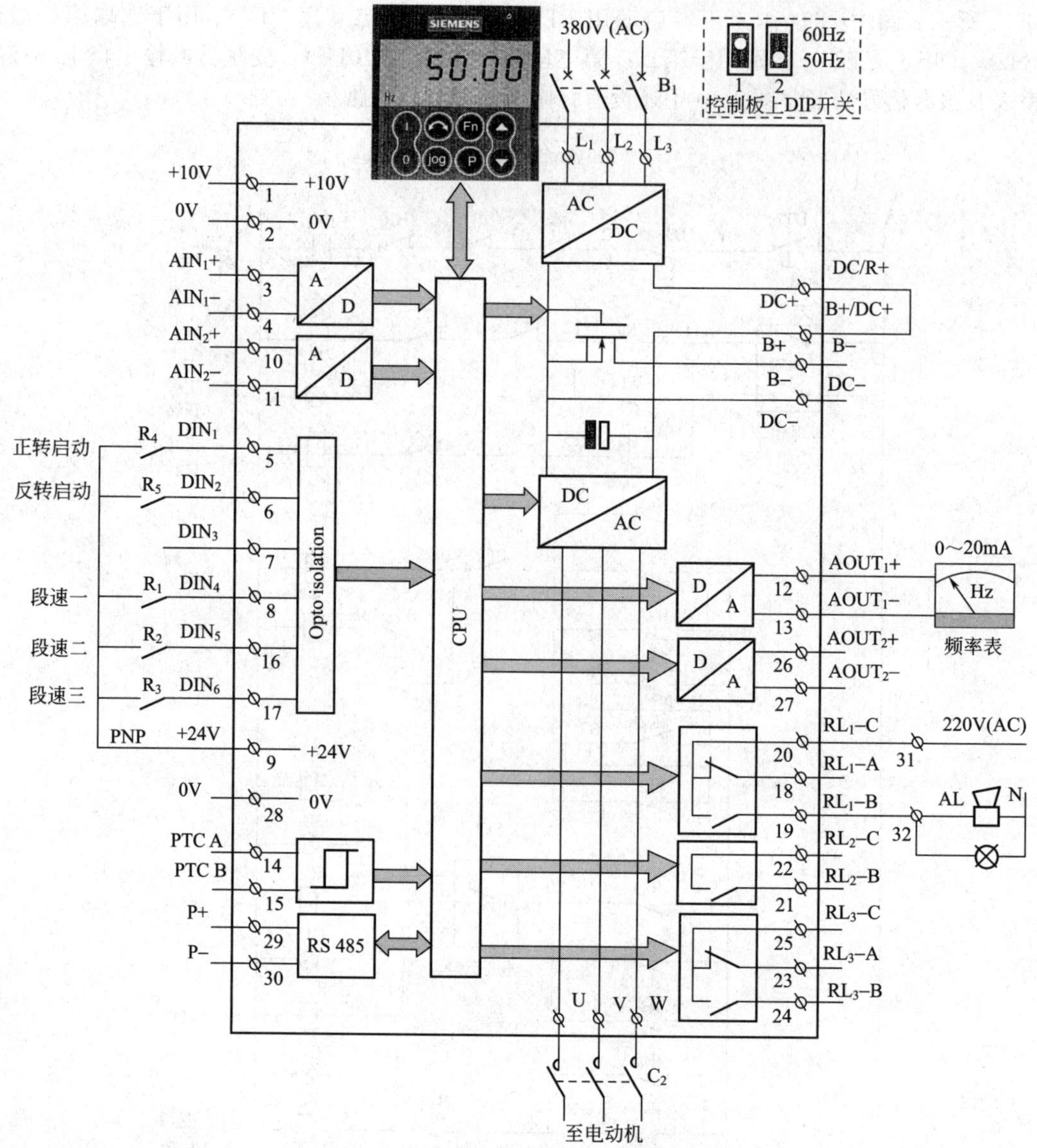

图 4-11 检布机多段频率控制变频器接线图

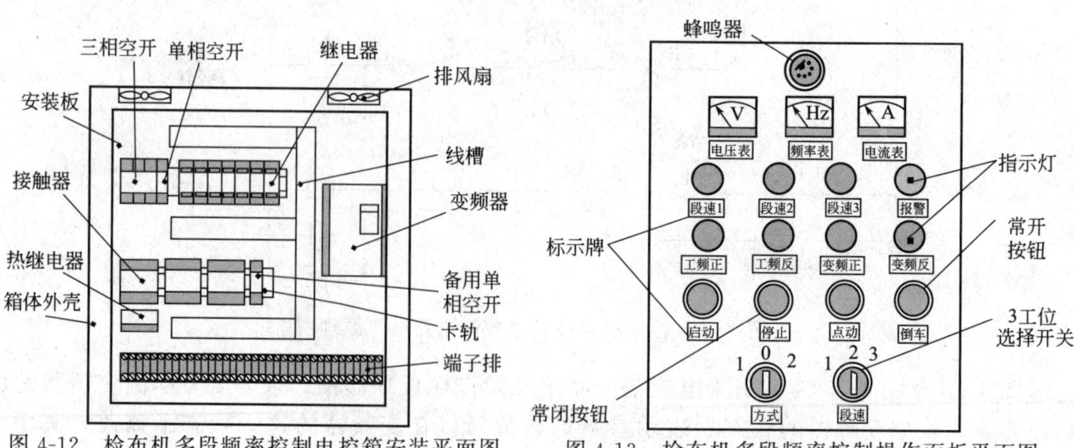


图 4-12 检布机多段频率控制电控箱安装平面图

图 4-13 检布机多段频率控制操作面板平面图

表 4-4 检布机多段频率控制变频器参数设置表

| 参数号 | 参数名称及其可选择内容 | 访问级 | Cstat 状态 | 设定值 |
|---|---|---|---|---|
| P0003 | 用户访问级<br>1:标准级<br>2:扩展级<br>3:专家级 | 1 | | 根据实际需要设定 |
| P0010 | 开始快速调试<br>0:准备运行<br>1:快速调试<br>30:工厂的缺省设置值 | 1 | | 1 |
| P0100 | 选择工作标准<br>0:功率单位为 kW,$f$ 的缺省值为 50Hz<br>1:功率单位为 hp,$f$ 的缺省值为 60Hz<br>2:功率单位为 kW,$f$ 的缺省值为 60Hz<br>说明:P0100 的设定值 0 和 1 应该用 DIP 开关来更改,使其设定的值固定不变。DIP 开关用来建立固定不变的设定值,在电源断开后,DIP 开关的设定值优先于参数的设定值 | 1 | C | 0 |
| P0205 | 变频器的应用对象<br>0:恒转矩<br>1:变转矩<br>说明:P0205=1 时只能用于平方 $V/f$ 特性(水泵风机)的负载 | 3 | C | 0 |
| P0300 | 选择电动机的类型<br>1:异步电动机<br>2:同步电动机<br>说明:P0300=2 时控制参数被禁止 | 2 | C | 1 |
| P0304 | 电动机的额定电压<br>设定值的范围 10~2000V<br>根据铭牌键入的电动机额定电压,V | 1 | C | 380 |
| P0305 | 电动机的额定电流<br>设定值的范围 0~2 倍的变频器额定电流,A<br>根据电动机的铭牌键入的电动机额定电流,A | 1 | C | 根据电动机铭牌上的额定电流设定 |
| P0307 | 电动机的额定功率:<br>设定值的范围 0~2000kW<br>根据电动机的铭牌键入的电动机额定功率,kW 如果 P0100=1 功率单位应是 hp | 1 | C | 根据电动机铭牌设电动机额定功率 |
| P0308 | 电动机的额定功率因数<br>设定值的范围 0.000~1.000<br>根据铭牌键入的电动机额定功率因数($\cos\varphi$)<br>只有在 P0100=0 或 2 的情况下(电动机的功率单位是 kW 时)才能显示 | 2 | C | 0.8 |
| P0309 | 电动机的额定效率<br>设定值的范围 0.0%~99.9%<br>根据铭牌键入的以%值表示的电动机额定效率<br>只有在 P0100=1 的情况下(电动机的功率单位是 hp 时)才能显示 | 2 | C | 根据电动机铭牌设电动机额定效率 |
| P0310 | 电动机的额定频率<br>设定值的范围 12~650Hz<br>根据铭牌键入的电动机额定频率,Hz | 1 | C | 50 |
| P0311 | 电动机的额定速度<br>设定值的范围 0~40000r/min<br>根据铭牌键入的电动机额定速度,r/min | 1 | C | 根据电动机铭牌设电动机额定速度 |

续表

| 参数号 | 参数名称及其可选择内容 | 访问级 | Cstat 状态 | 设定值 |
| --- | --- | --- | --- | --- |
| P0320 | 电动机的磁化电流<br>设定值的范围 0.0%～99.0%<br>是以电动机额定电流(P0305)的%值表示的磁化电流 | 3 | C T | |
| P0335 | 电动机的冷却<br>0:自冷<br>1:强制冷却<br>2:自冷和内置风机冷却<br>3:强制冷却和内置风机冷却 | 2 | C T | 0 |
| P0640 | 电动机的过载倍数[%](过载因子)<br>设定值的范围 10.0%～400.0%<br>电动机过载电流的限定值，以电动机额定电流(P0305)的%值表示 | 2 | C U T | 120(供参考) |
| P0700 | 选择命令源<br>0:工厂设置值<br>1:基本操作面板(BOP)<br>2:端子(数字输入)<br>说明:如果选择 P0700＝2，数字输入的功能决定于 P0701 至 P0708，当 P0701 至 P0708＝99 时，各个数字输入端按照 BICO 功能进行参数化 | 1 | C T | 2 |
| P0701 | 选择数字输入 1 的功能<br>可能的设定值<br>0:禁止数字输入<br>1:ON/OFF1 接通正转/停车命令 1<br>2:ON reverse/OFF1 接通反转/停车命令 1<br>3:OFF2 停车命令 2—按惯性自由停车<br>4:OFF3 停车命令 3—按斜坡函数曲线快速降速<br>9:故障确认<br>10:正向点动<br>11:反向点动<br>12:反转<br>13:MOP 电动电位计升速增加频率<br>14:MOP 降速减少频率<br>15:固定频率设定值直接选择<br>16:固定频率设定值直接选择＋ON 命令<br>17:固定频率设定值二进制编码选择＋ON 命令<br>25:直流注入制动<br>29:由外部信号触发跳闸<br>33:禁止附加频率设定值<br>99:使能 BICO 参数化<br>下标<br>P0701[0]:第 1 命令数据组 CDS<br>P0701[1]:第 2 命令数据组 CDS<br>P0701[2]:第 3 命令数据组 CDS<br>关联<br>设定值为 99(使能 BICO 参数化)时，为了复位要求<br>—P0700(命令信号源)或<br>—P0010＝1，P3900＝1，2 或 3(快速调试)或<br>—P0010＝30，P0970＝1(工厂复位) | | C T | 1 |
| P702 | 选择数字输入 2 的功能<br>可能的设定值<br>0:禁止数字输入<br>1:ON/OFF1 接通正转/停车命令 1<br>2:ONreverse/OFF1 接通反转/停车命令 1<br>3:OFF2 停车命令 2—按惯性自由停车<br>4:OFF3 停车命令 3—按斜坡函数曲线快速降速 | | C T | 2 |

续表

<table>
<tr><th>参数号</th><th>参数名称及其可选择内容</th><th>访问级</th><th>Cstat 状态</th><th>设定值</th></tr>
<tr><td>P702</td><td>9:故障确认<br>10:正向点动<br>11:反向点动<br>12:反转<br>13:MOP 电动电位计升速增加频率<br>14:MOP 降速减少频率<br>15:固定频率设定值直接选择<br>16:固定频率设定值直接选择+ON 命令<br>17:固定频率设定值二进制编码选择+ON 命令<br>25:直流注入制动<br>29:由外部信号触发跳闸<br>33:禁止附加频率设定值<br>99:使能 BICO 参数化<br>下标<br>P0702[0]:第 1 命令数据组 CDS<br>P0702[1]:第 2 命令数据组 CDS<br>P0702[2]:第 3 命令数据组 CDS</td><td></td><td>C T</td><td>2</td></tr>
<tr><td>P703</td><td>选择数字输入 3 的功能<br>可能的设定值<br>0:禁止数字输入<br>1:ON/OFF1 接通正转/停车命令 1<br>2:ON reverse/OFF1 接通反转/停车命令 1<br>3:OFF2 停车命令 2—按惯性自由停车<br>4:OFF3 停车命令 3—按斜坡函数曲线快速降速<br>9:故障确认<br>10:正向点动<br>11:反向点动<br>12:反转<br>13:MOP 电动电位计升速增加频率<br>14:MOP 降速减少频率<br>15:固定频率设定值直接选择<br>16:固定频率设定值直接选择+ON 命令<br>17:固定频率设定值二进制编码选择+ON 命令<br>25:直流注入制动<br>29:由外部信号触发跳闸<br>33:禁止附加频率设定值<br>99:使能 BICO 参数化<br>下标<br>P0703[0]:第 1 命令数据组 CDS<br>P0703[1]:第 2 命令数据组 CDS<br>P0703[2]:第 3 命令数据组 CDS</td><td></td><td>C T</td><td>0</td></tr>
<tr><td>P704</td><td>选择数字输入 4 的功能<br>可能的设定值<br>0:禁止数字输入<br>1:ON/OFF1 接通正转/停车命令 1<br>2:ON reverse/OFF1 接通反转/停车命令 1<br>3:OFF2 停车命令 2—按惯性自由停车<br>4:OFF3 停车命令 3—按斜坡函数曲线快速降速<br>9:故障确认<br>10:正向点动<br>11:反向点动<br>12:反转<br>13:MOP 电动电位计升速增加频率<br>14:MOP 降速减少频率<br>15:固定频率设定值直接选择<br>16:固定频率设定值直接选择+ON 命令<br>17:固定频率设定值二进制编码选择+ON 命令</td><td></td><td>C T</td><td>16</td></tr>
</table>

续表

| 参数号 | 参数名称及其可选择内容 | 访问级 | Cstat 状态 | 设定值 |
| --- | --- | --- | --- | --- |
| P704 | 25:直流注入制动<br>29:由外部信号触发跳闸<br>33:禁止附加频率设定值<br>99:使能 BICO 参数化<br>下标<br>P0704[0]:第 1 命令数据组 CDS<br>P0704[1]:第 2 命令数据组 CDS<br>P0704[2]:第 3 命令数据组 CDS | | C T | 16 |
| P705 | 选择数字输入 5 的功能<br>可能的设定值<br>0:禁止数字输入<br>1:ON/OFF1 接通正转/停车命令 1<br>2:ON reverse/OFF1 接通反转/停车命令 1<br>3:OFF2 停车命令 2—按惯性自由停车<br>4:OFF3 停车命令 3—按斜坡函数曲线快速降速<br>9:故障确认<br>10:正向点动<br>11:反向点动<br>12:反转<br>13:MOP 电动电位计升速增加频率<br>14:MOP 降速减少频率<br>15:固定频率设定值直接选择<br>16:固定频率设定值直接选择+ON 命令<br>17:固定频率设定值二进制编码选择+ON 命令<br>25:直流注入制动<br>29:由外部信号触发跳闸<br>33:禁止附加频率设定值<br>99:使能 BICO 参数化<br>下标<br>P0705[0]:第 1 命令数据组 CDS<br>P0705[1]:第 2 命令数据组 CDS<br>P0705[2]:第 3 命令数据组 CDS | | C T | 16 |
| P706 | 选择数字输入 6 的功能<br>可能的设定值<br>0:禁止数字输入<br>1:ON/OFF1 接通正转/停车命令 1<br>2:ON reverse/OFF1 接通反转/停车命令 1<br>3:OFF2 停车命令 2—按惯性自由停车<br>4:OFF3 停车命令 3—按斜坡函数曲线快速降速<br>9:故障确认<br>10:正向点动<br>11:反向点动<br>12:反转<br>13:MOP 电动电位计升速增加频率<br>14:MOP 降速减少频率<br>15:固定频率设定值直接选择<br>16:固定频率设定值直接选择+ON 命令<br>17:固定频率设定值二进制编码选择+ON 命令<br>25:直流注入制动<br>29:由外部信号触发跳闸<br>33:禁止附加频率设定值<br>99:使能 BICO 参数化<br>下标<br>P0706[0]:第 1 命令数据组 CDS<br>P0706[1]:第 2 命令数据组 CDS<br>P0706[2]:第 3 命令数据组 CDS | | C T | 16 |

续表

| 参数号 | 参数名称及其可选择内容 | 访问级 | Cstat 状态 | 设定值 |
| --- | --- | --- | --- | --- |
| P0719[3] | 选择命令和频率设定值<br>这是选择变频器控制命令源的总开关,在可以自由编程的 BICO 参数与固定的命令/设定值模式之间切换命令信号源和设定值信号源命令源和设定值源可以互不相关地分别切换十位数选择命令源个位数选择设定值源<br>可能的设定值<br>0:BICO 参数 设定值=BICO 参数<br>1:BICO 参数 设定值=MOP 设定值<br>2:BICO 参数 设定值=模拟设定值<br>3:BICO 参数 设定值=固定频率<br>4:BICO 参数 设定值=BOP 链路的 USS<br>5:BICO 参数 设定值=COM 链路的 USS<br>6:BICO 参数 设定值=COM 链路的 CB<br>10:BOP 设定值=BICO 参数<br>11:BOP 设定值=MOP 设定值<br>12:BOP 设定值=模拟设定值<br>13:BOP 设定值=固定频率<br>14:BOP 设定值=BOP 链路的 USS<br>15:BOP 设定值=COM 链路的 USS<br>16:BOP 设定值=COM 链路的 CB<br>40:BOP 链路的 USS 设定值=BICO 参数<br>41:BOP 链路的 USS 设定值=MOP 设定值<br>42:BOP 链路的 USS 设定值=模拟设定值<br>43:BOP 链路的 USS 设定值=固定频率<br>44:BOP 链路的 USS 设定值=BOP 链路的 USS<br>45:BOP 链路的 USS 设定值=COM 链路的 USS<br>46:BOP 链路的 USS 设定值=COM 链路的 CB<br>50:COM 链路的 USS 设定值=BICO 参数<br>51:COM 链路的 USS 设定值=MOP 设定值<br>52:COM 链路的 USS 设定值=模拟设定值<br>53:COM 链路的 USS 设定值=固定频率<br>54:COM 链路的 USS 设定值=BOP 链路的 USS<br>55:COM 链路的 USS 设定值=COM 链路的 USS<br>60:COM 链路的 CB 设定值=BICO 参数<br>61:COM 链路的 CB 设定值=MOP 设定值<br>62:COM 链路的 CB 设定值=模拟设定值<br>63:COM 链路的 CB 设定值=固定频率<br>64:COM 链路的 CB 设定值=BOP 链路的 USS<br>65:COM 链路的 CB 设定值=COM 链路的 USS<br>66:COM 链路的 CB 设定值=COM 链路的 CB<br>下标<br>P0719[0]:第 1 命令数据组 CDS<br>P0719[1]:第 2 命令数据组 CDS<br>P0719[2]:第 3 命令数据组 CDS<br>说明:如果设定值个位数是 0 以外的数值,即 BICO 参数不是设定值源,P0844/P0848OFF2/OFF3 停车命令的第一个信号源无效。代之以 P0845/P0849OFF2/OFF3 停车命令的第二个信号源,而且 OFF 命令来自专门定义的信号源,BICO 互联连接保留原来的值不变 | | C T | 0 |
| P0801[3] | BI 下载参数置 1<br>定义从 AOP 启动下载参数置 1 的命令源,前三位数字是命令源的参数号,最后一位数字是对该参数的位设定<br>下标<br>P0801[0]:第 1 命令数据组 CDS<br>P0801[1]:第 2 命令数据组 CDS<br>P0801[2]:第 3 命令数据组 CDS<br>设定值<br>722.0=数字输入 1,要求 P0701 设定为 99 BICO<br>722.1=数字输入 2,要求 P0702 设定为 99 BICO | | C T | |

续表

| 参数号 | 参数名称及其可选择内容 | 访问级 | Cstat 状态 | 设定值 |
|---|---|---|---|---|
| P0801[3] | 722.2=数字输入 3,要求 P0703 设定为 99 BICO<br>722.3=数字输入 4,要求 P0704 设定为 99 BICO<br>722.4=数字输入 5,同要求 P0705 设定为 99 BICO<br>722.5=数字输入 6,同要求 P0706 设定为 99 BICO<br>==========================<br>说明:数字输入的信号<br>0=不下载<br>1=由 AOP 启动下载参数置 1 | | C T | |
| P0840[3] | BI 正向运行的 ON/OFF1 命令<br>允许用 BICO 选择 ON/OFF1 命令源,前三位数字是命令源的参数号,最后一位数字是对该参数的位设定<br>下标<br>P0840[0]:第 1 命令数据组 CDS<br>P0840[1]:第 2 命令数据组 CDS<br>P0840[2]:第 3 命令数据组 CDS<br>设定值<br>722.0=数字输入 1,要求 P0701 设定为 99 BICO<br>722.1=数字输入 2,要求 P0702 设定为 99 BICO<br>722.2=数字输入 3,要求 P0703 设定为 99 BICO<br>722.3=数字输入 4,要求 P0704 设定为 99 BICO<br>722.4=数字输入 5,要求 P0705 设定为 99 BICO<br>722.5=数字输入 6,要求 P0706 设定为 99 BICO<br>722.6=数字输入 7,经由模拟输入 1 要求 P0707 设定为 99<br>722.7=数字输入 8,经由模拟输入 2 要求 P0708 设定为 99<br>19.0=经由 BOP 的 ON/OFF1 命令关联<br>只有在 P0719=0 命令源/设定值源的远程选择时才能激活,BICO 要求 P0700 设定为 2(使能 BICO),缺省设定值 ON:(接通正向运行)是数字输入 1(722.0)。改变 P0840 的数值之前,只有在数字输入 1 的功能改变(通过 P0701)时才能更替命令信号源 | | C T | |
| P0842[3] | BI 反向运行的 ON/OFF1 命令<br>允许用 BICO 选择反向运行的 ON/OFF1,命令源前三位数字是命令源的参数号,最后一位数字是对该参数的位设定<br>下标<br>P0842[0]:第 1 命令数据组 CDS<br>P0842[1]:第 2 命令数据组 CDS<br>P0842[2]:第 3 命令数据组 CDS<br>设定值<br>722.0=数字输入 1,要求 P0701 设定为 99 BICO<br>722.1=数字输入 2,要求 P0702 设定为 99 BICO<br>722.2=数字输入 3,要求 P0703 设定为 99 BICO<br>722.3=数字输入 4,要求 P0704 设定为 99 BICO<br>722.4=数字输入 5,要求 P0705 设定为 99 BICO<br>722.5=数字输入 6,要求 P0706 设定为 99 BICO<br>722.6=数字输入 7,经由模拟输入 1 要求 P0707 设定为 99<br>722.7=数字输入 8,经由模拟输入 2 要求 P0708 设定为 99<br>19.0=经由 BOP 的 ON/OFF1 命令关联<br>只有在 P0719=0,选择远程命令源/设定值源时才能激活 | | | |

续表

| 参数号 | 参数名称及其可选择内容 | 访问级 | Cstat 状态 | 设定值 |
|---|---|---|---|---|
| P1000 | 选择频率设定值<br>1:电动电位计设定值<br>2:模拟设定值 1<br>3:固定频率设定值<br>7:模拟设定值 2<br>说明:附加设定值的设置方法请参看"参数表"如果 P1000=1 或 3,则频率设定值的选择决定于 P0700 至 P0708 的设置 | 1 | C T | 3 |
| P1080 | 最小速度<br>设定值的范围 0～650Hz<br>本参数设置电动机的最小频率(0～650Hz)达到这一频率时,电动机的运行速度将与频率的设定值无关,这里设置的值对电动机的正转和反转都是适用的 | 1 | C U T | 15 |
| P1082 | 最大速度<br>设定值的范围 0～650Hz<br>本参数设置电动机的最大频率(0～650Hz)达到这一频率时,电动机的运行速度将与频率的设定值无关,这里设置的值对电动机的正转和反转都是适用的 | 1 | C T | 50 |
| P1120 | 斜坡上升时间<br>设定值的范围 0～650s<br>电动机从静止停车加速到最大电动机频率所需的时间 | 1 | C U T | 15 |
| P1121 | 斜坡下降时间<br>设定值的范围 0～650s<br>电动机从其最大频率减速到静止停车所需的时间 | 1 | C U T | 20 |
| P1135 | OFF3 停车时的斜坡下降时间(自由停止):<br>设定值的范围 0～650s<br>得到 OFF3 停止命令后电动机从其最大频率减速到静止停车所需的斜坡下降时间 | 2 | C U T | 5 |
| P1300 | 控制方式选择<br>0:线性 $u/f$ 控制<br>1:带 FCC(磁通电流控制)的 $u/f$ 控制<br>2:抛物线 $u/f$ 控制<br>3:可编程的多点 $u/f$ 控制<br>5:用于纺织工业的 $u/f$ 控制<br>6:用于纺织工业的带 FCC 功能的 $u/f$ 控制<br>19:带独立电压设定值的 $u/f$ 控制<br>20:无传感器矢量控制<br>21:带传感器矢量控制<br>22:无传感器的矢量转矩控制<br>23:带传感器的矢量转矩控制 | 2 | C T | 20 |
| P1500 | 选择转矩设定值<br>0:无主设定值<br>2:模拟设定值 1<br>4:通过 BOP 链路的 USS 设定值<br>5:通过 COM 链路的 USS 设定值<br>6:通过 COM 链路的通信板设定值<br>7:模拟设定值 2 | 2 | C T | 0 |

续表

| 参数号 | 参数名称及其可选择内容 | 访问级 | Cstat 状态 | 设定值 |
|---|---|---|---|---|
| P1910 | 选择电动机数据自动检测<br>0:禁止自动检测<br>1:所有参数都带参数修改的自动检测<br>2:所有参数都不带参数修改的自动检测<br>3:饱和曲线带参数修改的自动检测<br>4:饱和曲线不带参数修改的自动检测<br>说明:电动机数据的自动检测必须是在冷态(20℃)下进行,如果环境温度不在允许范围(20℃±5℃)内,必须修改参数 P0625 的电动机运行环境温度值<br>P1910=0 时,不进行自动检测<br>P1910=1、2、3、4 时,报警码 A0541 激活电动机数据自动检测功能 | 2 | C T | 0 |
| P1960 | 速度控制优化<br>为了进行速度控制器的优化,传动装置应设置为矢量控制方式(P1300=20 或 21),当速度控制器优化功能投入时(P1960=1),报警信号 A0542 将被激活。<br>当传动装置接下来启动时便进行优化测试。首先变频器按照斜坡上升时间 P1120 将电动机加速到 P0310(电动机的额定频率)的 20%,然后在转矩控制下达到 P0310 的 50%;接着变频器按照斜坡下降时间 P1121 使电动机降速到 P0310 的 20%,这种操作重复进行几次以后取其平均时间,由此可以得到电动机负载的惯量,据此,对参数 P0342 驱动装置总惯量/电动机惯量之比和 P1360 矢量控制的增益系数以及 P1370SLVC 的增益系数进行修改,得到真正适合被测惯量的响应特性。<br>可能的设定值<br>0:禁止优化<br>1:使能优化<br>==============================<br>说明:完成测试时 P1960 将被清 0。<br>提示:如果斜坡上升时在适当的时间内还不能达到稳态值,传动系统出现不稳定时,变频器可能由于故障 F0042 速度控制器优化失败而跳闸。<br>应该指出,进行上述测试时应该投入直流回路控制器的控制功能,否则可能出现过电压跳闸,当然这与斜坡下降时间和传动系统的惯性也有关。<br>速度环的优化可能对一些应用对象不合适,因为对于这样的传动系统,优化测试过程(即转矩控制下从 P0310 的 20%～50%)中的加速过程是不允许的 | 3 | C T | 0 或 1 |
| P3900 | 快速调试结束选择<br>0:结束快速调试,不进行电动机计算或复位为工厂缺省设置值。<br>1:结束快速调试,进行电动机计算和复位为工厂缺省设置值(推荐的方式)。<br>2:结束快速调试,进行电动机计算和 I/O 复位。<br>3:结束快速调试,进行电动机计算但不进行 I/O 复位。<br>当 P3900=1、2 时,快速调试直接结束,变频器进入“运行准备就绪”状态。<br>当 P3900=3 时,先接通电动机,开始电动机数据的自动检测;在完成电动机数据的自动检测以后,待报警信号 A0541 消失后,再结束快速调试,变频器进入“运行准备就绪”状态 | 1 | C | 1 |

注:上述情况只适用于快速调试方式。

【例 4-2】 变频器连续调速控制系统——萝茨风机的变频调速控制 某水泥厂萝茨风机原用挡风板调节风量，现进行变频节能改造。采用保留原工频系统作为备用的变频方案，主电路示意图如图 4-14 所示，图中原系统中配有自耦降压启动设备。

本例选用风机水泵专用的 MM430 系列变频器。图 4-15 为电气控制原理图。$SW_1$ 为变频及工频运行选择开关。$BT_2$ 为启动按钮，$BT_1$ 为停车按钮。图 4-16 为变频器接线图。本例为模拟量电压控制的变频器平滑调速系统。图 4-16 中 $AIN_1+$ 及 $AIN_1-$ 连接电位器，可以手动调节电位器输出直流电压实现变频器输出频率的变化。本例也可以通过操作面板实现调速，去掉电位器改接入传感器及调节器的电压信号时也可以实现闭环控制。

本例的参数设置可见表 4-5 所示。

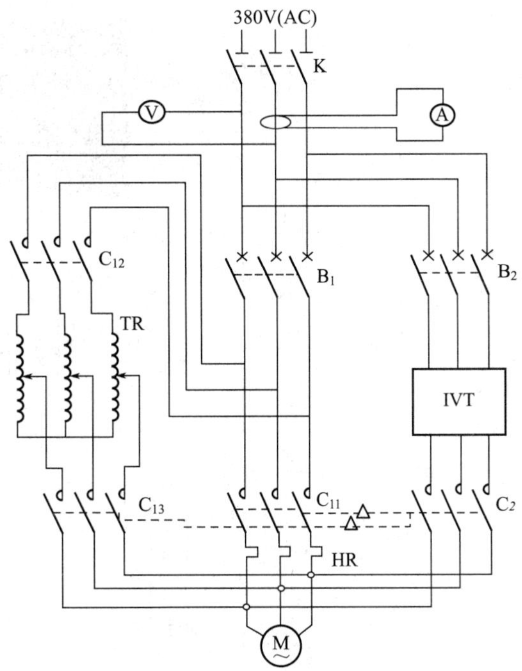


图 4-14 萝茨风机双主回路电路图

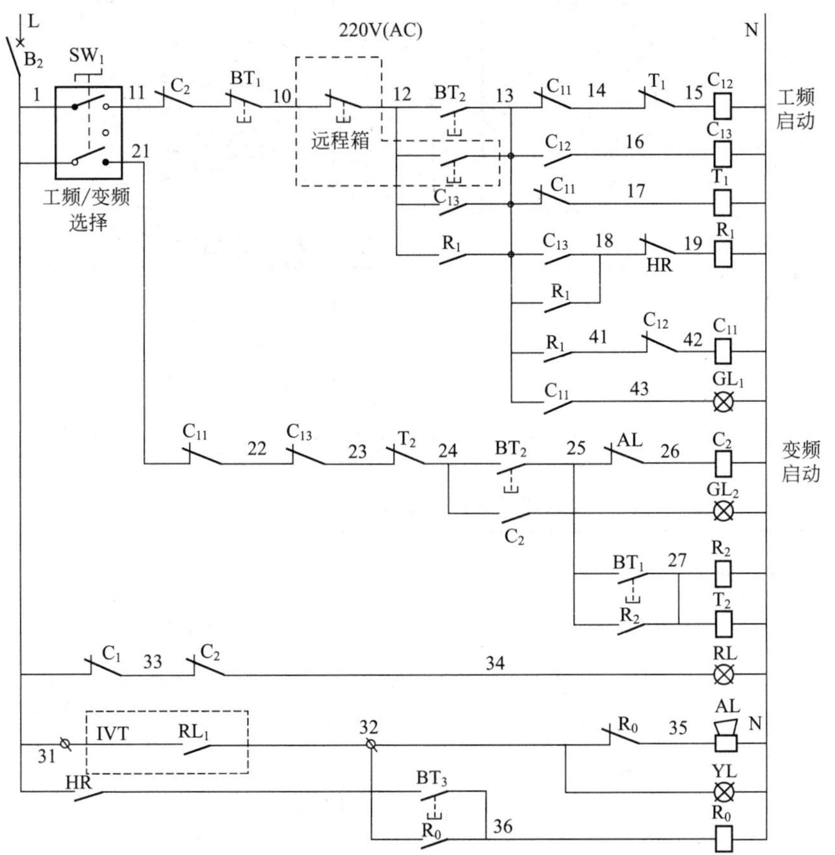


图 4-15 萝茨风机控制电路电气原理图

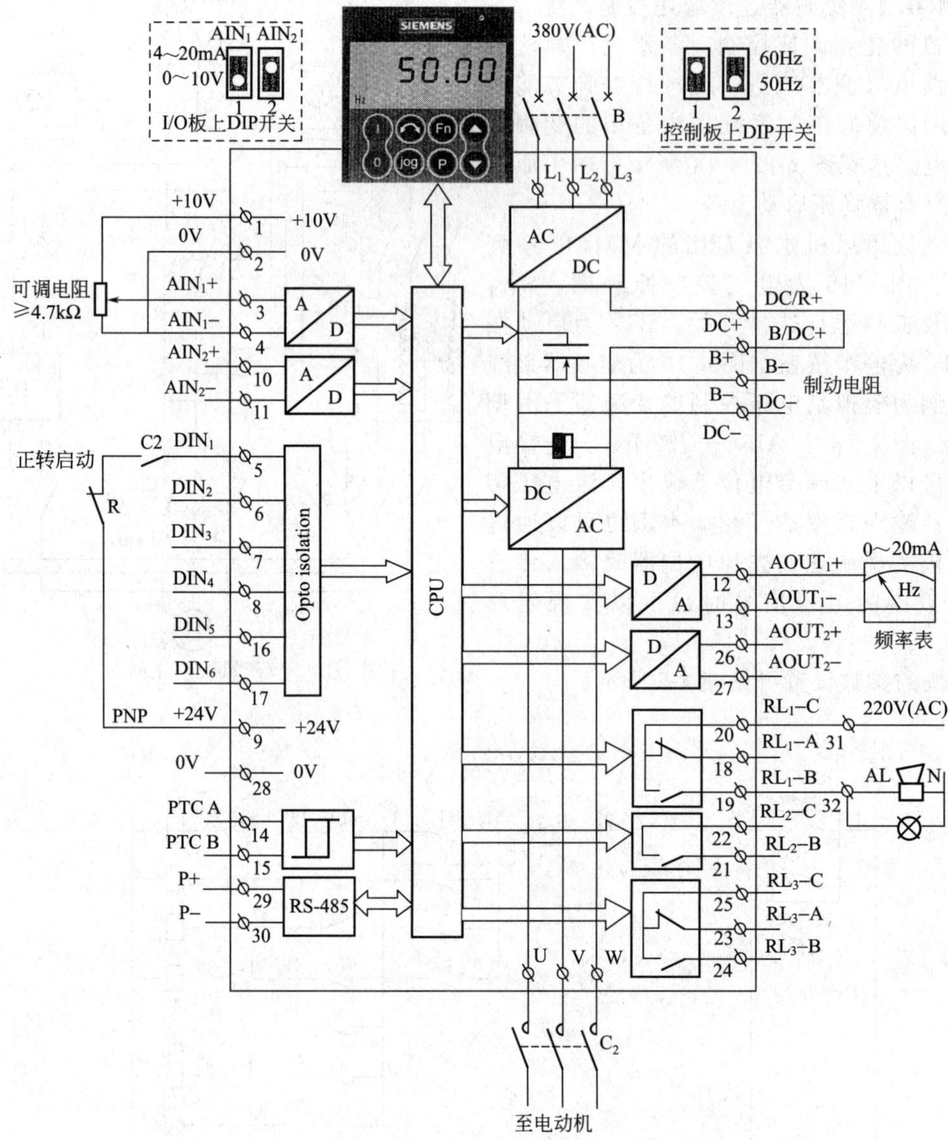


图 4-16 萝茨风机变频器接线图

**表 4-5 萝茨风机变频调速控制变频器参数设置表**

| 序号 | 功能码号 | 设定值 | 功能说明 |
|---|---|---|---|
| 1 | P0304 | 380 | 电动机额定电压(380V) |
| 2 | P0305 | 5.75 | 电动机额定电流(5.75A) |
| 3 | P0307 | 3 | 电动机额定功率(3kW) |
| 4 | P0310 | 50.00 | 电动机的额定频率(50Hz) |
| 5 | P0311 | 1440 | 电动机的额定转速(1440r/min) |
| 6 | P0700 | 2 | 选择命令源(由端子输入) |
| 7 | P701 | 1 | 正转运行 |
| 8 | P0706 | 0 | 选择 A/D 类型(电压信号) |
| 9 | P1000 | 2 | 频率源(模拟量) |

# 第四节 通用变频器使用的几个工程问题

作为前三节内容的补充，本节简要地说明变频器选用中几个常见的工程问题。

## 一、 变频器的选型及功率匹配

通用变频器的选型及功率匹配涉及两个方面的问题。一是变频器的控制方式、负载能力与负载的配合问题，二是功率匹配。其中功率匹配是普遍性的问题，负载能力中也涉及功率匹配。但与其他电器设备不同，变频器的标称功率具有特定的限定。标称功率只表示适配 4 极三相异步电动机满载连续运行时电动机的额定功率。在驱动极数不同的电动机或异步电动机以外的电动机时，标称功能只具有参考意义。

1. 通用变频器选型的原则方法

变频器的选型及功率匹配讲的是变频器、电动机在满足负载拖动要求时，都不能过载，即变频器的类型及功率选择应以电动机的额定电流及负载特性为依据。一般说来，以电流为选用依据时有以下公式。

驱动一台电动机时 $$I_{INVN} \geqslant kI_{MN}$$

式中，$I_{INVN}$为通用变频器额定输出电流，A；$I_{MN}$为电动机额定输入电流，A；$k$ 为电流波形补偿系数，一般取 1.05～1.1。

驱动多台电动机时 $$I_{INVN} \geqslant k\sum I_{MN} + 0.9I_{MQ}$$

式中，$I_{MQ}$为最大一台电动机的启动电流，A。

如果电动机和负载的转动惯量很大，按以上公式初选变频器的容量后，还应进行适当的修正。例如三相异步电动机重载启动，在 200%额定电流情况下，60s 能完成启动，而在 150%额定电流下 80s 才能完成启动，此时选择变频器容量时，其额定电流应在原先计算的额定电流值上再增加 30%左右。

除了通常的电流核算，选取变频器时还要考虑拖动系统的特殊要求。如使用变频器驱动压缩机、振动机等转矩波动大的负载及油压泵等有功率峰值的负载时，需考虑负载的峰值应用状态。如驱动有加速要求的负载时，要考虑加速时电流的大小。由于变频器的过载能力一般不能超过 200%。在这些情况下也要考虑放大变频器的容量。

2. 从变频器的控制方式出发的通用变频器选择

通用变频器与异步电机构成的变频调速系统有开环及闭环两种方式。

开环方式一般可采用普通功能的 $u/f$ 控制变频器及无速度传感器矢量控制变频器。开环方式结构简单、运行可靠，但调速精度与动态响应特性不高，尤其在低速区域较突出，电动机随负载大小变化发生速度波动。但对于风机、水泵类负载来说，足以满足工艺要求。无速度传感器矢量控制变频器性能优于前者，可以对异步电机的磁通和转矩进行检测及控制，具有较好的静态精度及动态性能，转速精度可达 0.5%以上，可以满足一般要求的开环控制需要，但需在使用中注意变频器参数与电动机的配合。如用变频器以开环方式驱动同步电动机，转速精度可以大大提高。当变频器本身精度较高时，转速精度可达到 0.01%以上，适合于多电动机同步传动系统，用于纺织、化纤、造纸等行业。

闭环方式一般需采用带有 PID 控制器的 $u/f$ 控制变频器或有速度传感器的矢量控制变频器，适合于温度、流量、压力、张力、速度、位置等过程参数控制系统。这时需在电动机上安装速度传感器或编码器。闭环方式的优点是调速范围可达 1∶100、1∶1000 甚至更高，并可精确地进行转矩控制，系统响应快、性能好。闭环系统除了要注意电动机与变频器参数的配合外，还要精心地选择速度传感器或编码器。

3. 从不同负载类型出发的通用变频器的选择

根据负载机械的机械特性，人们将负载分为恒转矩负载、恒功率负载及风机、水泵类降转矩负载三类，选择变频器时需考虑负载的特性，即变频器的负载特性需与电机所带负载的特性相匹配。只有这样，系统在正常工作的前提下才是最经济的。一般说来，恒转矩负载特性的变频器可以用于风机、水泵类负载，但降转矩特性的变频器不能用于恒转矩特性的负载。变频器的恒功率负载特性是以 $u/f$ 控制方式为基础的，并没有恒功率特性的变频器。变频器的控制方式与负载特性有密切的关联，但又没有明确的负载能力划分。有的变频器对三类负载都适合，而有的变频器应用范围就比较小。表 4-6 是通用变频器不同控制方式时的适应范围，可在选型时参考。值得说明的是，通用变频器最适合比较平稳的负载，冲击性负载及运行中可能有大的冲击性负载变动的场合要慎选变频器为动力源。一定需用变频器时也要放大功率负担能力选用。

**表 4-6 通用变频器不同控制方式时的适应范围**

| 控制方式 | $u/f$=常数 | | 电压矢量控制 | 电流矢量控制 | | 直接转矩控制 |
|---|---|---|---|---|---|---|
| 反馈装置 | 开环 | PID 调节器 | PID 调节器 | 开环或闭环 | 带 PG 或编码器 | 不要 |
| 调速比 | 1∶40 | 1∶60 | 1∶100 | 1∶100 | 1∶1000 | 1∶100 |
| 启动转矩 | 3Hz 时 150% | 3Hz 时 150% | 3Hz 时 150% | 3Hz 时 150% | 零转速时 150% | 零转速时 200% |
| 速度精度/% | ±(0.2～0.3) | ±(0.2～0.3) | 模拟控制 0.1<br>数字控制 0.01 | 模拟控制 0.1<br>数字控制 0.01 | 模拟控制 0.1<br>数字控制 0.01 | 模拟控制 0.1<br>数字控制 0.01 |
| 转速上升时间 | 响应速度慢 | 响应速度慢 | 100ms | 60ms | 响应速度快 | 响应速度快 |
| 转矩控制 | 不能 | 不能 | 能 | 能 | 能 | 能 |
| 适用场合 | 风机、泵类等流体机械 | 自动保持压力、温度、流量等恒定调速控制 | 一般工业设备调速控制 | 所有应用场合调速控制 | 伺服控制、转矩控制 | 重载启动、转矩控制、转矩波动大的负载 |

## 二、通用变频器的四象限运行

当电动机拖动位能性负载，如起重机、电梯、卷扬机等机械运转时，有可能出现以下几种运行状态。

(1) 提升运行　此时电机加正向电源，电动机正转，重物为负载，电源电能传向电动机，电动运行。电动机工作在机械特性的第 1 象限。

(2) 高速提升转低速提升运行　电机加正向电源，电动机正转，但从高速向给定的低速转变时，电动机的反电势高于电源的电压，电动机为发电机，电能由电动机送回电源。电磁力矩为制动力矩。电动机工作在机械特性的第 2 象限。

(3) 下放运行　重物不足以克服系统阻力，电机加反向电源，电动运行，电动机反转。电能从电源传向电动机。电动机工作在机械特性的第 3 象限。

(4) 加速下放运行　电机加反向电源且重力大于系统阻力，重物在重力及电动机的共同作用下加速，使电动机转速升高到超过电源对应的同步速度，此时电磁转矩为制动力矩。电动机工作在机械特性的第 4 象限。

以上四种情况中，电机的工作点分别位于机械特性的四个对应象限中，称为电机的四象限运行。其中第 2、4 象限运行时，电机电流反向回馈给电网。因此，四象限运行的电动机采用变频器供电时，变频器必须提供电流回流的通道。这在变频器中有两种解决的办法。其一是在交-直-交变频器中，让负载侧变流器担任整流器的任务，电动机反馈的电能变成直流在中间环节上加装的电阻上消耗掉。这个电阻就是图 4-3 中的制动电阻。而其二是在交-交变频器中让网侧变流器成为逆变器，将电动机返回的能量输送回电网。但不论是哪种办法都将在很大程度上加大变频器硬件及控制的难度。因而只有具备以上功能的变频器才能承担四象限运行的任务。

### 三、 通用变频器对运行环境的要求

为了能使变频器稳定地工作，必须保证变频器的运行环境满足变频器技术文件中对环境的要求。一般地，通用变频器对环境的要求如下。

（1）温度　允许周围温度为－10～＋40℃；通用变频器内部温度比周围温度高 10～20℃。变频器装在控制柜中时，一定要注意柜子的体积、变频器的具体安装位置、排气风扇的风量等，保证变频器在合适的温度下工作。

（2）湿度　90％以下（无凝露）。如变频器周围湿度过高，当周围环境温度下降时，很容易产生凝露现象，这就存在电气绝缘能力降低和金属部分腐蚀问题，电路板的绝缘下降也有可能引起变频器的误动作。变频器不得已安装在湿度较大的位置时，可采用密封结构，或加装热通风机。

（3）通用变频器不应安装在有腐蚀性爆炸性或可燃性气体、粉尘或油雾的地方　由于变频器内部装有易产生火花的继电器及接触器，所以有引起火灾的可能。有腐蚀性气体时，会对变频器的金属部分造成腐蚀，影响变频器的长期运行。

（4）海拔高度　通用变频器标准规定安装于海拔高度 1000m 以下。当高于这个高度时，气压下降容易引起绝缘破坏。另外海拔高了冷却效果也会下降，会引起温升，一般应把负载率按每升高 1000m 减少 10％处理。

（5）振动　通用变频器安装场所不允许振动，其耐振性能根据机型不同而不同，当振动超过变频器的容许值时，可引起紧固件松动及继电器触点的误动作。当变频器安装在具有预见性振动的地点时，需采用防振垫片等防振处理。

## 习题及思考题

4-1　变频器工作时为什么既要变频又要同时改变输出电压？

4-2　以交-直-交变频器为例说明通用变频器的构成，各部分需完成哪些工作？

4-3　通用变频器常用哪些控制方式，各种控制方式基于什么原理？

4-4　通用变频器如何实现编程以适应各种负载？变频器的工作参数或叫功能码分成哪些类型？举例说明功能码的用途。

4-5　如何设定及修改变频器的功能码？以 MM440 变频器为例说明。

4-6　西门子 MM440 通用变频器有哪些频率控制方式？说明各种方式的用途及基本操作要求。

Chapter 03

# 第三篇 S7-200系列可编程控制器应用技术

## 第五章　可编程控制器及其工作原理

**内容提要**：可编程控制器作为通用的工业控制计算机，是存储逻辑在工业中应用的代表性成果。本章秉承接线逻辑中器件及接线两条线索，介绍 PLC 编程元件及编程语言的概念及应用。并在此基础上说明 PLC 的工作原理。

### 第一节　可编程控制器概述

#### 一、 可编程控制器的由来及发展

可编程控制器（Programmable Controller）是以微处理器为基础的通用的工业控制装置。只要装入不同的应用软件，就可以应用于不同的系统，完成不同的控制任务，谓之可编程。由于可编程控制器最初主要用于逻辑控制，被称为“Programmable Logic Controller”，简称为 PLC。

可编程控制器诞生之前，工业电气控制主要靠低压电器构成的继电器接触器电路，它是以接线逻辑实现控制功能的。这样的控制设备一经生产出来，功能就固定了，若要改变就必须改变内部的硬件连接，操作起来十分麻烦。1968 年，美国最大的汽车制造商——通用汽车公司（GM）为了适应生产工艺不断更新的需要，要寻找一种比继电器更可靠，功能更齐全，响应速度更快的新型工业控制器，设想将计算机技术用于工业控制。并从用户角度提出了新一代控制器应具备的十大条件。这十大条件中比较重要的如下。

（1）能用于工业现场。

（2）编程方便，可现场修改程序以改变其控制逻辑，而不需要改变组成它的元件和修改内部接线。

（3）出现故障时易于诊断及维修。

条件中最根本的一条是采取程序修改方式改变控制功能，这是工业控制从接线逻辑向存储逻辑进步的重要标志。

1969 年，美国数字设备公司（DEC）研制出了第一台可编程控制器，在美国通用汽车公司的生产线上试用成功，并取得了满意的效果，可编程控制器由此诞生。

可编程控制器问世以来，发展极为迅速。1971 年，日本开始生产可编程控制器。1973 年，欧洲开始生产可编程控制器。目前世界各国的一些著名的电器工厂几乎都在生产可编程控制器。可编程控制器已作为一个独立的工业设备被列入生产中，成为当代电控装置的主导。

20 世纪 80 年代以来，随着大规模集成电路和微型计算机技术的发展，以 16 位及 32 位微计算机为核心的 PLC 得到了迅速的发展，在设计、性能、价格以及应用等方面都有了新的突破。PLC 不仅控制功能增强，功耗及体积减小，成本下降，可靠性提高，编程及故障检测更为方便灵活。特别是近十数年来，随着通信组网、图像处理等技术的发展，PLC 的应用领域不断扩大，操作更加便捷，已成为现代工业生产自动控制的支柱设备。

## 二、 可编程控制器的用途

简要概括 PLC 的用途如下。

（1）开关量逻辑控制　这是用以取代传统的继电器逻辑控制的功能，也是电气控制最基本的控制功能。

（2）运动控制　PLC 可以控制步进电动机、伺服电动机和交流变频器，用于各种机械的速度和位置控制。如用于机床、装配机械、机器人、电梯等。

（3）过程控制　通过模拟量 A/D 和 D/A 转换，PLC 能控制大量的物理参数，例如温度、压力、速度和流量等。PID（Proportional-Integral-Derivative）功能的提供使 PLC 具有闭环控制能力，可用于过程控制。广泛地应用于塑料成型机、加热炉、热处理设备、锅炉及轻化工、冶金、电力等行业。

（4）数据处理　PLC 不仅能用于算术运算、数据传送、查表等，还可以进行数据比较、数据转换、数据通信、数据显示及打印等，具有极强的数据处理能力。数据处理一般用于大型控制系统，如过程控制系统、无人柔性控制系统等。

（5）通信及联网　可编程控制器通信包括主机与远程 I/O 之间的通信、多台可编程控制器之间的通信、可编程控制器与其他智能控制设备，如计算机、变频器、数控装置之间的通信，这使得 PLC 成为工业控制网络中的重要成员。

## 三、 可编程控制器的著名厂商

在世界 200 多个 PLC 制造厂中，有几家举足轻重的公司。它们是德国的西门子（SIEMENS）公司，美国 Rockwell 自动化公司所属的 A-B（Allen & Bradly）公司，GE-Fanuc 公司，法国的施耐德（Schneider）公司，日本的三菱及欧姆龙（OMRON）公司。它们都生产多种系列的 PLC 产品。

了解各厂商的产品可以登录这些公司的网站。除了介绍产品性能外，这些网站都免费提供常用的编程软件下载，还有不少网站配有应用技术沙龙一类的网页，供学习及应用者交流。

本书以德国西门子(Siemens)公司的整体式小型可编程控制器 S7-200 机为对象介绍 PLC 应用，西门子公司的相关网址为：www. ad. siemens. com. cn。

## 四、 可编程控制器的产品分类

（1）以结构形式分类　早期的可编程控制器多为整体机，是一台完整的机器。计算机内核、输入输出接口、电源等都集成在一个机箱里。这种机器由于结构及功能固定，应用时不够灵活，维修也不够方便。于是就把电源、输入口、输出口、CPU、专用的功能模块都制成单独的机箱。外形尺寸易于组合，再通过安装导轨及计算机总线将它们联接成整体。这种结构形式的机器称为模块机，意为可叠块为整体。模块机的优点是模块的类型及数量选用自由而方便。但购置时略有零碎，组成系统时多了拼接的麻烦。接下来就有了在整体机上接扩展块的想法。也就是将模块机的系统构成灵活的优点转接到整体机上。为满足控制任务要求，整体机缺什么就补什么。这种基本单元＋扩展的方式相对模块机又叫紧凑型机。

图5-1为S7系列可编程控制器外观图。读者可以从图中了解整体式及模块式两大类PLC的结构差别。

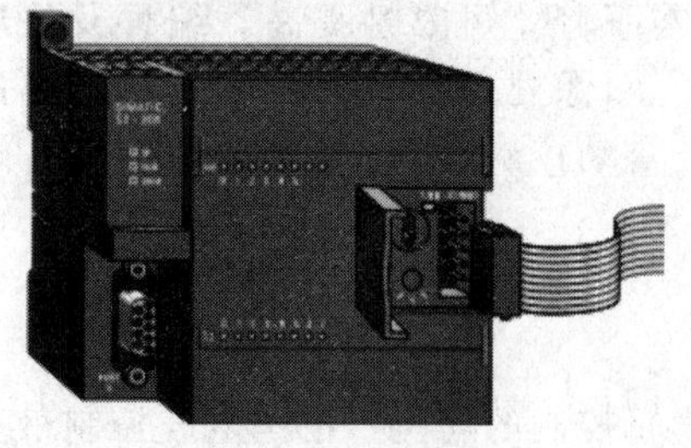

(a) 整体式小型机

(b) 模块式中、大型机

图5-1 S7系列可编程控制器外观图

(2) 以控制规模分类 可编程控制器组成控制系统时，能接纳的输入信号及能输出的控制信号种类及数量越多表示控制功能越强。因而输入点加上输出点总数成了衡量PLC功能的技术指标，称为输入输出点数。一般认为256点以下为小型机，256～2048点为中型机，2048点以上为大型机。一般说来，小型机以开关量控制为主，中大型机模拟量控制及数据控制运算类功能强。由于控制容量不同，相应机型的存储器容量不一样，运算处理速度也会不一样。

西门子公司的可编程控制器主要产品有SIMATIC S7、SIMATIC M7、SIMATIC C7及SIMATIC-WinAC等几个大的系列。其中SIMATIC S7是传统意义上的PLC（相对虚拟PLC而言），下含S7-200、S7-1200、S7-300/400、S7-1500等子系列。其中S7-300系列及S7-400系列、S7-1500系列是高性能大中型PLC，采用模块式结构。S7-200系列及S7-1200系列是整体式小型机。

## 第二节 可编程控制器的硬件构成及编程元件

### 一、可编程控制器的硬件构成

可编程控制器的硬件与普通计算机大致相同，由微处理器、存储器、输入输出单元、编程器及电源等部分组成，如图5-2所示。

1. 微处理器（CPU）

微处理器是PLC的运算控制中心，CPU控制及协调系统内部各部分的工作，执行监控程序及用户程序，进行信息及数据的运算处理，产生相应的控制信号，实现对现场各个设备的控制。

2. 存储器

PLC使用的物理存储器与普通计算机相同。从用途上可分为系统存储器和用户存储器两部分。

系统存储器用来存放由PLC生产厂家编写的系统程序（相当于个人计算机的操作系统），系统程序固化在ROM内，用户不能直接更改。用户存储器包括程序区和数据区两部分。程序区用来存放用户针对具体控制任务，用规定的PLC编程语言编写的应用程序。用户程序存储器可以是RAM（有掉电保护）、EPROM或EEPROM存储器，其内容可以由用户任意修改或增删。数据区用来存放用户程序中使用的ON/OFF状态、数值数据等。它构

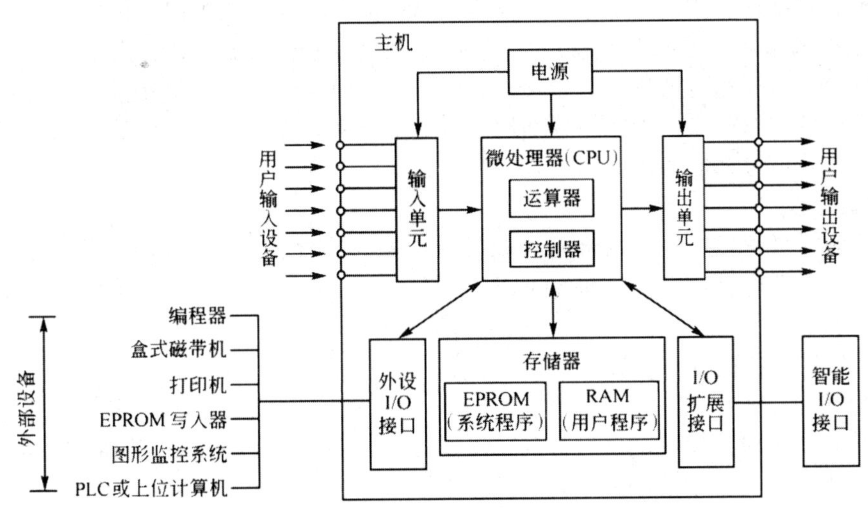


图 5-2　PLC 硬件组成框图

成 PLC 内部各种编程器件，也称“编程软元件”。

3. 输入、输出接口

PLC 的输入、输出接口与普通计算机有很大不同。由于 PLC 要与按钮、限位开关、继电器线圈连接，需要许多开关量接口，还要与一些输出或输入模拟量的传感或执行设备连接，需要一些模拟量接口。由于 PLC 运行在工业现场，接口有特殊的抗干扰要求。因而 PLC 的接口都是一些有特殊要求的电路。图 5-3 及图 5-4 分别是 PLC 开关量输入输出接口的构成及工作情况。

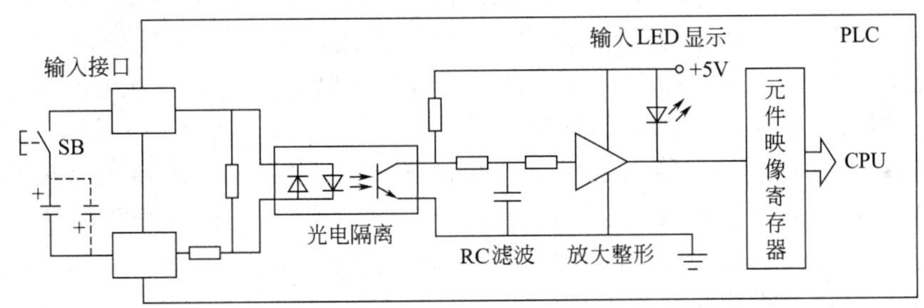


图 5-3　PLC 输入接口及隔离电路

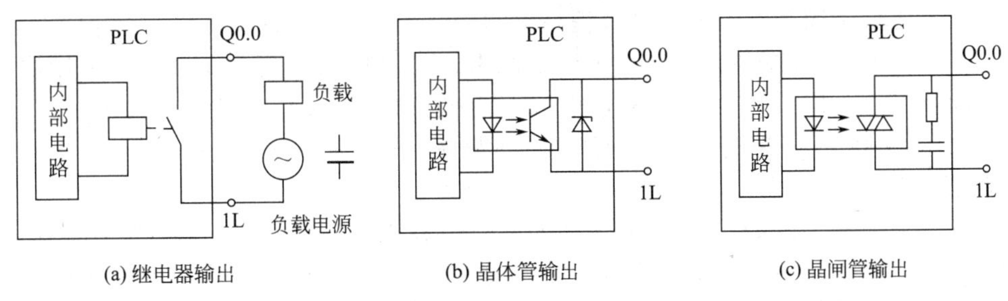


图 5-4　PLC 输出接口及隔离电路

图 5-3 中可以看到，由 I0.0 及 1M 构成的输入回路用来采集按钮的状态。输入信号经光电隔离送入 CPU 内元件映像寄存器。

输出接口是 PLC 的负载驱动电路。图 5-4 为常见的继电器输出、晶体管输出和晶闸管输出等三种电路结构形式。图中可见，输出接口电路也采用了光电隔离措施。

PLC三种输出接口中继电器输出可以接交、直流负载，且使用电压范围广，导通压降小，承受瞬时过电压和过电流能力较强。但受继电器触点开关速度限制，只能满足一般的控制要求。晶体管与双向晶闸管电路分别用于直流负载及交流负载，它们的可靠性高，反应速度快，寿命长，但过载能力较差。

4. 电源

小型整体式可编程控制器内部开关电源除为机内各电路提供5VDC工作电源外，还为外部传感输入元件提供一定容量的24VDC电源。

5. 扩展接口

扩展接口用于连接各类扩展单元。

6. 通信接口

PLC配有多种通信接口。可以与监视器、打印机及其他PLC或计算机系统相连。

7. 编程工具

编程工具供用户进行程序的编制、编辑、调试和监视。早期用得较多的编程器有简易型和智能型两类。简易型的编程器是手持的，方便在现场使用，但只能输入助记符（指令表）。智能型的编程器又称图形编程器，具有图形显示功能，可以直接输入梯形图和通过屏幕对话。

目前最常用的编程器是装有专用编程软件的计算机，PLC厂家均开发了计算机辅助编程软件，运行这些软件可以编辑、修改用户程序，监控系统的运行、打印文件、采集和分析数据、在屏幕上显示系统运行状态、对工业现场和系统进行仿真等。

## 二、 PLC编程元件及编址

对PLC的应用操作人员来说，PLC硬件中直接接触最多的是存储器数据区的存储单元。这些单元由PLC的系统软件分区并赋予了不同功能，有的用于接收输入口送来的数据，有的用于通过输出口发送控制指令，有的赋予了计时、计数功能。与继电接触器系统对照，这些存储单元相当于各类继电器，而应用程序则相当于导线。程序将它们联系起来，才使PLC具备了特定的控制功能。因而PLC的发明者们将这些存储单元称为“编程元件”，并命名为输入继电器、输出继电器、定时器、计数器等。还认为它们有线圈及触点，可以按电磁继电器的模式工作。这就为熟悉继电器接触器系统的工程技术人员使用PLC奠定了基础。

当然，由存储单元组成的编程元件并没有线圈，也没有触点，得电只是存储单元置1，取用触点不过是读取存储单元的状态。由于存储单元的读取次数不受限制，可以认为编程元件具有无数对常开常闭触点，这对于编程是有利的。

还有一个值得注意的问题是PLC应用中既有开关量信息，也有大量的数字量信息，为了实现不同类型、不同长短、不同格式数据的存储，PLC的编程元件品种繁多，长短各异。以下以S7-200系列PLC为例对编程元件及地址做进一步说明。

1. 种类及用途

（1）输入继电器（I区） 输入继电器是专设的输入过程映像寄存器，与PLC的输入接口相连，外部传感或开关元件发来信号可使其线圈置1，可在应用程序中使用其触点。CPU使用输入继电器信号时并不影响输入继电器的状态。一个输入端子占用存储单元一位。

（2）输出继电器（Q区） 输出继电器是专设的输出过程映像寄存器，由CPU运算结果驱动其线圈，并通过输出端子控制外部负载。一个端子占用存储单元一位。

图5-5为输入/输出继电器功能示意图。

（3）内部标志位（M区） 内部标志位多在逻辑运算中用作存储中间信息的元件。内

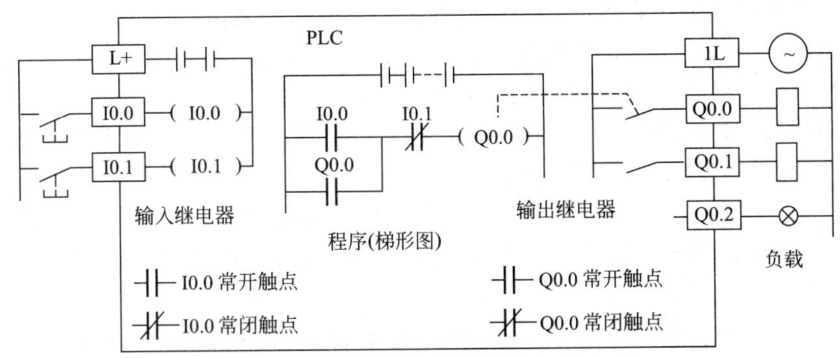


图 5-5　输入/输出继电器功能示意图

部标志位不直接接收外部信号也不直接驱动外部负载，类似于继电器接触器系统中的中间继电器，多以位为单位使用。

（4）特殊标志位（SM 区）　特殊标志位是计算机特有的元件，是 PLC 运行中的标识或标准性信息，编程中可用作用户与系统程序之间的界面。除了为用户提供一些特殊的控制功能及系统信息外，用户可通过特殊标志位的设定选择系统的功能。特殊标志位分为只读区及可读/可写区两大部分，只读区特殊标志位，用户只能利用其触点。例如：

SM0.0　RUN 监控，PLC 在 RUN 状态时，SM0.0 总为 1。

SM0.1　初始化脉冲，PLC 由 STOP 转为 RUN 时，SM0.1 ON 一个扫描周期。

SM0.2　当 RAM 中保存的数据丢失时，SM0.2 ON 一个扫描周期。

SM0.3　PLC 上电进入 RUN 时，SM0.3 ON 一个扫描周期。

SM0.4　分脉冲，占空比为 50%，周期为 1 分钟的脉冲串。

SM0.5　秒脉冲，占空比为 50%，周期为 1 秒钟的脉冲串。

SM0.6　扫描时钟，一个扫描周期为 ON，下一个扫描周期为 OFF，交替循环。

SM0.7　指示 CPU 上模式开关的位置，0=TERM，1=RUN，通常用来在 RUN 状态下启动自由口通信方式。

可读/可写区特殊标志位可由用户写入并设定某些功能。例如：自由口通信设置字节 SMB30，定时中断时间设置字节 SMB34/SMB35，高速计数器设置字节 SMB36～SMB65，用于脉冲串输出控制的 SMB66～SMB85 等。

某些特殊标志位也可用于数据量的存储，如 SMB28 和 SMB29 分别对应 CPU 自带的模拟电位器 0 和 1 的当前值，数值范围从 0～255。用户用起子旋动模拟电位器也就改变了 SMB28/SMB29 的值。

S7-200 系列 PLC 特殊标志位总表见附录 B。

（5）定时器（T 区）　定时器相当于继电器接触器系统中的时间继电器，有通电延时及断电延时两种类型。定时器的设定值由程序赋予，每个定时器有一个 16 位的当前值寄存器及一个状态位，称为 T-Bit。定时器的计时过程采用时间脉冲计数方式，S7-200 系列 PLC 定时器时基（分辨率）分为 1ms、10ms、100ms 三种。

（6）计数器（C 区）　普通计数器用于对频率低于扫描频率的信号计数，其计数对象可以是输入端子或内部元件送来的脉冲。计数器有一个 16 位的当前值寄存器及一个状态位，称为 C-Bit，具有加计数计数器、减计数计数器及加减计数器三种类型。

（7）高速计数器（HC 区）　高速计数器使用专用输入端子对机外信号计数，信号频率高于扫描频率，其计数值可为 32 位的有符号整数。

（8）变量寄存器（V 区）　变量存储区具有较大容量的变量寄存器，用于存储程序执行过程中的中间结果，或用来保存与工序或任务相关的其他数据。

(9) 累加器 (AC区) S7-200CPU提供4个32Bit累加器 (AC0～AC3)，以标号单位标示地址，累加器常用作数据处理的执行器件。

(10) 局部存储器 (L区) 局部存储器和变量存储器很相似，主要区别是变量存储器是全局有效的，而局部存储器是局部有效的。“全局”是指同一个存储器可以被任何程序存取 (包括主程序、子程序及中断子程序)。局部存储器可分配给主程序、子程序或中断子程序，但不同的程序段不能访问不同程序段中的局部存储器。局部存储器常作为临时数据的存储器或者为子程序传递参数。

(11) 顺序控制继电器 (S区) 顺序控制继电器通常与顺序控制指令LSCR、SCRT、SCRE结合使用，实现顺控SFC (Sequential Function Chart) 编程。

(12) 模拟量输入/输出 (AIW/AQW区) 模拟量经AD/DA转换，在PLC外为模拟量，在PLC内为数字量。模拟量输入/输出元件为模拟量输入/输出的专用存储单元。模拟量输入值为只读值，而用户不能读取模拟量输出值。

2. PLC的数据类型及存储单元编址

(1) 数据类型、存储器长度及存数范围 S7-200系列PLC可以使用S7基本数据类型的一部分，含布尔型 (0或1)、整数型、实数型及字符串。整数型包括有符号整数及无符号整数，实数型采用32位单精度数表示。数据类型、存储器长度及存数范围如表5-1所示。

**表5-1 数据类型、存储器长度及存数范围**

| 数据的长度类型 | 无符号整数范围 | | 符号整数范围 | |
|---|---|---|---|---|
| | 十进制 | 十六进制 | 十进制 | 十六进制 |
| 字节B | 0～255 | 0～FF | －128～127 | 80～7F |
| 字W | 0～65535 | 0～FFFF | －32768～32767 | 8000～7FFF |
| 双字D | 0～4294967295 | 0～FFFFFFFF | －2147483648～2147483647 | 800000～7FFFFFFF |
| 位 | 0、1 | | | |
| 实数 | 1.175495E－38～3.402823E＋38(正数)－1.175495E－38～－3.402823E＋38(负数) | | | |
| 字符串 | 每个字符串以字节形式存储，最大长度为255个字节，第一个字节中定义该字符串的长度 | | | |

S7-200系列PLC程序中可以直接使用常数，常数的格式如表5-2所示。

**表5-2 S7-200程序中的常数表示**

| 名　　称 | 类型 | 格式 | 示例 |
|---|---|---|---|
| 十进制数 | INT | [十进制数] | 123456 |
| 十六进制数 | WORD | 16#[十六进制数] | 16#BC45 |
| 二进制数 | BOOL | 2#[二进制数] | 2#0001110011111010 |
| ASCII字符 | CHAR | '[ASCII文本]' | 'Text' |
| 浮点数 | REAL | ANSI/IEC754－1985 | ＋1.2345E＋4(正数)，－1.2345E＋4(负数) |

(2) 存储单元的编址 地址即是对存储单元的编码，以便程序执行时可以唯一地识别每个编程元件，找到所需的数据。S7-200系列PLC存储器以8位 (字节) 为单位排列，为了配合各种类型数据的存储，可实行位、字节、字、双字存取，采用存储区标识符、长度标识符结合字节序号的地址标示方式。

① 位地址 (Bit)。位地址也叫字节·位地址。地址中包含存储区标识符、字节编号及位号等信息。图5-6是字节·位地址的例子。图5-6(a) 为位地址的表示方法，I3.4在输入存储区中的位置已标明在图5-6(b) 中。

② 字节地址 (8Bit)。一个字节占有8位，其中MSB为最高位，LSB为最低位。字节地址以存储区标识字母、长度标识符B及字节编号组合而成。如图5-7中的VB0。

③ 字地址 (16Bit)。一个字含两个字节。字地址以存储区标识字母、长度标识符W、

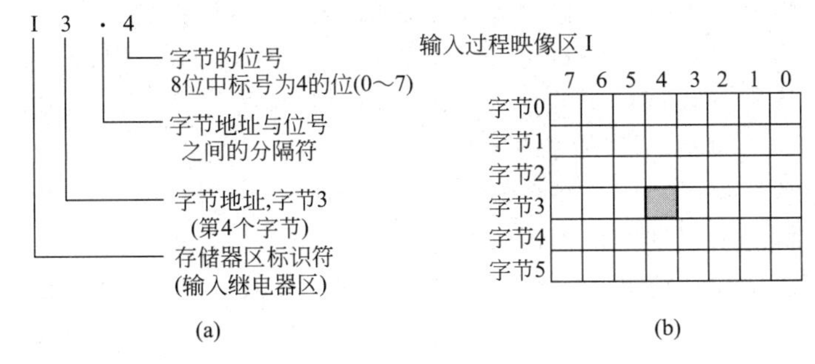


图 5-6 字节·位地址

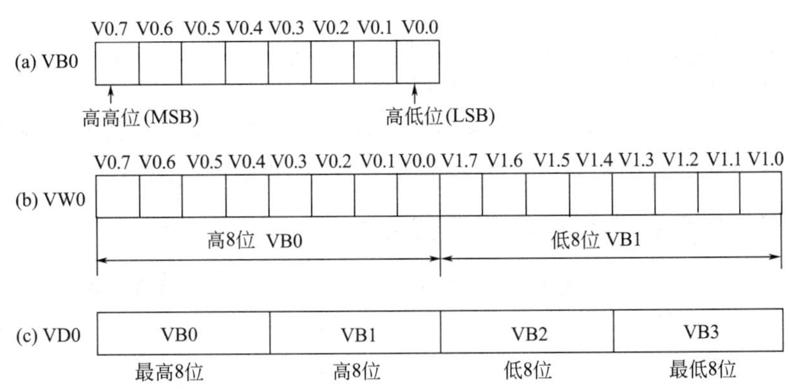


图 5-7 字节、字及双字地址

及字节编号组合而成，如图 5-7 中的 VW0。

④ 双字地址（32Bit）。双字含 4 个字节。双字地址以存储区标识字母、长度标识符 D、字节编号组合而成，如图 5-7 中的 VD0。

S7-200 系列 PLC 中，一般存储单元都具有以上四种寻址方式，但在不同的寻址方式选用了同一字节地址作为起始地址时，其所表示的地址空间是不同的。图 5-7 中给出了 VB0、VW0、VD0 三种寻址方式所对应的三个存储单元所占的实际存储空间，这里要注意的是，“VB0”是最高字节，而且存储单元不可重复使用。

S7-200 中一些数据专用存储单元使用中有特殊要求，主要有模拟量输入、输出存储器、累加器及计时、计数器的当前值存储器等。如累加器不论存储多大的数据，都要占用全部 32 位存储单元，模拟量输入、输出单元规定为 16 位使用等。

此外，定时器、计数器具有当前值存储器及位存储器两处存储器，但属于同一个器件的存储器采用同一标号地址。

## 第三节 可编程控制器的软件及应用程序编程语言

### 一、 可编程控制器的软件

PLC 的软件含系统软件和用户程序。系统软件由 PLC 制造商固化在机内，用以控制可编程控制器本身的运作。用户程序由可编程控制器的使用者编制并输入，用于控制外部对象的运行。

1. 系统软件

系统软件主要包括以下三个部分。

（1）系统管理程序　系统管理程序是系统软件中最重要的部分，主管可编程控制器运行管理、存储空间管理及系统自检，控制整个系统的运行。运行管理主要是时序安排，如何时输入、何时输出、何时计算、何时自检、何时通信等时间上的分配管理。存储空间管理指生成用户环境，规定各种参数、程序的存放地址。系统自检程序则包括各种系统出错检验、用户程序语法检验、句法检验、警戒时钟运行等。

(2) 用户指令解释程序　用户指令解释程序把输入的应用程序（使用者直观易懂的梯形图等）翻译成计算机能够识别的机器语言，这就是解释程序的任务。

(3) 标准程序模块及系统调用　标准程序模块和系统调用由许多独立的程序块组成，各程序块具有不同的功能，有些完成输入、输出处理，有些完成特殊运算等。可编程控制器的各种具体工作都是由这部分程序来完成的。这部分程序的多少决定了可编程控制器性能的强弱。

2. 用户程序

用户程序即是应用程序，是可编程控制器的使用者针对具体控制对象使用 PLC 厂商提供的编程语言编写的程序。根据不同的控制要求编制不同的程序，这相当于改变 PLC 的用途，相当于设计和改变继电器控制设备的硬接线线路。用户程序既可由编程设备方便地送入到 PLC 内部的存储器中，也能方便地通过它读出、检查与修改。PLC 断电时可用机内锂电池供电保存。

## 二、 可编程控制器常用的编程语言

国际电工委员会（IEC）编制的 PLC 国际标准 IEC61131 中推荐了梯形图（LD）、功能块图（FBD）及顺序功能图（SFC）三种图形化编程语言及指令表（IL）、结构文本（ST）两种文本化编程语言。西门子公司为 S7-200 系列 PLC 选择了以下三种。

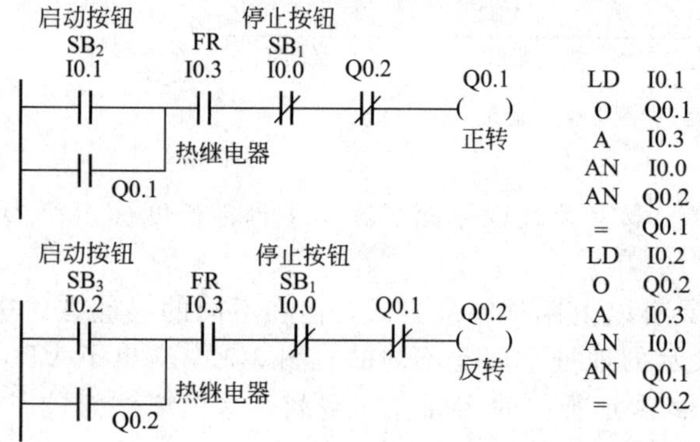


图 5-8 异步电动机正反转控制的梯形图及指令表

1. 梯形图 LD（Ladder Diagram）

梯形图是以触点、线圈、功能框（也叫指令盒）及能流线为基本图形符号，以数据或编程元件（存储单元）的地址代号为文字符号的图示化编程语言。无论是符号还是绘制法则都与继电器接触器电路图十分相似。图 5-8 中绘出了异步电动机正反转控制的梯形图及指令表，图中符号见表 5-3 中与继电器电路符号的对照，各图形符号配合的文字符号及图形符号所代表的事件意义都已标示在图形符号旁。不难看出，梯形图与同功能的继电器电路除习惯横置绘出外结构是相同的。

**表 5-3 物理继电器与 PLC 继电器符号对照表**

| 项目 | | 物理继电器 | PLC 继电器 |
|---|---|---|---|
| 线圈 | | | —( ) |
| 触点 | 常开 | | |
| | 常闭 | | |

梯形图的基本单元为支路（Network）。典型支路最左边的竖线称为起始母线，也叫左母线。连接左母线的为触点区，而以线圈或功能框结束（线圈后还可连接右母线，一般忽

略）。图 5-8 中梯形图有两个支路。分别为正转支路及反转支路。

理解 PLC 梯形图的一个关键概念是“能流”（Power Flow），一种假想的“能量流”。在图 5-8 中，把左边的母线假设为电源“火线”，而把右边的母线（未绘）假想为电源“零线”。如果有“能流”从左至右流到线圈，则线圈被激励。如没有“能流”流到则线圈未被激励。

“能流”可以通过被激励（ON）的常开接点和未被激励（OFF）的常闭接点自左向右流，也可以通过并联接点中的一个接点流向右边。“能流”在任何时候都不会通过接点自右向左流。这样就可以像解读继电器电路图那样理解梯形图了。如结合能流概念，图 5-8 中正转支路梯形图的功能为：当启动按钮 $SB_2$ 被按下，输入继电器 I0.1 接通，由于热继电器 FR 常闭接点连接的输入继电器 I0.3 接通，停止按钮 $SB_1$ 所接输入继电器 I0.0 常闭触点及反转输出继电器未动作，将有能流到达正转输出继电器 Q0.1 的线圈，使其置 1 并自保，Q0.1 上连接的接触器动作，电动机接正转电源运行。

要强调指出的是，引入“能流”概念，仅仅是方便梯形图的分析，“能流”实际上是并不存在的。

引入了能流概念后，梯形图与继电器接触器电路图有类似的解读分析方法，因而在不少场合将梯形图支路称为电路。此外，梯形图除了沿用继电器电路的触点、线圈，串联、并联等基本概念外，比继电器电路图包括更多的信息。如梯形图中的功能框，功能类似于继电器电路的线圈，但可带有许多参数及特定的功能，比继电器电路具有更强的表现力，使用也更加灵活。

梯形图还有以下结构规则。

（1）整体梯形图通常由若干 Network 组成。支路按自上而下顺序排列。

（2）触点应画在水平线上，不能画在垂直分支线上。如图 5-9（a）中触点 3 被画在垂直线上，便很难正确识别它与其他触点的关系。因此，应根据自左至右、自上而下的原则画成如图 5-9（b）所示的形式。

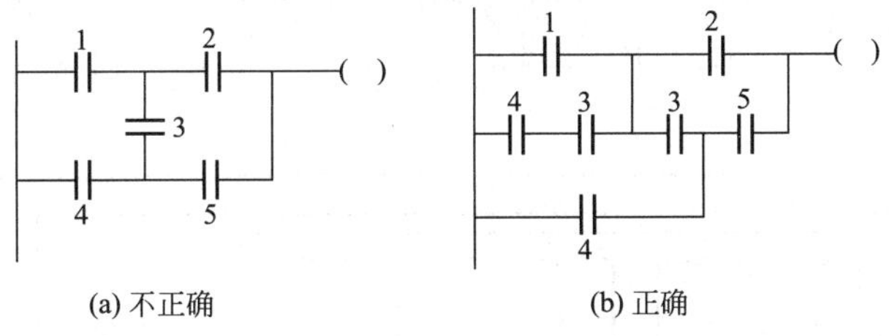


图 5-9 梯形图绘制举例

（3）在有几个串联回路相并联时，应将触点最多的那个串联回路放在梯形图的最上面。在有几个并联回路相串联时，应将触点最多的并联回路放在梯形图的最左面。这样，才会使编制的程序简洁明了，语句较少，如图 5-10 所示。图 5-11 给出了梯形图的推荐画法。

2. 指令表 IL（Instruction list）

指令表又称为语句表（Statement List，STL），是类似于微机汇编语言的文本语言，每条指令由助记符与数据组成。助记符多为指令功能的缩写词，数据则可以用存储数据的存储器地址、立即数或其他代号表示，也有没有数据的指令。指令表用多条指令组成一个程序段（Network），多个程序段组成全体指令表程序。

图 5-8 中已列出了异步电动机正反转控制梯形图对应的指令表。

有许多场合需根据绘好的梯形图列写语句表。这时，要由梯形图上的符号及符号间的位

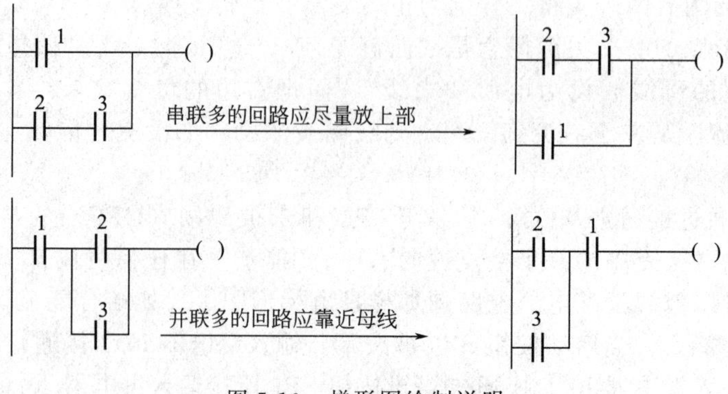


图 5-10 梯形图绘制说明

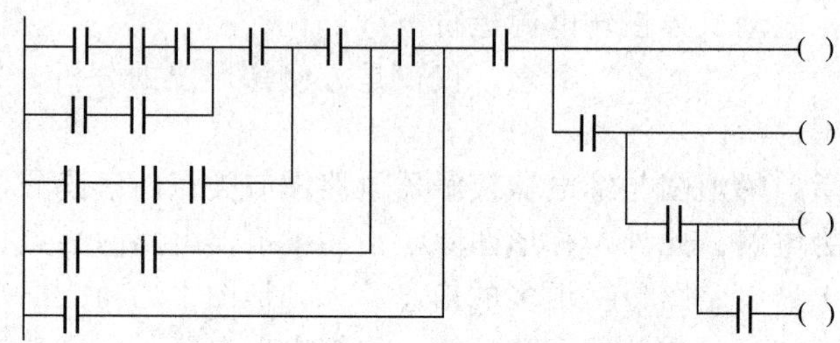

图 5-11 梯形图的推荐画法之一

置关系正确地选取指令及注意正确的表达顺序。

(1) 列写指令的顺序务必按梯形图支路自上而下、从左到右的原则进行。图 5-12 (a) 中梯形图在列写指令表时的编程顺序见图 5-12 (b) 所示。

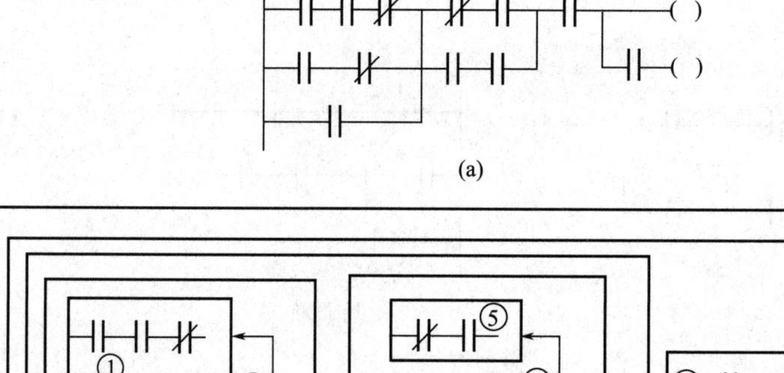

(a)

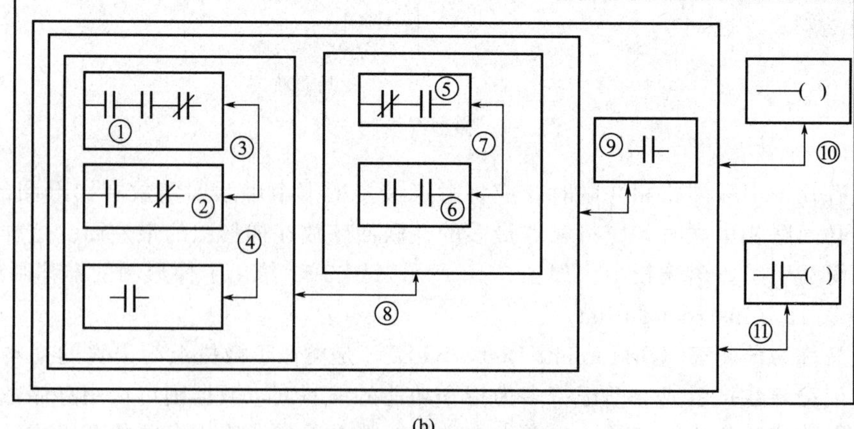

(b)

图 5-12 由梯形图列写指令表的顺序

(2) 在处理较复杂的触点结构时，如触点块的串联、并联或堆栈相关指令，指令表的表达顺序为：先写出参与因素的内容，再表达参与因素间的关系。图 5-12 (b) 中步骤③及⑧

对应的指令为 OLD 及 ALD，在编写时不可遗漏。

3. 功能块图 FBD（Function Block Diagram）

功能块图使用类似于布尔代数的图形逻辑符号表示控制逻辑，称为指令框，有数字电路基础的人很容易掌握。图 5-13 的功能块图中，类似于与门、或门的指令框表示运算关系，框的左侧为运算的输入变量，右侧为输出变量，输入、输出端的小圆圈表示“非”运算。指令框通过线段连接在一起，信号从左向右流动。我国使用 FBD 的人较少。本书后序内容中也不再介绍。

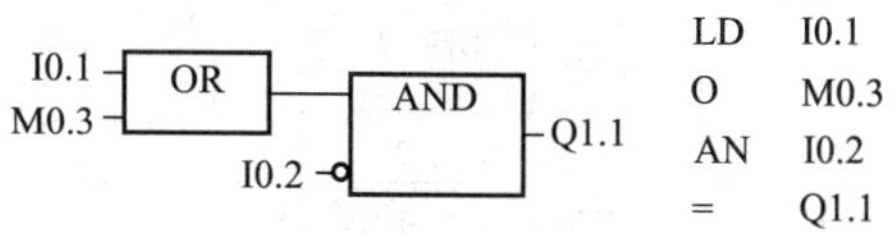


图 5-13　功能块图及其指令表

## 三、 S7-200 系列 PLC 编程指令的寻址方式

无论是哪种编程语言的指令都有两个要素，一为指令的功能，即执行哪些操作，二为操作的数据，其中，除立即寻址是直接给出立即数外，操作数据总是以存储该操作数的存储单元的地址形式出现的。计算机中将这种在指令中标示操作数的方式叫做寻址。S7-200 系列 PLC 有以下寻址方式。

1. 直接寻址

存储器直接寻址，简称直接寻址。该寻址方式在指令中直接给出操作数的存储单元的符号地址。如（I0.0、Q1.7 等）。下面各条指令操作数采用了直接寻址方式。“//”后的文字为指令的功能注释。

```
LD   I0.0   //对输入位 I0.0 执行逻辑“与”运算
O    Q0.1   //输出位 Q0.1 与前序程序接点或运算
AN   I0.1   //输入位 I0.1 与前序程序接点与非运算
=    Q2.1   //将逻辑运算结果送给输出继电器 Q2.1
MOVD   VB200   AC1   //将存储单元 VB200 中的数据送到累加器 AC1。
```

2. 存储器间接寻址

存储器间接寻址，简称间接寻址。该寻址方式在指令中以存储器的形式给出操作数所在存储器单元的地址。不同系列的 PLC 关于地址指针的选用及在程序中的表达方法不尽相同。S7-200 系列 PLC 关于间接寻址有以下规定。

（1）只能用变量 V、局部变量 L 或累加器 AC1、AC2、AC3 作为地址指针（AC0 不可使用）。

（2）建立地址指针时必须用双字的形式将间接寻址存储器地址移动到地址指针中，存储器地址前加符号“&”标记，“&”表明移动的只是地址，而不是该存储器的具体内容。

（3）间接寻址时，应在地址指针的前面加“*”标记，表示该数为间接寻址的地址指针。

（4）允许利用地址指针访问的存储器为 I、Q、V、M、S 以及定时器 T、计数器 C 的当前值，但模拟量输入/输出 AI/AQ、高速计数器 HC、特殊标志 SM 以及局部变量 L 不能通过地址指针进行访问。

（5）间接寻址不能用于二进制信号、高速计数器 HC、局部变量 L。

图 5-14 给出了 S7-200 机一个使用指针的例子。指令“MOVD &VB200，AC1”中操作数 VB200 以“&”符号开头表明是将存储区的地址而不是其内容移动到指令的输出操作数 AC1（指针）中。当指令的操作数是指针时，应该在操作数前面加上“*”号，指令“MOVW *AC1，AC0”中“*AC1”指定 AC1 是一个地址指针，而不是运算数据。MOVW 指令决定了指针指向的是一个字长的数据。在本例中，存储在 VB200 和 VB201 中

的数值被移动到累加器 AC0 中。

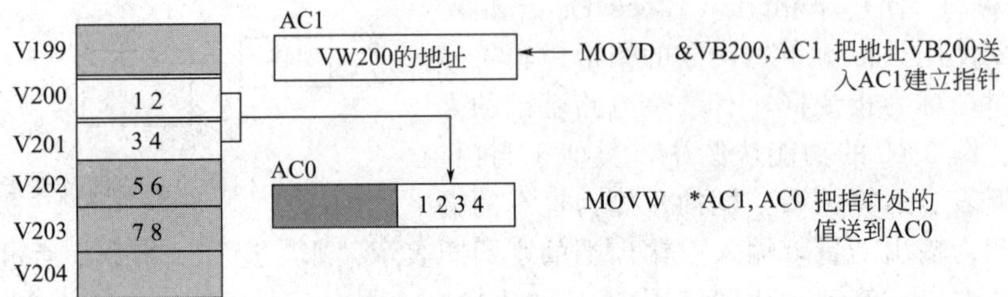


图 5-14 使用指针间接寻址

3. 绝对地址及符号地址

在指令中以地址标识符，数据长度结合存储单元编号表示地址是地址表示的根本方式，称为绝对地址。但绝对地址编制的程序可读性不好，因为地址代表的事件或数据的意义不容易为读程序的人牢记。因而可在程序中直接用文字或容易记忆的字符标示地址，称为符号地址，如图 5-15 梯形图中即是使用的符号地址。但由此产生一个问题，符号地址如何让计算机识别呢？这个问题一般要借助 PLC 的编程软件，可在软件指定的窗口中列一个表，说明符号地址与绝对地址的关系，并与程序一起下载到 PLC 中就可以了，这种表在 PLC 的编程软件中被称为符号表或变量声明表。

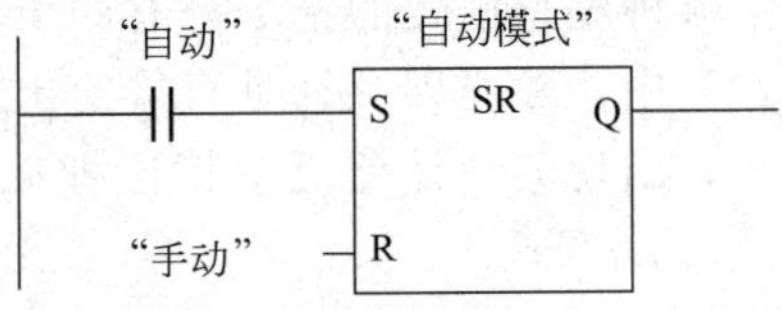


SYMBOL INFORMATION

| 自动 | I0.5 | 工作模式开关 |
| --- | --- | --- |
| 自动模式 | Q4.2 | 指示灯 |
| 手动 | I0.6 | 指令开关 |

图 5-15 绝对地址与符号地址

## 第四节 可编程控制器的工业应用模式及工作原理

### 一、 PLC 工业应用的基本模式

和所有的计算机一样，PLC 工作的根本形式是依程序处理存储器中的各种数据。在工业控制中，这些数据大多是通过输入口送入 PLC 的，有数字量也有模拟量，它们来自系统中的传感器及主令电器。这些数据经 PLC 处理后经输出口送到机外，用于电动机、变频器电磁、阀及其他执行器的控制，输出量也可以是数字量或模拟量。这些数据，无论是输入的，还是输出的，都代表了控制系统中的各种事件。如启动按钮按下表示启动事件，热继电器动作表示过载事件，接触器动作表示某电源接通事件等。因此可以说 PLC 是依一定的应用程序处理现场各类事件（数据）的机器。

因此，欲实现特定的控制任务，第一点，像其他的电器控制器一样，PLC 必须要与主令电器、传感器、执行电器、通信设备及其他需用的控制设备连接成一体。图 5-16 为 PLC 控制系统组成的示意图。图中下部表示 PLC 与控制系统电路的连接。第二点，将 PLC 接入系统后，还必须根据控制要求编制应用程序反映输入事件与输出事件的联系，以使 PLC 得以据此完成既定的控制任务。图 5-16 上部的梯形图表示输入口 I0.0 上连接的按钮与 Q0.0 上连接的接触器、电动机是通过程序相联系的。以上两点也就是可编程控制器工业控制应用的基本模式。

以上基本模式的意义有两点。其一，可编程控制器应用的第一步是规划硬件，安排输入

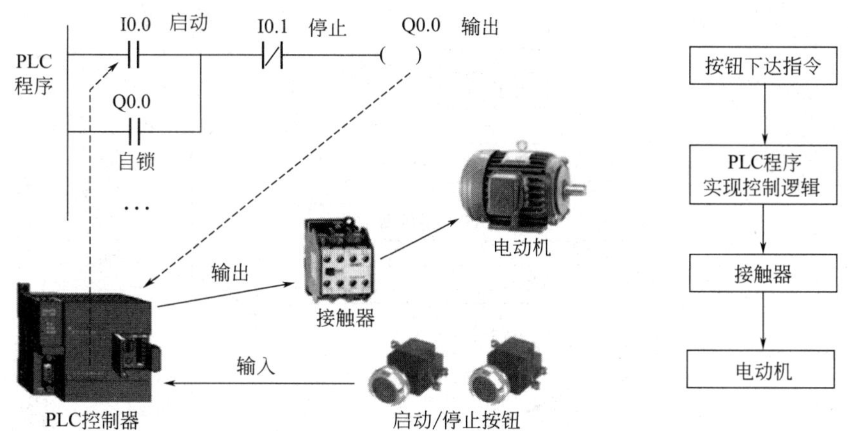


图 5-16 PLC 控制系统组成

输出口及存储单元。安排输入输出口涉及硬件的安装及机外器件的接线，存储单元的安排则涉及控制需用的全部机内器件。除了输入继电器及输出继电器外，机内器件还包括参加程序运行的计数器、定时器及各类数据存储单元。这一点提示 PLC 的使用者要关注 PLC 的硬件资源，除了所选用的 PLC 的整体性能外，机器具有多少输入输出接点，具有哪些种类的编程元件，它们如何使用，以及如何选用扩展单元，它们如何接线，如何寻址等。

其二，基本应用模式涉及对 PLC 程序的理解。由于程序表达的是控制系统输入事件与输出事件的关联，即机内输入器件（数据）与输出器件（数据）的关联。语句表程序中每一个完整的段落，或者梯形图程序中的每一个完全的支路，原则上都是针对一定的输出写出的。当然这里输出的概念需要做一个扩展，可以是真正的输出口，也可以是机内的某个存储器件，或是表达机内某种操作的功能框。

近年来，接入 PLC 的输入输出装置发生了不小的变化，各种各样的数据单元及图形操作界面的应用，代替了以往的按钮、开关及指示灯。输出控制对象也扩展到变频器及许多智能设备。在许多场合下，通信为手段的数据直接传输也改变了 PLC 接入控制系统的基本模式。但是，PLC 程序表达输入数据（输入事件）与输出数据（输出事件）的基本关系这一原则却并没有发生任何变化。

## 二、 可编程控制器的工作原理及应用程序的循环扫描执行

将 PLC 接入电气控制系统，存入应用程序后，PLC 就可以工作了。其工作原理可以概括为系统程序管理下执行应用程序的过程。图 5-17 是 PLC 的运行框图，图中将 PLC 的运行分为三个主要内容。其中上电处理可以理解为运行前的准备，出错处理可以理解为特殊情况，余下的扫描过程则是 PLC 运行的根本内容。

分析扫描过程可知，CPU 处于运行方式下，如果除去通信任务及内部特殊存储单元管理，突出应用程序的执行，扫描过程可以分为三个阶段，如图 5-18 所示。

（1）输入采样阶段　在输入采样阶段，PLC 扫描所有输入的端子，并将各输入状态存入输入映像寄存器中。此时，输入映像寄存器被刷新。在程序执行阶段和输出刷新阶段，输入映像寄存器与外界隔离，无论输入信号如何变化，其内容保持不变。

（2）程序执行阶段　和所有的计算机一样，PLC 是依指令排列顺序逐条执行程序指令的（遇到跳转等程序流程指令时，则根据要求决定跳转地址）。当指令中涉及输入及其他机内器件的状态时，PLC 就从输入映像寄存器及有关元件映像寄存器“读入”数据，并进行

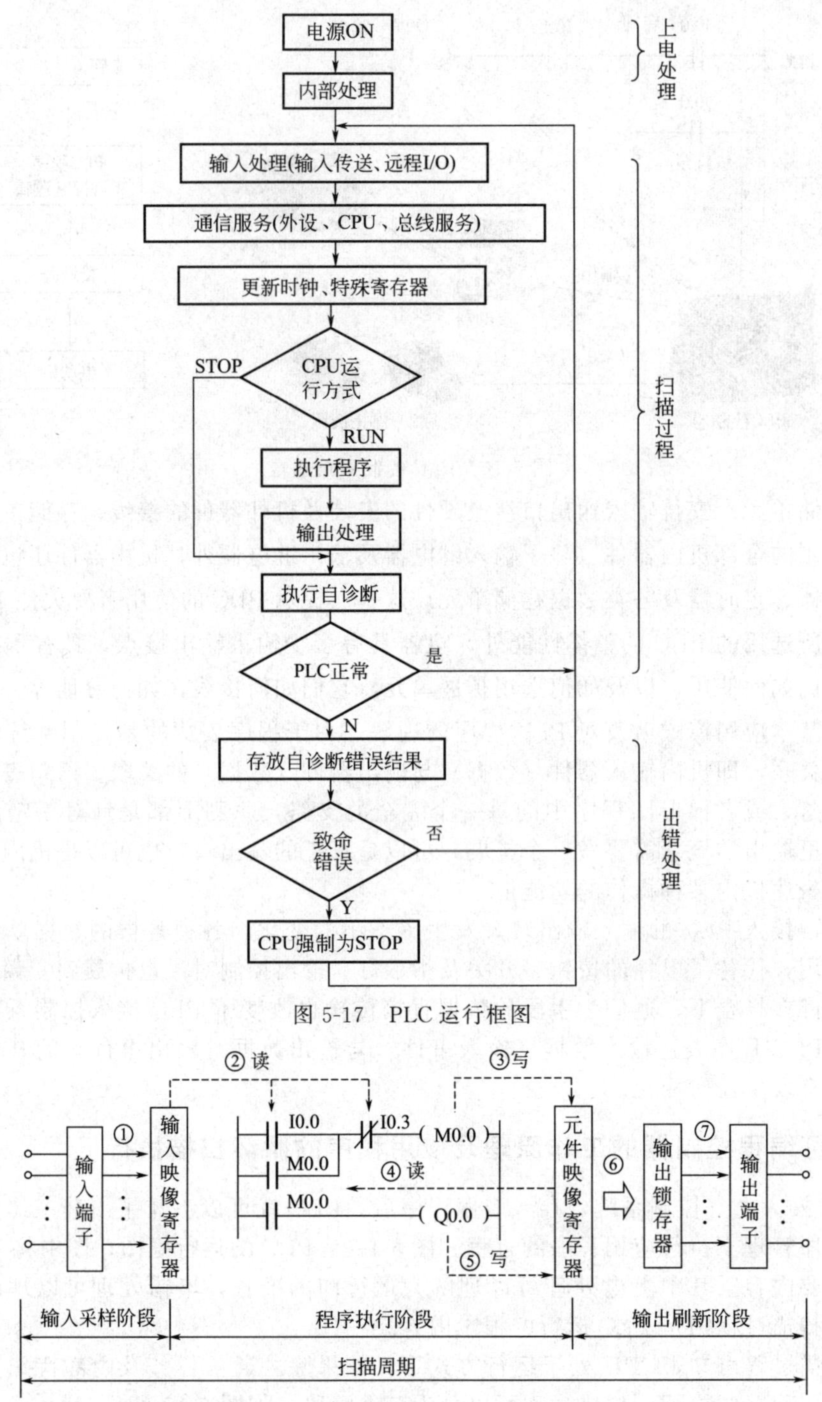


图 5-18 PLC扫描工作过程示意图

指令要求的运算，且将运算结果再存入元件映像寄存器中。对元件映像寄存器来说，元件的状态会随着程序执行过程而变化。

（3）输出刷新阶段 在所有指令执行完毕后，将元件映像寄存器涉及输出继电器的状态转存到输出锁存器中，并通过输出端子，驱动外部负载。

图 5-18 中用序号①～⑦表示了应用程序执行一次的 7 个步骤，并将输入采样、程序执

行、输出刷新一次的时间叫做扫描周期。这里之所以强调“扫描”是因为这些步骤是依程序先后一条条全面的逐步的完成的，而“周期”则反复循环进行着（循环所需的时间长短与应用程序的长短有关），只要 PLC 不关机，循环就不会停止。

## 三、 可编程控制器的运行方式

通过以上介绍不难了解，可编程控制器的运行方式是串行方式，扫描一遍遍地进行，程序一条条地执行。每条指令的执行都要占用时间，指令的功能是分时串联实现的。

这和继电器接触器控制系统的并行工作方式是大不相同的。图 5-19（a）中，由继电器线圈及指示灯组成的三条支路是并行工作的，当按下按钮 $SB_1$，中间继电器 KA 得电，KA 的触点闭合，接触器 KM 及指示灯 HL 同时得电工作。

但在图 5-19（b）中情况就不一样了。图中方框表示 PLC，方框中的梯形图代表 PLC 中装有的应用程序，经和图 5-19（a）中继电器电路比较，知道两图的逻辑功能是一样的。图 5-19（b）中 PLC 输入接口上接有按钮 $SB_1$、$SB_2$ 和电池，输出接口上接有接触器 KM 及指示灯 HL，当 $SB_2$ 没有被按下，$SB_1$ 被按下时，输入继电器 I0.0 接通，I0.3 没接通，PLC 内部继电器 M0.0 工作并使 PLC 的继电器 Q0.0 及 Q0.2 接通。但是，M0.0 和 Q0.0、Q0.2 的接通工作不是同时的。以 I0.0 接通为计时起点，M0.0 接通要晚 3 条指令的执行时间，Q0.2 接通要晚 7 条指令执行的时间。

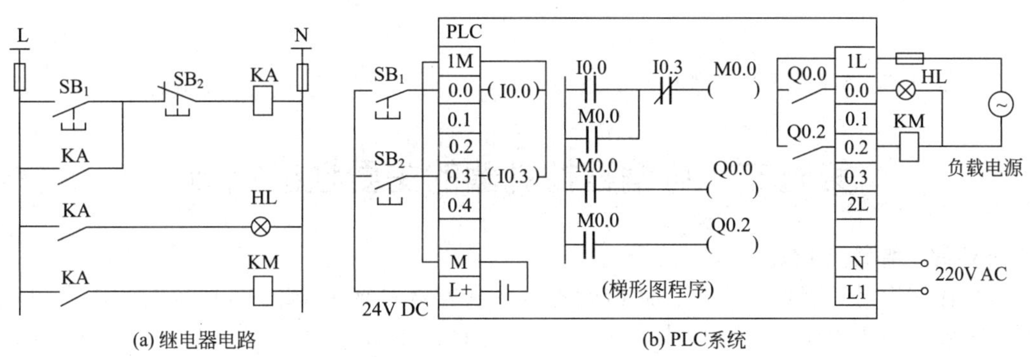


图 5-19 PLC 控制逻辑实现原理示意图

这就是计算机的串行工作方式与继电-接触器电路并行工作方式的差别。在进行继电器接触器电路工作原理分析时，通常认为继电器所有的触点，不论它们连接在电路的任何位置，都会在线圈得电的同时动作。

其实，继电-接触器的触点动作也是需要时间的，这个时间一般在 100ms 上下，而目前技术条件下可编程控制器扫描周期一般也在 100ms 以下，这样串行工作的 PLC 代替继电器系统用于对响应时间要求不十分严格的逻辑控制应当是没有什么问题了。

为了提高抗干扰能力，PLC 的开关量信号输入端都采用了输入滤波技术，这使可编程控制器的输入响应滞后时间远较以上所述要长。这在一般的逻辑控制中问题不大，但在需快速响应的场合就有问题了。解决这个问题一般借助于计算机的中断技术。可编程控制器的中断概念及处理思路与普通计算机系统基本是一样的。中断由系统程序控制，中断信号大多由输入引入，接收到的中断信号可以依中断优先级排队，执行中断时中断原来的扫描去执行中断程序，中断程序执行完成后再回到程序的原断点执行。

由上所述，由串行工作所引起的滞后问题可基本解决。但是，强调可编程控制器工作的串行机制与继电器接触器电路的并行工作机制不同的根本的意义还在于程序的编制及理解上。图5-20是利用PLC的定时器获得脉冲信号的梯形图程序。图中标有T37的方框为功能框，用以表示定时器T37的线圈。当触点I0.0接通，定时器线圈得电开始计时，计时时间到其常开触点接通，辅助继电器M10.2置1，而M10.2的常闭触点会使T37线圈失电。这种结构的电路若由继电器元件组成是不会有稳定的工作状态的。但在计算机的串行工作机制中，由于执行指令使M10.2置1到M10.2常闭断开使T37线圈失电间有一个扫描周期的时间，则程序可用来产生T37计时间隔，宽度等于一个扫描周期的脉冲M10.2，这个脉冲是可以被PLC检测并利用的。

此外，串行工作方式及每个扫描周期一次的输出刷新还可以解释PLC程序中多线圈的执行结果。如图5-21所示梯形图中针对Q1.0有两种不同的逻辑关系，如I0.0置1，M10.2置1，程序执行结果Q1.0是为1还是为0呢？结论是为1，这是因为使Q1.0为1的程序在使Q1.0为0的程序之后执行，前边也曾使Q1.0为0，但最终还是被后序支路程序的执行而置1。

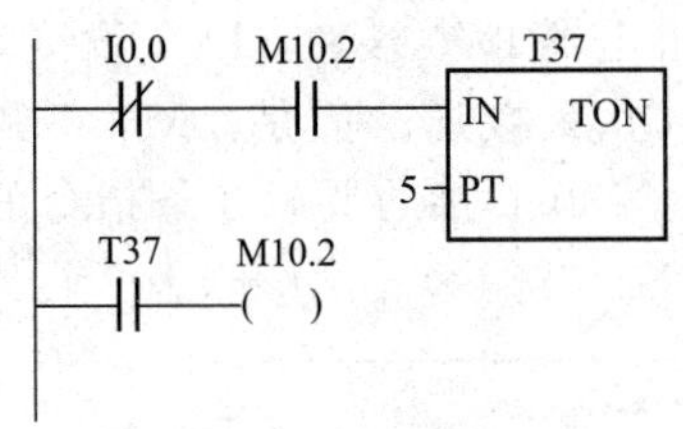


图5-20 脉冲信号生成梯形图

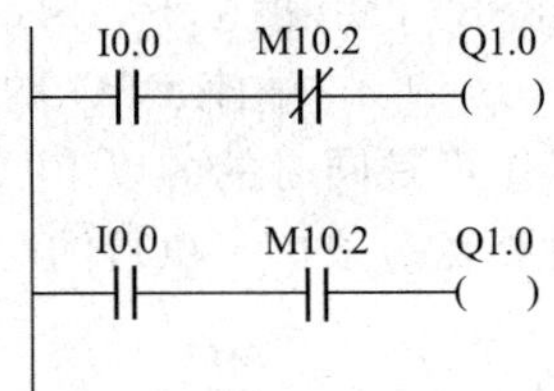


图5-21 双线圈梯形图

## 第五节 可编程控制器的主要性能指标

PLC的主要性能指标有以下几项。

(1) 存储容量　指用户程序存储器的容量。该容量决定了PLC可以容纳的用户程序的长短，一般以字为单位来计算。中、小型PLC的存储容量一般在8KB以下，大型PLC的存储容量可达到256KB～2MB。也有的PLC用存放用户程序的指令条数来表示容量。

(2) 输入/输出点数　输入/输出点数是PLC组成控制系统时所能连接的输入输出信号的最大数量，表示PLC组成控制系统时可能的最大规模。国际上流行将PLC的点数作为PLC依规模分类的标准，I/O总点数在256点以下为小型PLC，64点及64点以下的称为微型PLC，总点数在256～2048点之间的为中型PLC，总点数在2048点以上的为大型机等。这里要注意与单元式PLC I/O点数相区别，后者为单元式PLC机箱上集成的输入输出端子总数。

(3) 扫描速度　扫描速度指PLC执行程序的速度。一般以执行1K字所用的时间来衡量扫描速度。PLC用户手册一般给出执行各条程序所用的时间，可以通过比较各种PLC执行相同的操作所用的时间，来衡量扫描速度的快慢。

(4) 编程指令的种类和数量　编程指令种类及条数越多，PLC功能越强，即处理能力、控制能力越强。

(5) 扩展能力　PLC的扩展能力表现在以下方面：大部分PLC可以用I/O扩展单元进行I/O点数的扩展；许多PLC可以使用各种功能模块进行功能扩展。

(6) 智能（功能）单元的数量　PLC不仅能完成开关量的逻辑控制，而且利用智能单元完成模拟量控制、位置和速度控制以及通信联网等。PLC某系列产品中智能单元种类的多少和功能的强弱是衡量 PLC 产品水平高低的一个重要指标。

## 习题及思考题

5-1 PLC 的硬件由哪几部分组成？各有什么作用？

5-2 PLC 的软件有哪些，其作用是什么？

5-3 为什么称 PLC 的继电器是软继电器？和物理继电器相比，软继电器在使用上有何特点？

5-4 说明 S7-200 系列 PLC 位编址、字节编址、字编址、双字编址的地址标示方法。

5-5 什么是晶体管型、晶闸管型、继电器型输出单元？使用上各有什么特点？

5-6 PLC 常采用哪些编程语言？各有何特点？

5-7 继电器控制电路图和 PLC 控制的梯形图在功能及绘制上有何区别？

5-8 说明 PLC 梯形图中的能流概念。

5-9 什么是 PLC 的扫描周期？其扫描过程分为哪几个阶段，各阶段完成什么任务？

5-10 PLC 控制系统与继电器控制系统的运行方式有何不同？

5-11 什么是 PLC 的输入/输出滞后现象？造成这种现象的主要原因是什么？可采取哪些措施缩短输入/输出滞后时间？

5-12 什么叫双线圈，梯形图中的双线圈有哪些执行规则？

5-13 PLC 主要性能指标有哪些？各指标的意义是什么？

5-14 什么是接线逻辑？什么是存储逻辑？各有什么特点？

5-15 PLC 工业控制应用的基本模式是什么？

# 第六章　S7-200系列可编程控制器资源及配置

**内容提要**：S7-200 系列 PLC 是西门子公司 20 世纪 90 年代推出的基本单元＋扩展型小型可编程控制器，其结构紧凑、系列完整、功能完善，具有很高的性能价格比，在中小规模控制系统中应用广泛。本节介绍 CPU22X 系列 PLC 的硬件、软件及编程环境等资源及配置情况。

S7-200 系列 PLC 产品含多种规格的主机（CPU）及各类扩展单元、扩展模块及外围产品，既可以用主机单独构成小规模数字量控制系统，又可以进行数字量 I/O 单元、模拟量处理、高速计数、运动定位等智能模块的扩展，构成较复杂的中等规模控制系统，还可以通过各种通信模块接入多种网络，实现远程控制及信息传送。图 6-1 给出了 S7-200 系列 PLC 可能的系统构成情况，图中箭头线表示 CPU 与各类工作单元及操作器件间的联系。

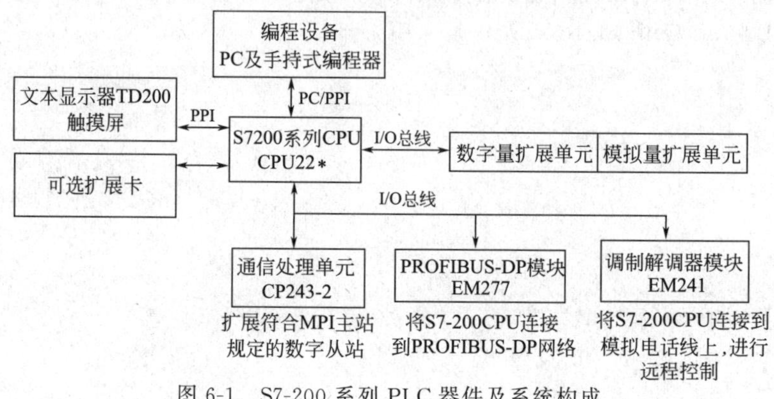


图 6-1　S7-200 系列 PLC 器件及系统构成

## 第一节　CPU 单元及其技术指标

### 一、 型号及订货号

S7-200 系列 PLC 提供 CPU221、CPU222、CPU224、CPU226 及 CPU224XP 5 种不同型号的基本单元，它们内部芯片大体相同，实际安装的输入、输出及通信接口数量不同，程序存储器、数据存储器的大小不一样，扩展能力也不一样。每种单元又有交流 220V 供电继电器输出及 24V 直流供电晶体管输出两种形式。表 6-1 为 S7-200PLC CPU 的型号及订货号，图 6-2 为型号及订货号中各参数的含义。不难看出，订货号比型号中包含了更全面的身份信息。

**表 6-1　S7-200 PLC CPU 的型号及订货号**

| CPU 型号 | 订货号 | 电源与集成 I/O 点 |
|---|---|---|
| CPU221 | 6ES7 211-0AA23-0XB8 | DC24V 电源,DC24V 输入 DC24V 晶体管输出 |
| | 6ES7 211-0BA23-0XB8 | AC100～230V 电源,DC24V 输入,继电器输出 |
| CPU222 | 6ES7 212-1AB23-0XB8 | DC24V 电源,DC24V 输入,DC24V 晶体管输出 |
| | 6ES7 212-1BB23-0XB8 | AC100～230V 电源,DC24V 输入,继电器输出 |

续表

| CPU 型号 | 订货号 | 电源与集成 I/O 点 |
|---|---|---|
| CPU224 | 6ES7 214-0AD23-0XB8 | DC24V 电源，DC24V 输入，DC24V 晶体管输出 |
| | 6ES7 214-0BD23-0XB8 | AC100～230V 电源，DC24V 输入，继电器输出 |
| CPU224XP | 6ES7 214-2AD23-0XB8 | DC24V 电源，DC24V 输入，DC24V 晶体管输出 |
| | 6ES7 214-2BD23-0XB8 | AC100～230V 电源，DC24V 输入，继电器输出 |
| CPU226 | 6ES7 216-2AD23-0XB8 | DC24V 电源，DC24V 输入，DC24V 晶体管输出 |
| | 6ES7 216-2BD23-0XB8 | AC100～230V 电源，DC24V 输入，继电器输出 |

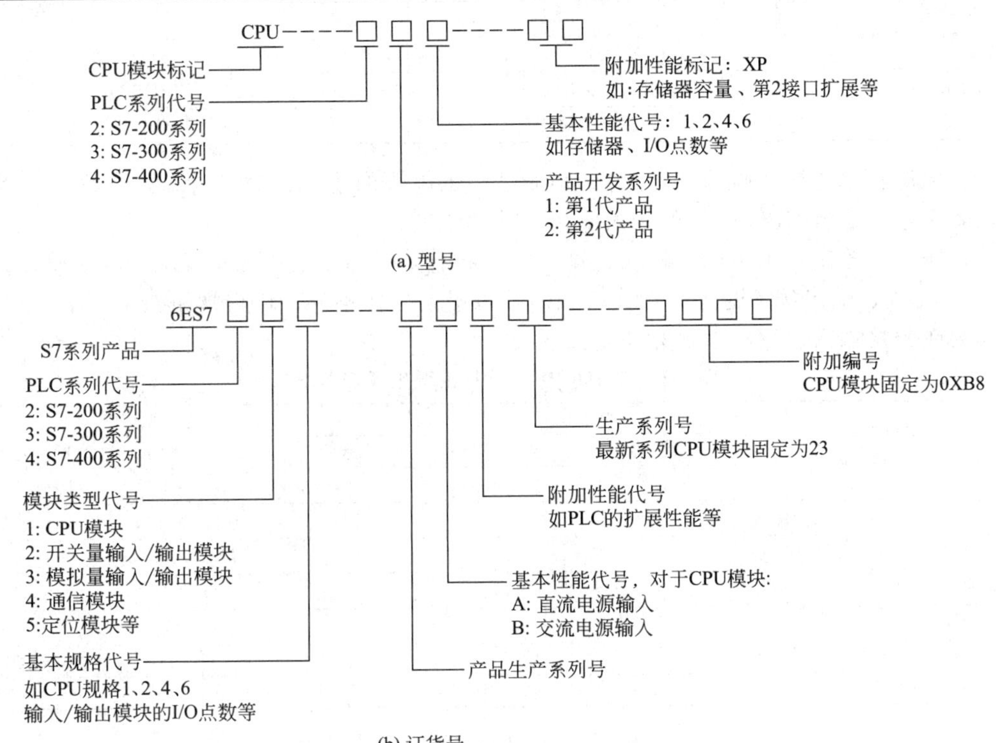


图 6-2　S7-200 PLC CPU 型号及订货号参数含义

## 二、 技术指标

(1) 主要技术指标　S7-200 PLC CPU 模块主要技术参数如表 6-2 所示。表中可查得各型 CPU 集成的输入输出端子数量及扩展能力，用户及数据存储器大小，指令执行速度，脉冲输入、输出点的数量及通信口数量，通信协议等 PLC 的标志性技术指标。

**表 6-2　S7-200 PLC CPU 主要技术参数**

| 主要参数 | CPU221 | CPU222 | CPU224 | CPU224XP | CPU226 |
|---|---|---|---|---|---|
| PLC 结构类型 | 固定 I/O 型 | 基本单元＋扩展型 | | | |
| 最大可连接的开关量 I/O 点总数 | 10(6/4) | 78 | 168 | 168 | 248 |
| 最大可连接的模拟量 I/O 点总数 | 无 | 10 | 35 | 38 | 35 |
| 基本单元集成的 I/O 数量 | 10(6/4) | 14(8/6) | 24(14/10) | 24(14/10) | 40(24/16) |
| 可增加的扩展模块数 | 无 | 2 | 7 | 7 | 7 |
| 用户程序存储容量 | 4KB | 4KB | 8KB | 12KB | 16KB |
| 数据存储器容量 | 2KB | 2KB | 8KB | 10KB | 10KB |
| 编程软件 | Step7-Micro/WIN | | | | |

续表

| 主要参数 | CPU221 | CPU222 | CPU224 | CPU224XP | CPU226 |
|---|---|---|---|---|---|
| 逻辑指令执行时间 | 0.22μs | | | | |
| 标志寄存器数量 | 256 | | | | |
| 定时器数量 | 256 | | | | |
| 计数器数量 | 256 | | | | |
| 高速计数输入 | 4点 | 4点 | 6点 | 6点 | 6点 |
| 高速脉冲输出 | 2点 | 2点 | 2点 | 2点 | 2点 |
| 通信接口 | 1个,RS-485 | 1个,RS-485 | 1个,RS-485 | 2个,RS-485 | 2个,RS-485 |
| 支持的通信协议 | PPI、MPI、自由口 | PPI、MPI、自由口、PROFIBUS-DP | | | |
| 模拟电位器 | 1点,8位分辨率 | | 2点,8位分辨率 | | |

(2) 电源技术指标　电源技术指标为CPU内部电源的输入、输出电流等参数，如表6-3所示，表中给出了各CPU模块的输入电量及功率消耗。

(3) 输入、输出技术指标　输入、输出技术指标如表6-4及表6-5所示。两表给出的是CPU集成输入、输出端子的工作参数，如输入端子的工作条件，输出端子最大承载电流等，这些参数在配接输入、输出电路时需要保证。

**表6-3　S7-200 PLC CPU模块电源规格表**

| 项　目 | AC电源型CPU | | | | | DC电源型CPU | | | | |
|---|---|---|---|---|---|---|---|---|---|---|
| | 221 | 222 | 224 | 224XP | 226 | 221 | 222 | 224 | 224XP | 226 |
| 功耗/W | 3 | 5 | 7 | 8 | 11 | 6 | 7 | 10 | 11 | 17 |
| 额定输入电压 | AC120/240V | | | | | DC24V | | | | |
| 允许输入电压范围 | AC85～264V | | | | | DC20.4～28.8V | | | | |
| 额定频率 | 50/60Hz(47～63Hz) | | | | | — | | | | |
| 电源熔断器 | 250V/3A | | | | | 250V/2A | | | | |
| 电源消耗(仅CPU)/mA | 30/15 | 30/15 | 60/30 | 70/35 | 80/40 | 80 | 85 | 110 | 120 | 150 |
| 电源消耗(带负载后)/mA | 120/60 | 120/60 | 200/100 | 220/100 | 320/160 | 450 | 500 | 700 | 900 | 1050 |

**表6-4　S7-200 PLC CPU模块输入规格表**

| 项　目 | AC、DC电源型 | | | | |
|---|---|---|---|---|---|
| | CPU221 | CPU222 | CPU224 | CPU224XP | CPU226 |
| CPU集成输入点数 | 6 | 8 | 14 | 14 | 24 |
| 输入信号电压 | DC24V,允许范围,DC15～30V | | | | |
| 输入信号电流 | 4mA/DC24V | | | | |
| 输入ON条件 | ≥2.5mA/DC 15V(CPU224XP型:I0.3～I0.5为8mA/DC 4V) | | | | |
| 输入OFF条件 | ≤1.0mA/DC 5V(CPU224XP型:I0.3～I0.5为1mA/DC 1V) | | | | |
| 允许最大输入漏电流 | 1.0mA | | | | |
| 输入响应时间 | 0.2～12.8ms(可以选择) | | | | |
| 输入信号形式 | 接点输入或NPN集电极开路输入(源/汇点通用输入) | | | | |
| 输入隔离电路 | 双向光电耦合 | | | | |
| 输入显示 | 输入ON时,指示灯(LED)亮 | | | | |

**表6-5　S7-200 PLC CPU模块输出规格表**

| 项　目 | AC、DC电源型 | |
|---|---|---|
| CPU集成输出点数 | CPU221:4点;CPU222:6点;CPU224:10点;CPU224XP:10点;CPU226:16点 | |
| 输出类型 | 继电器输出 | 晶体管输出 |
| 输出电压 | AC:5～250V;DC:≤5～30V | DC20.4～28.8V(CPU224XP型:Q0.0～Q0.4为DC 5～28.8V) |
| 最大输出电流 | ≤2A/点;公共端≤10A | ≤0.75A/点;公共端≤6A(CPU224XP型:≤3.75A) |
| 驱动电阻负载容量 | ≤30W/点(DC);≤200V·A/点(AC) | ≤5W/点 |

续表

| 项　　目 | | AC、DC电源型 |
|---|---|---|
| 输出"1"信号 | — | ≥20V/0.75A |
| 输出"0"信号 | — | ≤0.1V/10kΩ负载 |
| 输出开路漏电流 | — | ≤10μA |
| 输出响应时间(接通) | 约10ms | 一般输出≤15μs;Q0.0/Q0.1为2μs(CPU224XP型0.5μs) |
| 输出响应时间(断开) | 约10ms | 一般输出≤130μs;Q0.0/Q0.1为10μs(CPU224XP型1.5μs) |
| 输出隔离电路 | 触点机械式隔离 | 光电耦合隔离 |
| 输出显示 | 输出线圈ON时,指示灯(LED)亮 | 光电耦合ON时,指示灯(LED)亮 |

## 三、 CPU的集成功能

选用CPU时必须特别注意CPU集成功能，集成功能指CPU本身不需扩展已经具有的功能及技术水准，表6-2中已有涉及。以下再做出详细说明。

（1）高速计数功能　CPU集成的输入口中有4～6点高速计数指定输入端，具有较小的滤波时间常数，可实现脉冲捕捉，既可用于普通的输入口，又可用于接收单相或双相20～200kHz高频脉冲串，用于转速、速度、位置等计数或用于输入外部中断控制信号。

（2）高速脉冲输出功能　CPU集成的输出口中有2个指定输出端，既可用于普通输出，也可以输出20～100kHz的定位脉冲或PWM脉冲波，用于步进电机或伺服电机的控制。高速计数与脉冲输出功能有关参数如表6-6所示。

**表6-6　S7-200 PLC高速计数/脉冲输出功能一览表**

| 项　　目 | | 功　　能 | | | | |
|---|---|---|---|---|---|---|
| | | CPU221 | CPU222 | CPU224 | CPU224XP | CPU226 |
| 内置高速计数功能 | 总计 | 4点 | 4点 | 6点 | 6点 | 6点 |
| | 单相 | 4点,30kHz | 4点,30kHz | 6点,30kHz | 2点,200kHz<br>4点,30kHz | 6点,30kHz |
| | 两相 | 2点,20kHz | 2点,20kHz | 4点,20kHz | 3点,20kHz<br>1点,100kHz | 4点,20kHz |
| 高速脉冲输出 | | 2点,20kHz | 2点,20kHz | 2点,20kHz | 2点,100kHz | 2点,20kHz |
| 高速脉冲捕捉输入 | | 6 | 8点 | 14点 | 14点 | 24点 |

（3）变频器及运动控制功能　通过CPU集成的串行通信口，在专用的传动系统数据传输协议（USS协议）支持下与西门子变频器实现通信控制。本书第12章有应用实例。

（4）通信功能　S7-200 PLC CPU通过集成串行通信口连接外部设备及网络，通信功能如表6-7所示。

**表6-7　S7-200 PLC通信功能一览表**

| 项　　目 | | 功　　能 | | | | |
|---|---|---|---|---|---|---|
| | | CPU221 | CPU222 | CPU224 | CPU224XP | CPU226 |
| 接口类型 | | RS-485串行通信接口 | | | | |
| 接口数量 | | 1 | | | 2 | |
| 波特率 | PPI | 9.6Kbit/s、19.2Kbit/s、187.5Kbit/s | | | | |
| | 无协议通信 | 1.2～15.2Kbit/s | | | | |
| 通信距离 | 不使用中继器 | 50m | | | | |
| | 使用中继器 | 与波特率有关,187.5Kbit/s时为1000m | | | | |
| PLC网络连接方式 | | PPI、MPI、PROFIBUS-DP、Ethernet网(需要网络模块支持) | | | | |

（5）模拟量输入、输出功能　CPU224XP集成了2路模拟量输入及1路模拟量输出。可用于模拟量输入及输出。

（6）CPU 的特别设计功能　西门子 S7-200 系列 PLC 晶体管输出口多采用 PNP 极性管。CPU224XPsi 采用了 NPN 极性管，以满足一些系统电源连接的需要。CPU226XM 是 CPU226 的改进型，扩充了程序存储器及数据存储器容量，以满足较大系统对存储容量的要求。

## 第二节　扩展模块及性能

S7-200 系列 PLC 具有开关量扩展模块、模拟量扩展模块、定位控制模块及通信模块用于主机接口规模扩展、功能扩展及网络扩展。模块订货号及型号的参数含义如图 6-3 所示。

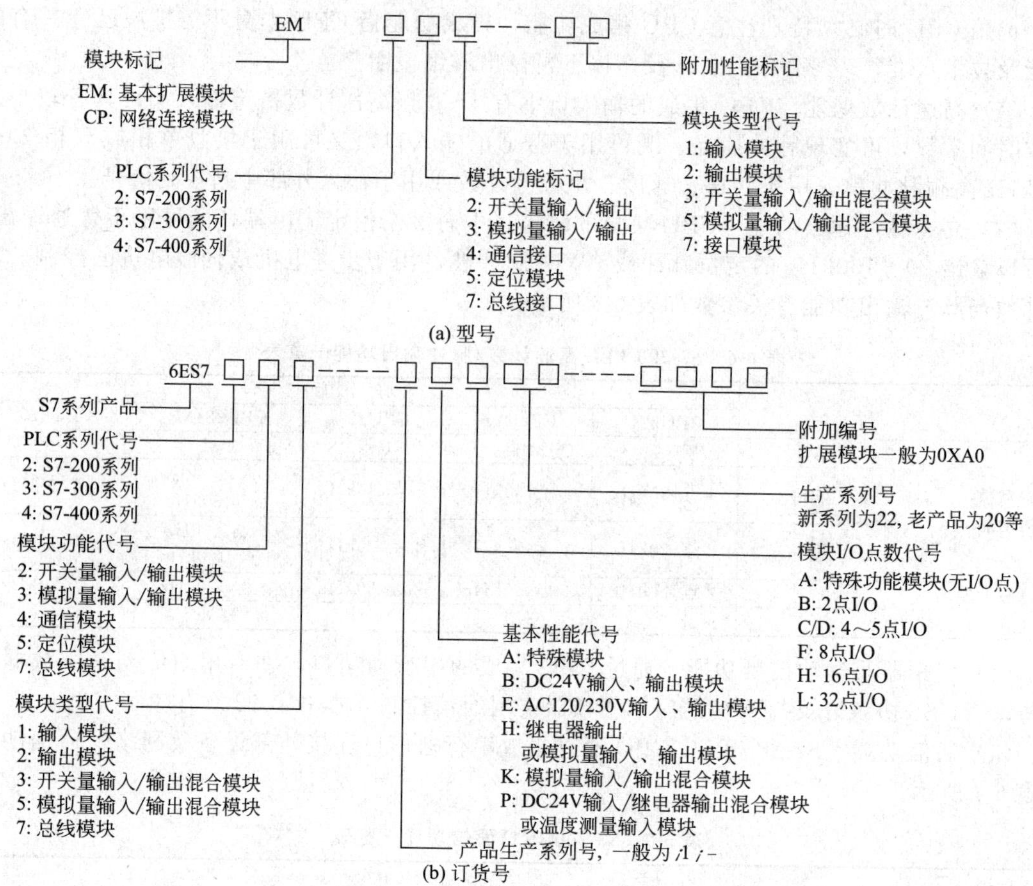


图 6-3　S7-200 PLC 扩展模块型号及订货号参数含义

1．开关量输入输出扩展模块

开关量扩展模块内部没有控制器，电源也由 CPU 模块供给，只用来补充基本单元输入、输出口数量的不足，以扩展控制规模，节约投资费用。表 6-8 给出了开关量扩展模块的种类、主要参数及订货号。表中可见，开关量扩展模块含单一输入量类型的、单一输出量类型的及输入输出混合类型的三类。

2．模拟量扩展模块

S7-200 系列模拟量扩展模块如表 6-9 所列。S7-200 的模拟量扩展模块中 A/D、D/A 转换器的位数均为 12 位。模拟量输入、输出有多种量程供用户选用，如 0～10V，0～5V，

0～20mA，0～100mV，±10V，±5V，±100mV 等。量程为 0～10V 时的分辨率为 2.5mV。

模拟量扩展模块还含有专用于连接热电阻或热电偶的专用模块，可用于连接 J、K、E、N、S、T 和 R 型热电偶及铂电阻。热电偶的类型及接线都可以由模块上的 DIP 开关选择。

表 6-8 S7-200 系列开关量扩展模块一览表

| 型号 | 名称 | 主要参数 | DC5V 消耗 | 功耗 | 订货号 |
|---|---|---|---|---|---|
| EM221 | 开关量输入 | 8 点，DC24V 输入 | 30mA | 1W | 6ES7 221-1BF22-0XA0 |
| | | 8 点，AC120/230V 输入 | 30mA | 3W | 6ES7 221-1EF22-0XA0 |
| | | 16 点，DC24V 输入 | 70mA | 3W | 6ES7 221-1BH22-0XA0 |
| EM222 | 开关量输出 | 8 点，DC24V/0.75A 输出 | 50mA | 2W | 6ES7 222-1BF22-0XA0 |
| | | 8 点，2A 继电器接点输出 | 40mA | 2W | 6ES7 222-1HF22-0XA0 |
| | | 8 点，AC120/230V 输出 | 110mA | 4W | 6ES7 222-1EF22-0XA0 |
| | | 4 点，DC24V/5A 输出 | 40mA | 3W | 6ES7 222-1BD22-0XA0 |
| | | 4 点，10A 继电器接点输出 | 30mA | 4W | 6ES7 222-1HD22-0XA0 |
| EM223 | 开关量输入/输出混合模块 | 4 输入/4 输出，DC24V | 40mA | 2W | 6ES7 223-1BF22-0XA0 |
| | | 4 点 DC24V 输入/4 继电器输出 | 40mA | 2W | 6ES7 223-1HF22-0XA0 |
| | | 8 输入/8 输出，DC24V | 80mA | 3W | 6ES7 223-1BH22-0XA0 |
| | | 8 点 DC24V 输入/8 点继电器输出 | 80mA | 3W | 6ES7 223-1PH22-0XA0 |
| | | 16 输入/16 输出，DC24V | 160mA | 6W | 6ES7 223-1BL22-0XA0 |
| | | 16 点 DC24V 输入/16 点继电器输出 | 150mA | 6W | 6ES7 223-1PL22-0XA0 |

表 6-9 S7-200 系列模拟量扩展模块一览表

| 型号 | 名称 | 主要参数 | DC5V 消耗 | 功耗 | 订货号 |
|---|---|---|---|---|---|
| EM231 | 模拟量输入 | 4 点，DC0～10V/0～20mA 输入，12 位 | 20mA | 2W | 6ES7 231-0HC22-0XA0 |
| | | 2 点，热电阻输入，16 位 | 87mA | 1.8W | 6ES7 231-7PB22-0XA0 |
| | | 4 点，热电偶输入，16 位 | 87mA | 1.8W | 6ES7 231-1PD22-0XA0 |
| EM232 | 模拟量输出 | 2 点，－10V～＋10V/0～20mA，12 位 | 20mA | 2W | 6ES7 232-0HB22-0XA0 |
| EM235 | 模拟量输入/输出混合模块 | 4 输入/1 输出<br>DC0～10V/0～20mA 输入<br>DC－10～＋10V/0～20mA 输出 | 30mA | 2W | 6ES7 235-1KD22-0XA0 |

3. EM253 位控模块

EM253 位控模块能产生 12～200kHz 两相位置指令脉冲串，用于步进电机及伺服电机的速度、位置的开环控制。它与 S7-200 CPU 通过扩展 I/O 总线通信；带有 5 输入 6 输出数字量 I/O，用于连接定位控制信号，定位脉冲及清除信号；可提供多达 25 组的移动包络。EM253 具有专用指令供编程使用。

4. PROFIBUS-DP 通信模块

EM277 PROFIBUS-DP 扩展从站模块用来将 S7-200 连接到 PROFIBUS-DP 网络，可按 9600bps～12Mbps 之间的 PROFIBUS 波特率运行。作为从站，EM277 模块接收从主站来的 I/O 配置，向主站发送数据和接收来自主站的数据。EM277 可以读写 S7-200CPU 中定义的变量存储区中的数据块，使用户能与主站交换各种类型的数据。

5. SIMATIC NET CP243-2 通信处理器

CP243-2 是 S7-200 的 AS-i 主站，它最多可以连接 31 个 AS-i 从站。S7-200 可以同时处理两个 CP243-2，每个 CP243-2 的 AS-i 网络上最多能有 124 点开关量输入（DI）和 124 点开关量输出（DO），通过 AS-i 网络可以增加 S7-200 的数字量输入、输出的点数。在 S7-200 的映像区中模块占用一个数字量输入字节（状态字节）、一个数字量输出字节（控制字节）、8 个模拟量输入字和 8 个模拟量输出字。

6. EM241 MODEM 模块

EM241 为调制解调器模块，使用 EM241 可以将 S7-200 直接连接到模拟电话线上，并且支持 S7-200 与 STEP7-Micro/WIN 间的通信。

# 第三节 S7-200系列PLC的安装及接线

## 一、 机箱及其操作部件

图 6-4 是 S7-200 系列 CPU 机箱外观示意图。5 种基本单元外观布置大体相同。安装在机身上的部件的操作及功能说明如下。

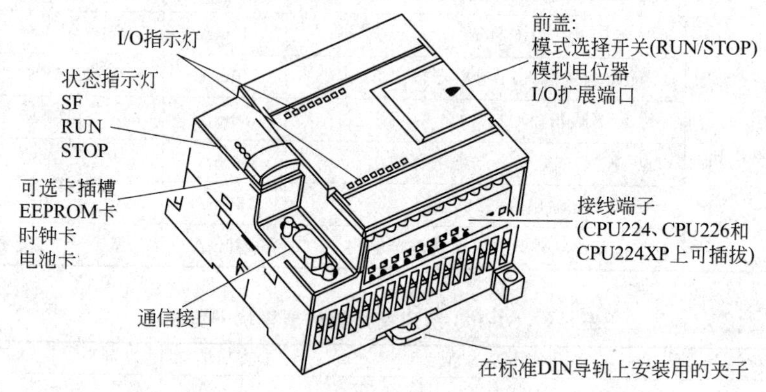


图 6-4 S7-200 系列 PLC CPU 机箱外观示意图

（1）接线端子 位于机身的上下两侧的螺钉排是接线端子，这是连接输入、输出器件及电源用的端子。为了方便接线，CPU224、CPU224XP 和 CPU226 机型采用可插拔整体端子。

（2）模式选择开关 面板前盖下设有模式选择开关，具有 RUN/STOP 及 TERM 三种工作状态。CPU 在 RUN 状态下执行完整的扫描过程。在 STOP 状态下则可与装载 STEP7-WIN 编程软件的计算机通信，以下载及上传应用程序。TERM 状态是一种暂态，当开关由 RUN 或 STOP 拨到 TERM 状态时，不改变当前运行状态，但可以通过编程软件或程序改变为 RUN 或 STOP 状态，在调试程序时很有用处。TERM 态还和机器的特殊标志位 SM0.7 有关，可用于自由口通信的有关控制。

（3）模拟电位器 模拟电位器也装在前盖下，可用于定时器的外设定及脉冲输出等场合。

（4）通信接口 通信接口在机身的左下部，为 RS-485 口。

（5）可选卡插槽 用于存储单元扩展。

（6）状态指示灯及输入、输出口指示灯 指示主机及输入、输出口工作状态。

图 6-4 中机体前盖下还有用于连接扩展单元的扩展接口。

## 二、 系统配置

当基本单元的 I/O 接口要进行规模扩展。或者，当基本单元需连接模拟量控制、定位控制或通信模块进行功能扩展时，需注意以下问题。

（1）基本单元带扩展模块的数量　由表 6-2 知，不同的基本单元所能带扩展模块的数量是不同的。CPU221 不能带扩展模块，CPU222 最多可以带 2 个，CPU224、CPU226 最多可以带 7 个。

（2）CPU 输入、输出映像区的大小　表 6-2 给出了 CPU 模块最大可连接开关量及模拟量 I/O 点总数，实际的 I/O 配置不能超出所列数量。

（3）内部电源的负载能力　S7-200CPU 内部电源输出两种电压，一种为 DC+5V，是 CPU 及扩展模块的工作电源。另一种为 DC+24V，是直流信号输入口的检测电源，也可以为需要此电压的传感器提供电源。但电源的负载能力都是有限的，都不能超载工作。

表 6-8、表 6-9 给出了常用扩展模块 DC+5V 电源的电流消耗，其他模块电流消耗可查阅有关手册。CPU222 为扩展模块提供+5VDC 最大电流为 340mA，CPU224 为 660mA，CPU226 为 1000mA。系统配置后必须对基本单元 DC+5V 电源的负载能力进行校验。

S7-200 CPU 内部电源 DC24V 输出的最大供出电流有一定限制，CPU221、CPU222 为 180mA，CPU224、CPU226 为 280mA。如传感器消耗的电流较大时，应考虑用外部电源，还要注意电源的接法，外部电源不应和内部电源并联连接，以避免电源间的竞争而影响它们各自的输出。

## 三、 模块的安装与接线

1. 安装

S7-200 系列 PLC 可以直接安装在安装板上也可以安装在 DIN 导轨上，扩展模块排列在 CPU 的右边。利用总线连接电缆，可以方便地将 CPU 和扩展模块连接在一起，扩展模块较多时可以分成两排，如图 6-5 所示。S7-200 模块采用自然对流散热方式，推荐横式安装，每个单元上方和下方应留 25mm 的散热空间。如果垂直安装，工作环境温度应比推荐环境温度降低 10℃。

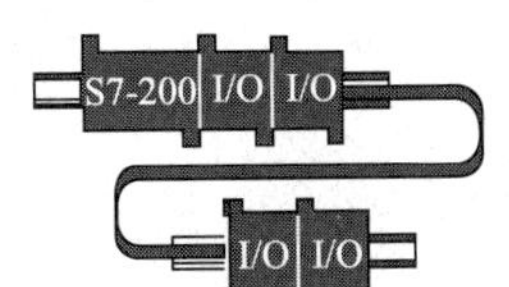


图 6-5　DIN 导轨分两排安装的情况

在 DIN 导轨上安装时应先将模块卡上导轨，再连接电缆，拆卸时顺序则相反。

2. 接线

图 6-6 给出了 CPU224 DC/DC/DC 及 CPU224AC/DC/Relay 机箱上接线点的位置分布及接线图。接线点也称外端子，含输入接口、输出接口及电源接口，是 PLC 与主令传感器件及执行器件的连接点。为了接线方便，西门子整体机，外接电源接口与输出口同侧（机箱上部），本机 DC24V 电源接口与输入接口同侧（机箱下部）。为了输入及输出信号分组使用不同的电源，输入口及输出口都是分组隔离且各组的接点数量不同。端子向左最近的“M”端或“L”端是该端子的公共端，其中“M”是输入公共端，也是 DC24V 电源的参考点，而“L”是输出公共端。“L1”为交流电源的相线，“L+”为直流电源的高电位线。当多组使用同一电源时，可以将“1M”及“2M”或“1L”“2L”“3L”连接在一起。输入、输出口分组使用不同电源时，电源的种类及电压等级，需以执行器件的要求结合输出口的电流负载能力考虑。

其他型号 CPU 及数字量扩展模块端子的接线情况与 CPU224 类似。图 6-7 及图 6-8 给出了带

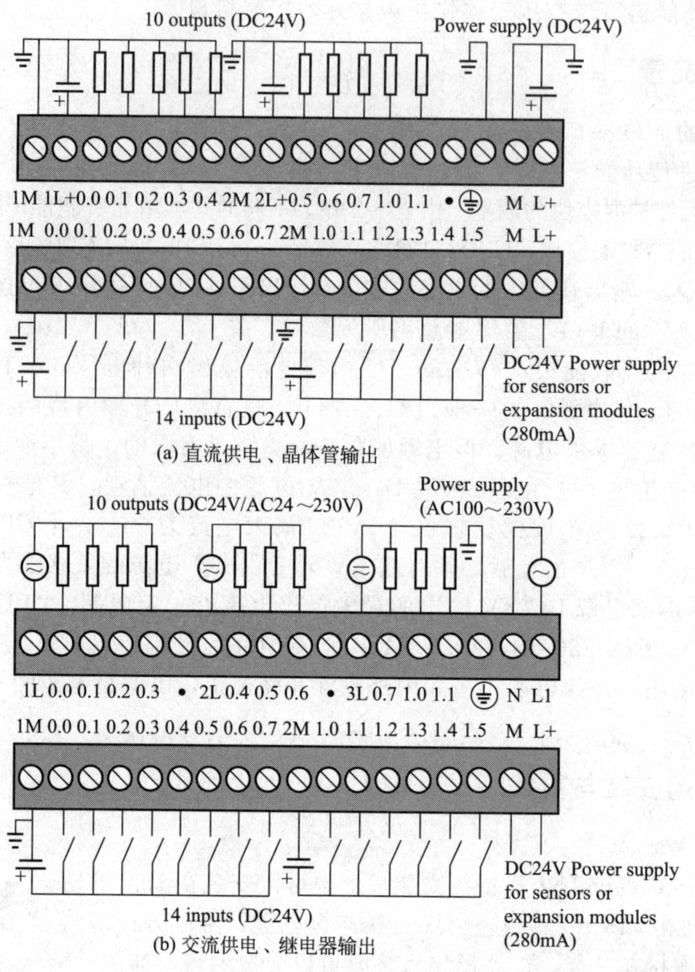

(a) 直流供电、晶体管输出

(b) 交流供电、继电器输出

图 6-6 CPU224 端子接线图

有扩展模块的CPU安装接线情况，从图中可见，扩展模块的输入接线电源由主模块提供。

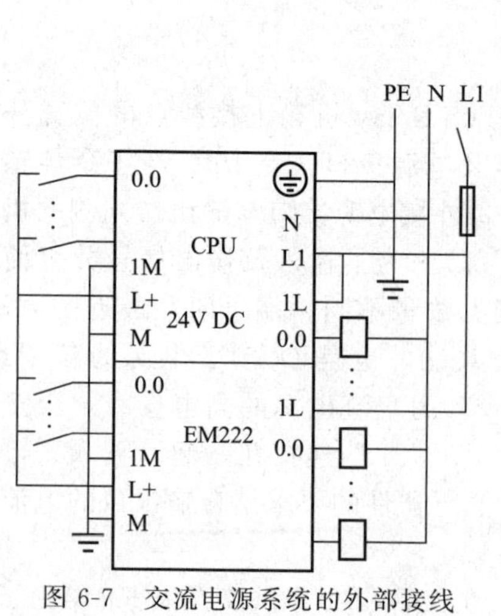

图 6-7 交流电源系统的外部接线

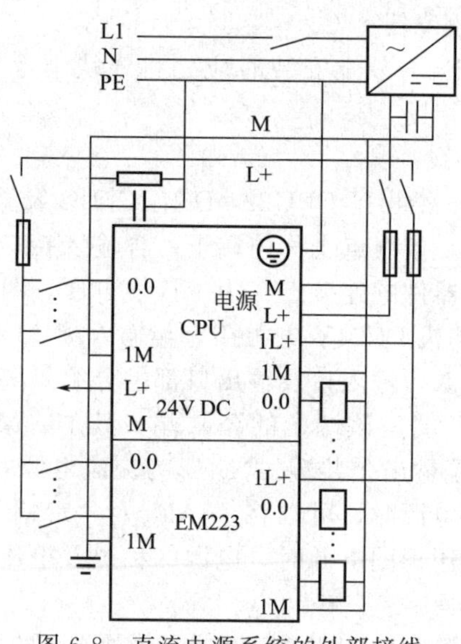

图 6-8 直流电源系统的外部接线

各类模块接入控制系统时，应采用 0.5～1.5mm$^2$ 的导线，通过螺丝钉固定在端子排上。系统还应考虑电源与控制器的隔离、短路保护、输出端感性负载的过压保护及接地等问题。交流电源系统的外部接线如图 6-7 所示，直流电源系统的外部接线如图 6-8 所示。输出端过压保护处理如图 6-9 所示。

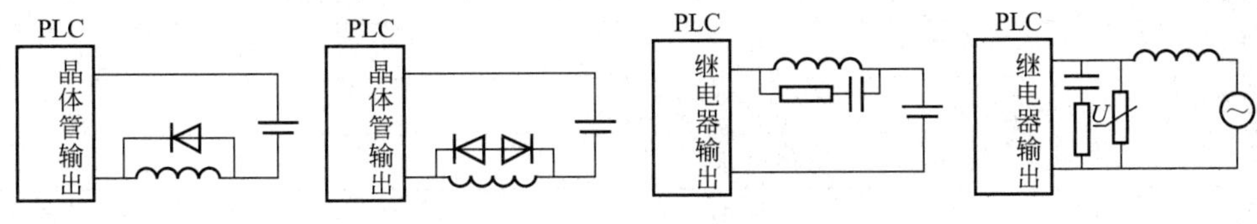

图 6-9 输出端过压保护处理

## 第四节 编程元件的地址范围及扩展单元地址编排

编程元件及地址编排是与编程关系最密切的硬件配置。表 6-10 为 S7-200 系列 PLC 存储区分区及地址范围，应用程序中所选用的编程元件及地址应在表 6-10 所列范围内。各种编程元件的用途已在第五章中说明。

S7-200 系列 CPU 输入输出接口采用固定地址，也即整体机箱上各端口的标志地址。当 CPU 需要扩展某类输入/输出口时，可以将扩展模块连接到 CPU 的右侧形成 I/O 链。这时扩展模块的地址依模块相对主机的位置，结合扩展端口的数量安排，原则上对于同类型的模块而言，端口地址依离主机的远近按字节顺序排列（模拟量 2 点为单位），不同类型的接口地址则相互没有干扰。也就是说，输入模块不会影响输出模块上点的地址，模拟量模块不会影响数字量模块的地址。图 6-10 为基本单元配用扩展模块时的地址排列，图中方框内地址间隙不可在程序中使用。

**表 6-10 S7-200 系列 PLC 存储器分区及地址范围**

| 描 述 | CPU221 | CPU222 | CPU224 | CPU224XP | CPU226 |
|---|---|---|---|---|---|
| 用户程序大小 | 2K 字 | 2K 字 | 4K 字 | 4K 字 | 8K 字 |
| 用户数据大小 | 1K 字 | 1K 字 | 2.5K 字 | 2.5K 字 | 5K 字 |
| 输入映像寄存器 | I0.0～I15.7 | I0.0～I15.7 | I0.0～I15.7 | I0.0～I15.7 | I0.0～I15.7 |
| 输出映像寄存器 | Q0.0～Q15.7 | Q0.0～Q15.7 | Q0.0～Q15.7 | Q0.0～Q15.7 | Q0.0～Q15.7 |
| 模拟量输入(只读) | — | AIW0～AIW30 | AIW0～AIW62 | AIW0～AIW62 | AIW0～AIW62 |
| 模拟量输出(只写) | — | AQW0～AQW30 | AQW0～AQW62 | AQW0～AQW62 | AQW0～AQW62 |
| 变量存储器(V) | VB0～VB2047 | VB0～VB2047 | VB0～VB5119 | VB0～VB5119 | VB0～VB10239 |
| 局部存储器(L) | LB0～LB63 | LB0～LB63 | LB0～LB63 | LB0～LB63 | LB0～LB63 |
| 位存储器(M) | M0.0～M31.7 | M0.0～M31.7 | M0.0～M31.7 | M0.0～M31.7 | M0.0～M31.7 |
| 特殊存储器(SM)<br>(其中只读) | SM0.0～SM179.7<br>SM0.0～SM29.7 | SM0.0～SM299.7<br>SM0.0～SM29.7 | SM0.0～SM549.7<br>SM0.0～SM29.7 | SM0.0～SM549.7<br>SM0.0～SM29.7 | SM0.0～SM549.7<br>SM0.0～SM29.7 |
| 定时器<br>有记忆接通延迟 1ms<br>有记忆接通延迟 10ms<br>有记忆接通延迟 100ms<br>接通/关断 延迟 1ms<br>接通/关断 延迟 10ms<br>接通/关断 延迟 100ms | 256(T0～T255)<br>T0,T64<br>T1～T4,T65～T68<br>T5～T31,T69～T95<br>T32,T96<br>T33～T36,T97～T100<br>T37～T63,T101～T225 | 256(T0～T255)<br>T0,T64<br>T1～T4,T65～T68<br>T5～T31,T69～T95<br>T32,T96<br>T33～T36,T97～T100<br>T37～T63,T101～T225 | 256(T0～T255)<br>T0,T64<br>T1～T4,T65～T68<br>T5～T31,T69～T95<br>T32,T96<br>T33～T36,T97～T100<br>T37～T63,T101～T225 | 256(T0～T255)<br>T0,T64<br>T1～T4,T65～T68<br>T5～T31,T69～T95<br>T32,T96<br>T33～T36,T97～T100<br>T37～T63,T101～T225 | 256(T0～T255)<br>T0,T64<br>T1～T4,T65～T68<br>T5～T31,T69～T95<br>T32,T96<br>T33～T36,T97～T100<br>T37～T63,T101～T225 |

续表

| 描　述 | CPU221 | CPU222 | CPU224 | CPU224XP | CPU226 |
|---|---|---|---|---|---|
| 计数器 | C0～C255 | C0～C255 | C0～C255 | C0～C255 | C0～C255 |
| 高速计数器 | HC0,HC3,HC4,HC5 | HC0,HC3,HC4,HC5 | HC0～HC5 | HC0～HC5 | HC0～HC5 |
| 顺序控制继电器(S) | S0.0～S31.7 | S0.0～S31.7 | S0.0～S31.7 | S0.0～S31.7 | S0.0～S31.7 |
| 累加寄存器 | AC0～AC3 | AC0～AC3 | AC0～AC3 | AC0～AC3 | AC0～AC3 |
| 跳转/标号 | 0～255 | 0～255 | 0～255 | 0～255 | 0～255 |
| 调用子程序 | 0～63 | 0～63 | 0～63 | 0～127 | 0～127 |
| 中断程序 | 0～127 | 0～127 | 0～127 | 0～127 | 0～127 |
| 正/负跳变 | 256 | 256 | 256 | 256 | 256 |
| PID回路 | 0～7 | 0～7 | 0～7 | 0～7 | 0～7 |
| 端口 | 端口0 | 端口0 | 端口0 | 端口0,1 | 端口0,1 |

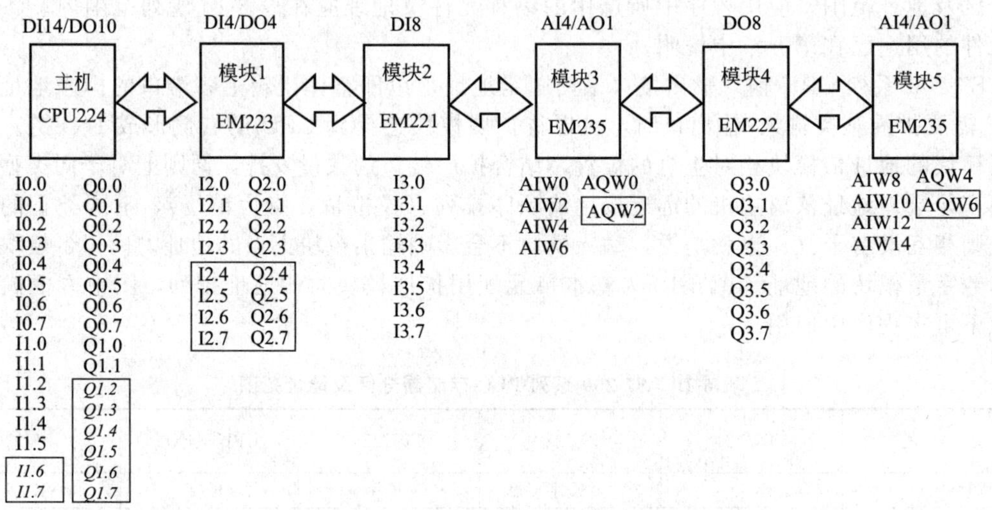


图6-10　CPU配接扩展模块时的地址排列

## 第五节　S7-200系列PLC指令

S7-200 CPU的指令功能很强，支持国际电工委员会（IEC）制定的PLC国际标准1131-3指令集及SIMATIC指令集。SIMATIC指令集是西门子公司为S7-200设计的编程语言，本书将以该指令集介绍S7-200指令。

S7-200 CPU编程指令可分为基本逻辑指令及功能指令，基本逻辑指令用以表达控制事件的逻辑关联，是用得最多的指令。功能指令则是结合计算机特点及控制要求设计的指令，有传送、比较、移位、循冲移位、产生补码、调用子程序、脉冲宽度调制、脉冲序列输出、跳转、数制转换、算术运算、字逻辑运算、浮点数运算、开平方、三角函数和PID控制指令等。本节给出S7-200 CPU指令简表，如表6-11所示。各类指令的使用将在后序章节中分别介绍。

**表 6-11 S7-200 CPU 的 SIMATIC 指令简表**

| 布尔指令 | | |
|---|---|---|
| LD | N | 装载(开始的常开触点) |
| LDI | N | 立即装载 |
| LDN | N | 取反后装载(开始的常闭触点) |
| LDNI | N | 取反后立即装载 |
| A | N | 与(串联的常开触点) |
| AI | N | 立即与 |
| AN | N | 取反后与(串联的常闭触点) |
| ANI | N | 取反后立即与 |
| O | N | 或(并联的常开触点) |
| OI | N | 立即或 |
| ON | N | 取反后或(并联的常闭触点) |
| ONI | N | 取反后立即或 |
| LDBx | N1,N2 | 装载字节比较结果<br>N1(x:<,<=,=,>=,>,<>)N2 |
| ABx | N1,N2 | 与字节比较结果<br>N1(x:<,<=,=,>=,>,<>)N2 |
| OBx | N1,N2 | 或字节比较结果<br>N1(x:<,<=,=,>=,>,<>)N2 |
| LDWx | N1,N2 | 装载字比较结果<br>N1(x:<,<=,=,>=,>,<>)N2 |
| AWx | N1,N2 | 与字比较结果<br>N1(x:<,<=,=,>=,>,<>)N2 |
| OWx | N1,N2 | 或字比较结果<br>N1(x:<,<=,=,>=,>,<>)N2 |
| LDDx | N1,N2 | 装载双字比较结果<br>N1(x:<,<=,=,>=,>,<>)N2 |
| ADx | N1,N2 | 与双字比较结果<br>N1(x:<,<=,=,>=,>,<>)N2 |
| ODx | N1,N2 | 或双字比较结果<br>N1(x:<,<=,=,>=,>,<>)N2 |
| LDRx | N1,N2 | 装载实数比较结果<br>N1(x:<,<=,=,>=,>,<>)N2 |
| ARx | N1,N2 | 与实数比较结果<br>N1(x:<,<=,=,>=,>,<>)N2 |
| ORx | N1,N2 | 或实数比较结果<br>N1(x:<,<=,=,>=,>,<>)N2 |
| NOT | | 栈顶值取反 |
| EU | | 上升沿检测 |
| ED | | 下降沿检测 |
| = | N | 赋值(线圈) |
| =I | N | 立即赋值 |
| S | S_BIT,N | 置位一个区域 |
| R | S_BIT,N | 复位一个区域 |
| SI | S_BIT,N | 立即置位一个区域 |
| RI | S_BIT,N | 立即复位一个区域 |
| 传送、移位、循环和填充指令 | | |
| MOVB | IN,OUT | 字节传送 |
| MOVW | IN,OUT | 字传送 |
| MOVD | IN,OUT | 双字传送 |

续表

| 传送、移位、循环和填充指令 | | |
|---|---|---|
| MOVR | IN,OUT | 实数传送 |
| BIR | IN,OUT | 立即读取物理输入字节 |
| BIW | IN,OUT | 立即写物理输出字节 |
| BMB | IN,OUT,N | 字节块传送 |
| BMW | IN,OUT,N | 字块传送 |
| BMD | IN,OUT,N | 双字块传送 |
| SWAP | IN | 交换字节 |
| SHRB | DATA,S_BIT,N | 移位寄存器 |
| SRB | OUT,N | 字节右移 N 位 |
| SRW | OUT,N | 字右移 N 位 |
| SRD | OUT,N | 双字右移 N 位 |
| SLB | OUT,N | 字节左移 N 位 |
| SLW | OUT,N | 字左移 N 位 |
| SLD | OUT,N | 双字左移 N 位 |
| RRB | OUT,N | 字节循环右移 N 位 |
| RRW | OUT,N | 字循环右移 N 位 |
| RRD | OUT,N | 双字循环右移 N 位 |
| RLB | OUT,N | 字节循环左移 N 位 |
| RLW | OUT,N | 字循环左移 N 位 |
| RLD | OUT,N | 双字循环左移 N 位 |
| FILL | IN,OUT,N | 用指定的元素填充存储器空间 |
| 逻辑操作 | | |
| ALD | | 电路块串联 |
| OLD | | 电路块并联 |
| LPS | | 人栈 |
| LRD | | 读栈 |
| LPP | | 出栈 |
| LDS | | 装载堆栈 |
| AENO | | 对 ENO 进行与操作 |
| ANDB | IN1,OUT | 字节逻辑与 |
| ANDW | IN1,OUT | 字逻辑与 |
| ANDD | IN1,OUT | 双字逻辑与 |
| ORB | IN1,OUT | 字节逻辑或 |
| ORW | IN1,OUT | 字逻辑或 |
| ORD | IN1,OUT | 双字逻辑或 |
| XORB | IN1,OUT | 字节逻辑异或 |
| XORW | IN1,OUT | 字逻辑异或 |
| XORD | IN1,OUT | 双字逻辑异或 |
| INVB | OUT | 字节取反(1 的补码) |
| INVW | OUT | 字取反 |
| INVD | OUT | 双字取反 |
| 表、查找和转换指令 | | |
| ATT | TABLE,DATA | 把数据加到表中 |
| LIFO | TABLE,DATA | 从表中取数据,后入先出 |
| FIFO | TABLE,DATA | 从表中取数据,先入先出 |
| FND= | TBL,PATRN,INDX | 在表中查找符合比较条件的数据 |
| FND<> | TBL,PATRN,INDX | |
| FND< | TBL,PATRN,INDX | |
| FND> | TBL,PATRN,INDX | |

续表

| 表、查找和转换指令 | | |
|---|---|---|
| BCDI | OUT | BCD码转换成整数 |
| IBCD | OUT | 整数转换成BCD码 |
| BTI | IN,OUT | 字节转换成整数 |
| ITB | IN,OUT | 整数转换成字节 |
| ITD | IN,OUT | 整数转换成双整数 |
| DTI | IN,OUT | 双整数转换成整数 |
| DTR | IN,OUT | 双整数转换成实数 |
| TRUNC | IN,OUT | 实数四舍五入为双整数 |
| ROUND | IN,OUT | 实数截位取整为双整数 |
| ATH | IN,OUT,LEN | ASCII码→16进制数 |
| HTA | IN,OUT,LEN | 16进制数→ASCII码 |
| ITA | IN,OUT,FMT | 整数→ASCII码 |
| DTA | IN,OUT,FMT | 双整数→ASCII码 |
| RTA | IN,OUT,FMT | 实数→ASCII码 |
| DECO | IN,OUT | 译码 |
| ENCO | IN,OUT | 编码 |
| SEG | IN,OUT | 7段译码 |
| 中断指令 | | |
| CRETI | | 从中断程序有条件返回 |
| ENI | | 允许中断 |
| DISI | | 禁止中断 |
| ATCH | INT,EVENT | 给事件分配中断程序 |
| DTCH | EVENT | 解除中断事件 |
| 通信指令 | | |
| XMT | TABLE,PORT | 自由端口发送 |
| RCV | TABLE,PORT | 自由端口接收 |
| NETR | TABLE,PORT | 网络读 |
| NETW | TABLE,PORT | 网络写 |
| GPA | ADDR,PORT | 获取端口地址 |
| SPA | ADDR,PORT | 设置端口地址 |
| 高速计数器指令 | | |
| HDEF | HSC,MODE | 定义高速计数器模式 |
| HSC | N | 激活高速计数器 |
| PLS | X | 脉冲输出 |
| 数学、加1减1指令 | | |
| +I | IN1,OUT | 整数,双整数或实数加法<br>IN1+OUT=OUT |
| +D | IN1,OUT | |
| +R | IN1,OUT | |
| -I | IN2,OUT | 整数,双整数或实数减法<br>OUT-IN2=OUT |
| -D | IN2,OUT | |
| -R | IN2,OUT | |
| MUL | IN1,OUT | 整数乘整数得双整数<br>实数、整数或双整数乘法<br>IN1×OUT=OUT |
| *R | IN1,OUT | |
| *I | IN1,OUT | |
| *D | IN1,OUT | |
| DIV | IN2,OUT | 整数除整数得双整数<br>实数、整数或双整数除法<br>OUT/IN2=OUT |
| /R | IN2,OUT | |
| /I | IN2,OUT | |
| /D | IN2,OUT | |

续表

| | | |
|---|---|---|
| 数字、加1减1指令 | | |
| SQRT | IN,OUT | 平方根 |
| LN | IN,OUT | 自然对数 |
| EXP | IN,OUT | 自然指数 |
| SIN | IN,OUT | 正弦 |
| COS | IN,OUT | 余弦 |
| TAN | IN,OUT | 正切 |
| INCB<br>1NCW<br>1NCD | OUT<br>OUT<br>OUT | 字节加1<br>字加1<br>双字加1 |
| DECB<br>DECW<br>DECD | OUT<br>OUT<br>OUT | 字节减1<br>字减1<br>双字减1 |
| PID | Table,Loop | PID回路 |
| 定时器和计数器指令 | | |
| TON<br>TOF<br>TONR | Txxx,PT<br>Txxx,PT<br>Txxx.PT | 通电延时定时器<br>断电延时定时器<br>保持型通电延时定时器 |
| CTU<br>CTD<br>CTUD | Cxxx,PV<br>Cxxx,PV<br>Cxxx,PV | 加计数器<br>减计数器<br>加/减计数器 |
| 实时时钟指令 | | |
| TODR<br>TODW | T<br>T | 读实时时钟<br>写实时时钟 |
| 程序控制指令 | | |
| END | | 程序的条件结束 |
| STOP | | 切换到STOP模式 |
| WDR | | 看门狗复位(300ms) |
| JMP<br>LBL | N<br>N | 跳到指定的标号<br>定义一个跳转的标号 |
| CALL<br>CRET | N(N1,...) | 调用子程序,可以有16个可选参数<br>从子程序条件返回 |
| FOR<br>NEXT | INDX,INIT,FINAL | For/Next循环 |
| LSCR<br>SCRT<br>SCRE | N<br>N | 顺控继电器程序段启动<br>顺控继电器程序段转换<br>顺控继电器程序段结束 |

## 第六节 STEP7-Micro/WIN编程软件简介

编程设备及编程环境是可编程控制器的重要资源，早期手持式编程器用得较多，其特点是体积小，携带方便，适合于现场使用。但一般编程器只能使用指令表编程，不具备图形化功能。目前应用最多的图形化编程设备就是个人计算机，这就需要专用的编程软件，STEP7-Micro/WIN编程软件是基于Windows的应用软件，由西门子公司专门为S7-200系列PLC设计开发。它功能强大，可用于应用程序的开发、写入及运行监控，是PLC用户不可缺少的开发工具。

以下以 STEP7-Micro/WIN32（版本 V3.1 SP2）介绍编程软件的使用方法。

## 一、 软件的安装及硬件连接

安装时将含有 STEP7-Micro/WIN 32 编程软件的光盘插入光盘驱动器，系统可自动进入安装向导，或在光盘目录里双击 setup，进入安装向导。之后则可按照向导提示完成软件的安装工作。软件安装路径可以使用默认子目录，也可以用“浏览”按钮弹出对话框选择或新建一个子目录。在安装结束后用鼠标双击桌面上的 STEP7-Micro/WIN 32 图标可运行 STEP7-Micro/WIN 32 软件。

应用软件下载到 PLC 的过程是装有 STEP7-Micro/WIN 32 的计算机和 PLC 的通信过程。通信最简单的设备是一根 PC/PPI 电缆，如图 6-11 所示，电缆的一头接计算机的 RS-232 口，另一头接在 PLC 的 RS-485 通信口上，安装完成软件并设置连接好硬件后可按以下步骤设置通信参数。

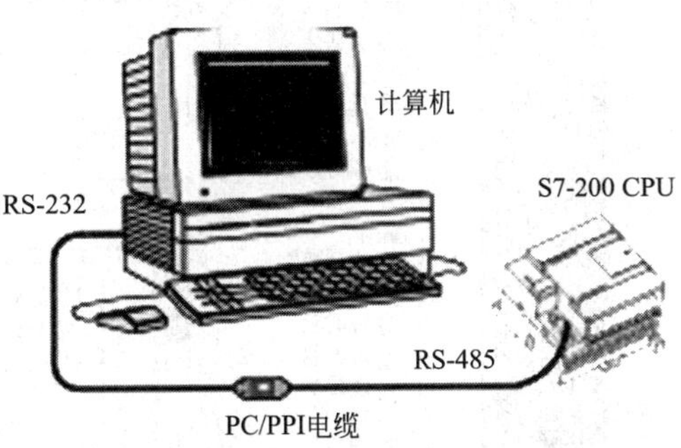

图 6-11 编程计算机与 PLC 连接情况

① 运行 STEP7-Micro/WIN 32 软件，在引导条中单击“通信”图标，或从主菜单中选择“检视”中的“通信”项，则会出现一个“通信设定”对话框。

② 在对话框中双击 PC/PPI 电缆的图标，即出现设置 PG/PC 接口的对话框，这时可进行安装或删除通信接口、设置及检查通信接口等操作。系统默认设置为：远程设备站地址为 2，通信波特率为 9.6Kbps，采用 PC/PPI 电缆通信，使用计算机的 COM1 口，PPI 协议。

## 二、 编程软件的功能及其主界面

1. STEP7-Micro/WIN32 的基本功能

STEP7-Micro/WIN32 的基本功能是协助用户开发应用软件。在 STEP7-Micro/WIN32 环境下可创建用户程序，修改和编辑原有的用户程序，进行用户所编辑程序的管理。该软件还具有语法检查功能，可在编程中检查用户程序的语法错误。利用该软件的监控功还能实现用户程序的调试及监控。

软件的大部分功能，如程序的编制、编译、调试相关的组态等工作，在离线工作方式——计算机并未和 PLC 连接时即可实现，部分功能需在在线情况下实现。

2. 软件的主界面及各区域的用途

启动 STEP7-Micro/WIN 32 编程软件，其主界面外观如图 6-12 所示。

主界面含以下几个主要分区：菜单条（包含 8 个主菜单项）、工具条（快捷操作窗口）、引导条、指令树（Instruction Tree，快捷操作窗口）、用户窗口、输出窗口和状态条（可同时或分别打开图中的 5 个用户窗口）。以下分别说明。

(1) 菜单条　菜单条是以菜单形式操作的入口，菜单含文件（File）、编辑（Edit）、检视（View）、可编程控制器（PLC）、调试（Debug）、工具（Tools）、窗口（Windows）、帮助（Help）八项。用鼠标点击某项菜单，可弹出该菜单的细目，如文件项目的细目含新建、打开、保存、上传、下载等项，可知文件菜单的主要功能为程序文件的管理，可以建立或打

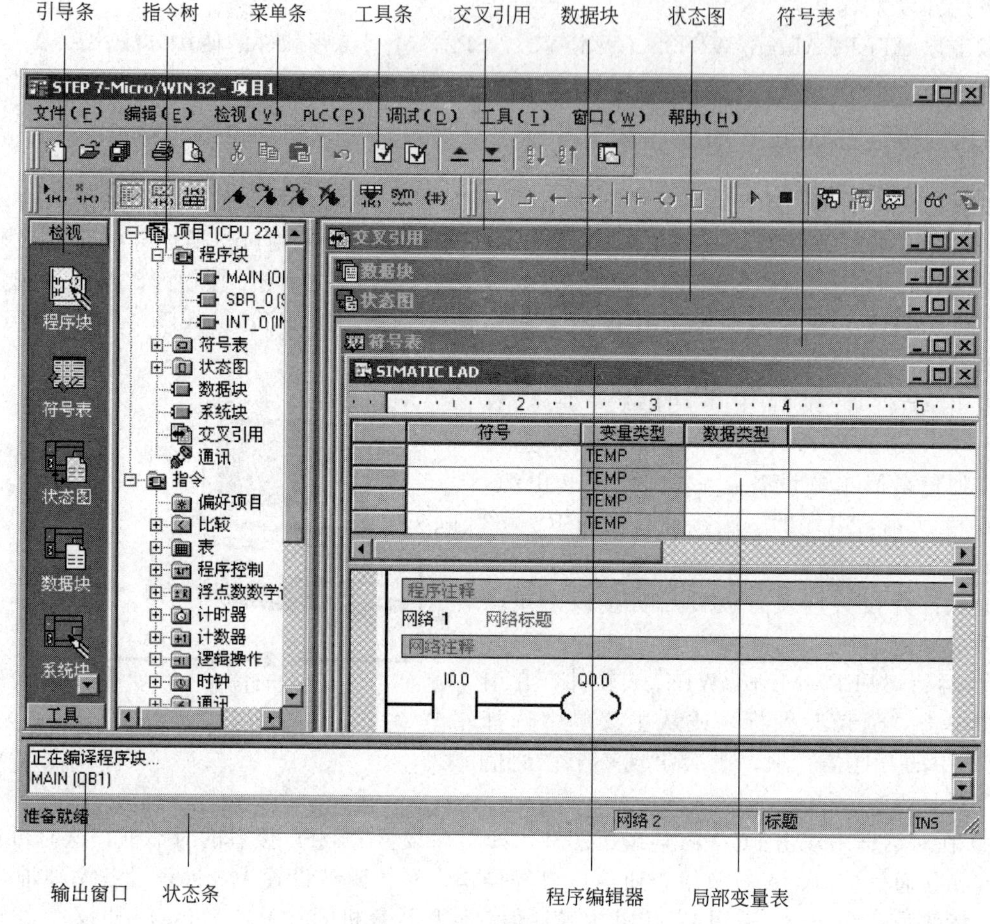


图 6-12 编程软件主界面

开待编辑的应用程序。菜单条中的其他项目涉及编程界面的变换、编辑语言的变更、程序编辑、调试等操作。

(2) 工具条 工具条提供简便的鼠标操作，将最常用的 STEP7-Micro/WIN 32 操作以按钮形式设定到工具条。可以用“检视（View）”菜单中的“工具（Toolbars）”选项来显示或隐藏3种工具条：标准（Standard）、调试（Debug）和指令（Instructions）工具条。菜单条中涉及的各种功能在工具条中大多都能找到。

(3) 引导条 引导条为编程提供按钮控制的快速窗口切换功能。该条可用“检视（View）”菜单中的“引导条（Navigation Bar）”选项来选择是否打开。引导条含程序块（Program Block）、符号表（Symbol Table）、状态图（Status Chart）、数据块（Data Block）、系统块（System Block）、交叉索引（Cross Reference）和通信（Communication）等图标按钮。单击任何一个按钮，则主窗口切换成此按钮对应的窗口。引导条中的所有操作都可用“指令树（Instruction Tree）”窗口或“检视（View）”菜单来完成，可以根据个人的爱好来选择使用引导条或指令树。

此外，引导条中还有 S7-200 系列 PLC 一些专用模块及指令的使用向导。

(4) 指令树 指令树是编程指令的树状列表。可用“检视（View）”菜单中“指令树（Instruction Tree）”的选项来选择是否打开，并提供编程时所用到的所有快捷操作命令和 PLC 指令。

（5）用户窗口 用户窗口用来显示编程操作的工作对象。可以以程序编辑器、符号表、状态图、数据块及交叉引用五种方式进行程序的编辑工作。以下说明这五种工作界面的用途。

① 程序编辑器。程序编辑器是编程的主要界面，可以以梯形图、指令表及 FBD 等三种主要编辑语言完成程序的编辑工作。点击菜单栏中“检视”菜单，在下拉菜单中可以实现梯形图、指令表及 FBD 编程语言的转换。

② 交叉引用。交叉引用提供 3 个方面的索引信息，即交叉引用信息、字节使用情况信息和位使用情况信息。使编程已用的及可用的 PLC 资源一目了然。

③ 数据块。数据块窗口可以设置和修改变量存储区内各种类型存储区的一个或多个变量值，并加注必要的注释说明。

④ 状态图。状态图可将程序输入、输出或其他变量在该图中显示。在联机调试时监视各变量的值和状态。

⑤ 符号表。实际编程时为了增加程序的可读性，常用符号地址而不是直接使用元件在主机中的绝对地址。这时需建立符号表说明自定义符号与绝对地址之间的对应关系。并可附加注释。增加程序的易读性。

另外，用户窗口的下部设有主程序、子程序及中断子程序的选择按钮。

（6）输出窗口 输出窗口用来显示程序编译的结果信息，如各程序块（主程序、子程序、中断程序）的数量及大小、编译结果有无错误、错误编码和位置等。本书附录 C 为错误代码表。

此外，从浏览条中点击状态图或通信按钮，可对 PLC 运行的许多参数进行设置或调整。如通信波特率，PLC 断电后机内电源保存的存储器范围，设置输入滤波参数及设置机器的操作密码等。

（7）状态条 状态条是对软件工作状态的指示。

## 三、 编程操作

1. 程序文件操作

（1）新建 建立一个程序文件，可用“文件（File）”菜单中的“新建（New）”命令，在主窗口中将显示新建程序文件的主程序区，也可用工具条中的按钮来完成。如图6-13所示为一个新建程序文件的指令树，系统默认新建的程序文件名为“项目 1（CPU224）”，括号内为系统默认 PLC 的型号。项目包含 7 个相关的块。其中，程序中有 1 个主程序，1 个子程序 SBR-0 和 1 个中断程序 INT-0。

用户可以根据实际编程需要做以下操作。

① 确定主机型号。根据实际应用情况选择 PLC 型号。右击“项目 1（CPU 224）”图标，在弹出的按钮中单击“类型（Type）”，或用“PLC”菜单中的“类型（Type）”命令。然后在弹出的对话框中选择所用的 PLC 型号。

② 程序更名。项目文件更名：如果新建了一个程序文件，可用“文件（File）”菜单中“另存为（Save as）”命名，然后在弹出的对话框中键入希望的名称。

子程序和中断程序更名：在指令树窗口中，右击要更名的子程序或中断程序名称，在弹出的选择按钮中单击“重命名（Rename）”，然后键入名称。

主程序的名称一般用默认的 MAIN，任何项目文件的主程序只有一个。

③ 添加一个子程序或一个中断程序。

方法 1：在指令树窗口中，右击“程序块（Program Block）”图标，在弹出的选择按

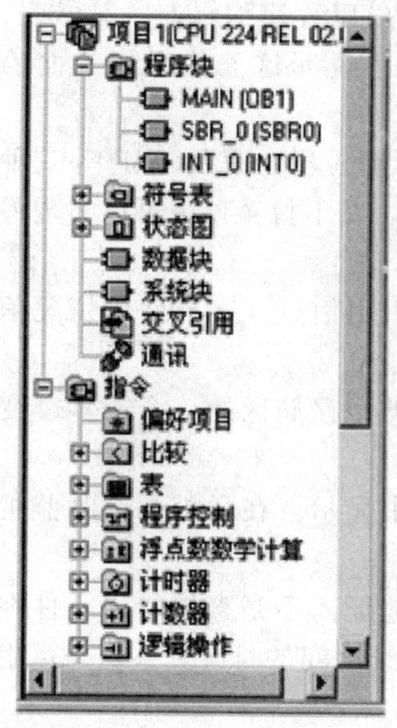


图 6-13 新建程序的结构

钮中单击“插入子程序（Insert Subroutine）”或“插入中断程序（Insert Interrupt）”项。

方法 2：用“编辑（Edit）”菜单中的“插入（Insert）”命令。

方法 3：在编辑窗口中单击编辑区，在弹出的菜单中选择“插入（Insert）”命令。新生成的子程序及中断子程序根据已有的程序的数目，默认名称分别为 SBR-n 和 INT-n，用户可以自行更名。

（2）操作已有的文件

① 打开已有文件。打开一个已存储的程序文件，只要点击“文件（File）”菜单中“打开（Open）”命令，在弹出的对话框中选择打开的程序文件即可，也可用工具条的按钮来完成。

② 上传 PLC 机内的文件。需要对已装入 PLC 中的程序做出修改时，需上传文件。在已经与 PLC 建立通信的前提下，可用“文件（File）”菜单中“上传（Upload）”命令，也可用工具条中的按钮来完成。

2. 程序编辑

编辑和修改控制程序是 STEP7-Micro/WIN32 编程软件最基本的功能。现以梯形图编辑器为例介绍一些基本编辑操作。

LAD 程序编辑窗口是 STEP7-Micro/WIN32 编程软件的默认主窗口，打开新文件夹或点击浏览条下程序块按钮就可以进入程序编辑器窗口。窗口中已经给出了左母线及 100 条梯形图支路的编辑位置。和许多图形与文本编辑器一样，LAD 程序编辑窗口提供一个方框形光标标志正编辑的图形所在的位置。图 6-14 所示即为光标及指令树的情况。

以下介绍程序的编辑过程和各种操作。

（1）输入编辑元件 LAD 编辑器中有以下几种输入程序的方法。

① 鼠标拖放。鼠标单击打开的指令树中的类别分支，选择指令标记，按住鼠标左键不放，将其拖到编辑器窗口内合适的位置上再释放。

② 鼠标双击。双击指令树中选中的指令标记，该指令标记则出现在方框光标所在的位置。

③ 特殊功能键。按计算机键盘上的 F4、F6、F9 键，可分别打开触点、线圈、功能指令框的下拉列表，用鼠标单击合适的指令，则该指令则出现在光标方框所在的位置。

④ 使用指令工具条上的编程按钮。单击触点、线圈和功能指令框按钮，从弹出的下拉菜单所列出的指令中单击要输入的指令即可。工具按钮和弹出的窗口下拉菜单如图 6-15 和图 6-16 所示。

（2）元件间的连接 在一个梯形图支路中，如果只有编程元件的串联连接，输入和输出都无分叉，只需从网络的开始依次输入各编程元件即可，每输入一个元件，光标自动向后移动到下一列。但对于较复杂的梯形图结构，如并联触点或触点块，或梯形图分支，则要用到工具条中线段按钮。

指令工具条中的编程按钮（图 6-15）中含下行线、上行线、左行线和右行线四种。具体使用时先将需连接的元件绘出来，再将光标放在绘线段的地方用合适的按钮绘制线段，图 6-17 及图 6-18 为绘与触点 I0.2 并联的触点时的操作，先将光标放置在并联触点位置，然后

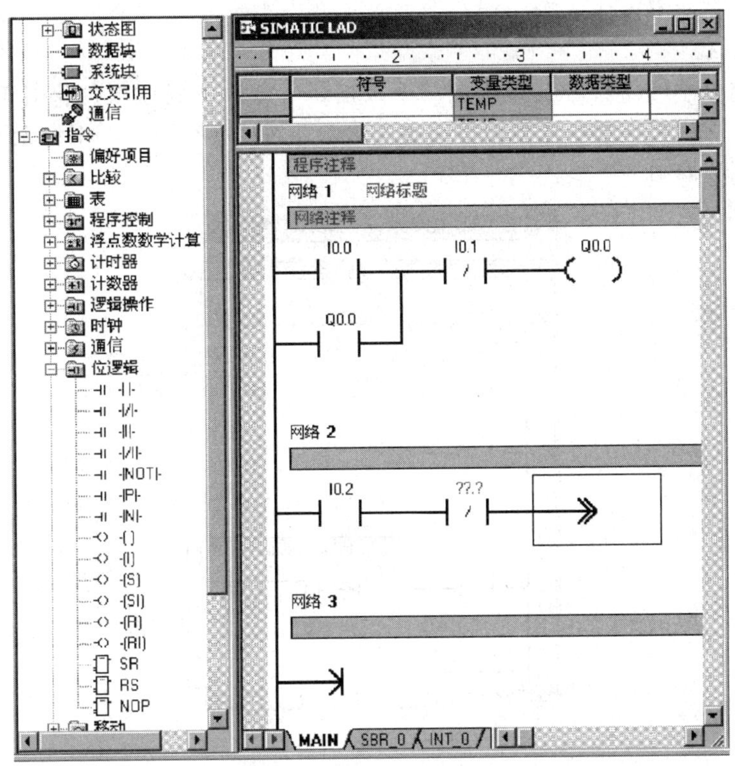


图 6-14　光标及指令树

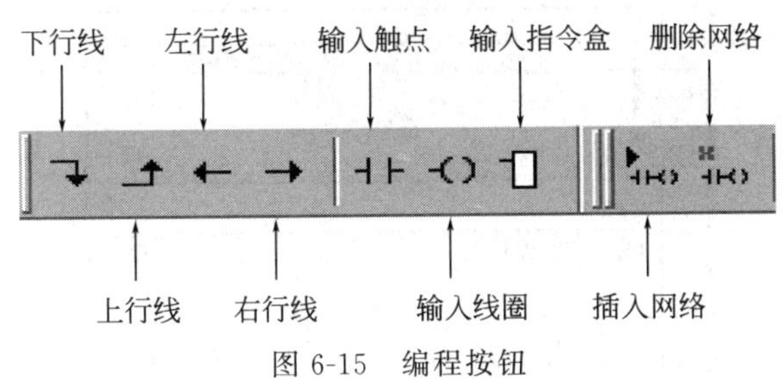


图 6-15　编程按钮

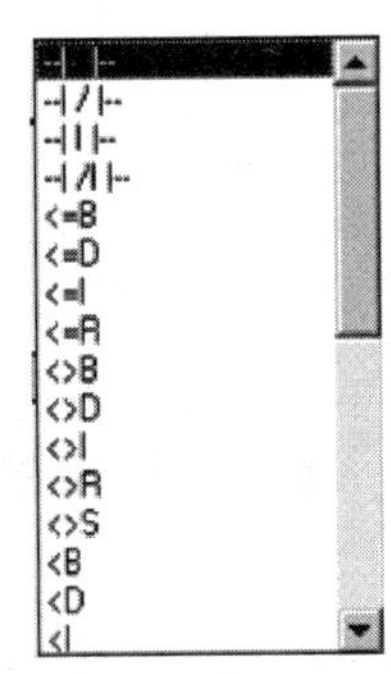


图 6-16　触点的下拉菜单

输入元件（常开融点），再按需选用上行线线段按钮即可实现触点左端向上线段的绘制。

(3) 输入操作数　已输入元件的上方均有红色的括号及问号，点击问号将光标移到括号内，输入操作数的地址，元件的输入才算完整。

(4) 插入和删除　编程中经常用到插入和删除一行、一列、一个网络、一个子程序等。可如下操作：在编程区右击要进行操作的位置，弹出下拉单，选择“插入（Insert）”或“删除（Delete）”选项，再弹出子菜单，选择并单击要插入或删除的内容即可。

元件剪切、复制和粘贴等方法也与上述操作相似。

(5) 块操作　利用块操作对程序大面积删除、移动、复制操作十分方便。块操作包括块选择、块剪切、块复制和块粘贴。这些操作非常简单、与一般文字处理软件中的相应操作方法完全相同。

除了梯形图编程，STEP7-Micro/WIN32 编程软件还提供指令表编程，并可以方便地将 LAD 与 STL 进行转换。此外，编程操作中还有符号表、局部变量表、注释等操作方便程序的编制与阅读。在此不再详述。

3. 程序的下载

编辑完成的程序可以点击工具条中的下载按钮下载。下载前软件将对下载程序进行编译，编译中若发现错误，则在输出窗口给出提示，并暂停执行下载。编译无误的程序下载后也会给出下载成功提示。

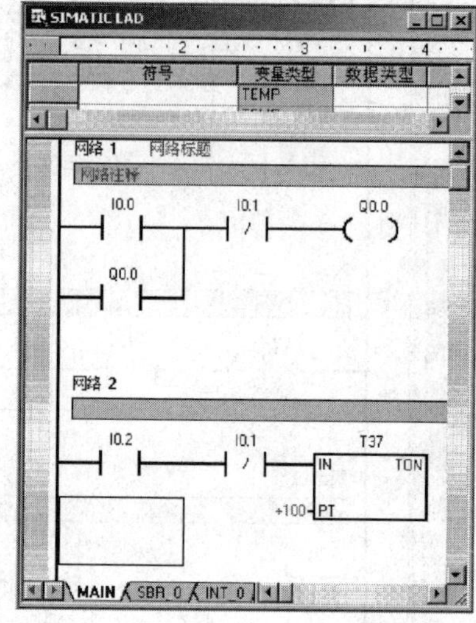


图 6-17 新生成行

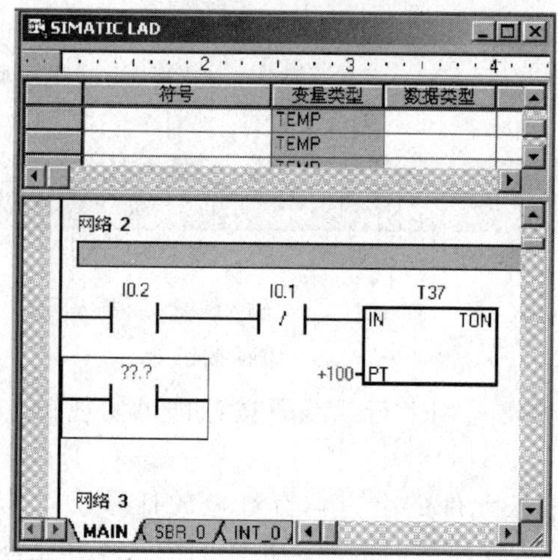


图 6-18 向上合并

## 四、 程序的调试及运行监控

程序的调试及运行监控是程序开发的重要环节，很少有程序一经编制就是完善的，只有经过试运行甚至现场运行才能发现程序中不合理的地方，再进行修改。STEP7-Micro/WIN编程软件提供了一系列工具，可使用户直接在软件环境下调试并监视用户程序的执行。

(1) 设置扫描次数 调试就是试运行，当某些程序需观察一定次数的扫描执行结果时，设置用户程序试运行的扫描次数就很有意义。具体设置时将PLC置于STOP模式，使用“调试（Debug）”菜单中的“初次扫描（First Scans）”命令及“多次扫描（Multiple Scans）”命令，即可指定执行的扫描次数，然后单击确认（OK）按钮进行监视。

（2）状态图表监控　程序调试中有时为了模拟运行中的工作条件变化，需人为改变程序相关的一些变量，并观察相关编程器件的变化，这一工作可通过状态图表来完成。具体操作时在引导条窗口中单击“状态图（Status Chart）”或用“检视（View）”菜单中的“状态图”命令。当程序运行时，可使用状态图来读、写、监视其中的变量，如图 6-19 所示。并可以用强制表操作修改用户程序中的变量。当用状态图表时，可将光标移到某一个单元格，在弹出的下拉菜单中单击一项，可实现相应的编辑操作。强制改变的变量可以是一个 Q 位或所有的 Q 位，还可以强制改变最多 16 个 V 或 M 存储器的数据，变量可以是字节、字或双字，强制改变模拟量映像存储器 I/O（AI 或 AQ），变量类型为偶字节开始的字类型。利用类似的操作也可以解除有关器件的强制。

状态图

| | 地址 | 格式 | 当前值 | |
|---|---|---|---|---|
| 1 | I0.0 | 位 | 2#0 | |
| 2 | I0.1 | 位 | 2#0 | |
| 3 | I0.2 | 位 | 2#0 | |
| 4 | Q0.0 | 位 | 2#0 | |
| 5 | | 带符号 | | |

CHT1

图 6-19　状态图表的监视

（3）运行模式下的编辑　在运行模式下编辑，可在对控制过程影响较小的情况下，对用户程序做少量的修改。修改后的程序下载时，将立即影响系统的控制，使用时应特别注意。可进行这种操作的 PLC 有 CPU224、CPU226 等。操作步骤如下。

① 选择“调试（Debug）”菜单中的“在运行状态编辑程序（Program Edit in RUN）”命令，因为 RUN 模式下只能编辑主机中的程序，如果主机中的程序与编程软件窗口中的不同，系统会提示用户存盘。

② 屏幕弹出警告信息，单击“继续（Continue）”按钮，所连接主机中的程序将上装到编程主窗口，便可以在运行模式下进行编辑。

③ 在运行模式下进行下载，在程序编译成功后，可用“文件（File）”菜单中“下载（Download）”命令，或单击工具条中的下载按钮，将程序块下载到 PLC 主机。

④ 退出运行模式编辑，使用“调试（Debug）”菜单中的“在运行状态编辑程序（Program Edit in RUN）”命令，然后根据需要选择“选项（Checkmark）”中的内容。

（4）程序监视　利用三种程序编辑器（梯形图、语句表和功能表）都可在 PLC 运行时，监视程序的执行时各元件的执行结果，并可监视操作数的数值。以下以梯形图监视为例说明。

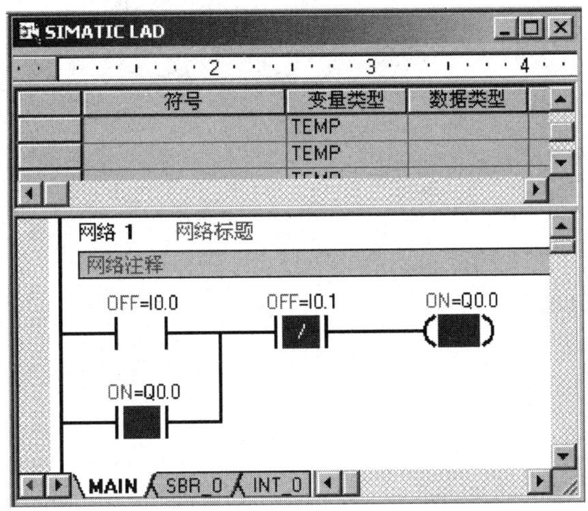


图 6-20　梯形图监视

利用梯形图编辑器可以监视在线程序状态，如图 6-20 所示。图中被点亮（反黑）的元件表示处于接通状态。

梯形图中将显示所有操作数的值，所有这些操作数的状态都是PLC在扫描周期完成时的结果。在使用梯形图监控时，STEP7-Micro/WIN编程软件不是在每个扫描周期都采集状态值在屏幕上的梯形图中显示，而是要间隔多个扫描周期采集一次状态值，然后刷新梯形图中各值的状态显示。在通常情况下，梯形图的状态显示不反映程序执行时的每个编程元素的实际状态。但这并不影响使用梯形图来监控程序状态，而且梯形图监控也是编程人员的首选。

实现方法是：用“工具（Tools）”菜单中的“选项（Options）”命令，打开选项对话框，选择“LAD状态（LAD status）”选项卡，然后选择一种梯形图样式。梯形图可选择的样式有三种：指令内部地址和外部显示值；指令外部显示地址和外部显示值；只显示状态值。然后打开梯形图窗口，在工具条中单击程序状态按钮，即可进行梯形图监视。

## 习题及思考题

6-1 S7-200系列PLC有哪些型号的基本单元？它们之间有什么差别？

6-2 说明S7-200系列PLC基本单元面板上的设备及操作方法。

6-3 什么是基本单元集成的功能？举例说明。

6-4 基本单元和扩展单元在使用上有什么差别？

6-5 常用的S7-200扩展模块有哪些？各适用于什么场合？

6-6 画出CPU226AC/DC/继电器模块输入输出单元的接线图。

6-7 说明S7-200系列PLC主要编程元件的种类及用途。

6-8 说明S7-200系列PLC特殊标志位的功能并举例说明。

6-9 CPU226主机扩展配置时，应考虑哪些因素？I/O是如何编址的？

6-10 S7-200系列PLC有哪几种寻址方式？分别绘出I1.2、VB200、VW302、VD500所代表的存储区结构图。

6-11 什么叫间接寻址？举例说明。

# 第七章　S7-200系列PLC基本指令及逻辑控制应用技术

**内容提要：**逻辑指令是 PLC 最基本的指令，也是任何一个 PLC 应用程序不可缺少的指令。本章介绍 S7-200 系列 CPU 基本指令及梯形图、指令表构成的基本原则，通过应用程序的编制实例介绍了经验编程方法。

## 第一节　S7-200 系列可编程控制器基本指令

基本指令也称逻辑控制指令。含触点指令、线圈指令、逻辑堆栈指令、定时器指令及计数器指令、RS 触发器指令等。这些指令处理的对象大多为位逻辑量，主要用于逻辑控制类程序中。

### 一、 触点及线圈指令

表 7-1 列出了触点指令的类型、梯形图符号及使用说明。

触点及线圈是梯形图最基本的元素，元件对应的存储单元置 1 则代表线圈得电，元件的常开触点闭合，常闭触点断开。反之，存储单元置 0，线圈失电，则常开触点恢复断开，常闭触点恢复接通。从梯形图的结构而言，与左母线相连的总是触点区，它们是线圈的工作条件，线圈的动作则是触点运算的结果。因此触点指令含与母线连接的触点指令，与触点串联的指令及与触点并联的指令，触点块串联的指令及触点块并联的指令等。由于触点分常开及常闭两种类型，以上提及的指令又可分为针对常开触点的及针对常闭触点的。

立即触点是针对快速输入需要而设立的，其操作数是输入口。立即触点可以不受扫描周期的影响，即时地反映输入状态的变化。

取反指令改变能流输入的状态。也就是说，当到达取反指令的能流为 1 时，经过取反指令后能流则为 0。当到达取反指令的能流为 0 时，经过取反指令后则能流为 1。

正跳变指令（EU）可用来检测由 0 到 1 的正跳变，负跳变指令（DU）可用来检测由 1 到 0 的负跳变，正、负跳变允许能流通过一个扫描周期。

取反及正负跳变指令在梯形图中以触点的形式出现，也列为触点类指令。

表 7-2 列出了线圈输出指令的类型、梯形图符号及使用说明。

线圈指令含线圈输出指令、立即输出指令及置位、复位、立即置位复位指令等。线圈指令与置位指令的区别在于线圈的工作条件满足时，线圈有输出，条件失去时，输出停止。而置位指令具有保持功能，在某扫描周期中置位发生后，不经复位指令处理，即使原置位条件失去，输出也将保持不变。

立即置位及立即复位指令可将指定位立即置位或复位，可不受扫描周期的影响。

表 7-1 触点指令

| 指令 | | | 梯形图符号 | 数据类型 | 操作数 | 指令功能 |
|---|---|---|---|---|---|---|
| 标准触点 | 常开 | LD | Bit ─┤├─ | BOOL | I、Q、V、M、SM、S、T、C、L、能流 | 常开触点与左侧母线连接 |
| | | A | Bit ─┤├─ | | | 常开触点与其他程序段串联 |
| | | O | Bit ─┤├─ | | | 常开触点与其他程序段并联 |
| | 常闭 | LDN | Bit ─┤/├─ | | | 常闭触点与左侧母线连接 |
| | | AN | Bit ─┤/├─ | | | 常闭触点与其他程序段串联 |
| | | ON | Bit ─┤/├─ | | | 常闭触点与其他程序段并联 |
| 立即触点 | 常开 | LDI | Bit ─┤I├─ | | I | 常开立即触点与左侧母线连接 |
| | | AI | Bit ─┤I├─ | | | 常开立即触点与其他程序段串联 |
| | | OI | Bit ─┤I├─ | | | 常开立即触点与其他程序段并联 |
| | 常闭 | LDNI | Bit ─┤/I├─ | | | 常闭立即触点与左侧母线连接 |
| | | ANI | Bit ─┤/I├─ | | | 常闭立即触点与其他程序段串联 |
| | | ONI | Bit ─┤/I├─ | | | 常闭立即触点与其他程序段并联 |
| 取反 | | NOT | ─┤NOT├─ | | — | 改变能流输入的状态 |
| 正负跳变 | 正 | EU | ─┤P├─ | | — | 检测到一次正跳变，能流接通一个扫描周期 |
| | 负 | ED | ─┤N├─ | | — | 检测到一次负跳变，能流接通一个扫描周期 |

表 7-2 线圈输出指令

| 指令 | | 梯形图符号 | 数据类型 | 操作数 | 指令功能 |
|---|---|---|---|---|---|
| 输出 | = | Bit ─( ) | 位:BOOL | I、Q、V、M、SM、S、T、C、L | 将运算结果输出到某个继电器 |
| 立即输出 | =I | Bit ─( I ) | 位:BOOL | Q | 立即将运算结果输出到某个继电器 |
| 置位与复位 | S | Bit ─( S ) N | 位:BOOL<br>N:BYTE | 位:I、Q、V、M、SM、S、T、C、L<br>N:IB、QB、VB、SMB、SB、LB、AC、* VD、* LD、* AC、常数 | 将从指定地址开始的 *N* 个点置位 |
| | R | Bit ─( R ) N | 位:BOOL<br>N:BYTE | 位:I、Q、V、M、SM、S、T、C、L<br>N:IB、QB、VB、SMB、SB、LB、AC、* VD、* LD、* AC、常数 | 将从指定地址开始的 *N* 个点复位 |
| 立即置位与立即复位 | SI | Bit ─( SI ) N | 位:BOOL<br>N:BYTE | 位:I、Q、V、M、SM、S、T、C、L<br>N:IB、QB、VB、SMB、SB、LB、AC、* VD、* LD、* AC、常数 | 立即将从指定地址开始的 *N* 个点置位 |
| | RI | Bit ─( RI ) N | 位:BOOL<br>N:BYTE | 位:I、Q、V、M、SM、S、T、C、L<br>N:IB、QB、VB、SMB、SB、LB、AC、* VD、* LD、* AC、常数 | 立即将从指定地址开始的 *N* 个点复位 |

图 7-1 及图 7-2 为触点及线圈指令的应用举例。请结合指令表、梯形图注释及时序图了解相关指令的功能。

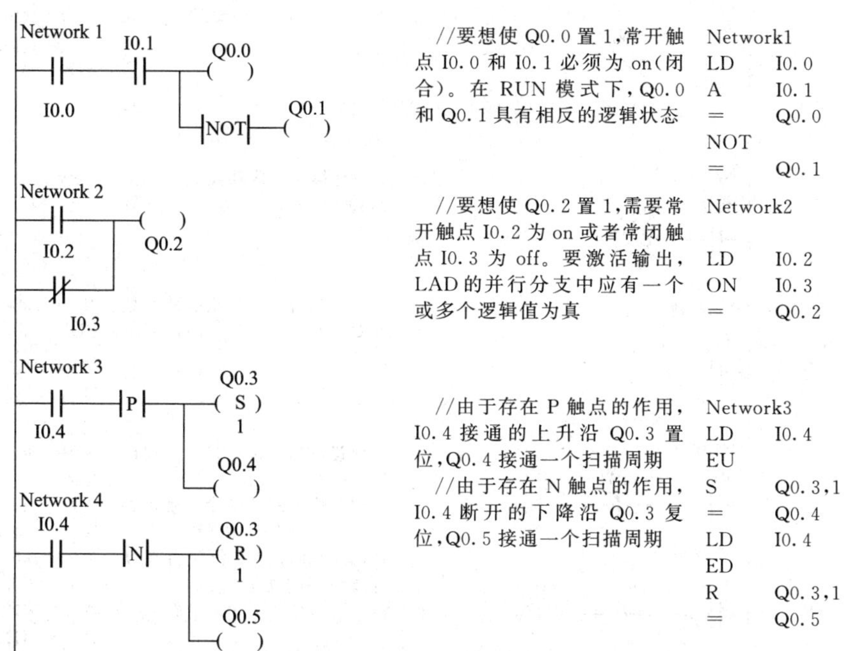


| 注释 | 语句表 |
|---|---|
| //要想使 Q0.0 置 1，常开触点 I0.0 和 I0.1 必须为 on（闭合）。在 RUN 模式下，Q0.0 和 Q0.1 具有相反的逻辑状态 | Network1<br>LD　I0.0<br>A　I0.1<br>=　Q0.0<br>NOT<br>=　Q0.1 |
| //要想使 Q0.2 置 1，需要常开触点 I0.2 为 on 或者常闭触点 I0.3 为 off。要激活输出，LAD 的并行分支中应有一个或多个逻辑值为真 | Network2<br>LD　I0.2<br>ON　I0.3<br>=　Q0.2 |
| //由于存在 P 触点的作用，I0.4 接通的上升沿 Q0.3 置位，Q0.4 接通一个扫描周期<br>//由于存在 N 触点的作用，I0.4 断开的下降沿 Q0.3 复位，Q0.5 接通一个扫描周期 | Network3<br>LD　I0.4<br>EU<br>S　Q0.3,1<br>=　Q0.4<br>LD　I0.4<br>ED<br>R　Q0.3,1<br>=　Q0.5 |

（a）梯形图及语句表

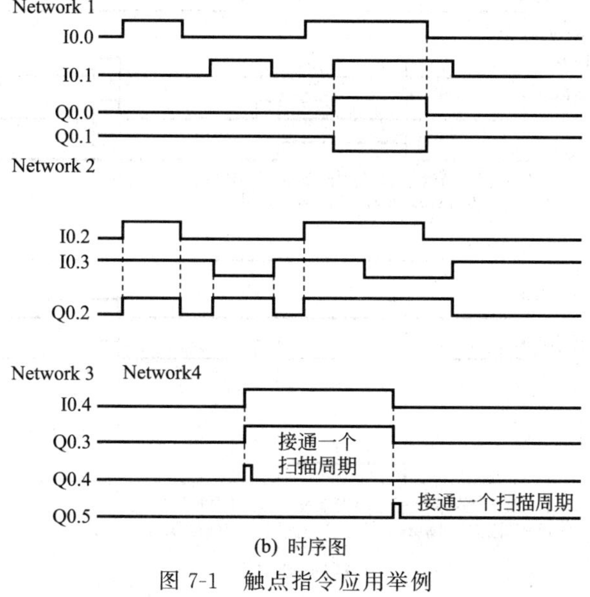


(b) 时序图

图 7-1　触点指令应用举例

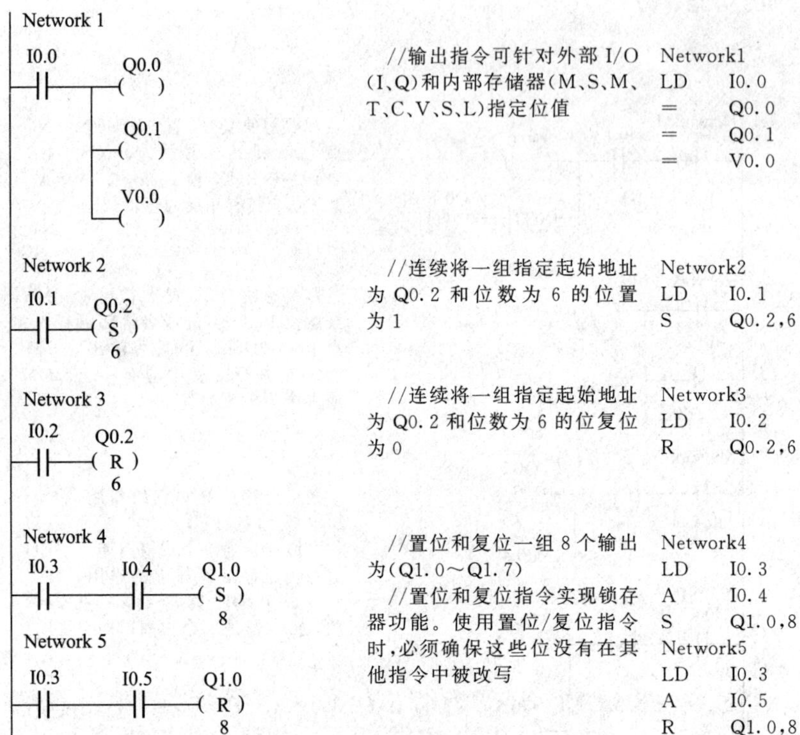


(a) 梯形图及语句表

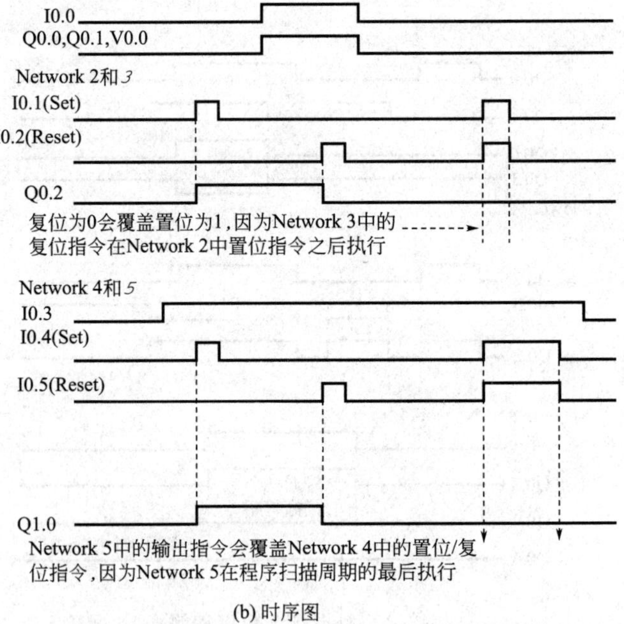


(b) 时序图

图7-2 线圈指令应用举例

## 二、 逻辑堆栈指令

S7-200 系列 PLC 中有一个 9 层堆栈，栈顶用于存储当前逻辑运算的结果，下面的 8 位用于存储前序逻辑运算的结果。除了栈操作功能外，逻辑堆栈指令用来表示梯形图上触点或触点区域间的位置关系。具体功能如下。

① ALD 指令表示触点块与前序触点区域串联，OLD 表示触点块与前序触点区域并联。这里的“序”指由梯形图列写指令表时梯形图读图的顺序，即由上到下，由左到右的顺序。还有一点要注意：指令表中，总是先说明触点块的组成情况，再说明触点块与前序梯形图的连接情况。

② LPS、LRD、LPP 等指令用来记忆梯形图上节点的位置。LPS 为入栈，LRD 为读栈，LPP 为出栈，这三条指令用来表达同一节点上的梯形图分支。当分支只有两支时，不用 LRD 指令，当分支多于三支时需反复使用 LRD 指令。图 7-3 给出了堆栈指令应用的梯形图实例及指令表。

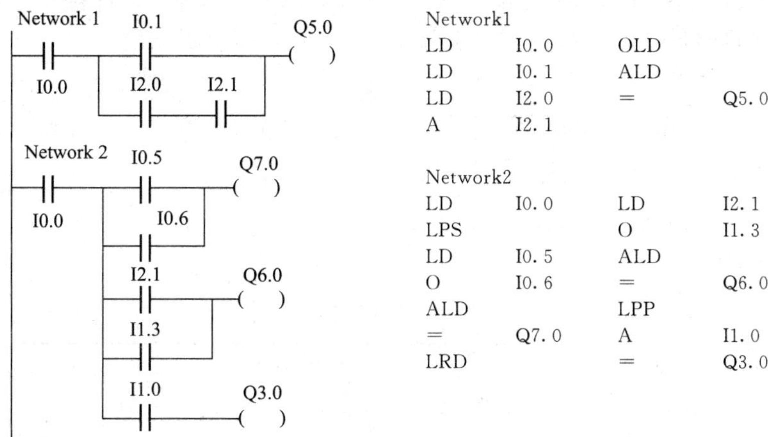


图 7-3　逻辑堆栈指令应用举例

## 三、 定时器指令

S7-200 系列 PLC 具有接通延时定时器（TON）、有记忆的接通延时定时器（TONR）及关断延时定时器（TOF）三类定时器。相关指令在梯形图中的符号及操作数类型见表 7-3。

**表 7-3　定时器指令**

| | 接通延时定时器 | 有记忆接通延时定时器 | 关断延时定时器 |
|---|---|---|---|
| 指令的表达形式 | TON T××,PT<br>IN TON<br>PT | TONR T××,PT<br>IN TONR<br>PT | TOF T××,PT<br>IN TOF<br>PT |
| 操作数的范围及类型 | T××:(WORD)常数 T0～T255<br>IN:(BOOL)I,Q,V,M,SM,S,T,C,L,能流<br>PT:(INT)IW,QW,VW,MW,SMW,T,C,LW,AC,AIW,* VD,* LD,* AC,常数 | | |

S7-200各类CPU配置定时器的数量及编号见表6-10。定时器的基本使用模式如下。

每个定时器均有一个16位当前值寄存器及一个状态位：T-BIT（反映其触点状态）。接通延时定时器和有记忆接通延时定时器在使能输入IN接通时从零开始计时，当定时器的当前值大于等于PT端的预设值时，定时器位被置位。当使能输入IN断开时，接通延时定时器的当前值置0，而有记忆接通延时定时器当前值保持不变。因而可以用有记忆接通定时器累计输入信号（即IN端）的接通时间。有记忆接通延时定时器当前值的复位需用复位指令。当达到预设时间后，接通延时定时器和有记忆接通延时定时器继续计时，一直计到最大值32767。

关断延时定时器用于在使能输入IN断开后延时一段时间断开输出。当使能输入IN接通时，定时器位立即置1，并把当前值设为0。当输入断开时，从输入信号的负跳变启动计时。当达到预设时间值PT时，定时器位置0，且停止当前值计时。

图7-4为接通延时定时器应用举例。图中定时器T37当I0.0接通时开始计时，计时到设定值1s时状态位置1，其常开触点接通，驱动Q0.0输出。其后当前值仍增加，但不影响状态位。当I0.0分断时，T37复位，当前值清0，状态位也清0，即恢复原始状态。若I0.0接通时间未到设定值就断开，则T37跟随复位，Q0.0不会有输出。

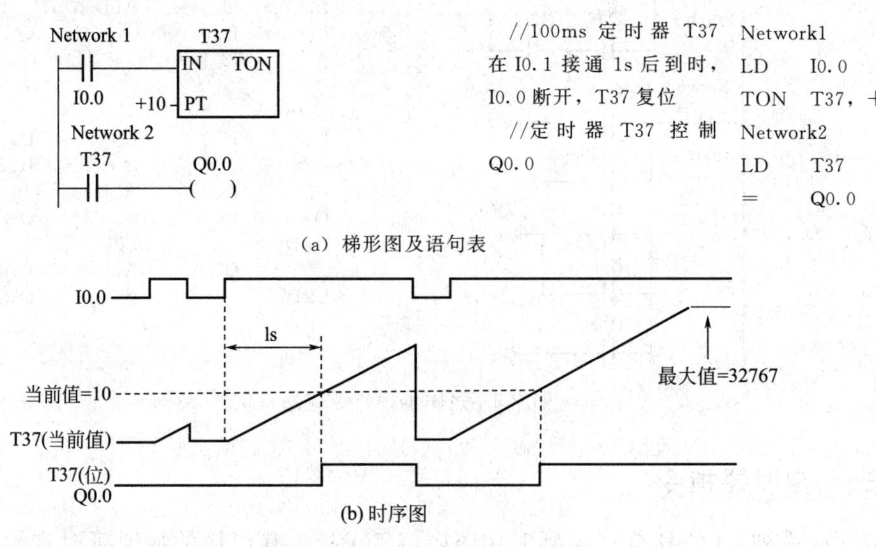


图7-4 接通延时定时器应用举例

图7-5为关断延时定时器应用举例，从梯形图上看与图7-4中梯形图没有什么区别，但二者的工作时序是不同的。

图7-6为有记忆接通延时定时器应用举例，请读者与前两例比较阅读。

定时器的计时设定与定时器的分辨率有关。从工作机理上讲，定时器实际上是对时基脉冲计数的计数器。时基脉冲的长短形成了计时器的分辨率，有1ms、10ms、100ms三种情况。分辨率一般取决于定时器号，S7-200PLC定时器号与分辨率的安排见表6-10。

## 四、计数器指令

S7-200PLC有加计数、减计数及加/减计数三类计数器指令。

加计数器指令（CTU）在每一个（CU）输入状态从低到高时增计数。当计数器当前值大于等于预置值PV时，计数器位C置位。当复位端（R）接通或执行复位指令后，计数器

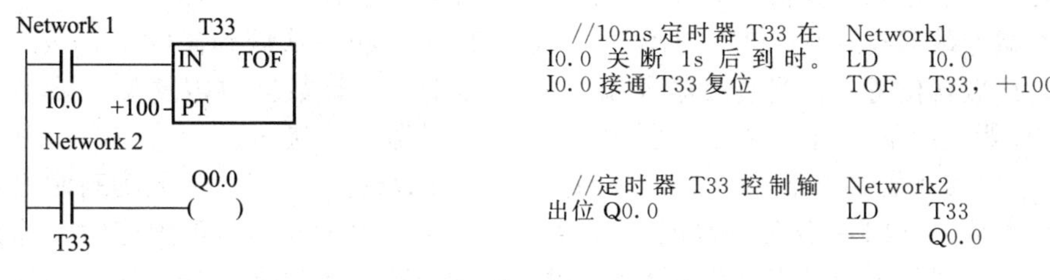


（a）梯形图及语句表

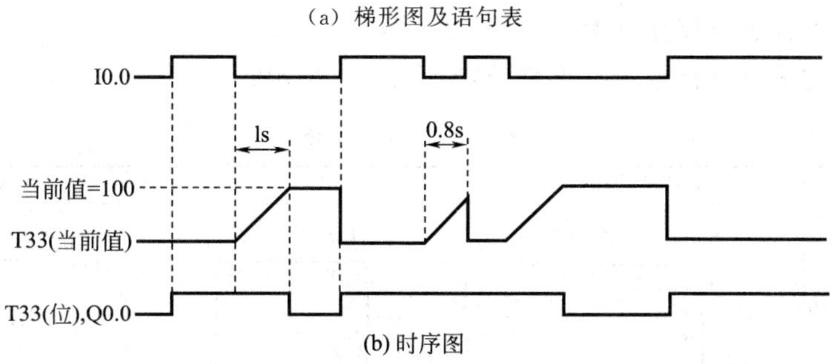


(b) 时序图

图 7-5　关断延时定时器应用举例

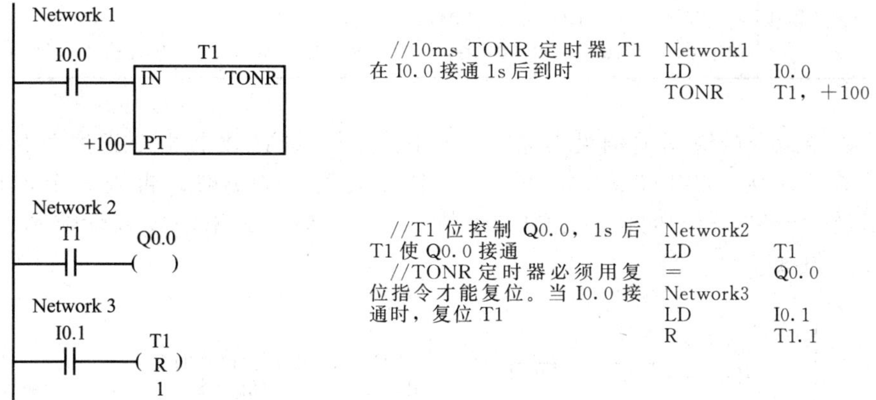


（a）梯形图及语句表

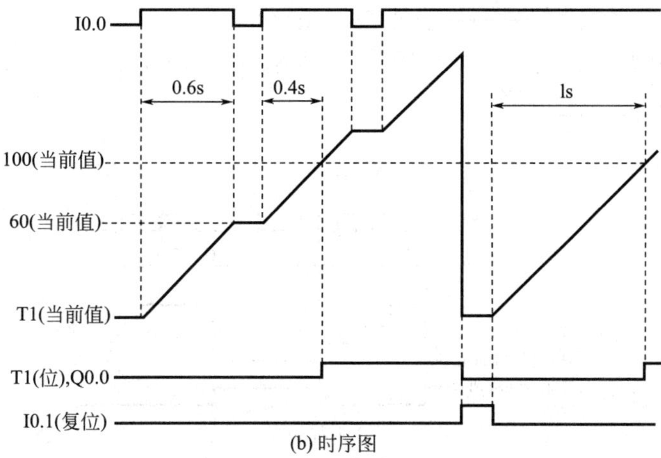


(b) 时序图

图 7-6　有记忆接通延时定时器应用举例

位复位。当达到最大值（32767）后，计数器停止计数。

减计数器指令（CTD）在每一个（CD）输入状态从低到高时减计数。当当前值等于 0 时，计数器位置位。当装载输入端（LD）接通时，计数器位被复位，并将计数器的预置值 PV 设为当前值。当计数到 0 时，停止计数，计数器位接通。

加/减计数器指令（CTUD）在每一个增计数输入（CU）从低到高时增计数，在每一个减计数输入（CD）从低到高时减计数，当当前值大于或等于预置值时，计数器位接通。否则，计数器位关断。当复位输入端（R）接通或执行复位指令时，计数器复位。当达到预置值 PV 时，CTUD 计数器停止计数。

计数器指令的梯形图符号及操作数范围如表 7-4 所示。

**表 7-4 计数器指令**

| | 加计数器指令 | 减计数器指令 | 加/减计数器指令 |
|---|---|---|---|
| 指令的表达形式 | CTU C××,PT<br>CU CTU<br>R<br>PV | CTD C××,PT<br>CD CTD<br>LD<br>PV | CTUD C××,PT<br>CU CTUD<br>CD<br>R<br>PV |
| 操作数的范围及类型 | C××:(WORD)常数 C0～C255<br>CU、CD、LD、R:(BOOL)I,Q,V,M,SM,S,T,C,L,能流<br>PV:(INT)IW,QW,VW,MW,SMW,T,C,SW、LW,AC,AIW,* VD,* LD,* AC,常数 | | |

减计数器指令的应用举例见图 7-7。图 7-8 为加/减计数器指令程序举例，加/减计数器的计数范围为－32768～32767，当达到最大值 32767 时，再来一个加计数脉冲，则当前值转为－32768。同样，达到最小值－32768 时，再来一个减计数脉冲，则当前值转为最大值 32767。

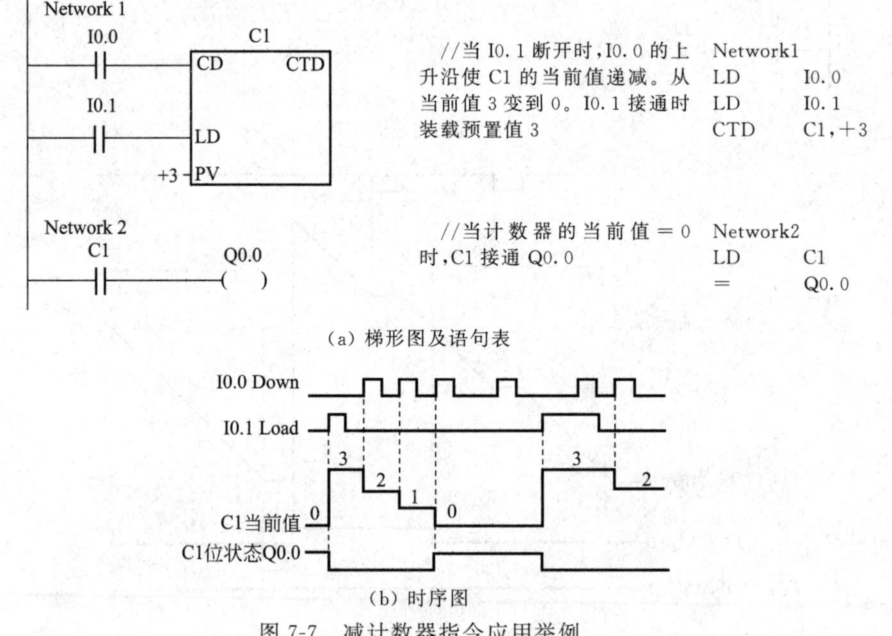


（a）梯形图及语句表

（b）时序图

图 7-7 减计数器指令应用举例

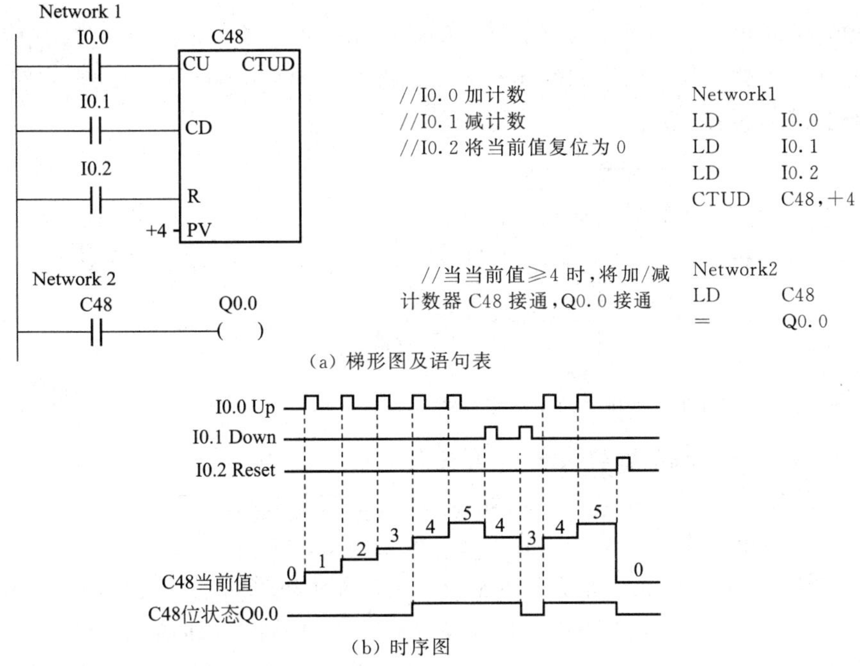


(a) 梯形图及语句表



(b) 时序图

图 7-8　加/减计数器指令程序举例

基本逻辑控制类程序中还常用到条件结束指令、停止运行指令及空操作指令，见表 7-5 所示。

**表 7-5　程序结束、停止运行及空操作指令**

| 指令的表达形式 | 指令功能及指令对标志位的影响 |
| --- | --- |
| END<br>——(END) | END 为条件结束指令。当执行条件成立时结束主程序，返回主程序起点。用于无条件结束指令之前。<br>另有无条件结束指令 MEND，用户程序结束时使用 |
| STOP<br>——(STOP) | 执行条件成立时，停止执行用户程序，令 CPU 状态由 RUN 状态转到 STOP 状态 |
| NOP<br>——(NOP) | NOP 为空操作指令，表示某程序存储位上没有指令 |

# 第二节　基于 PLC 的交流异步电动机控制技术

从梯形图结构的角度出发，PLC 基本指令的应用与继电器接触器电路图有许多类似的地方。比如，在继电器接触器电路中常用的自锁、互锁、顺序控制逻辑、定时计数功能等电路结构方法，在梯形图设计中都可直接应用。当然，PLC 指令功能更强，可以实现许多在继电器电路中不可能实现的功能。本节以交流异步电动机控制为例，说明基本指令的应用。

**【例 7-1】** 三相异步电动机单向运行控制　三相异步电动机单向运行要求使用一只交流接触器 $KM_1$，需占用 PLC 输出口 Q1.0，启动按钮 $SB_1$ 及停止按钮 $SB_2$ 占用输入口 I0.1 及 I0.2。在不考虑热继电器直接接入 PLC 时，这些元件与 PLC 的接线图如图 7-9 所示。图中 $SB_1$ 及 $SB_2$ 接入的都是常开触点，结合控制要求及梯形图的设计方式，设计梯形图如图 7-10

所示。很容易看出，该梯形图与继电器接触器三相异步电动机单向运转控制电路图在图形结构上是非常一致的。为了以后的叙述方便，也将这一梯形图叫做启-保-停电路。它包含了一个梯形图支路的所有要素。

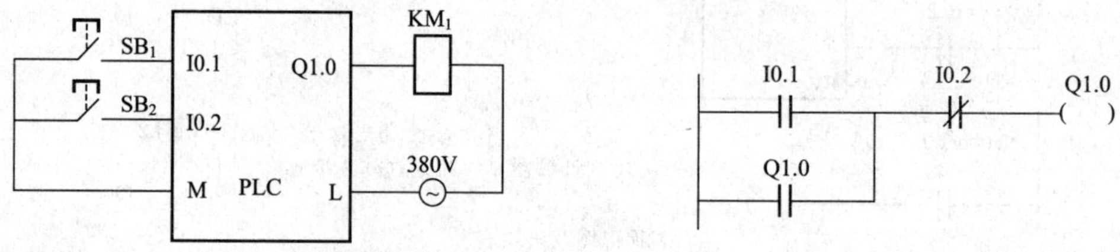


图 7-9 三相异步电动机单向运行接线图　　图 7-10 启-保-停电路

① 使支路的输出线圈启动（置 1）的条件，此处为 I0.1 的常开触点。

② 使支路的线圈保持的条件，此处为 Q1.0 的常开触点。

③ 使支路的线圈停止（置 0）的条件，此处为 I0.2 的常闭触点。

**【例 7-2】** 三相异步电动机正反转控制　三相异步电动机正反转控制是应用十分普遍的单元电路。采用 PLC 控制后保留继电器接触器控制电路的全部功能。如启动后的自保持，接触器互锁，按钮互锁，过载保护，正-反-停功能等。本例接线图如图 7-11 所示。采用 CPU224AC/DC/RELY 为控制器，图中 $KM_1$ 为正转接触器，$KM_2$ 为反转接触器，$SB_1$ 为停车按钮，$SB_2$ 为正转启动按钮，$SB_3$ 为反转启动按钮，KH 为热继电器触点。

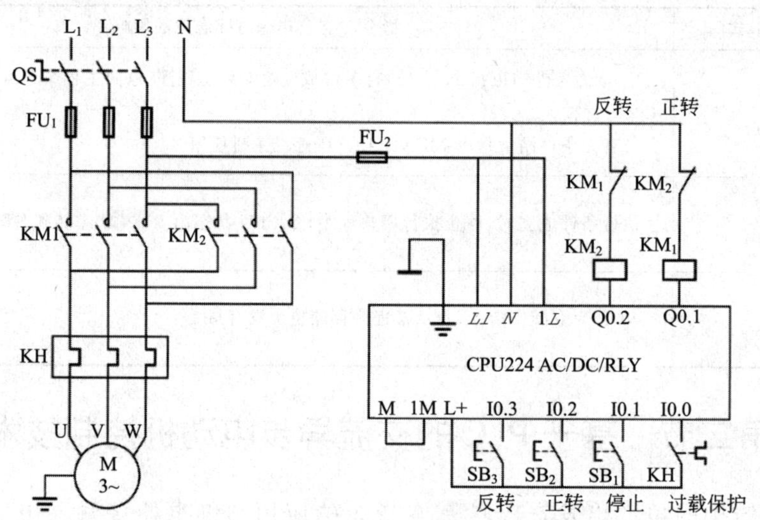


图 7-11 电动机正反转控制硬件接线图

电动机正反转控制的梯形图如图 7-12 所示，其结构与继电器电路十分相似。唯一不同是启动按钮输入继电器常开触点上串联了下降沿触点，这是为了在改变电动机转向时，保障当前转向接触器先断开，反转接触器后接通安排的。即当前转向接触器在按钮的上升沿断开，新转向的接触器在按钮松开，即下降沿时接通。

**【例 7-3】** 星三角形降压启动控制　第三章介绍过的星三角形降压启动工作过程如图 7-13所示。关键点在于星三角形换接是在主电源接触器 $KM_1$ 接通时进行的，这使换接用接触器较易损坏。理想的换接应保证换接在无电的情况下完成，即启动时先接成星形再接通

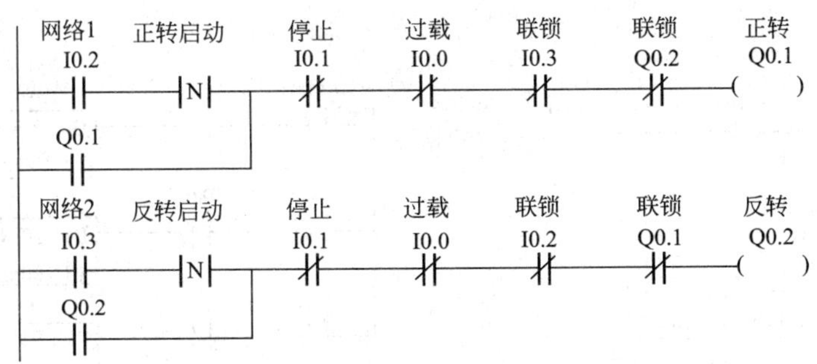


图 7-12　电动机正反转控制的梯形图

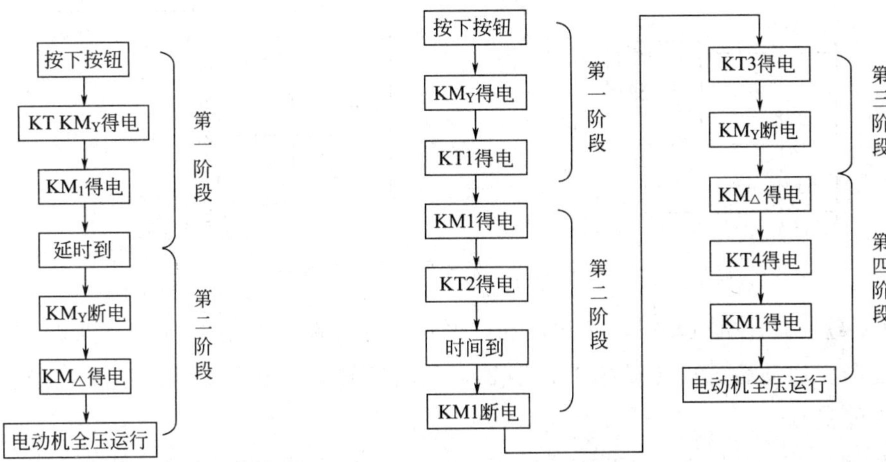


图 7-13　星三角形降压启动工作过程

图 7-14　改进的星三角形降压启动工作过程

主电源接触器，换接为三角形接法时先断开主电源接触器再接成三角形，再接通主电源接触器。改进的工作过程如图 7-14 所示，电气原理如图 7-15 所示，梯形图如图 7-16 所示。本例利用 PLC 具有大量软继电器的优势，在不增加硬件时间继电器的前提下提升了

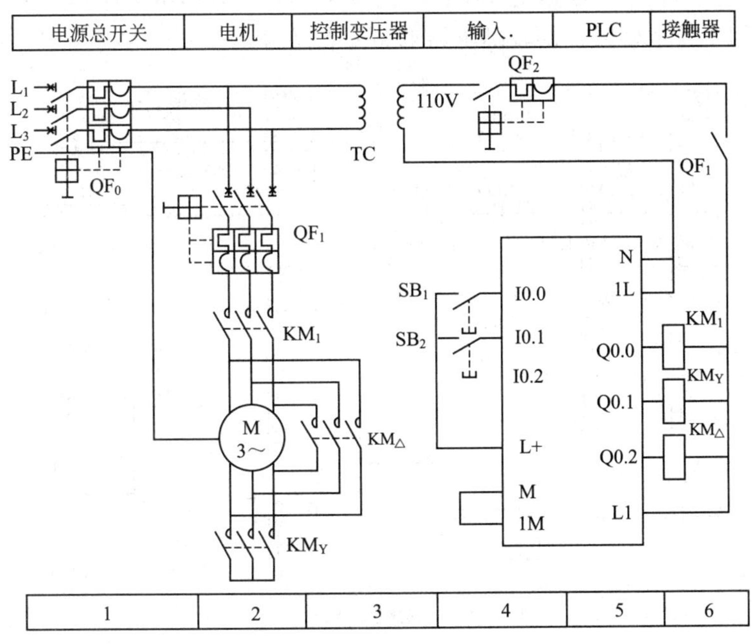


图 7-15　星三角形启动电气原理

电路的控制功能。

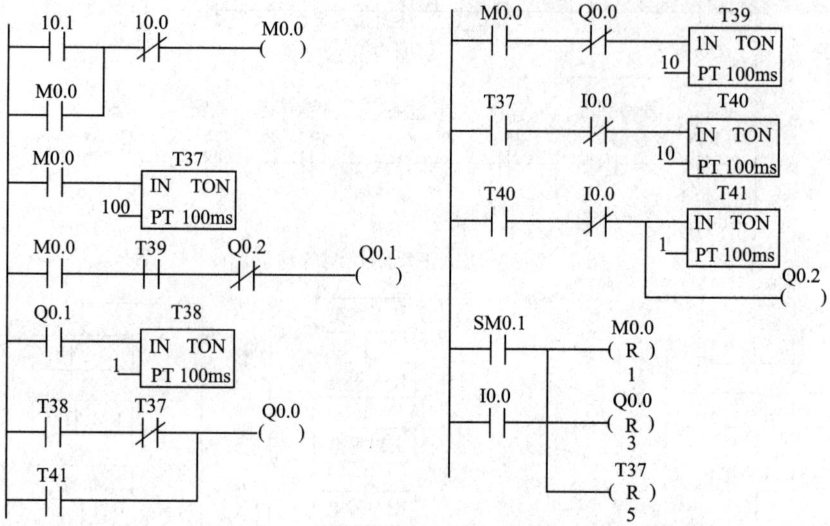

图 7-16　星三角形启动梯形图

【例 7-4】 搅拌机电动机单按钮启动及循环工作控制　某搅拌机电动机要求用单按钮实现启停控制。启动后，正转搅拌 5s，停 2s，然后反转 5s，停 2s，循环运行 3 次完成一个工艺过程后停机。

为此例选 CPU224AC/DC/RELY 模块一块，在输入口 I0.0 上接按钮 SB，在输出口 Q0.0 上接运行指示灯，Q0.2 上接正转接触器 $KM_1$，Q0.4 上接反转接触器 $KM_2$。编制控制程序如图 7-17 所示。图中选 M0.0 为启停脉冲继电器，M0.1 为运行继电器，定时器 T38～T41 计时，计数器 C0 计数。梯形图的程序功能已在各网络中注明，请读者自行分析。本例说明 PLC 用于计数计时控制较继电器电路要容易得多。

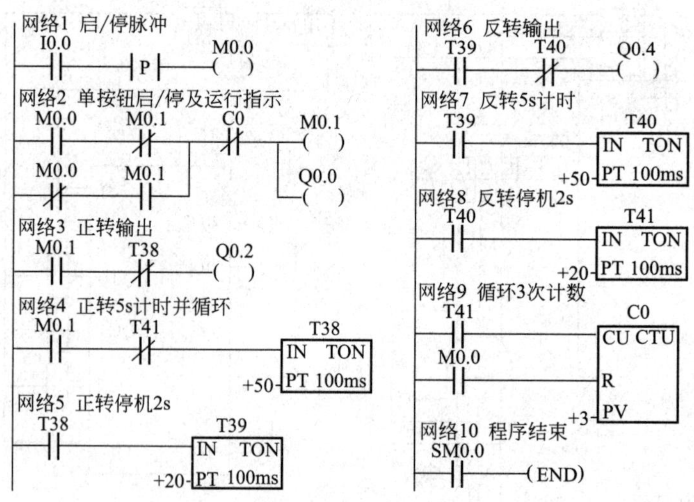


图 7-17　搅拌机控制梯形图

【例 7-5】 绕线转子异步机转子串电阻启动正反转控制　绕线转子异步机常采用转子串

电阻启动。继电接触器电路如图7-18所示。由电路分析可知，接触器$KM_1$、$KM_2$为正反转

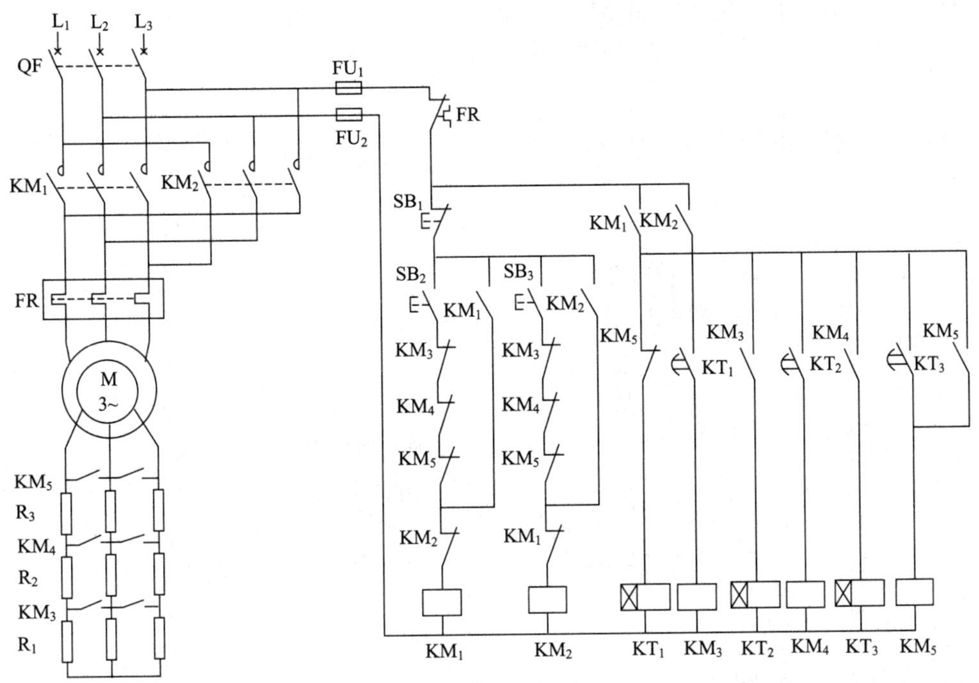


图7-18　绕线式异步电动机正反转启动控制电路

接触器，$KM_3$、$KM_4$、$KM_5$为切除转子电阻接触器，转子电阻切除采用时间控制。无论是正转启动还是反转启动都会引出电阻的切除过程。$KT_1$、$KT_2$、$KT_3$相继得电计时并分次切除转子电阻。

采用PLC实现图7-18功能时CPU输入输出口及机内器件安排如表7-6所示。直接由继电器电路改绘的梯形图如图7-19所示。不难发现，图7-18与图7-19的结构是完全一样的。

**表7-6　绕线转子异步机转子串电阻启动正反转控制机内器件安排表**

| 输入信号 | | | 输出信号 | | |
|---|---|---|---|---|---|
| 名称 | 代号 | 元件编号 | 名称 | 代号 | 元件编号 |
| 热继电器(常开触点) | FR | I0.0 | 正转接触器 | $KM_1$ | Q0.1 |
| 停止按钮(常开触点) | $SB_1$ | I0.1 | 反转接触器 | $KM_2$ | Q0.2 |
| 正转启动按钮(常开触点) | $SB_2$ | I0.2 | 切除电阻R1接触器 | $KM_3$ | Q0.3 |
| 反转启动按钮(常开触点) | $SB_3$ | I0.3 | 切除电阻R1接触器 | $KM_4$ | Q0.4 |
| | | | 切除电阻R1接触器 | $KM_5$ | Q0.5 |
| 其他机内器件 | | | | | |
| 名称 | 代号 | 元件编号 | 名称 | 代号 | 元件编号 |
| 时间继电器 | $KT_1$ | T37 | 时间继电器 | $KT_3$ | T39 |
| 时间继电器 | $KT_2$ | T38 | | | |

为了使梯形图程序更加简捷、明确、易读及可靠，图7-19中第1、2个支路可以采用脉冲指令及复置位指令实现，如图7-20所示，图中支路的结构变得简单了。

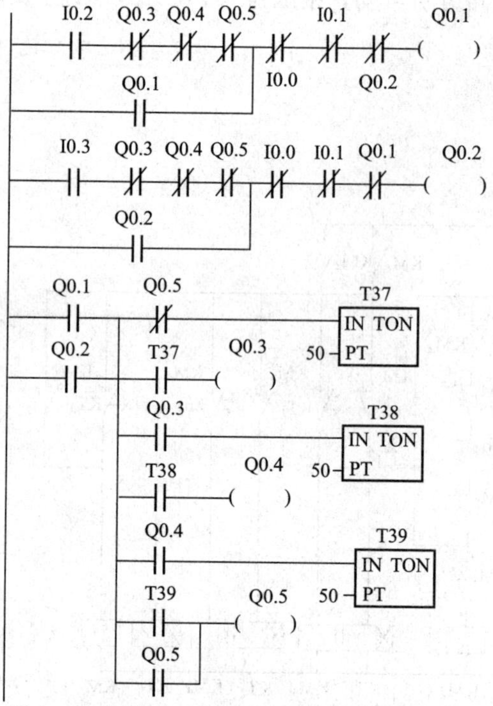

图 7-19 绕线式异步电动机正反转启动梯形图

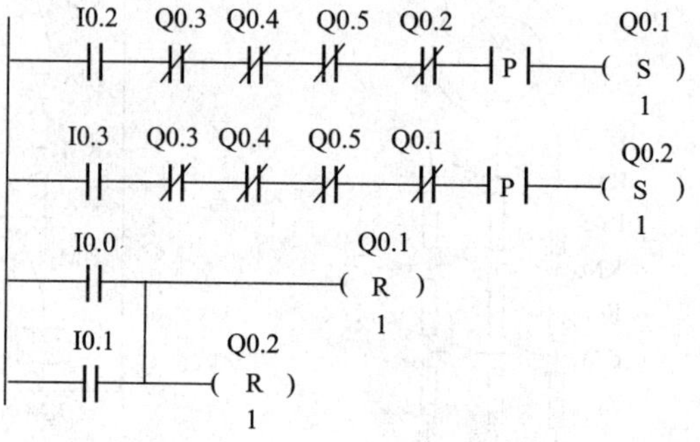

图 7-20 图 7-19 梯形图修改部分

## 第三节 逻辑控制程序梯形图的经验设计法

可编程控制器应用的重要步骤是编制满足控制要求的应用程序。和继电器电路图设计相似，经验法可用于梯形图的设计过程。

经验法即是以编程者的“经验”为基础的编程方法，以下以实例说明经验法常用的编程线索。

（1）**以典型的功能电路拼凑梯形图草图，再根据控制系统的要求不断修改及完善草图，直到取得满意的结果。其中，启-保-停电路是最常用的功能电路。**

**【例 7-6】** 简单三组抢答器 儿童 2 人、青年学生 1 人和教授 2 人成 3 组抢答。儿童任一人按钮均可抢得，教授需二人同时按钮可抢得，在主持人按钮同时宣布开始后 5s 内有人抢答则幸运彩球转动。

表 7-7 给出了本例 PLC 的端子分配及机内元件选用情况。Q1.1～Q1.4 分别代表儿童抢得、学生抢得、教授抢得及彩球转动四个事件，是本例的输出线圈，绘梯形图时针对每个输出以启-保-停电路模式绘出草图，如图 7-21 所示。其后考虑各输出之间的制约。主要有以下几个方面。

**表 7-7 简单三组抢答器 PLC 端子分配表**

| 输入端口 | 输出端口 | 其他器件 |
|---|---|---|
| 儿童抢答按钮：I0.1、I0.2<br>学生抢答按钮：I0.3<br>教授抢答按钮：I0.4、I0.5<br>主持人开始开关：I1.1<br>主持人复位按钮：I1.2 | 儿童抢得指示灯：Q1.1<br>学生抢得指示灯：Q1.2<br>教授抢得指示灯：Q1.3<br>彩球：Q1.4 | 定时器：T37 |

① 抢答器的重要功能是竞时封锁，也就是若已有某组按钮抢答，则其他组再按无效，体现

在梯形图上，是Q1.1～Q1.3间的互锁，这要求在Q1.1～Q1.3支路中互串其余两个输出继电器的常闭触点。

② 依控制要求，只有在主持人宣布开始的5s内Q1.1～Q1.3接通才能启动彩球，且彩球启动后，该定时器也应失去对彩球的控制作用。因而梯形图7-22中Q1.4支路中串入了定时器的常闭触点，且在Q1.1、Q1.2、Q1.3常开触点两端并上了Q1.4的自保触点。图7-22是程序设计的最终结果。

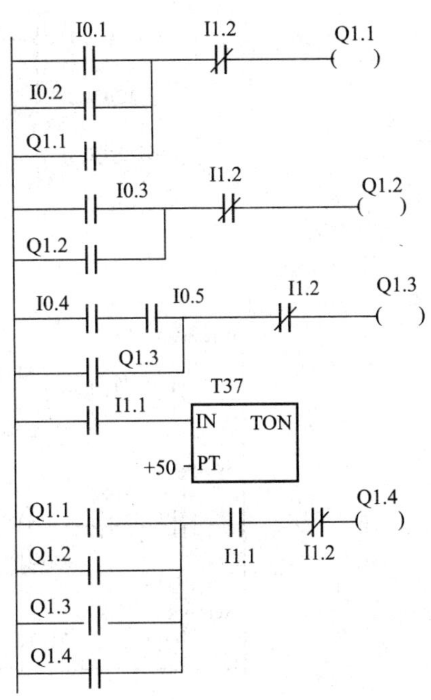

图7-21　三组抢答器梯形图（草图）

（2）**最终输出的表达可以分层次实现，先将代表“关键点”的机内器件作为输出，写出准备程序，再用这些关键点表达最终输出的条件。**

**【例7-7】** 三彩灯循环工作控制　三彩灯相隔5s启动，各运行10s停止，循环往复。绘出三彩灯一个周期运行时序如图7-23所示。分析该图知，0s、5s、10s、15s、20s为三彩灯运行周期中工作状态发生变化的时间点。据此设计控制梯形图如图7-24所示。编程思想可以概括为：先将三彩灯运行状态变化的时间点用机内器件表达出来，再用这些“点”表示各只彩灯的输出。

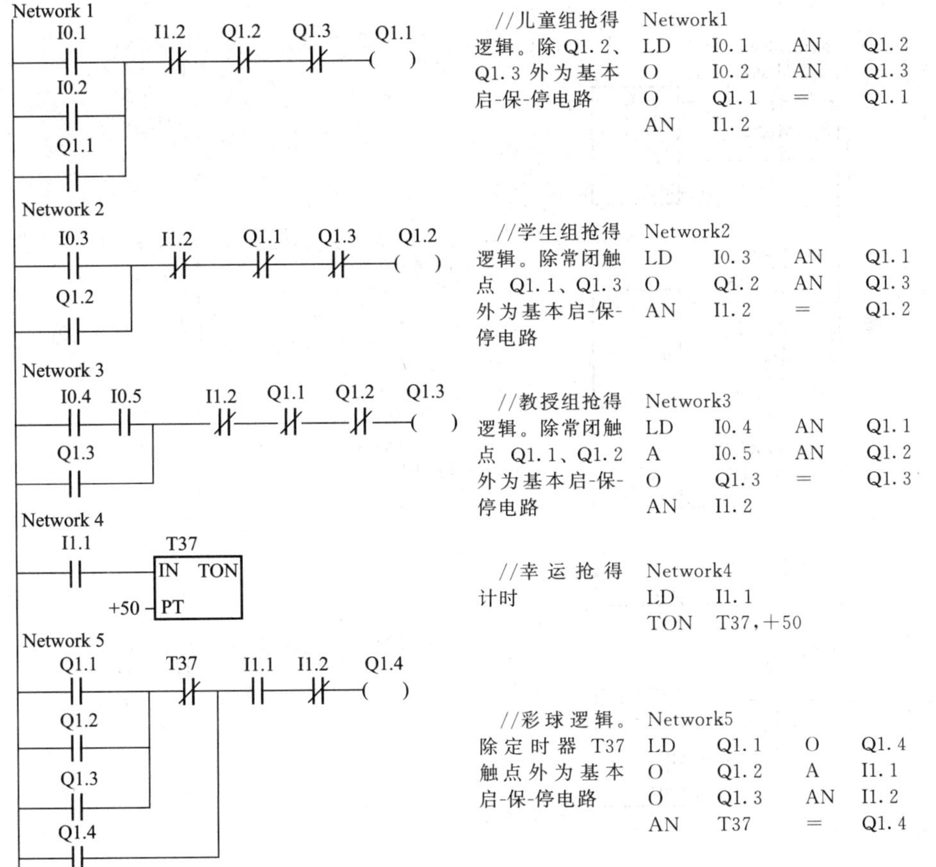

图7-22　三组抢答器梯形图

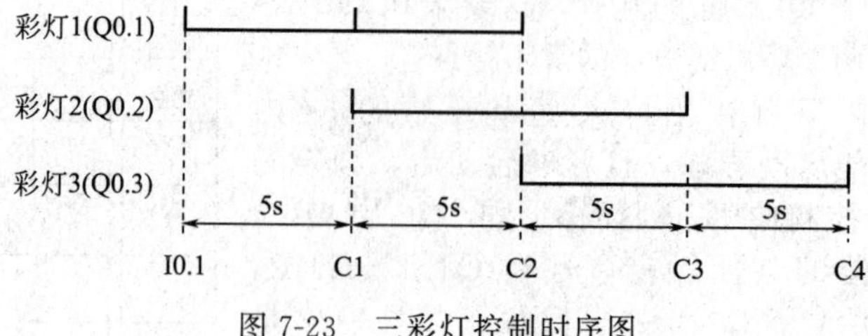


图 7-23 三彩灯控制时序图

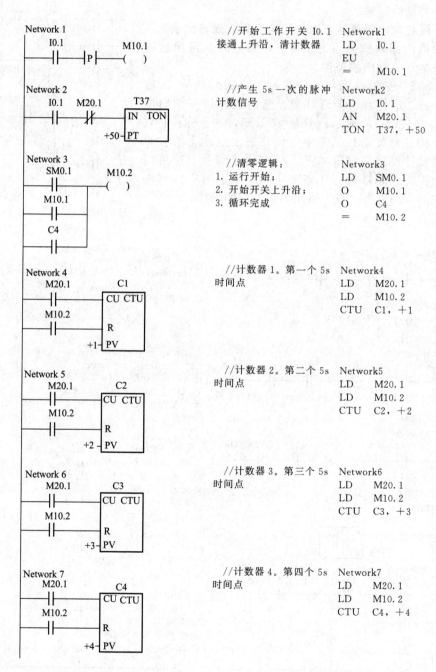

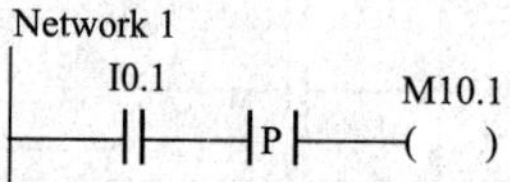

Network 1

//开始工作开关 I0.1 接通上升沿，清计数器

```
Network1
LD    I0.1
EU
=     M10.1
```

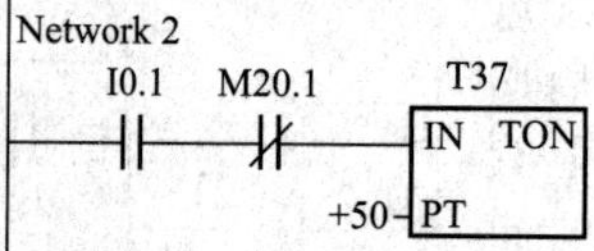

Network 2

//产生 5s 一次的脉冲计数信号

```
Network2
LD    I0.1
AN    M20.1
TON   T37, +50
```

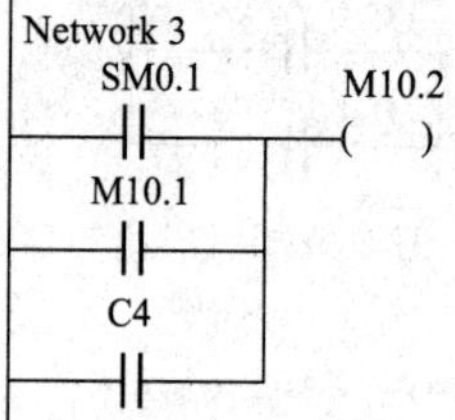

Network 3

//清零逻辑：
1. 运行开始；
2. 开始开关上升沿；
3. 循环完成

```
Network3
LD    SM0.1
O     M10.1
O     C4
=     M10.2
```

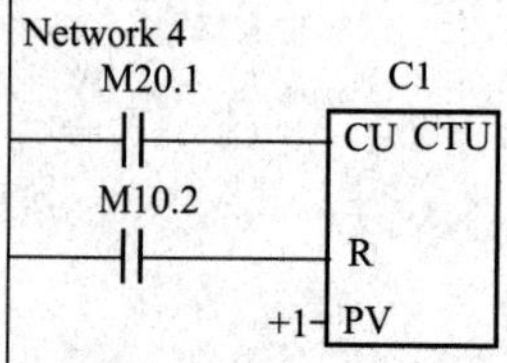

Network 4

//计数器 1。第一个 5s 时间点

```
Network4
LD    M20.1
LD    M10.2
CTU   C1, +1
```

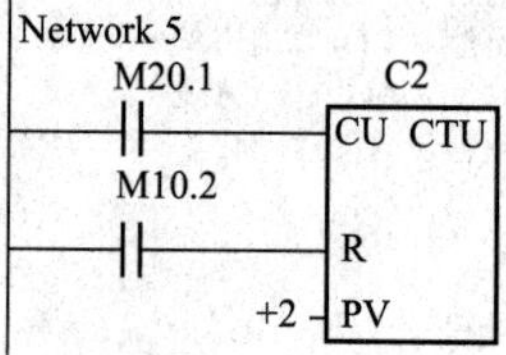

Network 5

//计数器 2。第二个 5s 时间点

```
Network5
LD    M20.1
LD    M10.2
CTU   C2, +2
```

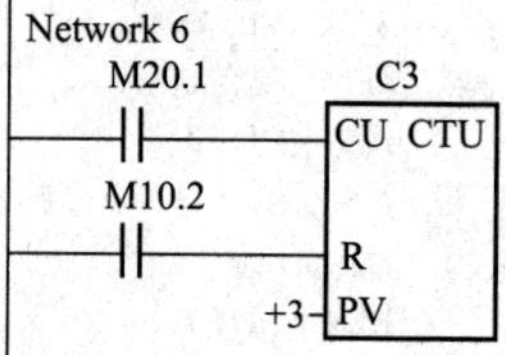

Network 6

//计数器 3。第三个 5s 时间点

```
Network6
LD    M20.1
LD    M10.2
CTU   C3, +3
```

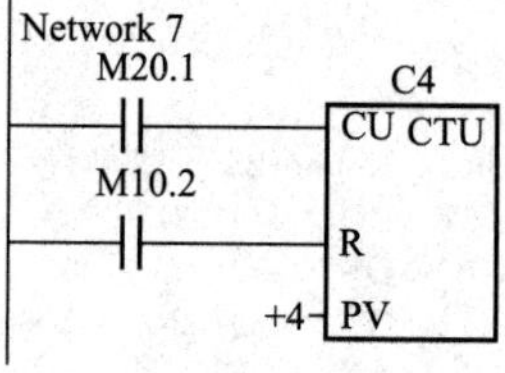

Network 7

//计数器 4。第四个 5s 时间点

```
Network7
LD    M20.1
LD    M10.2
CTU   C4, +4
```

| 梯形图 | 注释 | 语句表 |
| --- | --- | --- |
| Network 8<br>T37 —\|\|—( M20.1 ) | //与 Network2 形成 5s 时间脉冲 | Network8<br>LD T37<br>= M20. 1 |
| Network 9<br>I0.1 —\|\|— C2 —\|/\|—( Q0.1 ) | //第一台彩灯控制逻辑 | Network9<br>LD I0. 1<br>AN C2<br>= Q0. 1 |
| Network 10<br>I0.1 —\|\|— C1 —\|\|— C3 —\|/\|—( Q0.2 ) | //第二台彩灯控制逻辑 | Network10<br>LD I0. 1<br>A C1<br>AN C3<br>= Q0. 2 |
| Network 11<br>I0.1 —\|\|— C2 —\|\|— C4 —\|/\|—( Q0.3 ) | //第三台彩灯控制逻辑 | Network11<br>LD I0. 1<br>A C2<br>AN C4<br>= Q0. 3 |
| Network 12<br>SM0.0 —\|\|—(END) | //程序结束 | Network12<br>LD SM0. 0<br>END |

图 7-24　三彩灯控制梯形图

本例的输入、输出及其他机内器件分配表见表 7-8 所示。

**表 7-8　三彩灯控制机内器件安排表**

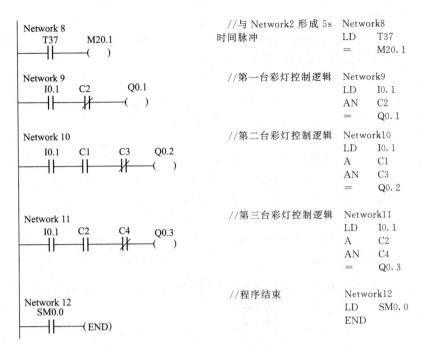

| | |
| --- | --- |
| 输入器件 | I0. 1：工作开始开关 |
| 输出器件 | Q0. 1、Q0. 2、Q0. 3 三彩灯 |
| 机内其他器件 | M10. 1：开关上升沿继电器<br>M20. 1：5s 脉冲继电器<br>M10. 2：计数器清零继电器<br>T37：形成振荡脉冲，C1、C2、C3、C4 为计数器 |

本例中采用辅助继电器 M20. 1 配合定时器 T37 构成振荡电路及采用计数器配合定时器构成时间点的方法是很典型的方法，可作为单元电路在各种程序中使用。

（3）**引入合适的辅助继电器可以化解复杂的逻辑缠联，使程序简明易读。**

**【例 7-8】**　运料台车的控制　图 7-25 所示台车一个工作周期的动作要求如下。

① 按下启动按钮 SB（I0. 0），台车电动机正转（Q1. 0），台车第一次前进，碰到限位开关 $SQ_1$（I0. 1）后台车电动机反转（Q1. 1），台车后退。

② 台车后退碰到限位开关 $SQ_2$（I0. 2）后，电动机 M 停转。停 5s 后，第二次前进，碰到限位开关 $SQ_3$（I0. 3），再次后退。

③ 第二次后退碰到限位开关 $SQ_2$（I0. 2）时，台车停止。

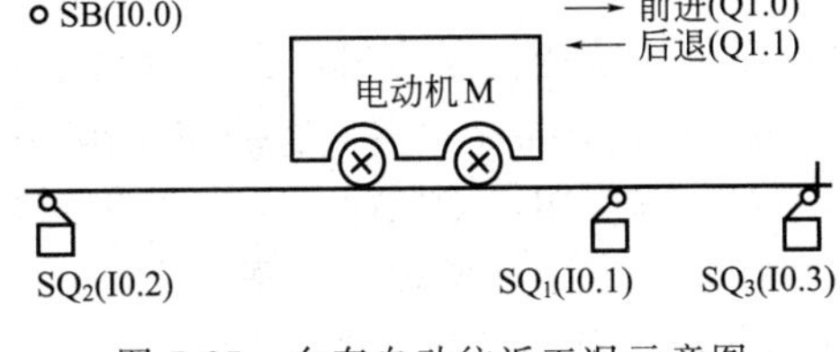

图 7-25　台车自动往返工况示意图

本例的输出较少，电动机正转输出 Q1. 0 及反转输出 Q1. 1。但控制工况比较复杂。由于分为第一次前进、第一次后退、第二次前进、第二次后退，且限位开关 $SQ_1$ 在两次前进过程中，限位开关 $SQ_2$ 在两次后退过程中所起的作用不同，想直接绘制针对 Q1. 0 及 Q1. 1

的启-保-停电路梯形图就不容易了。

针以这种情况，为了将启-保-停电路的内容弄简单点，不直接针对电机的正转及反转列写梯形图，而是针对第一次前进、第一次后退、第二次前进、第二次后退列写启-保-停电路梯形图。为此选 M10.0、M10.1 及 MM11.0、M11.1 作为两次前进及两次后退的辅助继电器，选定时器 T37 控制小车第一次后退在 $SQ_2$ 处停止的时间，本例的其他机内元件如图 7-25 所示。

针对两次前进及两次后退绘出的梯形图草图如图 7-26 所示。图中有第一次前进、第一次后退、计时、第二次前进、第二次后退 5 个支路，每个支路的启动与停止条件都是清楚的。但是程序的功能却不能符合要求，因为细分支路后小车的各个工况间的牵涉虽然少了但并没有从根本上划分清楚。分析以上梯形图可以知道，若依以上程序，第二次前进碰到 $SQ_1$ 时即会转入第一次后退的过程，且第二次后退碰到 $SQ_2$ 时还将启动定时器，不能实现停车。

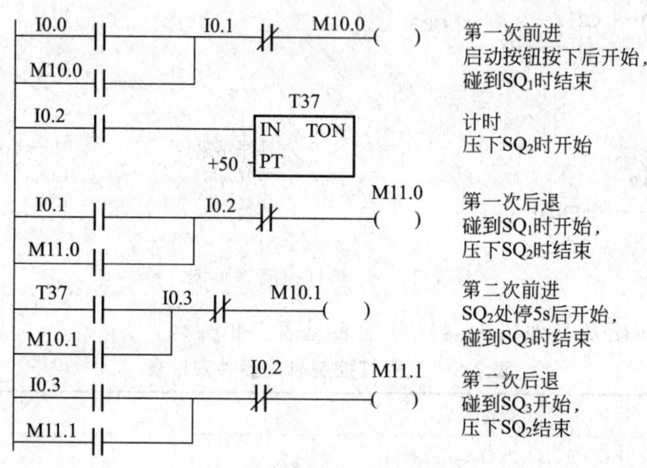


图 7-26 台车往返控制梯形图草图

怎样解决以上问题呢？不难发现以上提及的不符合控制要求的两种情况都发生在第二次前进之后，那么可不可以让 PLC“记住”第二次前进的“发生”从而对计时及第一次后退加以限制呢？这当然是可以的，于是可选择 M10.2 作为第二次前进继电器，对草图修改后的程序如图 7-27 所示。图中将二次后退综合到一起了，还增加了前进与后退继电器的互锁。

以上三个实例编程使用的方法都为“经验设计法”，它主要基于以下几点。

① PLC 的编程，其根本点是找出符合控制要求的系统各个输出的工作条件，这些条件又总是以机内各种器件的逻辑关系出现的。

② 梯形图的基本模式为启-保-停电路。每个启-保-停电路一般只针对一个输出，这个输出可以是系统的实际输出，也可以是中间变量。

③ 梯形图编程中有一些约定俗成的基本环节，它们都有一定的功能，可以像积木一样在许多地方应用，如延时环节、振荡环节、互锁环节等。

在编绘以上各例程序的基础上，现将“经验法”编程步骤总结如下。

① 在准确了解控制要求后，合理地为控制系统中的事件分配输入输出口。选择必要的机内器件，如定时器、计数器、辅助继电器。

② 对于一些控制要求较简单的输出，可直接写出它们的工作条件，依启-保-停电路模式完成相关的梯形图支路。（如简单的三组抢答器例）工作条件稍复杂的可借助辅助继电器。

③ 对于较复杂的控制要求，为了能用启-保-停电路模式绘出各输出口的梯形图，要正确分析控制要求，并确定组成最终控制输出的关键点。在空间类逻辑为主的控制中关键点为影

响控制状态的点，在时间类逻辑为主的控制中，关键点为控制状态转换的时间。

④ 用程序将关键点表达出来。关键点也是要用机内器件来代表的，在安排机内器件时需要考虑并做出安排。绘关键点的梯形图时，可以使用常见的基本环节，如定时器计时环节、振荡环节、分频环节等。

⑤ 在完成关键点梯形图的基础上，针对系统最终的输出进行梯形图的编绘。使用关键点器件综合出最终输出的控制要求。

⑥ 审查以上草绘图纸，在此基础上，补充遗漏的功能，更正错误，进行最后的完善。

最后，“经验法”并无一定的章法可循。在设计过程中如发现初步的设计构想不能实现控制要求时，可换个角度试一试。当设计经历多起来时，经验法就会得心应手。

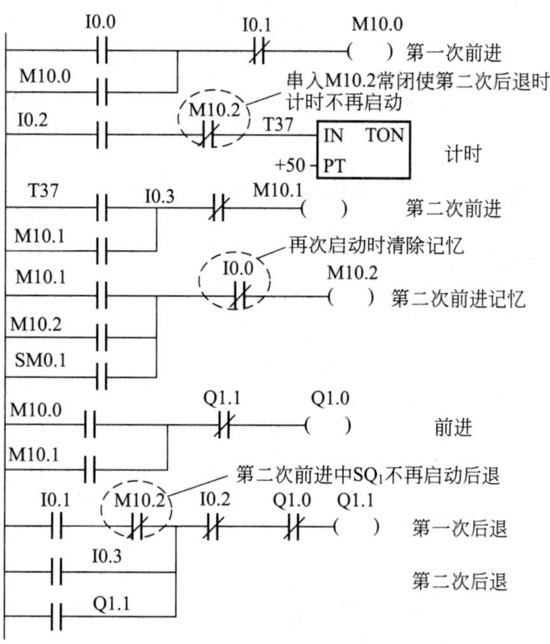


图 7-27 台车往返控制梯形图

# 习题及思考题

7-1 定时器和计数器各有哪些使用要素？如果梯形图功能框前的触点是工作条件，定时器和计数器工作条件有什么不同？

7-2 画出与下列语句表对应的梯形图。

| | | | | | | | |
|---|---|---|---|---|---|---|---|
| LD | I0.0 | O | M10.0 | O | M100.2 | = | Q1.0 |
| O | I1.2 | LD | Q1.2 | ALD | | | |
| AN | I1.3 | A | I0.5 | ON | M10.3 | | |

7-3 画出与下列语句表对应的梯形图。

| | | | | | | | |
|---|---|---|---|---|---|---|---|
| LD | I0.3 | OLD | | AN | Q1.3 | A | M10.5 |
| A | I0.5 | LD | M10.2 | OLD | | OLD | |
| LD | I0.3 | A | Q0.3 | ALD | | A | M10.2 |
| AN | I0.2 | LD | I1.0 | LD | M100.3 | = | Q0.0 |

7-4 写出图 7-28 所示梯形图对应的指令表。

7-5 写出图 7-29 所示梯形图对应的指令表。

7-6 写出图 7-30 所示梯形图对应的指令表。

7-7 画出图 7-31 中 M10.1 的时序图。

7-8 画出图 7-32 中 Q1.0 的时序图。

7-9 如图 7-33 所示，若传送带上 20s 内无产品通过则报警，接通 Q0.0。试绘出梯形图并写出指令表。

7-10 如图 7-34 所示为一电动机启动的工作时序图，试绘出梯形图。

7-11 试将本书第三章图 3-17 改绘为梯形图。

7-12 试将本书第三章图 3-18 改绘为梯形图。

7-13 试设计 2 分频，3 分频，6 分频梯形图。

7-14 使用 PLC 完成第三章中习题 3-9。

7-15 使用PLC完成第三章中习题3-15。

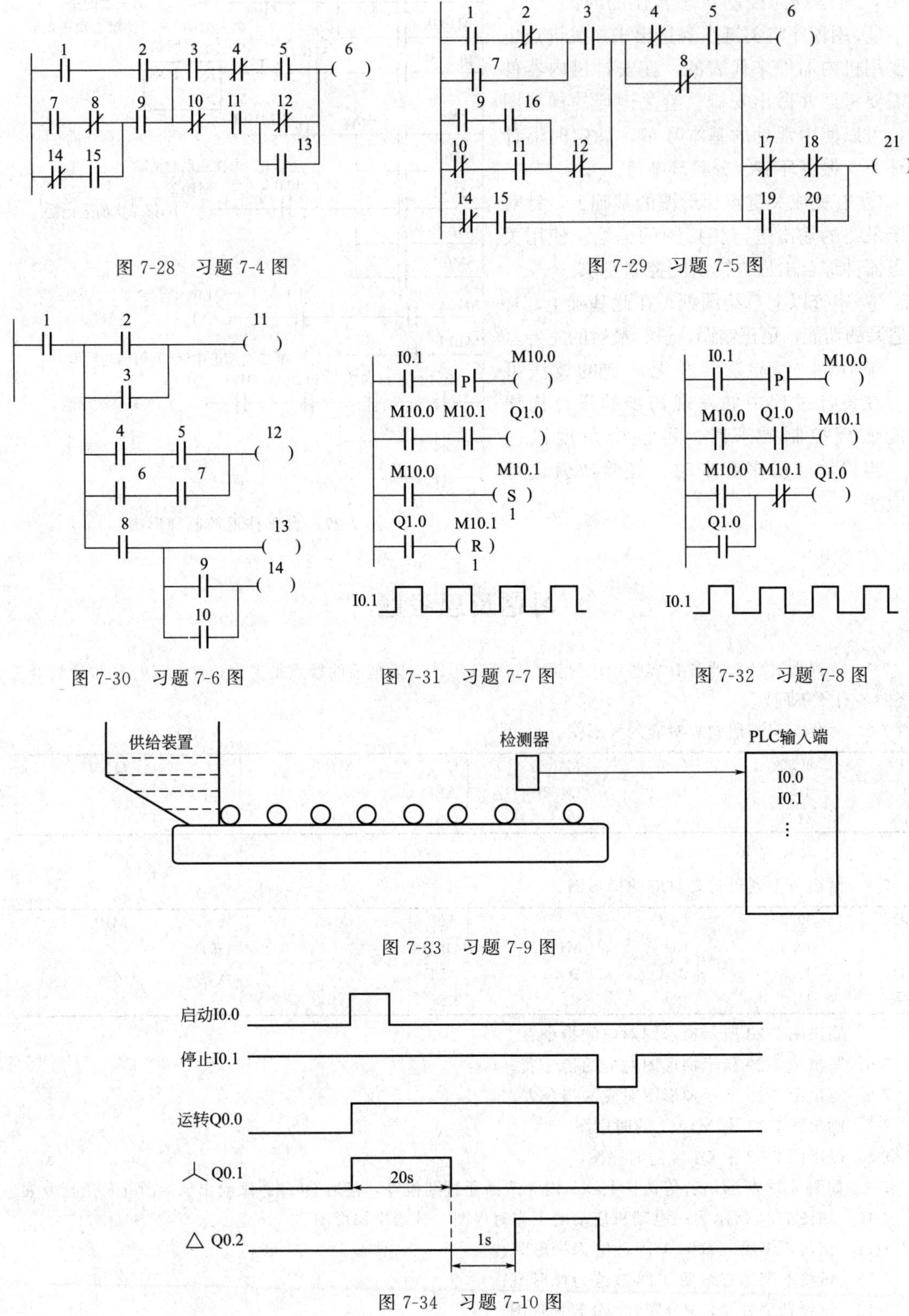


图7-28 习题7-4图

图7-29 习题7-5图

图7-30 习题7-6图

图7-31 习题7-7图

图7-32 习题7-8图

图7-33 习题7-9图

图7-34 习题7-10图

# 第八章 S7-200系列PLC顺控继电器指令及顺序控制编程方法

**内容提要：** 相对经验编程法，顺序控制编程法有章可循，容易掌握。顺控编程法利用程序段的隔离，很轻易地化解了复杂控制中多种因素的交织制约，为编程提供了方便。S7-200 系列 PLC 顺控继电器指令为顺控程序的编制提供了专用指令，使顺序控制程序编制更加便利。

## 第一节 顺序控制编程的初步认识

用经验法设计梯形图时，没有一套相对固定的容易掌握的设计方法可以遵循。特别是在设计较复杂的系统时，需要用大量的中间单元完成记忆、联锁等功能。由于需考虑的因素太多，且这些因素又往往交织在一起，给编程带来许多困难。那么有没有办法化解这些难题，使编程变得容易呢？下边仍以第 7 章例 7-8 谈到过的台车控制介绍顺序控制编程方法。

在使用经验法编制台车程序，针对第一次前进，第一次后退，第二次前进，第二次后退绘出的梯形图草图 7-26 中，遇到的最主要的问题有两个。一是第二次前进时台车碰到 $SQ_1$ 会和第一次前进碰到 $SQ_1$ 时一样引出台车后退，二是两次后退到 $SQ_2$ 位置时都会引起定时器工作并引起台车前进。这主要是因为，在图 7-26 中，$SQ_1$ 及 $SQ_2$ 的控制功能既然写在程序中了，程序又是全部要执行的，它就不能不起作用了。那么能不能让 PLC 有选择地执行一些程序段落呢？例如在台车第二次前进时，让 $SQ_1$ 控制的台车第一次后退的程序不被执行呢？办法当然是有的，顺序控制编程法正是一种建立在程序段的激活与屏蔽基础上的编程方法。

具体的编程思路是这样的。首先将整个控制过程分成几个步序：准备，第一次前进，第一次后退，停车计时，第二次前进，第二次后退，并用辅助继电器 M10.0～M10.5 表示它们。其次要根据控制要求，即步序之间的联系，绘出步序图，也称为顺序功能图，如图8-1所示。图中方框代表步序，代表不同步序的辅助继电器地址已写在各个方框中了。方框间的连线表示步序间的联系，方框连线上的短横表示步序转换的条件。与方框连线的输出线圈或功能框表示步序的工作任务。图 8-1 中还标出了以上各项控制相关的地址。步序图是顺序控制编程的工具，在编程过程中有很重要的意义。

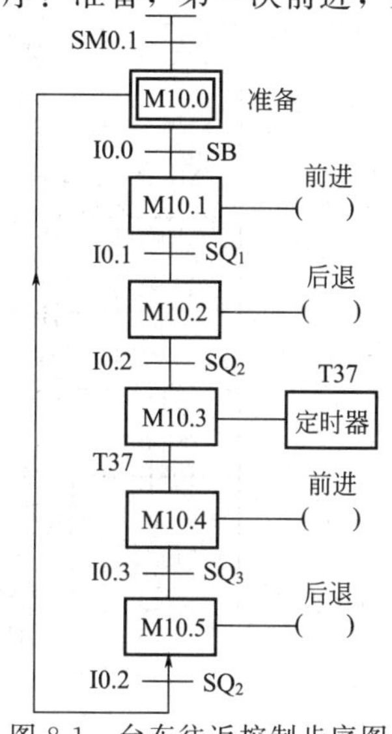

图 8-1 台车往返控制步序图

顺序控制编程法中，最关键的是在程序中实现程序段的激活及屏蔽，具体可有多种方法。一种是以启-保-停电路实现程序段的激活及屏蔽，图 8-2 是以此法编制的台车控制程序。图中每个梯形图支路对应步序图中的一个步序（方框），相邻后步序的启动条件是前步序的输出，后步序的激活（置 1）是前

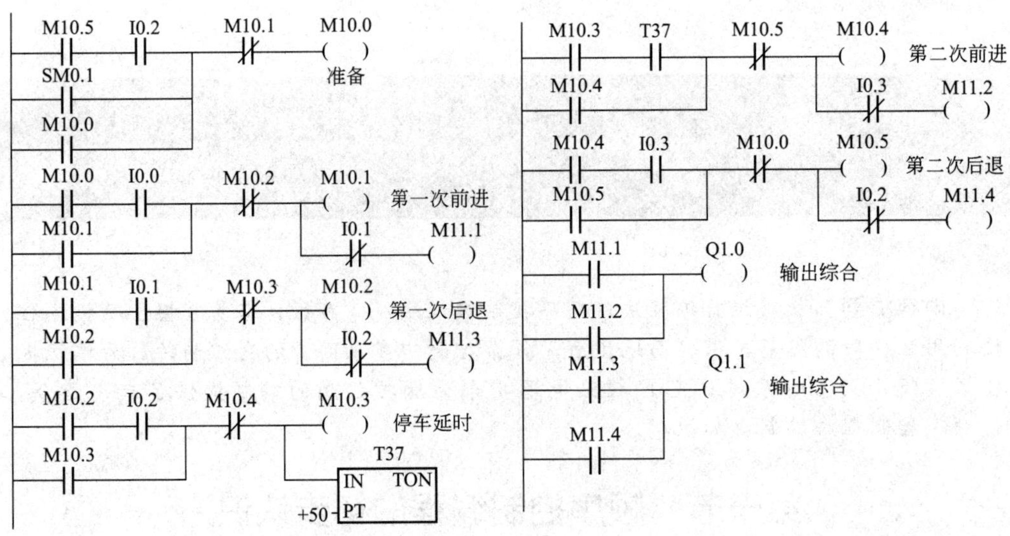


图 8-2 台车往返控制梯形图 1

步序的关断条件。这样在由许多支路组成的梯形图中某个时刻就只有一个支路被激活了。还有一种方法是用置位、复位指令形成代表步序的辅助继电器中每次只有一个置 1 的局面，并以此为各程序段的开关。采用这种方法编制的台车控制程序如图 8-3 所示。图中每一个支路中都有复位及置位指令。复位是复位上个步序的辅助继电器，置位则是置位下个步序的辅助继电器。当本步序的辅助继电器被置 1，上个步序的辅助继电器已置 0，而下个步序的辅助

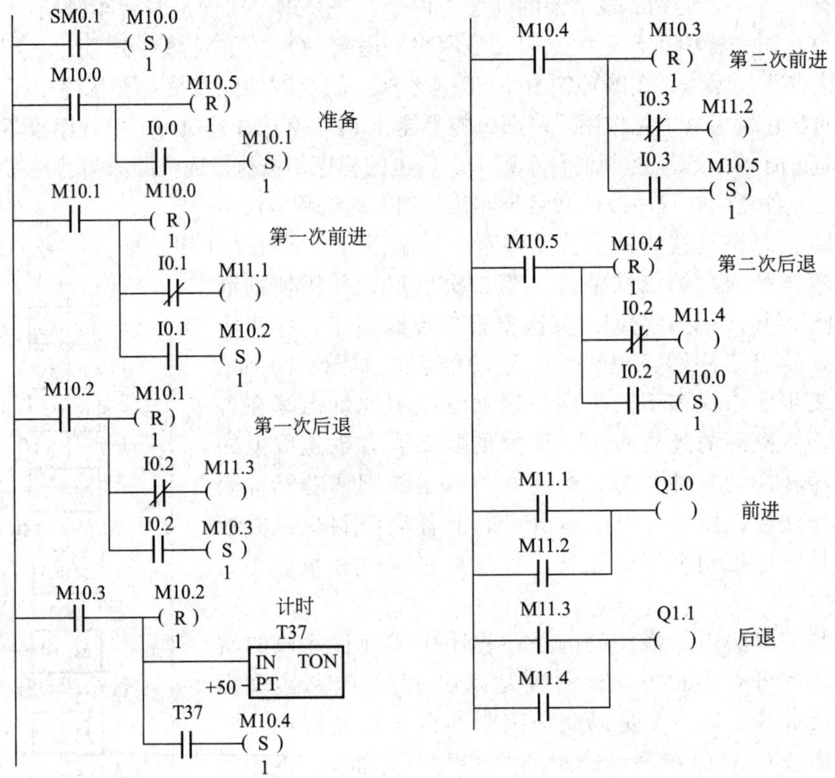


图 8-3 台车往返控制梯形图 2

继电器还未被置 1 时，全部代表步序的辅助继电器就只一个处于激活状态了，而这个辅助继电器正是本步序程序段的执行条件。

在程序段的激活及屏蔽问题解决之后，剩下的事就是安排各个步序要完成的任务了。如第一次前进步序中要安排台车运行到 $SQ_1$ 之前电动机的正转，第一次后退步序中要安排台车运行到 $SQ_2$ 前电动机的反转。这些只要在相应的步序开关后表达就可以了。

## 第二节 顺序功能图的主要概念、基本类型及编程

顺控编程的基本思想是将系统的控制过程分为若干个顺序相连的阶段，这些阶段称为步，也称为状态，并用编程元件来代表它。步的划分主要根据输出量的状态变化。在一步内，一般来说，输出量的状态不变。相邻两步的输出量状态则是不同的。步划分完成后再依步的联系画出顺序功能图。

### 一、 顺序功能图的主要概念

顺序功能图是顺序控制程序组织的重要工具。1994 年 5 月公布的 IEC 可编程控制器标准（IEC1131）中，顺序功能图被确定为可编程控制器位居首位的编程语言，中国也制定了顺序功能图绘制的国家标准。

顺序功能图主要由步、有向连线、转换、转换条件和动作组成。以下对这些概念作简要说明。

1. 步

和台车往返控制步序图 8-1 类似，步在顺序功能图中用方框表示，方框中标出代表该步的编程元件。步分为普通步及初始步，普通步是由控制过程中分解而成的一个个过程状态，初始步一般是系统等待启动命令的状态。初始步用双线方框表示，每一个顺序功能图至少应该有一个初始步。初始步的激活一般采用系统中的一些特殊信号，如 SM0. 1 等。

前边已经提到，顺序控制编程法的根本要点是程序段的激活及屏蔽，即在程序执行的某个具体时刻，总是有选择地执行整体程序中的部分段落，这些段落对应的步称为活动步。而整个程序的执行过程则是活动步的顺序流转过程。

2. 有向连线

顺序功能图中，连接代表步的方框的连线称为有向连线。在画顺序功能图时，将方框按它们成为活动步的先后顺序排列，并用有向线段连接起来。步活动状态习惯的进展方向是从上至下，或从左至右，在这两种方向上的有向连线上可以不画箭头，如不是这种方向时，则需标以箭头以明确方向（如图 8-1 中 M10. 5 至 M10. 0 间的有向线段）。

顺序功能图规模较大，在一张图纸或同张图的一处绘制不完时，需在有向线段的中断处标明连接的图纸页码及标记。

3. 转换

转换用有向连线上与有向连线垂直的短划线来表示，转换将相邻的两个步框分开，步的活动状态的变动是由转换的实现来完成的，并与控制过程的发展相对应。

4. 转换条件

顺序功能图表达转换的短划线旁应标明转换的条件。条件可用文字语言、器件符号、图形符号及地址等表示，如图 8-1 中的 SQ、T37 等，在条件包含的因素较多时，可以用布尔表达式或图形表示，如图 8-4 所示。

5. 动作

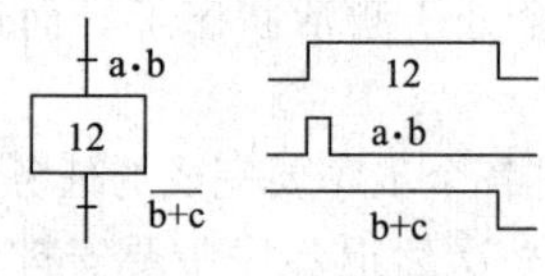


图 8-4 转换与转换条件

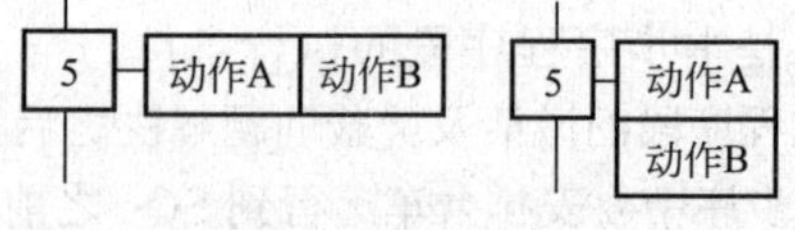


图 8-5 动作表示法

动作指每个步序中的输出。在顺序功能图中，输出在代表步的方框旁用短横线连接表示。输出可以具体为指令，可用梯形图中输出指令的图形符号，如台车步序图中那样。也可以如图 8-5 所示，用方框表示输出，方框中标有输出器件的地址。当输出较多时，可用多个指令或多个方框，方框并列绘出与垂直方向上绘出意义相同。在选用输出指令时，普通输出在本步转为不活动步时输出即停止，但输出用置位指令，则输出将在本步变为不活动步后仍旧保持，直到在某个活动步中安排有相关复位指令止。

## 二、 顺序功能图的类型

当控制系统规模较大，步序多且转换比较复杂时，顺序功能图可能出现复杂的现象。以下说明顺序功能图的基本类型。

1. 单序列

单序列由一系列相继激活的步组成，每一步的后面仅有一个转换，每一个转换后面只有一个步，如图 8-6(a) 所示。

2. 选择序列

选择序列的开始称为分支，如图 8-6(b) 中步 5 所示。转换条件标在分支水平线之下，如果步 5 是活动步，并且转换条件 h=1，则发生步 5→步 8 的转换。如果步 5 是活动步，并且 k=1，则发生步 5→步 10 的转换。选择序列中一次只能选择一个序列。

选择的结束称为合并，如图 8-6(b) 中步 12 所示。几个序列合并到一个公共序列时，用和需要重新组合的序列数量相同的转换和水平连线表示。转换符号只允许标在水平线之上。图 8-6(b) 中，如果步 9 是活动步，并且转换条件 j=1，则发生由步 9→步 12 的转换。如果步 11 是活动步，并且 n=1，则发生步 11→步 12 的转换。

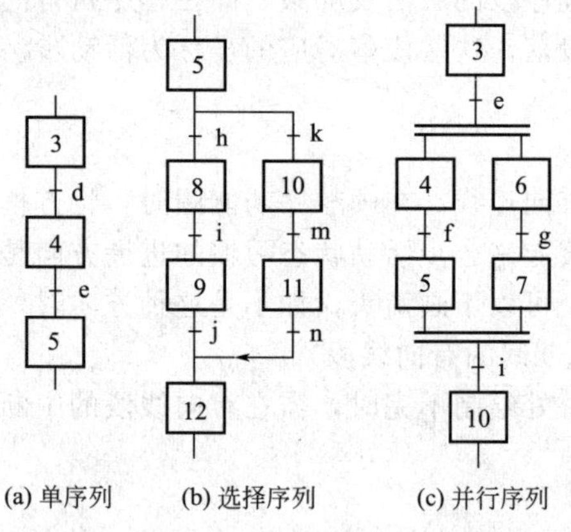


(a) 单序列 (b) 选择序列 (c) 并行序列

图 8-6 单序列、选择序列与并行序列

3. 并行序列

并行序列的开始称为分支，如图 8-6(c) 中步 3 所示。当转换的实现导致几个序列同时激活时，这些序列称为并行序列。图 8-6(c) 中，当步 3 是活动步，并且转换条件 e=1，步 4 及步 6 被同时激活，同时步 3 变为不活动步，为了强调转换的同步实现关系，水平连线用双线表示。步 4 及步 6 被激活后，每个序列中活动步的转换是独立的。并行序列用来表示系统的几个同时工作的独立部分的工作情况。

并行序列的结束称为合并，如图 8-6(c) 中步 10 所示。在表示同步的水平双线下，安排转换条件符号。当直接连在双线上的所有前级步都处于活动步状态，并且转换条件i=1 时，才会发生步 5、步 7 到步 10 的转换，即步 5、步 7 变为不活动步，而步 10 变为活动步。

复杂的顺序功能图中还会有选择序列及并行序列混合存在及循环跳转等情况。但转换及有向连线的表达方法则是一致的。

## 三、 较复杂顺序功能图的编程及举例

连带转换一起考虑，顺控程序中对应顺序功能图某一步序或称某一状态，在程序中要表达三方面的内容。

① 本步序要做什么？即本步序的工作任务。

② 满足什么条件发生步序的转换？

③ 下个要激活的步序是哪一个？或称激活步将转到哪个步序。

以上三内容被称为步序的三要素，这在每个步序程序中都是要通过程序表达的。但在编程中最重要的还是转换的表达，无论是采用启-保-停电路中的转换，还是复、置位指令编程中的转换，在顺序功能图的结构不同时，表达具有不同的方式。以下以某剪板机的控制程序为例说明。

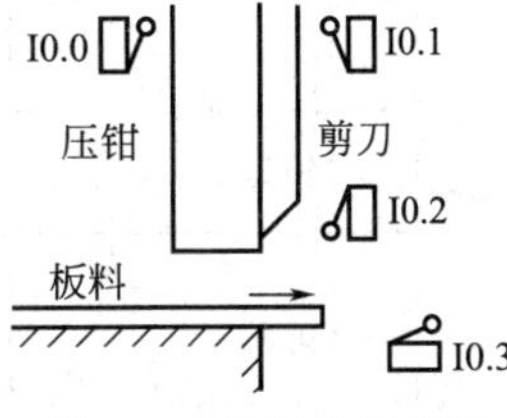

图 8-7　剪板机示意图

图 8-7 是某剪板机的示意图，开始时压钳和剪刀在上限位置，限位开关 I0.0 和 I0.1 为 ON。按下启动按钮 I1.0 后工作过程开始。首先板料右行（Q0.0 为 ON）至限位开关 I0.3 动作，然后压钳下行（Q0.1 为 ON 并保持），压紧板料后，压力继电器 I0.4 为 ON，压钳保持压紧，剪刀开始下行（Q0.2 为 ON）。剪断板料后 I0.2 为 ON，压钳及剪刀同时上行（Q0.3 及 Q0.4 为 ON，Q0.1 和 Q0.2 为 OFF），它们分别碰到限位开关 I0.0 和 I0.1 后停止上行，都停止后，又开始下个周期的工作，剪完 10 块料后停止工作并停止在初始状态。系统的顺序功能图如图 8-8所示。图中有选择序列、并行序列的分支与合并。步 M0.0 是初始步，C0 用来控制剪料的次数，每次工作循环中 C0 的当前值加 1，没有剪完 10 块料时，C0 的当前值小于设定值 10，其常闭触点闭合，转换条件$\overline{C0}$满足，将返回 M0.1 步重新开始一个周期的工作。剪完 10 块料后 C0 的当前值等于设定值，其常开触点闭合，转换条件$\overline{C0}$满足，将返回初始步 M0.0 等待下一次的启动命令。

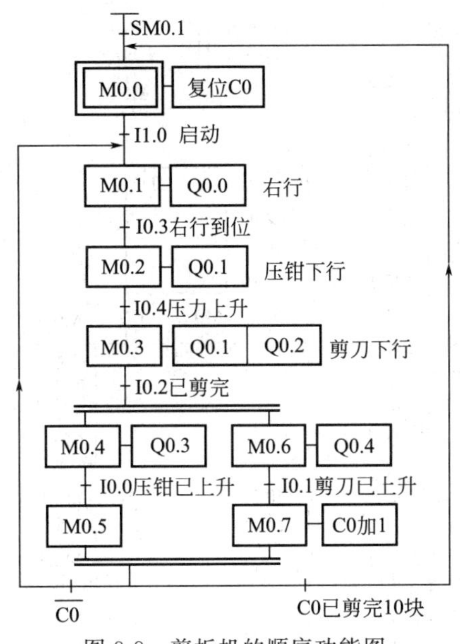

图 8-8　剪板机的顺序功能图

步 M0.5 及 M0.7 是等待步，它们用来结束两个并行序列。只要步 M0.5 及 M0.7 都是活动步，且满足一定的条件，就会发生步 M0.5、M0.7 到步 M0.0 或 M0.1 的转换，步 M0.5、M0.7 同时变为不活动步，而步 M0.0 或步 M0.1 变为活动步。

剪板机程序由顺序功能图绘梯形时仍采用两种方法，一种采用启-保-停电路方式，一种采用复置位指令。两种方法编程得到的梯形图如图 8-9 及图 8-10 所示。请特别注意分支汇合处转换的表达，要做到如下几点。

① 使所有由有向连线与相应转换符号相连的后续步都变为活动步。

② 使所有由有向连线与相应转换符号相连的前级步都变为不活动步。

具体到并行序列的分支处，转换有几个后续步，转换时应将它们对应的编程元件同时置位，在并行序列的汇合处，转换有几个前级步，它们均为活动步时才有可能实现转换，在转

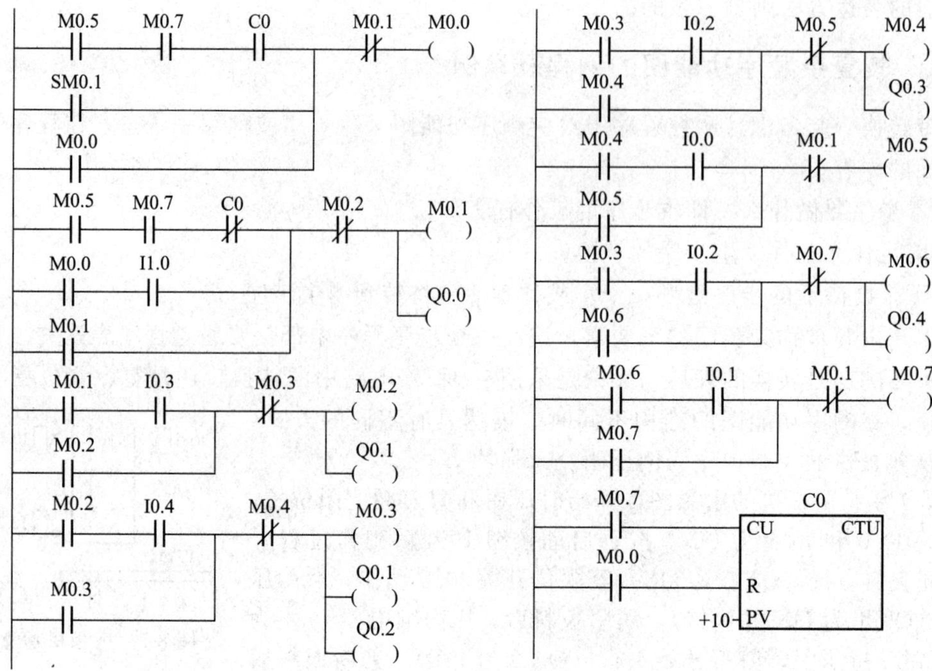


图 8-9 剪板机梯形图

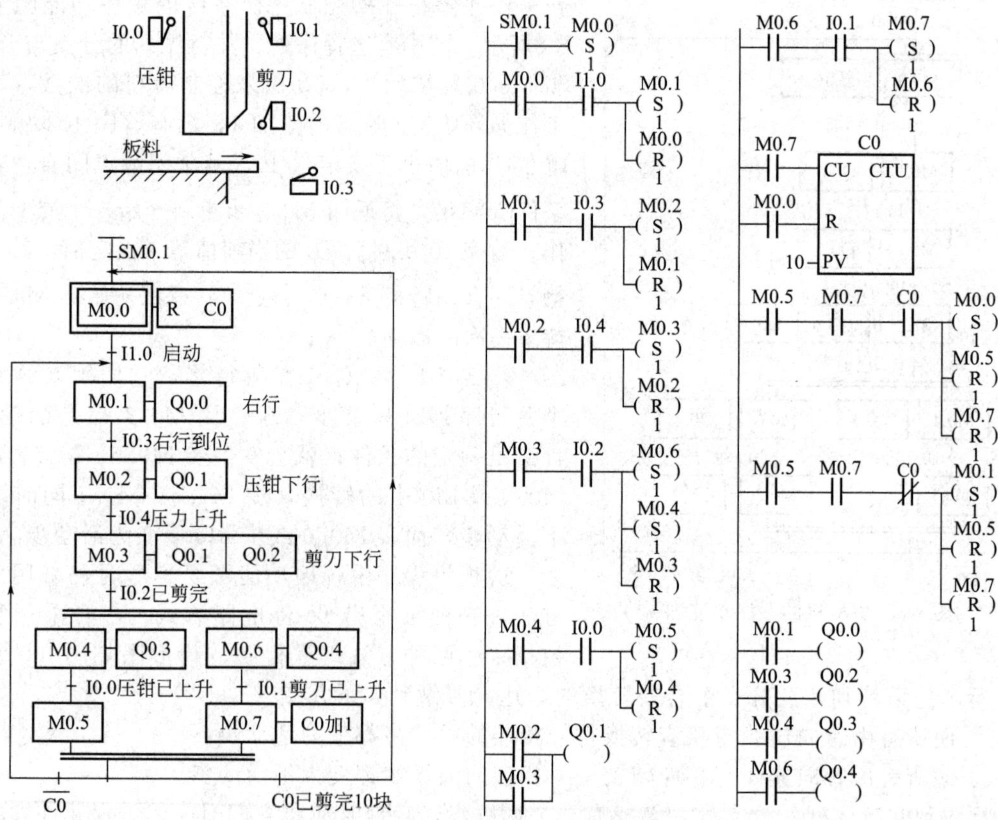


图 8-10 剪板机控制系统的顺序功能图和梯形图

换实现时应当将它们对应的编程元件同时复位。在选择序列的分支与汇合处，一个转换只有一个前级步和一个后续步，但是一个步可能有多个前级步或多个后续步。

在启-保-停及复置位两种编程方法中，实现以上两点的操作方式也有所不同。在图 8-9 中，原则上是一个步序对应一个梯形图支路，因而并行分支在 M0.4 及 M0.6 两个支路中表达。并行汇合对前步序的复位也在两处（M0.5 及 M0.7）表达。而在图 8-10 中，并行分支则在描述步序 M0.3 转换的支路中集中表达，并行汇合时对两个支路汇合前步序的复位处理也是集中处理的。

还有一点要说明的，图 8-10 中复置位的组合对象也与图 8-9 不同。图 8-10 中复置位区域各支路中，置位是置位下个步序，而复位是复位本步序。这样每个支路工作的时间就很短，因而对应步序的输出就放在了程序的末尾，而不是和复置位线圈并联。

## 第三节　顺控继电器指令及编程应用

顺序控制编程方法规范，条理清楚，且易于化解复杂控制间的交叉联系，使编程变得容易。因而许多 PLC 的开发商在自己的 PLC 产品中引入了专用的顺序控制编程元件及顺序控制指令，使顺控编程更加简单易行。西门子公司在 S7-200 系列 PLC 中设置了顺控继电器及顺控继电器指令用于顺序控制。编程元件的编号为 S0.0～S31.7，可实行位、字节、字及双字寻址。在作为顺控继电器使用时，为位寻址。配合顺控继电器使用的指令为顺控继电器指令，如表 8-1 所示，其中装载 SCR 指令标示一个状态的开始，有激活 SCR 程序段的功能。SCRT 指令称为 SCR 传输指令，用于说明步序状态的转移去向。而 SCRE 指令为状态程序段的结束指令。

**表 8-1　顺控继电器指令**

| 指令的表达形式 | | | |
|---|---|---|---|
| 装载 SCR 指令<br>LSCR S-bit<br>S-bit<br>SCR | SCR 条件结束指令<br>CSCRE<br>—(SCRE) | SCR 传输指令<br>SCRT-bit<br>S-bit<br>—(SCRT) | SCR 结束指令<br>SCRE<br>├—(SCRE) |
| 顺控继电器指令的操作数 | S-bit：(BOOL)S | | |

使用状态法编程时，先安排好需用的顺控继电器，每一个顺控继电器代表控制过程中的一个步序，然后绘顺序功能图。采用顺控继电器为步序标号的台车控制的顺序功能图如图 8-11 所示。除了用顺控继电器 S 代替辅助继电器 M 外，图 8-11 与图 8-1 结构基本相同。图中用竖线表示步序间的联系，用竖线上的短横线表示步序转移的条件，用与方框相连的横线及线圈表示各步的动作或称各个步序的任务等也与前述相同。

在顺序功能图绘出后，采用顺控继电器指令绘出梯形图则要依据顺控继电器指令规定的格式。图 8-12 是台车采用顺控继电器及顺控继电器指令实现的梯形图。从图中不难看出，梯形图的构成方式很规范，顺序功能图中每一个步序在梯形图中是一个完整的段落。都是由 SCR 指令开始，由 SCRE 指令结束，并依次将这样的“完整段落”堆砌在一起。当然不是简单的堆砌，是有联系的堆砌。SCRT 指令是这些程序段落的联系所在，

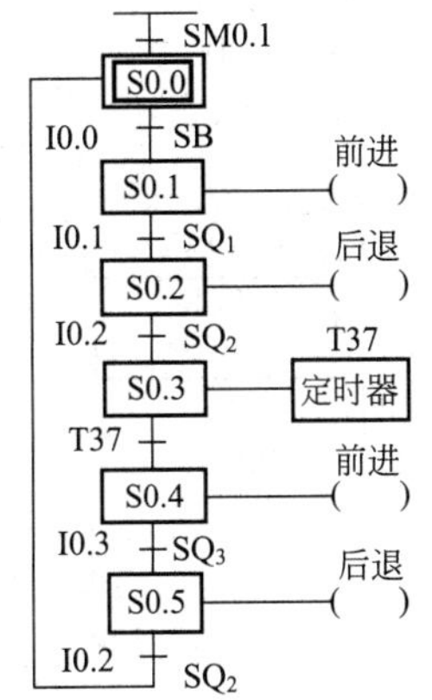

图 8-11　台车控制顺序功能图

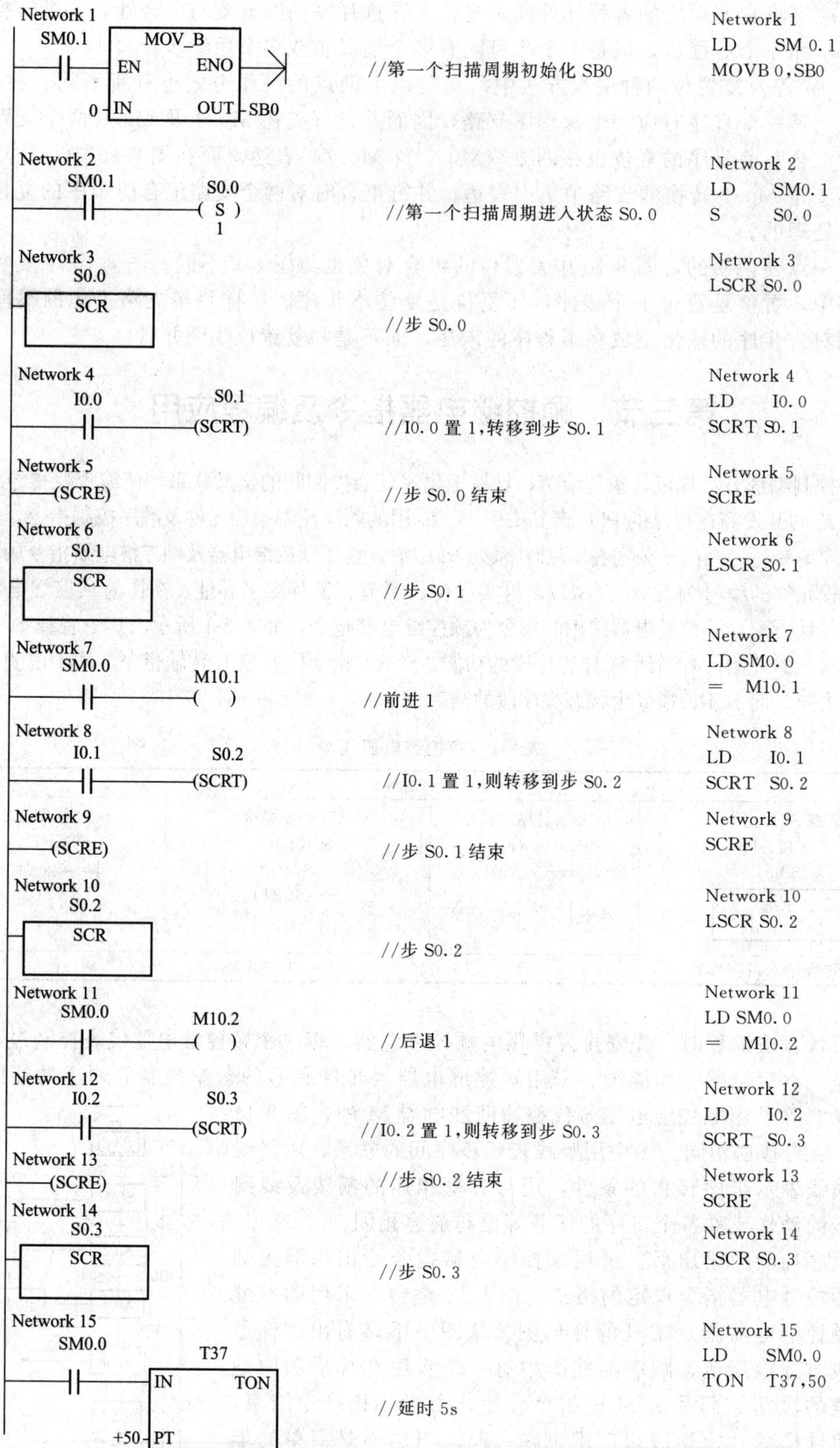

Network 1
SM0.1
MOV_B
EN
ENO
0
IN
OUT
SB0
//第一个扫描周期初始化 SB0
Network 1
LD SM 0.1
MOVB 0,SB0
Network 2
SM0.1
S0.0
( S )
1
//第一个扫描周期进入状态 S0.0
Network 2
LD SM0.1
S S0.0
Network 3
S0.0
SCR
//步 S0.0
Network 3
LSCR S0.0
Network 4
I0.0
S0.1
(SCRT)
//I0.0 置 1,转移到步 S0.1
Network 4
LD I0.0
SCRT S0.1
Network 5
(SCRE)
//步 S0.0 结束
Network 5
SCRE
Network 6
S0.1
SCR
//步 S0.1
Network 6
LSCR S0.1
Network 7
SM0.0
M10.1
( )
//前进 1
Network 7
LD SM0.0
= M10.1
Network 8
I0.1
S0.2
(SCRT)
//I0.1 置 1,则转移到步 S0.2
Network 8
LD I0.1
SCRT S0.2
Network 9
(SCRE)
//步 S0.1 结束
Network 9
SCRE
Network 10
S0.2
SCR
//步 S0.2
Network 10
LSCR S0.2
Network 11
SM0.0
M10.2
( )
//后退 1
Network 11
LD SM0.0
= M10.2
Network 12
I0.2
S0.3
(SCRT)
//I0.2 置 1,则转移到步 S0.3
Network 12
LD I0.2
SCRT S0.3
Network 13
(SCRE)
//步 S0.2 结束
Network 13
SCRE
Network 14
S0.3
SCR
//步 S0.3
Network 14
LSCR S0.3
Network 15
SM0.0
T37
IN
TON
+50
PT
//延时 5s
Network 15
LD SM0.0
TON T37,50

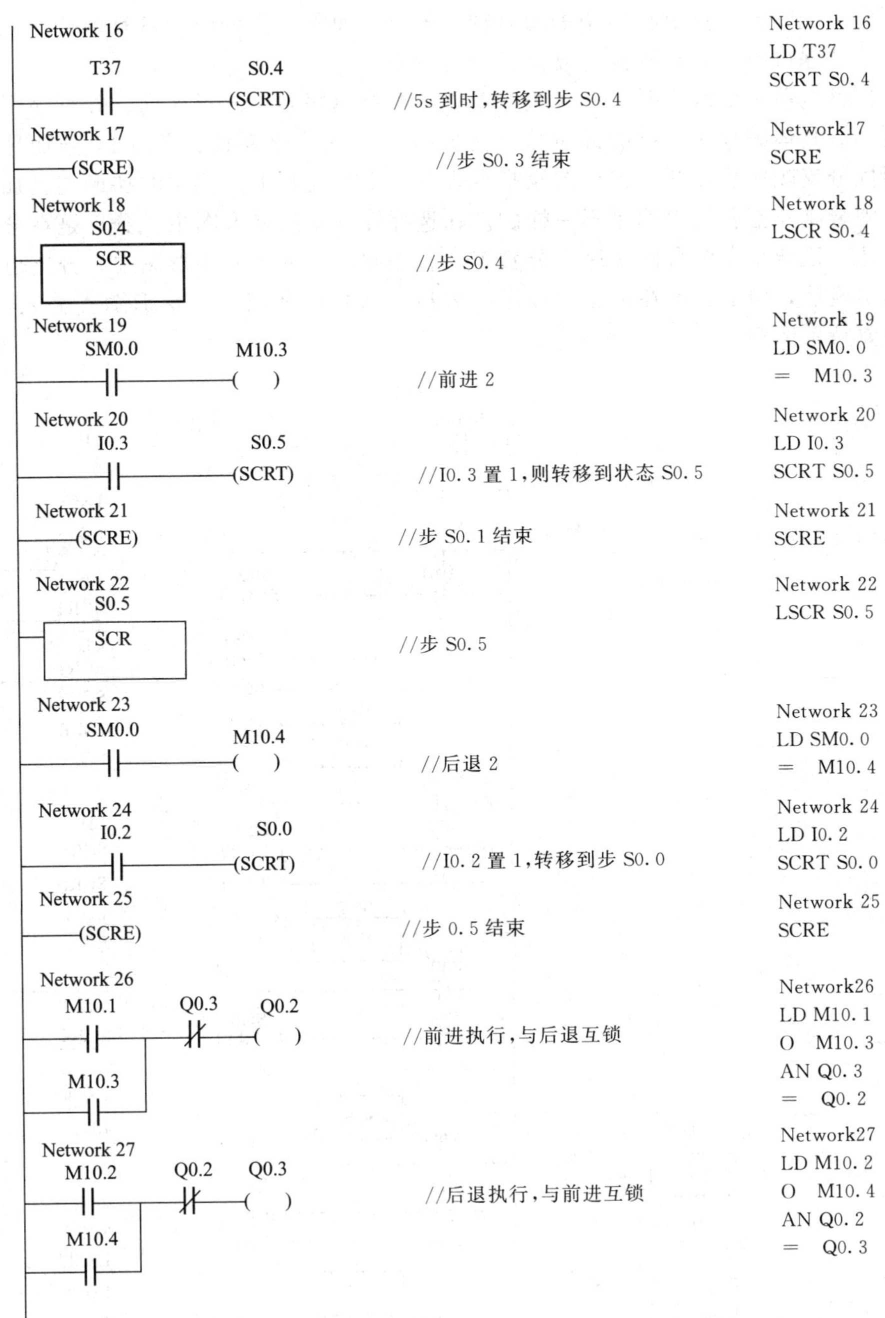


图 8-12 台车顺控继电器编程梯形图

步序间的关联及转换构成了这些程序段的关系，而 SCRT 指令的工作条件则是转换发生的条件。

当正在激活着的程序段中转换的条件满足时，步序就发生转移。在采用专用的顺控继电器指令编程时，新激活的步序有自动关闭前步序程序的功能，而不用像前述启-保-停电路或复置位指令组织的顺序控制程序那样需在程序中采用专门的措施，这就给编程带来了不少的方便。

各个代表一个步序的顺控程序段中，本步序的动作可以使用线圈指令及复置位指令，但两者功能不同。线圈输出指令在步序关闭时输出停止。而置位指令由于具有保持功能则可以延续到下个步序保持执行，直到执行复位指令时中止。

使用顺控继电器指令编程时，针对顺序功能图也有单序列、选择序列、并行序列及它们的混合等结构，具体编程时关键的部位依然是转换的表达。图 8-13、图 8-14 分别是选择性分支及并行性分支顺序功能图的梯形图及指令表。图中分支与汇合相关的梯形图已加粗。比较可知两图中分支及汇合的表达是不一样的。在选择性分支的梯形图中，分支是在分支前步序中集中表达，汇合是在汇合前步序中分别表达。在并行性分支的梯形图中，分支也在分支前步序中集中表达，但汇合不在汇合前步序中表达，而是单独用一个梯形图支路表达转换。这在编程时要特别注意。

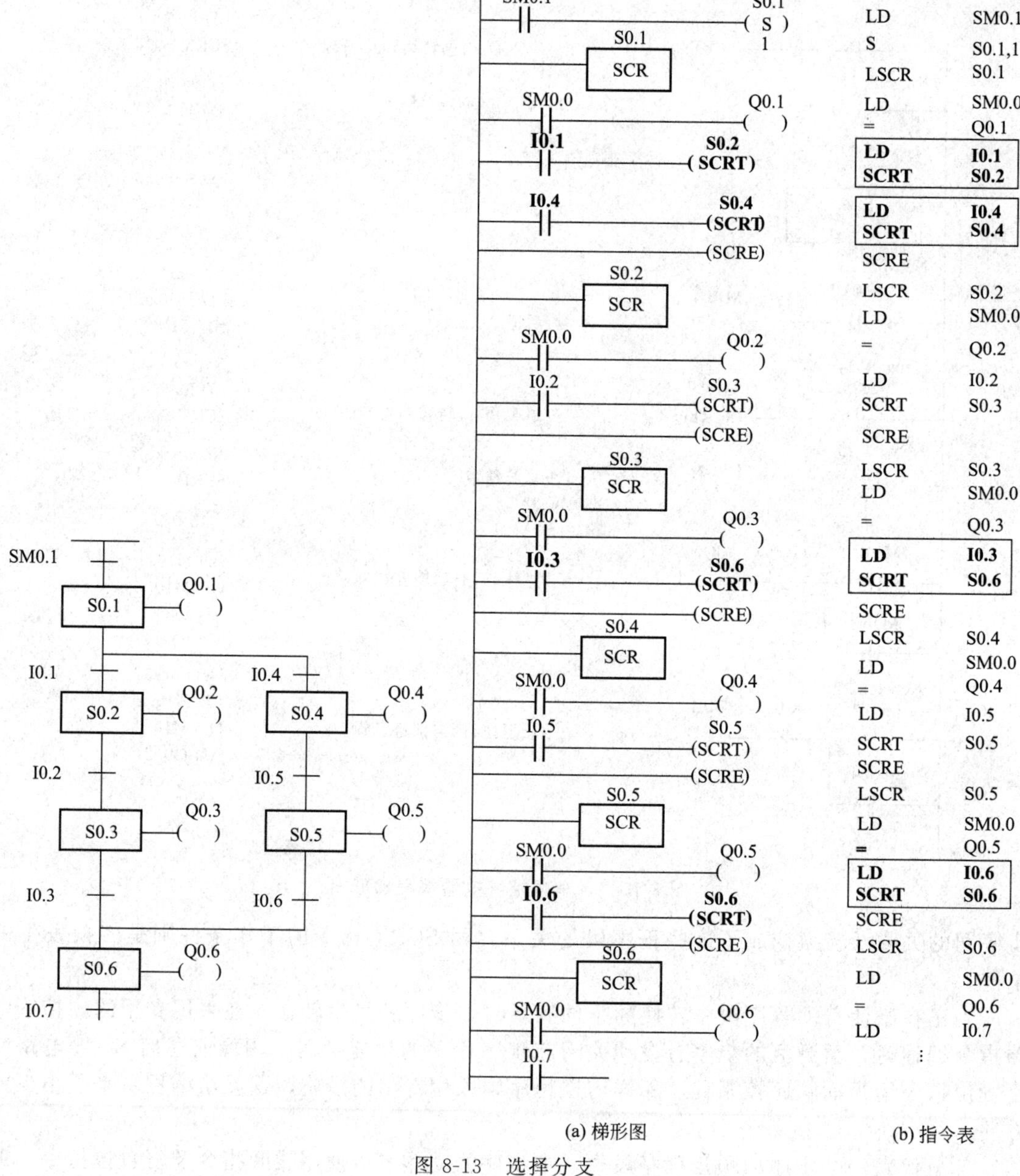


| | |
|---|---|
| LD | SM0.1 |
| S | S0.1,1 |
| LSCR | S0.1 |
| LD | SM0.0 |
| = | Q0.1 |
| **LD** | **I0.1** |
| **SCRT** | **S0.2** |
| **LD** | **I0.4** |
| **SCRT** | **S0.4** |
| SCRE | |
| LSCR | S0.2 |
| LD | SM0.0 |
| = | Q0.2 |
| LD | I0.2 |
| SCRT | S0.3 |
| SCRE | |
| LSCR | S0.3 |
| LD | SM0.0 |
| = | Q0.3 |
| **LD** | **I0.3** |
| **SCRT** | **S0.6** |
| SCRE | |
| LSCR | S0.4 |
| LD | SM0.0 |
| = | Q0.4 |
| LD | I0.5 |
| SCRT | S0.5 |
| SCRE | |
| LSCR | S0.5 |
| LD | SM0.0 |
| = | Q0.5 |
| **LD** | **I0.6** |
| **SCRT** | **S0.6** |
| SCRE | |
| LSCR | S0.6 |
| LD | SM0.0 |
| = | Q0.6 |
| LD | I0.7 |
| ⋮ | |

(b) 指令表

图 8-13 选择分支

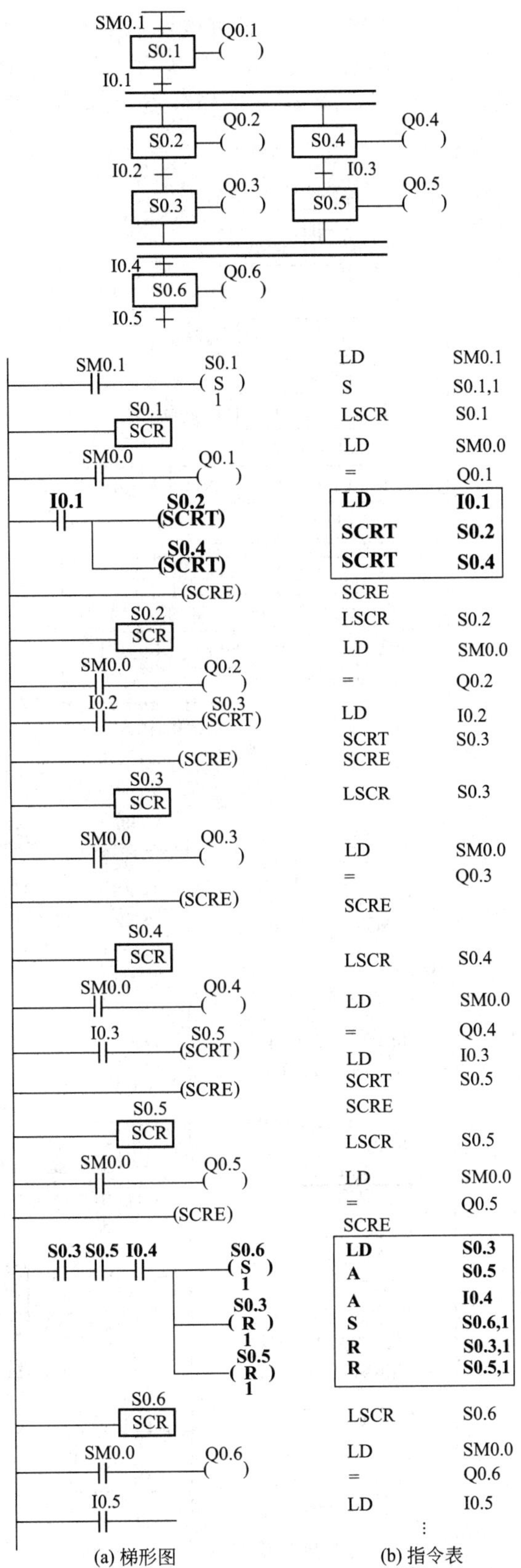
SM0.1
S0.1
Q0.1
I0.1
S0.2
Q0.2
S0.4
Q0.4
I0.2
I0.3
S0.3
Q0.3
S0.5
Q0.5
I0.4
S0.6
Q0.6
I0.5
LD SM0.1
S S0.1,1
LSCR S0.1
LD SM0.0
= Q0.1
LD I0.1
SCRT S0.2
SCRT S0.4
SCRE
LSCR S0.2
LD SM0.0
= Q0.2
LD I0.2
SCRT S0.3
SCRE
LSCR S0.3
LD SM0.0
= Q0.3
SCRE
LSCR S0.4
LD SM0.0
= Q0.4
LD I0.3
SCRT S0.5
SCRE
LSCR S0.5
LD SM0.0
= Q0.5
SCRE
LD S0.3
A S0.5
A I0.4
S S0.6,1
R S0.3,1
R S0.5,1
LSCR S0.6
LD SM0.0
= Q0.6
LD I0.5
⋮
(a) 梯形图
(b) 指令表

图 8-14　并行分支

作为一个实例，图8-15及图8-16是以顺控继电器指令编制的剪板机的顺序功能图及梯形图。在图8-16中，S0.5及S0.7是为合并引入的步序，其本身没有安排输出，因而在梯形图中没有对应的程序段，并行汇合后紧接着选择分支。图8-16中加粗的支路是并行汇合及选择分支结合的表达。

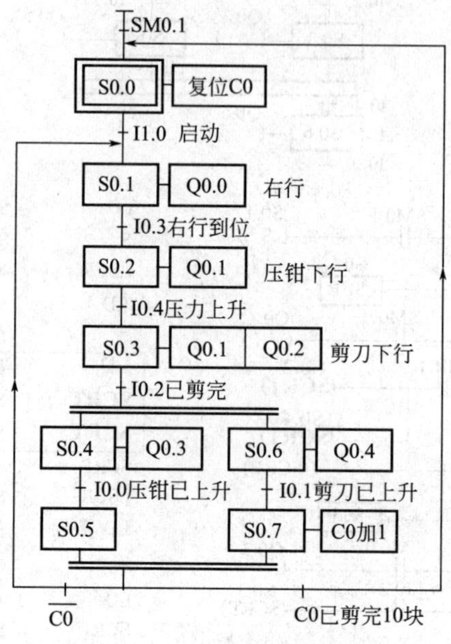


图8-15　剪板机的顺序功能图

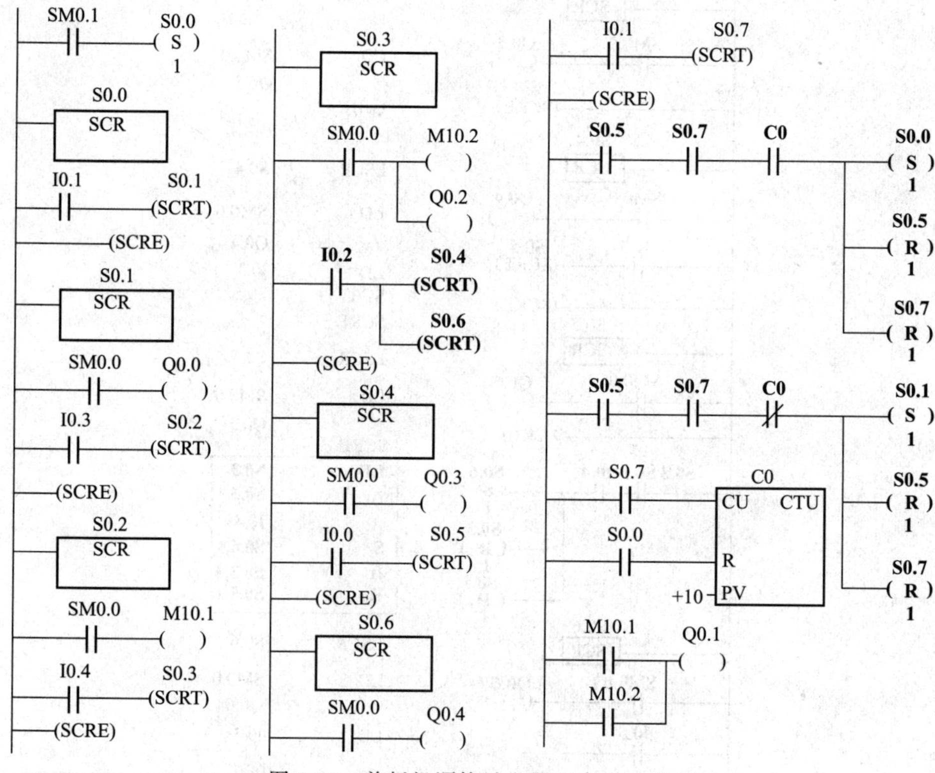


图8-16　剪板机顺控继电器程序梯形图

# 习题及思考题

8-1　某一步序程序中要完成哪些任务？

8-2　叙述顺序功能图的绘制方法。

8-3　设计出图 8-17 所示顺序功能图的梯形图程序。

8-4　设计出图 8-18 所示顺序功能图的梯形图程序。

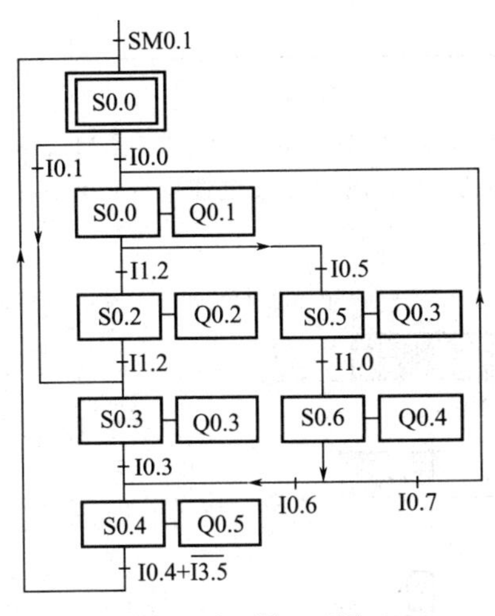


图 8-17　题 8-3 图

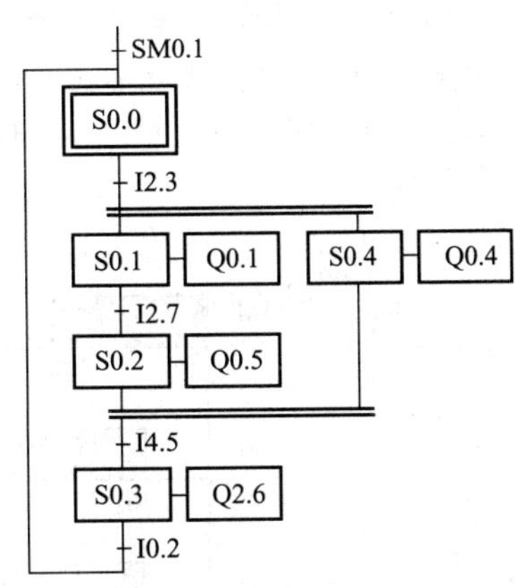


图 8-18　题 8-4 图

8-5　有一小车运行过程如图 8-19 所示。小车原位在后退终端，当小车压下后退限位开关 $SQ_1$ 时，按下启动按钮 SB，小车前进，当运行至料斗下方时，前进限位开关 $SQ_2$ 动作，此时打开料斗给小车加料，延时 8s 后关闭料斗，小车后退返回，$SQ_1$ 动作时，打开小车底门卸料，6s 后结束，完成一次动作。如此循环。设计程序实现所要求的功能。

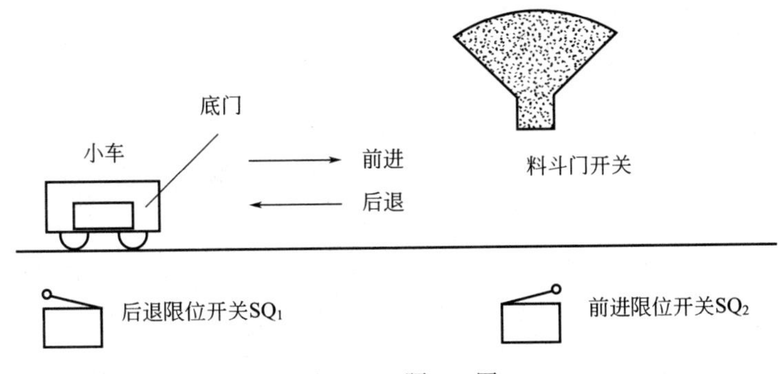


图 8-19　题 8-5 图

8-6　在氯碱生产中，碱液的蒸发、浓缩过程往往伴有盐的结晶，因此，要采取措施对盐碱进行分离。分离过程为一个顺序循环工作过程，共分 6 个工序，靠进料阀、洗盐阀、化盐阀、升刀阀、母液阀、熟盐水阀 6 个电磁阀完成上述过程，各阀的动作如表 8-2 所示。当系统启动时，首先进料，5s 后甩料，延时 5s 后洗盐，5s 后升刀，再延时 5s 后间歇，间歇时间为 5s，之后重复进料、甩料、洗盐、升刀、间歇工序，重复 8 次后进行洗盐，20s 后再进料，这样为一个周期。请设计程序完成该功能。

**表 8-2 动作表**

| 电磁阀序号 | 名称 \ 步骤 | 进料 | 甩料 | 洗盐 | 升刀 | 间歇 | 清洗 |
|---|---|---|---|---|---|---|---|
| 1 | 进料阀 | + | − | − | − | − | − |
| 2 | 洗盐阀 | − | − | + | − | − | + |
| 3 | 化盐阀 | − | − | − | + | − | − |
| 4 | 升刀阀 | − | − | − | + | − | − |
| 5 | 母液阀 | + | + | + | + | + | − |
| 6 | 熟盐水阀 | − | − | − | − | − | + |

注：表中的“+”表示电磁阀得电，“−”表示电磁阀失电。

8-7 四台电动机动作时序如图 8-20 所示。$M_1$ 的循环动作周期为 34s，$M_1$ 动作 10s 后 $M_2$、$M_3$ 启动，$M_1$ 动作 15s 后，$M_4$ 动作，$M_2$、$M_3$、$M_4$ 的循环动作周期也为 34s，用顺控继电器指令设计其状态流程图，并进行编程。

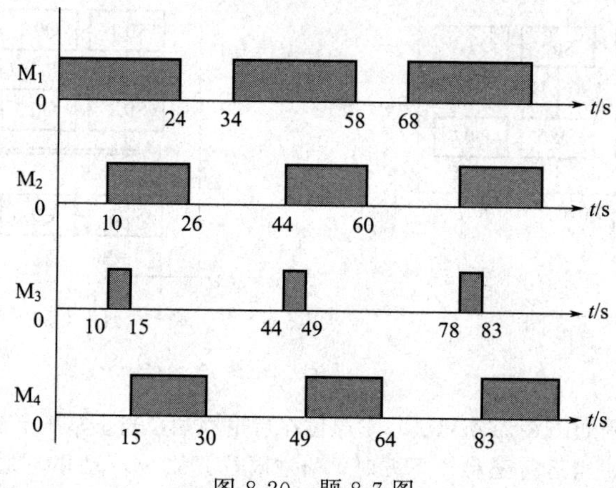


图 8-20 题 8-7 图

8-8 本章图 8-2、图 8-3 程序中，如要求能在任意运行状态中急停，应如何修改程序？图 8-12 梯形图中呢？

# 第九章　S7-200系列PLC功能指令及应用

**内容提要：** 功能指令大大地扩展了 PLC 的工业应用能力，也使 PLC 的编程工作更加接近普通计算机。相对基本指令，功能指令有许多的特殊性。本章在介绍了功能指令的一般特点后，对传送比较、数字及逻辑运算、数据处理、程序控制等指令作了说明。并分别给出了应用实例。

## 第一节　功能指令的分类及使用要素

功能指令（Functional Instruction）指数据的传送、运算、变换、程序控制及通信等场合的一些专用指令。近年来，出现了一些功能强大，能完成综合性任务的功能指令，如 PID 功能、表功能、高速计数、脉冲输出指令等，从而大大提高了 PLC 的实用价值和应用普及率。

PLC 功能指令依据其功能大致可分为数据处理类、程序控制类、特种功能类及外部设备类等类型。其中数据处理类含传送比较、算术与逻辑运算、移位、循环移位、数据变换、编解码等指令，用于各种运算的实现。程序控制类含子程序、中断、跳转、循环及步进顺控等指令，用于程序结构及流程的控制。特种功能类含时钟、高速计数、脉冲输出、表功能、PID 处理等指令，用于实现某些专用功能。外部设备指令含输入输出口设备指令及通信指令等，用于主机内外设备间的数据交换。

和基本指令类似、功能指令具有梯形图及指令表等表达形式。由于功能指令的内涵主要是指令要完成什么功能而不含表达梯形图符号间相互关系的成分，功能指令的梯形图符号多为功能框。又由于数据处理远比逻辑处理复杂，功能指令涉及的机内器件种类及数据量都比较多。表 9-1 是 S7-200 可编程控制器系统手册中加、减法运算指令的说明。现以此为例介绍功能指令的表达形式及使用要素。

**表 9-1　整数加法和整数减法指令**

| 指令的表达形式 | 操作数的含义及范围 | 指令功能及指令对标志位的影响 |
|---|---|---|
| +I　IN1、IN2<br>ADD_I<br>EN　ENO<br>IN1　OUT<br>IN2<br><br>–I　IN2、OUT<br>SUB_I<br>EN　ENO<br>IN1　OUT<br>IN2 | IN1、IN2：IW、QW、VW、MW、SMW、SW、T、C、LW、AC、AIW、* VD、* AC、* LD、常数<br>OUT：IW、QW、VW、MW、SMW、SW、LW、T、C、AC、* VD、* AC、* LD<br>在 LAD 中：IN1＋IN2＝OUT<br>IN1－IN2＝OUT<br>在 STL 中：IN1＋OUT＝OUT<br>OUT－IN2＝OUT | 整数的加法和减法指令把两个 16 位整数相加或相减，产生一个 16 位结果（OUT）。<br>使 ENO＝0 的错误条件是：SM1.1（溢出）、SM4.3（运行时间）、0006（间接寻址）。<br>这些指令影响下特殊存储器位：SM1.0（零）；SM1.1（溢出）；SM1.2（负） |

（1）功能框及指令的标题　梯形图中功能指令多用功能框表达。功能框顶部标有该指令

的标题。如表9-1中的“ADD-I”及“SUB-I”分别表示整数加法及整数减法指令。标题一般由两个部分组成，前部为指令的助记符，多为英语缩写词，如加法指令中“ADDITION”简写为“ADD”。后部为参与运算的数据类型，如上表标题中的“I”，表示为整数。另外，还常见“DI”表示双整数，“R”表示实数，“B”表示字节，“W”表示字，“DW”表示双字等。

(2) 指令表表达式　指令表指令语句表达式一般也分为两个部分。第一部分即助记符，表示指令的功能，一般和功能框中指令标题相同，但也可能不同，如以上整数加法指令中使用“+I”表示整数加法。第二部分为参加运算的数据地址或数据，也有无数据的功能指令语句。

(3) 操作数类型及长度　操作数是功能指令涉及或产生的数据。功能框及语句中用“IN”及“OUT”标示的即为操作数。操作数又可分为源操作数、目标操作数及其他操作数。源操作数是指令执行后不改变其内容的操作数。目标操作数是指令执行后其内容将改变的操作数。从梯形图符号来说，功能框左边的操作数通常是源操作数，功能框右边的操作数为目标操作数，如加指令梯形图符号中“IN1”“IN2”为源操作数，“OUT”为目标操作数。有时源操作数及目标操作数也可使用同一存储单元。操作数中还有辅助操作数，常用来对源操作数和目标操作数做出补充说明。

操作数的类型及长度必须和指令相配合。S7-200系列PLC的数据存储单元有I、Q、V、M、SM、S、L、AC等多种类型，长度表达形式有字节(B)、字(W)、双字(DW)多种，需认真选用。指令各操作数适合的数据类型及长度可在指令手册中查阅。如表9-1中对IN1、IN2、OUT的取值都给出了范围，其中加有“*”号的为变址标记。此外，常数也可作为操作数。在一条指令中，源操作数、目标操作数及其他操作数都可能不止一个，也可以一个都没有。

(4) 指令的执行条件及执行形式　功能框中以“EN”表示的输入为指令执行的条件。在梯形图中，“EN”连接的为程序涉及的编程元件触点的组合。从能流的角度出发，当触点组合满足能流达到功能框的条件时，该功能框所表示的指令就得以执行。值得提及的是，当功能框EN前的执行条件成立时，该指令在每个扫描周期都会被执行一次，这种执行方式称为连续执行。而在很多场合，我们希望某些指令只执行一次，即只在一个扫描周期中有效，这时可以用脉冲作为执行条件，这种执行方式称为脉冲执行。有些功能指令用连续执行和脉冲执行结果都一样，但有些指令两种执行方式结果会大不一样，如数据交换指令，原本是指两个数据单元中的数据交换位置，如偶数次换位，就和不换是一样的了。因此，在编程时必须给功能框设定合适的执行条件。

(5) 指令功能及ENO状态　每条指令都有自身的功能，使用前须认真了解。许多功能指令框右侧设有ENO使能输出。它是LAD及FBD功能框的布尔输出，可以作为下条指令的执行条件。如使能输入EN有能流到达并且指令被正常执行，ENO置1且将能流传递给下一个元素。如果指令执行出错，ENO则为0。因而梯形图中可以有图9-1所示的级联形式。在图9-1中，传送指令执行完成后，ENO置1，使能流传递到加指令的EN端，使加指令得以执行。

(6) 指令执行结果对特殊标志位的影响　为了方便用户更好地了解机内运行情况并为控制及故障自诊断提供方便，PLC中设立了许多特殊标志位。如溢出位、负值位等，具体情况可在指令说明中查阅。这些标志位可以用于程序或用于系统的指示。

(7) 指令的机型适用范围　功能指令往往并不是本系列机型中任一款都适用的，不同的CPU型号可适用的功能指令范围不尽相同，也可以查有关手册了解。

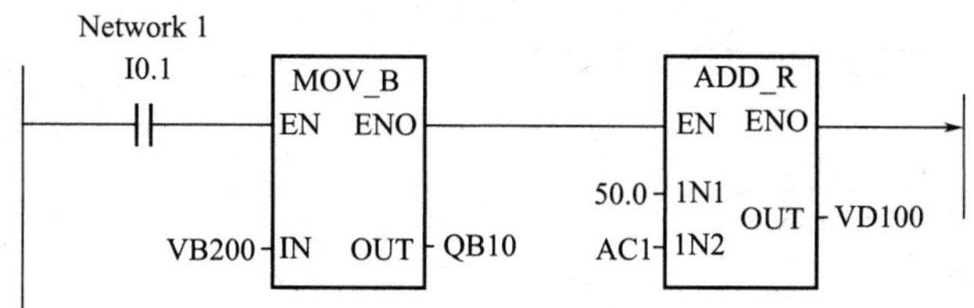


图 9-1　功能框级连的梯形图

功能指令种类繁多，虽其助记符与汇编语言相似，略具计算机知识的人不难记忆，但详细了解全部指令的功能却不是容易的事情。最好的办法是大致了解了功能指令概貌后，到实际应用时可再查阅相关手册。以下介绍 S7-200 系列 PLC 的部分功能指令。

# 第二节　传送比较类指令及应用

## 一、 传送类指令

传送含单个数据传送及一次性多个连续字块的传送，每种又可依传送数据的类型有字节、字、双字或者实数等细分种类。传送指令用于机内数据的流转与生成，可用于存储单元的清零及程序初始化等场合。

1. 字节、字、双字、实数传送指令

字节传送指令（MOVB）、字传送指令（MOVW）、双字传送指令（MOVD）和实数传送指令（MOVR）在不改变原值的情况下将 IN 中的值传送到 OUT。表 9-2 给出了以上指令的表达形式及操作数。

**表 9-2　字节、字、双字、实数传送指令**

| 指令 | 字节传送 | 字传送 | 双字传送 | 实数传送 |
| --- | --- | --- | --- | --- |
| 指令的表达 | MOVB IN, OUT<br>MOV_B<br>EN ENO<br>IN OUT | MOVW IN,OUT<br>MOV_W<br>EN ENO<br>IN OUT | MOVD IN, OUT<br>MOV_DW<br>EN ENO<br>IN OUT | MOVR IN, OUT<br>MOV_R<br>EN ENO<br>IN OUT |
| 操作数的含义及范围 | IN：IB、QB、VB、MB、SMB、SB、LB、AC、* VD、* AC、* LD、常数<br>OUT：QB、VB、MB、SMB、SB、LB、AC、* VD、* AC、* LD | IN：IW、QW、VW、MW、SMW、SW、T、C、LW、AIW、AC、* VD、* AC、* LD、常数<br>OUT：IW、QW、VW、MW、SW、SMW、T、C、LW、AC、AQW、* VD、* AC、* LD | IN：ID、QD、VD、MD、SMD、SD、LD、AC、HC、&VB、&IB、&QB、&MB、&SB、&T、&C、* VD、* AC、* LD、常数<br>OUT：VD、ID、QD、MD、SMD、SD、LD、AC、* VD、* AC、* LD | IN：VD、ID、QD、MD、SD、SMD、LD、AC、常数、* VD、* AC、* LD<br>OUT：VD、ID、QD、MD、SD、SMD、LD、AC、* VD、* AC、* LD |

注：使 ENO=0 的错误条件，0006（间接寻址）。

2. 字节立即传送指令

字节立即传送指令含字节立即读指令（BIR）及字节立即写（BIW）指令，允许在物理 I/O 和存储器之间立即传送一个字节数据。字节立即读指令（BIR）读物理输入 IN，并存入 OUT，不刷新过程映像寄存器。字节立即写指令（BIW）从存储器 IN 读取数据，写入物理输出，同时刷新相应的过程映像区。表 9-3 给出了字节立即传送指令的表达形式及操作数。

**表 9-3 字节立即传送指令**

| 指令 | 指令的表达 | 操作数的含义及范围 |
|---|---|---|
| 字节立即读指令 | BIR IN, OUT<br>MOV_BIR<br>EN ENO<br>IN OUT | IN：IB*、VD、* AC、* LD<br>OUT：IB、QB VB、MB、SMB、SB、LB、AC、* VD、* AC、* LD |
| 字节立即写指令 | BIR IN, OUT<br>MOV_BIR<br>EN ENO<br>IN OUT | IN：IB、QB、VB、MB、SMB、SB、LB、AC、* VD、* LD、* AC<br>OUT：QB、* VD、* LD、* AC |

注：使 ENO＝0 的错误条件，0006（间接寻址）、不能访问扩展模块。

3. 块传送指令

字节块（BMB）、字块（BMW）和双字块（BMD）传送指令传送指定数量的数据到一个新的存储区，数据的起始地址 IN，数据的长度为 N 个字节、字或双字，新块的起始地址为 OUT。N 的范围从 1～255。表 9-4 给出了块传送指令的表达形式及操作数。

**表 9-4 块传送指令**

| 指令 | 字节的块传送 | 字的块传送 | 双字的块传送 |
|---|---|---|---|
| 指令的表达 | BMB IN, OUT, N<br>BLKMOV_B<br>EN ENO<br>IN OUT<br>N | BMW IN, OUT, N<br>BLKMOV_W<br>EN ENO<br>IN OUT<br>N | BMD IN, OUT, N<br>BLKMOV_D<br>EN ENO<br>IN OUT<br>N |
| 操作数的含义及范围 | IN，OUT：VB、IB、QB、MB、SB、SMB、LB、* VD、* AC、* LD<br>N：VB、IB、QB、MB、SB、SMB、LB、AC、常数、* VD、* AC、* LD | IN：VW、IW、QW、MW、SW、SMW、LW、AIW、T、C、* VD、* AC、* LD<br>OUT：VW、IW、QW、MW、SW、SMW、LW、AQW、T、C、AC、* VD、* AC、* LD<br>N：VB、IB、QB、MB、SB、SMB、LB、AC、常数、* VD、* AC、* LD | IN，OUT：VD、ID、QD、MD、SMD、SD、LD、* VD、* AC、* LD<br>N：VB、IB、QB、MB、SB、SMB、LB、AC、常数、* VD、* AC、* LD |

注：使 ENO＝0 的错误条件，0006（间接寻址）、0091（操作数超出范围）。

## 二、 比较指令

比较指令含数值比较及字符串比较指令，数值比较指令用于比较两个数值，字符串比较指令用于比较两个字符串的 ASCII 码字符。比较指令在程序中主要用于建立控制节点。本节仅说明数值比较指令。

数值比较含 IN1＝IN2，IN1＞＝IN2，IN1＜＝IN2，IN1＞IN2，IN1＜IN2，IN1＜＞IN2 六种情况。被比较的数据可以是字节、整数、双字及实数。其中，字节比较是无符号的。整数、双字、实数的比较是有符号的。

比较指令以触点形式出现在梯形图及指令表中，因而有“LD”“A”“O”三种基本形式。

对于 LAD，当比较结果为真时，指令使触点接通。对于 STL，比较结果为真时，将栈顶值置 1。比较指令为上下限控制及事件的比较判断提供了极大的方便。

表 9-5 为字节比较指令的表达形式及操作数。另有字、双字、实数数值比较指令未列入。

**表 9-5　数值比较指令**

| 触点基本类型 | 从母线取用比较触点 | 串联比较触点 | 并联比较触点 |
| --- | --- | --- | --- |
| (以字节比较为例)<br>─┤==B├─<br>─┤<>B├─<br>─┤>=B├─<br>─┤<=B├─<br>─┤>B├─<br>─┤<B├─ | LDB==IN1, IN2<br>IN1 ─┤==B├─ IN2 | LD BIT<br>AB==IN1, IN2<br>N ─┤├─┤==B├─ IN1 IN2 | LD BIT<br>OB==IN1, IN2<br>N ─┤├─<br>IN1 ─┤==B├─ IN2 |
|  | LDB＝,LDB＜,<br>LDB＞,LDB＜＞,<br>LDB＜＝,LDB＞＝ | AB＝,AB＜,<br>AB＞,AB＜＞,<br>AB＜＝,AB＞＝ | OB＝,OB＜,<br>OB＞,OB＜＞,<br>OB＜＝,OB＞＝ |
| 操作数的含义及范围 | IN1、IN2:(BYTE)IB、QB、VB、MB、SMB、SB、LB、AC、* VD、* LD、* AC、常数<br>IN1、IN2:(INT)VW、IW、QW、MW、SW、SMW、LW、AIW、T、C、AC、* VD、* AC、* LD、常数<br>IN1、IN2:(DINT)ID、QD、VD、MD、SMD、SD、LD、AC、* VD、* LD、* AC、HC、常数<br>IN1、IN2:(REAL)ID、QD、VD、MD、SMD、SD、LD、AC、* VD、* LD * AC、常数<br>OUT:(BOOL)I、Q、V、M、SM、S、T、C、L、能流 | | |

## 三、传送比较指令应用实例

在以下的例子中，比较指令用来建立控制节点，本例是时间点，也可以是其他物理量值的控制节点。而传送指令用来直接向输出口送数，这是将通常作为位元件使用的输出口看成是一个字节或字，实现输出口控制的方法。

**【例 9-1】** 彩灯 6 只分接于 Q0.0～Q0.5，开始工作后，Q0.0 先亮，以后每隔 2s 依次点亮 1 盏灯，直到 6 盏灯全亮 2s 后，每隔 2s 熄灭 1 盏灯，直到 6 盏灯全熄 2s 后再循环。图 9-2 是本例的梯形图。本例采用时基脉冲结合计数器建立每隔 2s 一个的时间点，采用向输出口送数方式实现灯的点亮及熄灭。

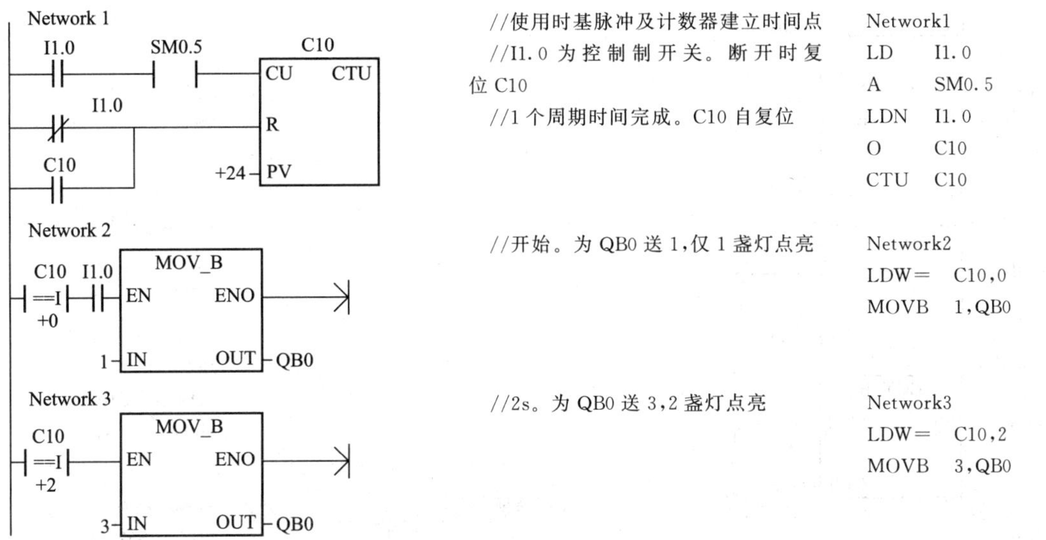


图 9-2

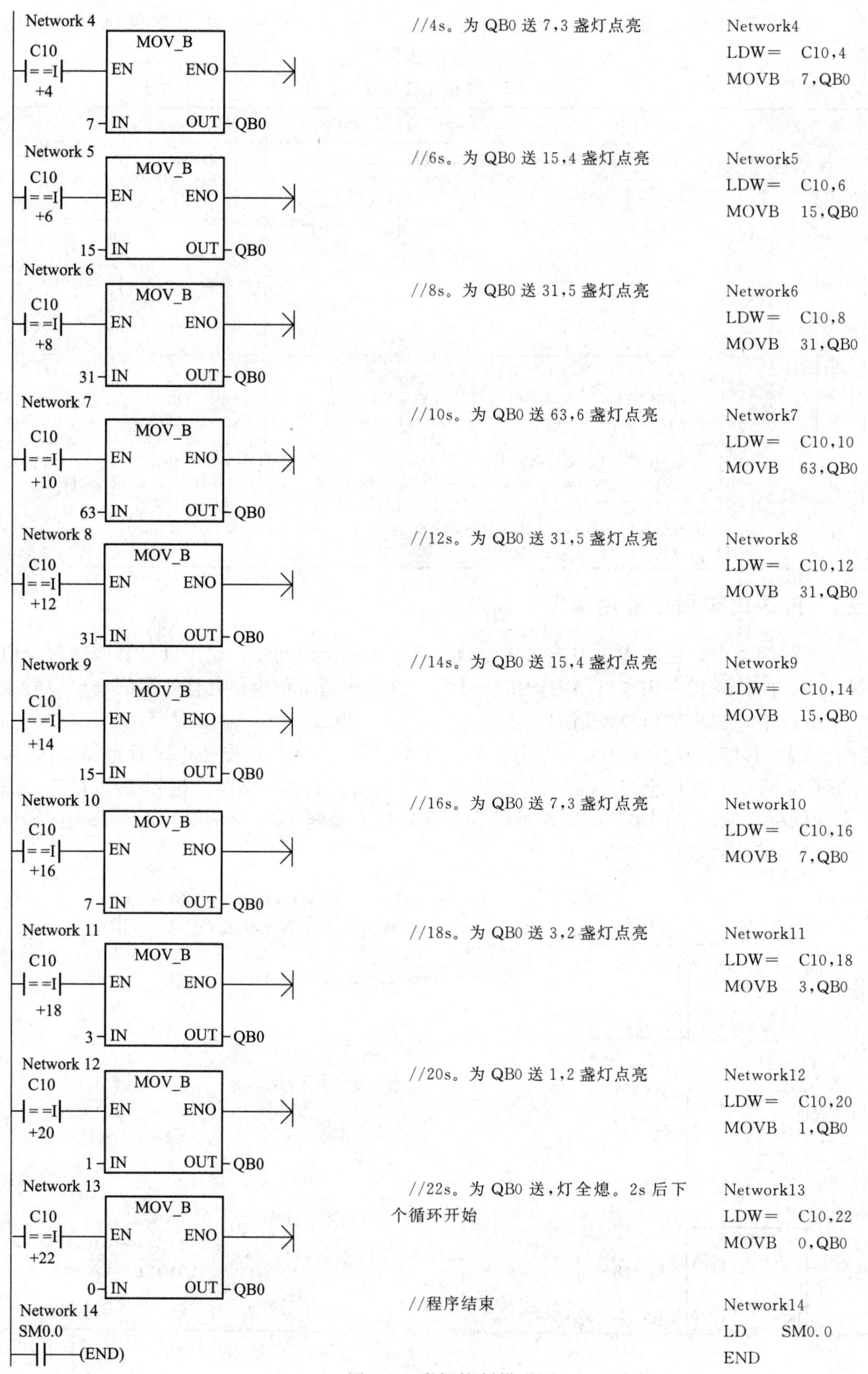
Network 4
C10
==I
+4
MOV_B
EN ENO
7 IN OUT QB0
//4s。为 QB0 送 7,3 盏灯点亮
Network4
LDW= C10,4
MOVB 7,QB0
Network 5
C10
==I
+6
MOV_B
EN ENO
15 IN OUT QB0
//6s。为 QB0 送 15,4 盏灯点亮
Network5
LDW= C10,6
MOVB 15,QB0
Network 6
C10
==I
+8
MOV_B
EN ENO
31 IN OUT QB0
//8s。为 QB0 送 31,5 盏灯点亮
Network6
LDW= C10,8
MOVB 31,QB0
Network 7
C10
==I
+10
MOV_B
EN ENO
63 IN OUT QB0
//10s。为 QB0 送 63,6 盏灯点亮
Network7
LDW= C10,10
MOVB 63,QB0
Network 8
C10
==I
+12
MOV_B
EN ENO
31 IN OUT QB0
//12s。为 QB0 送 31,5 盏灯点亮
Network8
LDW= C10,12
MOVB 31,QB0
Network 9
C10
==I
+14
MOV_B
EN ENO
15 IN OUT QB0
//14s。为 QB0 送 15,4 盏灯点亮
Network9
LDW= C10,14
MOVB 15,QB0
Network 10
C10
==I
+16
MOV_B
EN ENO
7 IN OUT QB0
//16s。为 QB0 送 7,3 盏灯点亮
Network10
LDW= C10,16
MOVB 7,QB0
Network 11
C10
==I
+18
MOV_B
EN ENO
3 IN OUT QB0
//18s。为 QB0 送 3,2 盏灯点亮
Network11
LDW= C10,18
MOVB 3,QB0
Network 12
C10
==I
+20
MOV_B
EN ENO
1 IN OUT QB0
//20s。为 QB0 送 1,2 盏灯点亮
Network12
LDW= C10,20
MOVB 1,QB0
Network 13
C10
==I
+22
MOV_B
EN ENO
0 IN OUT QB0
//22s。为 QB0 送,灯全熄。2s 后下个循环开始
Network13
LDW= C10,22
MOVB 0,QB0
Network 14
SM0.0
(END)
//程序结束
Network14
LD SM0. 0
END

图 9-2 彩灯控制梯形图

# 第三节　数学运算类指令及应用

数学运算类指令含四则运算指令、数学功能指令和递增、递减指令及逻辑运算等指令，是实现数据运算的主体指令。四则运算含整数、双整数、实数四则运算，一般源操作数与目标操作数具有一致性，但也有整数运算产生双整数的指令。数学功能指令含三角函数、对数及指数、平方根等指令。递增、递减指令中常用的有加 1、减 1 指令。运算类指令与存储器及标志位的关系密切，使用时需注意。

## 一、　四则运算指令

1. 整数四则运算指令

整数四则运算指令把两个 16 位整数运算后产生一个 16 位结果（OUT）。整数除法不保留余数。表 9-6 为整数四则运算指令的表达形式及操作数。

在 LAD 中：IN1+IN2=OUT，IN1−IN2=OUT，IN1 * IN2=OUT，IN1/IN2=OUT。

在 STL 中：IN1 + OUT = OUT，OUT − IN2 = OUT，IN1 * OUT = OUT，OUT/IN2=OUT。

**表 9-6　整数四则运算指令**

| | 整数加 | 整数减 | 整数乘 | 整数除 |
|---|---|---|---|---|
| 指令的表达形式 | +I IN1, OUT<br>ADD_I<br>EN ENO<br>IN1 OUT<br>IN2 | −I IN2, OUT<br>SUB_I<br>EN ENO<br>IN1 OUT<br>IN2 | *I IN1, OUT<br>MUL<br>EN ENO<br>IN1 OUT<br>IN2 | /I IN2, OUT<br>DIV<br>EN ENO<br>IN1 OUT<br>IN2 |
| 操作数的含义及范围 | IN1、IN2：VW、IW、QW、MW、SW、SMW、LW、AIW、T、C、AC、常数、* VD、* AC、* LD<br>OUT：VW、QW、MW、SW、SMW、LW、T、C、AC、* VD、* AC、* LD | | | |

注：使 ENO=0 的错误条件是，SM1.1（溢出）、SM1.3（被零除）、0006（间接寻址）。受影响的 SM 标志位：SM1.0（结果为零）、SM1.1（溢出）、SM1.2（负）、SM1.3（被零除）。

图 9-3 是包含加、乘、除运算的一段梯形图。图中给出了运算相关存储单元内的数据情况。

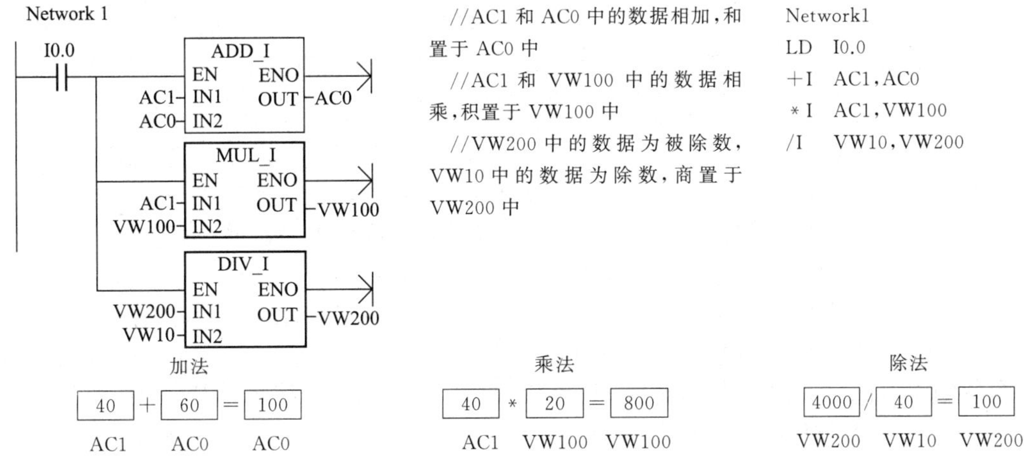


图 9-3　整数运算指令程序举例

2. 双整数四则运算指令

双整数的四则运算指令把两个32位整数运算后产生一个32位结果（OUT）。双整数除法不保留余数。表9-7为双整数四则运算指令的表达形式及操作数。

在LAD中：IN1+IN2=OUT，IN1－IN2=OUT，IN1 * IN2=OUT，IN1/IN2=OUT。

在STL中：IN1＋OUT=OUT，OUT－IN2＝OUT，IN1 * OUT ＝OUT，OUT/IN2＝OUT。

**表9-7 双整数四则运算**

| | 双整数加 | 双整数减 | 双整数乘 | 双整数除 |
|---|---|---|---|---|
| 指令的表达形式 | +D IN1, OUT<br>ADD_DI<br>EN ENO<br>IN1 OUT<br>IN2 | －D IN2, OUT<br>SUB_DI<br>EN ENO<br>IN1 OUT<br>IN2 | *D IN1, OUT<br>MUL<br>EN ENO<br>IN1 OUT<br>IN2 | /D IN2, OUT<br>DIV_DI<br>EN ENO<br>IN1 OUT<br>IN2 |
| 操作数的含义及范围 | IN1、IN2：ID、QD、VD、MD、SMD、SD、LD、AC、HC、常数、* VD、* AC、* LD<br>OUT：ID、QD、VD、MD、SD、SMD、LD、AC、* VD、* AC、* LD | | | |

注：使ENO=0的错误条件是，SM1.1（溢出）、SM1.3（被零除）、0006（间接寻址）。受影响的SM标志位：SM1.0（结果为零）、SM1.1（溢出）、SM1.2（负）、SM1.3（被零除）。

3. 实数四则运算指令

实数四则运算指令把两个32位实数运算后产生一个32位实数结果（OUT）。实数四则运算指令的表达形式及操作数如表9-8所示。

在LAD中：IN1+IN2=OUT，IN1－IN2=OUT，IN1 * IN2=OUT，IN1/IN2=OUT。

在STL中：IN1＋OUT=OUT，OUT－IN2＝OUT，IN1 * OUT ＝OUT，OUT/IN2＝OUT。

**表9-8 实数四则运算指令**

| | 实数加 | 实数减 | 实数乘 | 实数除 |
|---|---|---|---|---|
| 指令的表达形式 | +R IN1, OUT<br>ADD_R<br>EN ENO<br>IN1 OUT<br>IN2 | －R IN2, OUT<br>SUB_R<br>EN ENO<br>IN1 OUT<br>IN2 | *R IN1, OUT<br>MUL_R<br>EN ENO<br>IN1 OUT<br>IN2 | /R IN2, OUT<br>DIV_R<br>EN ENO<br>IN1 OUT<br>IN2 |
| 操作数的含义及范围 | IN1、IN2：(REAL) ID、QD、VD、MD、SMD、SD、LD、AC、常数、* VD、* AC、* LD<br>OUT：QD、VD、MD、SD、SMD、LD、AC、* VD、* AC、* LD | | | |

注：使ENO=0的错误条件是，SM1.1（溢出）、SM1.3（被零除）、0006（间接寻址）。受影响的SM标志位：SM1.0（结果为零）；SM1.1（溢出）；SM1.2（负）SM1.3（被零除）。

图9-4是实数运算的一段梯形图。图中给出了运算相关存储单元内的数据情况。

4. 整数乘法产生双整数和带余数的整数除法

整数乘法产生双整数指令。将两个16位整数相乘，得到32位结果（OUT）。

在LAD中，IN1 * IN2=OUT。在STL中，IN1 * OUT ＝OUT。

带余数的整数除法指令，将两个16位整数相除，得到32位结果，其中16位为余数（高16位字节），另外16位为商（低16位字节）。

在LAD中，IN1/IN2=OUT。在STL中，OUT /IN2 ＝OUT。以上两指令的表达形式及操作数如表9-9所示。

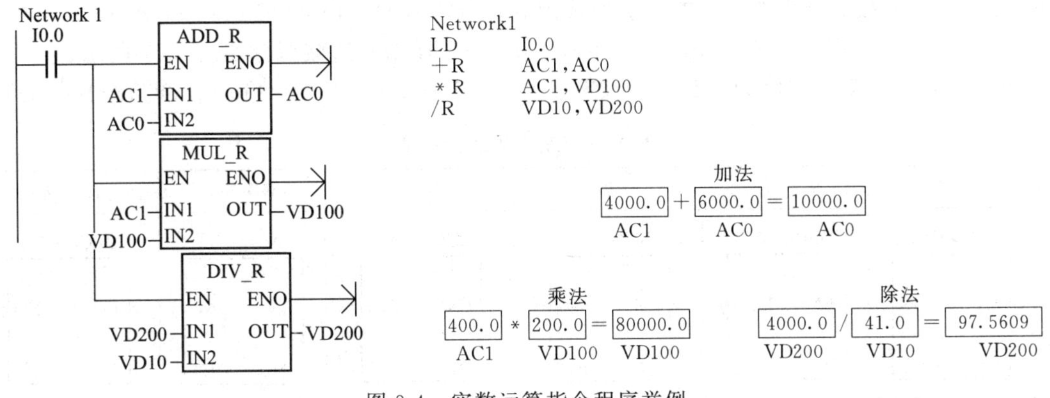


图 9-4　实数运算指令程序举例

**表 9-9　整数乘法产生双整数和带余数的整数除法指令**

| 指令 | 整数乘产生双整数 | 带余数的整数除法 | 操作数的含义及范围 |
|---|---|---|---|
| 指令的表达形式 | MUL IN1, OUT<br>MUL<br>EN　ENO<br>IN1　OUT<br>IN2 | DIV IN2, OUT<br>DIV<br>EN　ENO<br>IN1　OUT<br>IN2 | IN1、IN2：(INT) VW、IW、QW、MW、SW、SMW、LW、AIW、T、C、AC、常数、* VD、* AC、* LD<br>OUT：(DINT) VD、QD、MD、SD、SMD、LD、AC、* VD、* AC、* LD |

注：使 ENO=0 的错误条件是，SM1.1（溢出）、SM1.3（被 0 除）、0006（间接寻址），受影响的 SM 标志位：SM1.0（结果为零）、SM1.1（溢出）、SM1.2（结果为负）、SM1.3（被 0 除）。

## 二、 数学功能指令

正弦（SIN）、余弦（COS）和正切（TAN）指令计算角度值 IN 的三角函数值，并将结果存放在 OUT 中，输入角度为弧度值。自然对数指令（LN）计算输入值 IN 的自然对数，并将结果存放在 OUT 中。自然指数指令（EXP）计算输入值 IN 为指数的自然指数值，并将结果存放在 OUT 中。平方根指令（SQRT）计算实数 IN 的平方根，结果存放在 OUT 中。数学功能指令如表 9-10 所示。

在 LAD 及 STL 中，SIN(IN)=OUT，COS(IN)=OUT，TAN(IN)=OUT，LN(IN)=OUT，EXP(IN)=OUT，SQRT(IN)=OUT。

**表 9-10　数学功能指令**

| 正弦 | 余弦 | 正切 | 自然对数 | 自然指数 | 平方根 |
|---|---|---|---|---|---|
| SIN IN,OUT | COS IN,OUT | TAN IN,OUT | LN IN,OUT | EXP IN,OUT | SQRT IN,OUT |
| SIN<br>EN　ENO<br>IN　OUT | COS<br>EN　ENO<br>IN　OUT | TAN<br>EN　ENO<br>IN　OUT | LN<br>EN　ENO<br>IN　OUT | EXP<br>EN　ENO<br>IN　OUT | SQRT<br>EN　ENO<br>IN　OUT |
| 指令的表达形式 | IN：(REAL) ID、QD、VD、MD、SMD、SD、LD、AC、* VD、* LD、* AC、常数<br>OUT：(REAL) ID、QD、VD、MD、SMD、SD、LD、AC、* VD、* LD、* AC | | | | |

注：使 ENO=0 的错误条件是，SM1.1（溢出）、0006（间接寻址）。受影响的 SM 标志位：SM1.0（结果为零）、SM1.1（溢出）、SM1.2（结果为负）。

## 三、 递增和递减指令

字节、字、双字递增或递减指令把输入字节（IN）加 1 或减 1，并把结果存放到输出单元

(OUT)。字节增减指令是无符号的；字增减指令是有符号的（16＃7FFF＞16＃8000)；双字增减指令是有符号的（16＃7FFFFFFF＞16＃80000000)。递增和递减指令如表9-11所示。

在LAD中，IN+1=OUT，IN－1=OUT。在STL中，OUT+1=OUT，OUT－1=OUT。

**表 9-11 递增和递减指令**

| 指令 | 字节加1 | 字节减1 | 字加1 | 字减1 | 双字加1 | 双字减1 |
|---|---|---|---|---|---|---|
| 指令表达形式 | INCB OUT<br>INC_B: EN ENO, IN OUT | DECB OUT<br>DEC_B: EN ENO, IN OUT | INCW OUT<br>INC_W: EN ENO, IN OUT | DECW OUT<br>DEC_W: EN ENO, IN OUT | INCD OUT<br>INC_DW: EN ENO, IN OUT | DECD OUT<br>DEC_DW: EN ENO, IN OUT |
| 操作数及范围 | IN：(BYTE) VB、IB、QB、MB、SB、SMB、LB、AC、常数、* VD、* AC、* LD<br>OUT：(BYTE) VB、IB、QB、MB、SB、SMB、LB、AC、* VD、* AC、* LD | | IN：(INT) VW、IW、QW、MW、SW、SMW、AC、AIW、LW、T、C、常数、* VD、* AC、* LD<br>OUT：(INT) VW、IW、QW、MW、SW、SMW、LW、AC、T、C、* VD、* AC、* LD | | IN：(DINT) VD、ID、QD、MD、SD、SMD、LD、AC、HC、常数、* VD、* AC、* LD<br>OUT：(DINT) VD、ID、QD、MD、SD、SMD、LD、AC、* VD、* AC、* LD | |

注：使ENO=0的错误条件是，SM1.1（溢出）、0006（间接寻址）。受影响的SM标志位：SM1.0（结果为零）、SM1.1（溢出）、SM1.2（结果为负）。

## 四、 逻辑操作指令

逻辑操作指令用于数据对应位间的逻辑操作，含与、或、异或及取反指令。

1. 字节、字和双字取反指令

字节取反、字取反、双字取反指令，如表9-12所示，将输入（IN）取反的结果存入OUT中。

**表 9-12 字节、字和双字取反指令**

| 指令 | 字节取反 | 字取反 | 双字取反 |
|---|---|---|---|
| 指令表达形式 | INVB IN<br>INV_B: EN ENO, IN OUT | INVW IN<br>INV_W: EN ENO, IN OUT | INVD IN<br>INV_DW: EN ENO, IN OUT |
| 操作数及范围 | IN：IB、QB、VB、MB、SB、SMB、LB、AC、常数、* VD、* AC、* LD<br>OUT：IB、QB、VB、MB、SMB、SB、LB、AC、* VD、* AC、* LD | IN：IW、QW、VW、MW、SW、SMW、LW、T、C、AC、AIW、* VD、* AC、* LD、常数<br>OUT：IW、QW、VW、MW、SW、SMW、LW、AC、T、C、* VD、* AC、* LD | IN：ID、QD、VD、MD、SMD、SD、LD、AC、HC、* VD、* AC、* LD、常数<br>OUT：ID、QD、VD、MD、SMD、SD、LD、AC、* VD、* AC、* LD |

注：使ENO=0的错误条件是，0006（间接寻址）。受影响的SM标志位：SM1.0（结果为零）。

2. 与、或、异或指令

(1) 字节的与、或、异或指令　字节与（ANDB)、字节或（ORB)、字节异或（XORB）指令是对两个输入字节按位与、或、异或，得到一个字节结果（OUT）（表9-13）。

(2) 字的与、或、异或指令　字与（ANDW)、字或（ORW)、字异或（XORW）指令（表9-14）是对两个输入字按位与、或、异或、得到一个字结果（OUT)。

(3) 双字的与、或、异或指令　双字与（ANDD)、双字或（ORD)、双字异或（XORD)

指令（表9-15）对两个输入双字按位与、位或、异或得到一个双字结果（OUT）。

表 9-13 字节的与、或、异或指令

| 指令 | 字节与 | 字节或 | 字节异或 |
|---|---|---|---|
| 指令表达形式 | ANDB IN1, IN2<br>WAND_B<br>EN ENO<br>IN1 OUT<br>IN2 | ORB IN1, IN2<br>WOR_B<br>EN ENO<br>IN1 OUT<br>IN2 | XORB IN1, IN2<br>WXOR_B<br>EN ENO<br>IN1 OUT<br>IN2 |
| 操作数及范围 | IN1,IN2:IB、QB、VB、MB、SB、SMB、LB、AC、常数、* VD、* AC、* LD<br>OUT:IB、QB、VB、MB、SMB、SB、LB、AC、* VD、* AC、* LD | | |

注：使ENO=0的错误条件是，0006（间接寻址）。受影响的SM位：SM1.0（结果为零）。

表 9-14 字的与、或、异或指令

| 指令 | 字 与 | 字 或 | 字异或 |
|---|---|---|---|
| 指令的表达形式 | ANDW IN1, IN2<br>WAND_W<br>EN ENO<br>IN1 OUT<br>IN2 | ORW IN1, IN2<br>WOR_W<br>EN ENO<br>IN1 OUT<br>IN2 | XORW IN1, IN2<br>WXOR_W<br>EN ENO<br>IN1 OUT<br>IN2 |
| 操作数的含义及范围 | IN1,IN2:IW、QW、VW、MW、SW、SMW、LW、T、C、AC、AIW、* VD、* AC、* LD、常数<br>OUT:IW、QW、VW、MW、SW、SMW、LW、AC、T、C、* VD、* AC、* LD | | |

注：使ENO=0的错误条件是，0006（间接寻址）。受影响的SM位：SM1.0（结果为零）。

表 9-15 双字的与、或、异或指令

| 指令 | 双字与 | 双字或 | 双字异或 |
|---|---|---|---|
| 指令的表达形式 | ANDD IN1, IN2<br>WAND_DW<br>EN ENO<br>IN1 OUT<br>IN2 | ORD IN1, IN2<br>WOR_DW<br>EN ENO<br>IN1 OUT<br>IN2 | XORD IN1, IN2<br>WXOR_DW<br>EN ENO<br>IN1 OUT<br>IN2 |
| 操作数的含义及范围 | IN1,IN2:ID、QD、VD、MD、SMD、SD、LD、AC、HC、* VD、* AC、* LD、常数<br>OUT:ID、QD、VD、MD、SD、SMD、LD、AC、* VD、* AC、* LD | | |

注：使ENO=0的错误条件是，0006（间接寻址）。受影响的SM位：SM1.0（结果为零）。

## 五、 数学运算指令应用实例

对测控系统现场数据的运算是数学运算指令最常见的应用。以下介绍逻辑处理指令用于输出口位数据集中处理的例子。

**【例9-2】** 某机场有十二只指示灯、接于QW0的12个输出口上，一般情况下有的灯是亮的、有的灯是灭的。但机场有时需将灯全部打开、有时需将灯全部关闭。现拟采用接于输入口I1.0的开关作为打开全部灯的开关、输入口I1.1所接开关作为关闭所有灯的开关。设计了图9-5所示的梯形图。图9-6中开灯字为1的位与灯在QW0中的位置排列相同、关灯字中为0的位与灯在QW0中的排列相同。梯形图的编程思想为使用开灯字及关灯字与灯的现实点亮状态“相或”及“相与”实现灯的全体开闭。

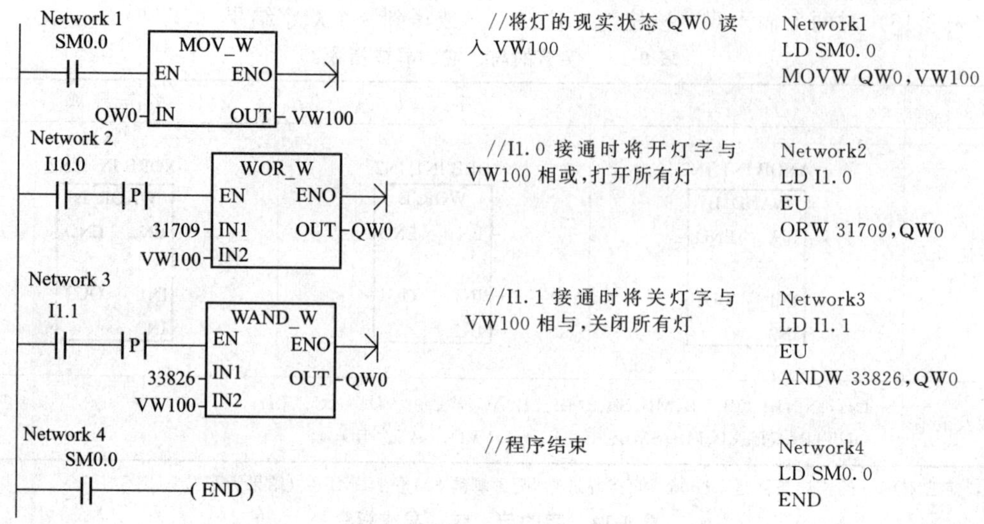


图 9-5 机场灯控制梯形图

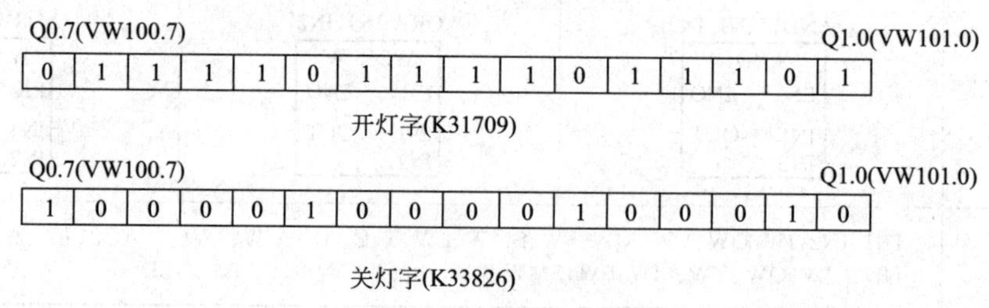


图 9-6 机场灯开灯字及关灯字

## 第四节 数据处理类指令及应用

数据处理指令是除传送比较及数学运算外直接处理数据的指令。其中转换类指令用于数据格式及长度的转换；移位是运算的一种常用方式；编解码指令用于存储单元位号的解读。这些指令在数据的输入输出、存储、显示中有很重要的应用。

### 一、 标准转换指令

标准转换指令见表 9-16、表 9-17。其中，四舍五入指令及取整指令用于实数向整数的转换，段码指令用于数据转换为七段码显示器所需的编码方式的场合。

对以上指令说明如下。

字节转换为整数指令是将字节值转换成整数存入 OUT 指定变量中，字节是无符号的，没有符号扩展位。

整数转换为字节指令将整数值转换成字节存入 OUT 指定变量中，只有 0～255 中值被转换，其他值会溢出且输出不变。

整数转换为双整数指令是将整数值转换成双整数存入 OUT 指定变量中，符号位扩展到高字节中。

双整数转换为整数指令将双整数值转换成整数存入 OUT 指定变量中，所转换的数值太大以至于无法在输出中表示时，则溢出标志置位且输出不变。

表 9-16　标准转换指令 1

| 指令 | | 字节转换为整数 | 整数转换为字节 | 整数转换为双整数 | 双整数转换为整数 | 双整数转换为实数 | BCD 码转换为整数 | 整数转换为 BCD 码 |
|---|---|---|---|---|---|---|---|---|
| 指令形式 | | BTI IN,OUT | IBT IN,OUT | ITD IN,OUT | DTI IN,OUT | DTR IN,OUT | BCDI OUT | IBCD OUT |
| | | B_I<br>EN ENO<br>IN OUT | I_B<br>EN ENO<br>IN OUT | I_DI<br>EN ENO<br>IN OUT | DI_I<br>EN ENO<br>IN OUT | DI_R<br>EN ENO<br>IN OUT | BCD_I<br>EN ENO<br>IN OUT | I_BCD<br>EN ENO<br>IN OUT |
| 操作数 | IN | BYTE:IB、QB、VB、MB、SMB、SB、LB、AC、* VD、* LD、* AC、常数 | | | | | | |
| | | WORD、INT:IW、QW、VW、MW、SMW、SW、T、C、LW、AIW、AC、* VD、* LD、* AC、常数 | | | | | | |
| | | DINT:ID、QD、VD、MD、SMD、SD、LD、HD、AC、* VD、* LD、* AC、常数 | | | | | | |
| | | REAL:ID、QD、VD、MD、SMD、SD、LD、AC、* VD、* LD、* AC、常数 | | | | | | |
| | OUT | BYTE:IB、QB、VB、MB、SMB、SB、LB、AC、* VD、* LD、* AC | | | | | | |
| | | WORD、INT:IW、QW、VW、MW、SMW、SW、T、C、LW、AC、* VD、* LD、* AC | | | | | | |
| | | DINT、REAL:ID、QD、VD、SMD、SD、LD、AC、* VD、* LD、* AC | | | | | | |

注：字节转换为整数、整数转换为双整数、双整数转换为实数使 ENO=0 的错误条件是，0006（间接寻址）。整数转换为字节、双整数转换为整数使 ENO=0 的错误条件：SM1.1（溢出）、0006 间接寻址、SM1.1 溢出。BCD 码转换为整数使 ENO=0 的错误条件：SM1.6（无效的 BCD 码）、0006（间接寻址）。

表 9-17　标准转换指令 2

| 指令 | 四舍五入指令 | 取 整 指 令 | 段 码 指 令 |
|---|---|---|---|
| 指令形式 | TRUNC IN,OUT<br>TRUNC<br>EN ENO<br>IN OUT | ROUND IN,OUT<br>ROUND<br>EN ENO<br>IN OUT | SEG IN,OUT<br>SEG<br>EN ENO<br>IN OUT |
| 操作数 | IN:ID、QD、VD、MD、SMD、SD、LD、AC、* VD、* LD、* AC、常数<br>OUT:IW、QW、VW、MW、SMW、SW、T、C、LW、AIW、AC、* VD、* LD、* AC、常数 | | 无 |

注：四舍五入、取整指令使 ENO=0 的错误条件是，SM1.1（溢出）、SM4.3（运行时间）、0006（间接寻址）。受影响的 SM 标志位：SM1.1（溢出）。段码指令使 ENO=0 的错误条件：0006（间接寻址）。

双整数转换为实数指令将 32 位符号整数转换成 32 位实数存入 OUT 指定变量中。

BCD 码转为整数指令将 BCD 码（整数）转换为整数（二进制）。整数转换为 BCD 码指令将二进制整数转换成 BCD 码，结果均存在 OUT 指定的变量中，有效输入是 0～9999 的 BCD 码（整数）。

四舍五入指令将实数（IN）转换成 32 位符号整数，将四舍五入的结果存入 OUT 指定的变量中。取整指令将实数（IN）转换成 32 位符号整数（OUT），只有整数的部分被转换（舍去小数部分）。如果转换的值是无效的实数，或太大而输出无法表示，溢出位被置位，输出不变化。段码指令将 IN 中指定的字符转换生成一个符合点亮七段码显示器要求的点阵存入 OUT 指定的变量中。

图 9-7 为标准转换指令程序的例子。Network1 的功能是将存在 C10 中的英寸数转换为厘米改存在 VD12 中。Network2 的功能是将存在 AC0 中的 BCD 码转换为整数。图中给出了存储单元内数据的变化情况，读者可以自己分析。

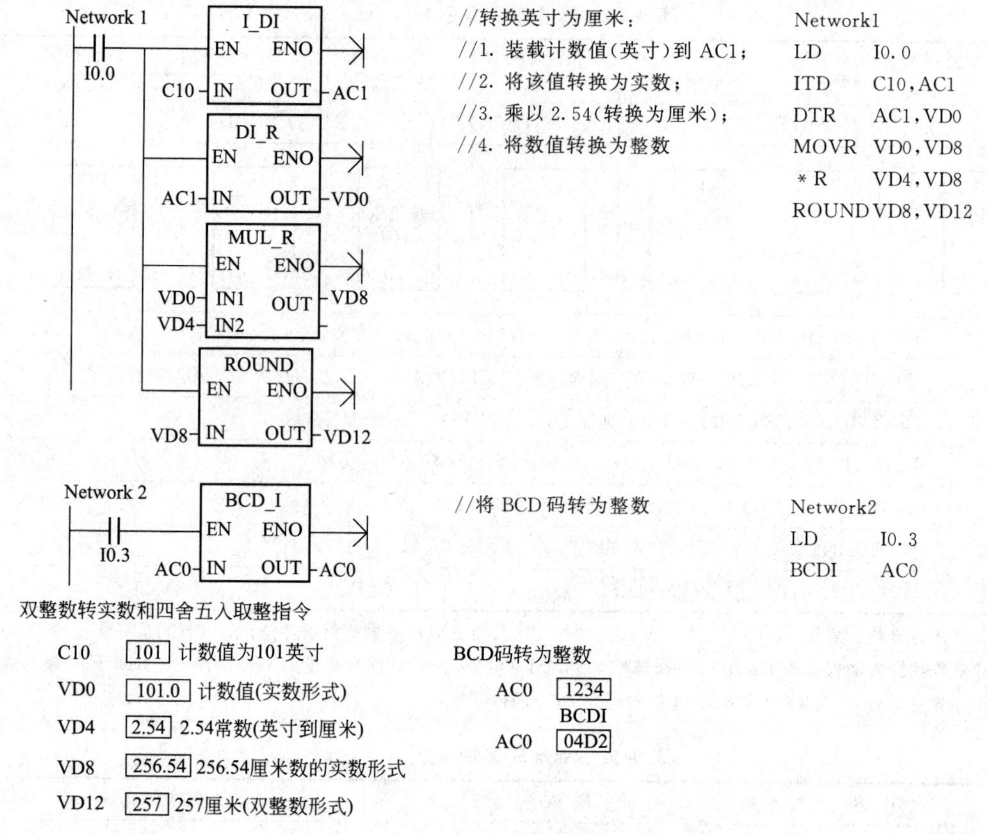


图 9-7 标准转换指令程序举例

## 二、 移位与循环移位指令

移位指令含移位、循环移位、移位寄存器及字节交换等指令。移位指令在程序中可用于某些运算的实现，如乘 2 及除 2 等，可用于取出一数据中的有效位数字，移位寄存器可用于实现步序控制。

1. 字节、字、双字左移和右移指令

字节、字、双字左移或右移指令（见表 9-18）是把输入 IN 左移或右移 N 位后，把结果输出到 OUT 中。移位指令对移出位自动补零。如果所需移位次数 N 大于或等于 8（字节）、16（字）、32（双字）这些移位实际最大值，则按最大值移位。如果所需移位次数大于零，那么溢出位（SM1.1）上就是最近移出的位值。如果移位操作的结果是 0，零存储器位（SM1.0）就置位。字节左移位或右移位操作是无符号的。对于字和双字操作，当使用符号数据时，符号位也被移动。

2. 字节、字、双字循环移位指令

字节、字、双字循环左移位或循环移位指令（见表 9-19）把输入 IN（字节、字、双字）循环左移或循环右移 N 位，把结果输出到 OUT 中。如果所需移位次数 N 大于或等于最大允许值（对于字节操作为 8、对于字操作为 16、对于双字操作为 32），那么在执行循环移位前，先对 N 执行取模操作，得到一个有效的移位次数。取模结果对于字节操作为 0～7，对于字操作为 0～15，对于双字操作为 0～31。如果移位次数为 0，循环移位指令不执行。循环移位指令执行后，最后一位的值会复制到溢出标志位（SM1.1）。如果移位次数不是 8

（字节）、16（字）、32（双字）的整数倍，最后被移出的位就会被复制到溢出标志位（SM1.1）。如果移位的结果是 0，零标志位（SM1.0）被置位。

**表 9-18 字节、字、双字左移和右移指令**

| 指令 | 字节右移指令 | 字节左移指令 | 字右移指令 | 字左移指令 | 双字右移指令 | 双字左移指令 |
|---|---|---|---|---|---|---|
| 指令表达形式 | SRB OUT,IN<br>SHR_B: EN ENO, IN OUT, N | SLB OUT,IN<br>SHL_B: EN ENO, IN OUT, N | SRW OUT,IN<br>SHR_W: EN ENO, IN OUT, N | SLW OUT,IN<br>SHL_W: EN ENO, IN OUT, N | SRD OUT,IN<br>SHR_DW: EN ENO, IN OUT, N | SLD OUT,IN<br>SHL_DW: EN ENO, IN OUT, N |
| 操作数 | IN：IB、QB、VB、MB、SMB、SB、LB、AC、* VD、* AC、* LD、常数<br>OUT：IB、QB、VB、MB、SMB、SB、LB、AC、* VD、* AC、* LD | | IN：IW、QW、VW、MW、SMW、SW、T、C、LW、AC、AIW、* VD、* AC、* LD、常数<br>OUT：IW、QW、VW、MW、SW、SMW、T、C、LW、AC、* VD、* AC、* LD | | IN：ID、QD、VD、MD、SMD、SD、LD、AC、HC、* VD、* AC、* LD、常数<br>OUT：ID、QD、VD、MD、SD、SMD、LD、AC、* VD、* AC、* LD | |
| | N：IB、QB、VB、MB、SB、SMB、LB、AC、* VD、* AC、* LD、常数 | | | | | |

注：使 ENO=0 的错误条件是，0006（间接寻址）。受影响的 SM 标志位：SM1.0（零）；SM1.1（溢出）。

**表 9-19 字节、字、双字循环移位指令**

| 指令 | 字节循环右移 | 字节循环左移 | 字循环右移 | 字循环左移 | 双字循环右移 | 双字循环左移 |
|---|---|---|---|---|---|---|
| 指令表达形式 | RRB OUT,IN<br>ROR_B: EN ENO, IN OUT, N | RLB OUT,IN<br>ROL_B: EN ENO, IN OUT, N | RRW OUT,IN<br>ROR_W: EN ENO, IN OUT, N | RLW OUT,IN<br>ROL_W: EN ENO, IN OUT, N | RRD OUT,IN<br>ROR_DW: EN ENO, IN OUT, N | RLD OUT,IN<br>ROL_DW: EN ENO, IN OUT, N |
| 操作数 | IN：VB、IB、QB、MB、SB、SMB、LB、AC、* VD、* AC、* LD<br>OUT：VB、IB、QB、MB、SB、SMB、LB、AC、* VD、* AC、* LD | | IN：VW、T、C、IW、MW、SMW、AC、QW、LW、AIW、常数、SW、* VD、* AC、* LD<br>OUT：VW、T、C、IW、QW、MW、SMW、SW、LW、AC、* VD、* AC、* LD | | IN：VD、ID、QD、MD、SMD、LD、AC、HC、常数、SD、* VD、* AC、* LD<br>OUT：VD、ID、QD、MD、SMD、LD、AC、SD、* VD、* AC、* LD | |
| | N：VB、IB、QB、MB、SB、SMB、LB、AC、常数、* VD、* AC、* LD | | | | | |

注：使 ENO=0 的错误条件是，0006（间接寻址）。受影响的标志位：SM1.0（结果为零）。SM1.1（溢出）。

字节操作是无符号的。对于字及双字操作，当使用符号数据时，符号位也被移位。

图 9-8 为移位和循环移位指令举例。

3. 移位寄存器指令和字节交换指令

移位寄存器指令（SHRB）把输入的 DATA 数值移入移位寄存器，而该移位寄存器是由 S-BIT 和 N 决定的。其中 S-BIT 指定移位寄存器的最低位，N 指定移位寄存器的长度和移位的方向（正向移位=N、反向移位=−N）。SHRB 指令移出的每一位都相继被放在溢出位（SM1.1）。

字节交换指令用来交换输入字 IN 的高字节内容和低字节内容。

移位寄存器指令和字节交换指令的表达形式及操作数见表 9-20。

## 三、 编码和译码指令

编码指令（ENCO）将输入字（IN）的最低有效位的位号写入输出字节（OUT）的低四位。译码指令（DECO）根据输入字节（IN）的低四位所表示的位号置输出字（OUT）的相应位为 1，其他清 0。编码和译码指令的形式及操作数见表 9-21。

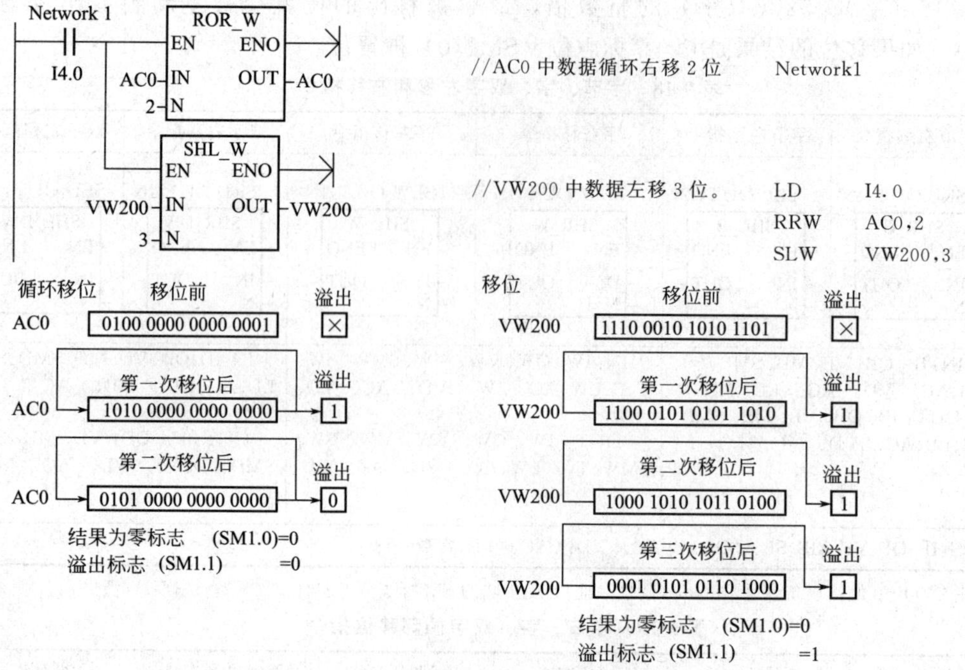


图 9-8　移位和循环移位指令举例

**表 9-20　移位寄存器指令和字节交换指令**

| 指令的表达形式 | | 操作数的含义及范围 |
|---|---|---|
| 移位寄存器指令 | SHRB DATA,S-BIT,N<br>SHRB<br>EN ENO<br>DATA<br>SBIT<br>N | DATA、S-BIT：I、Q、V、M、SM、S、T、C、L<br>N：IB、QB、VB、MB、SMB、SB、LB、AC、*VD、*AC、*LD、常数 |
| 字节交换指令 | SWAP IN<br>SWAP<br>EN ENO<br>IN | IN：IW、QW、VW、MW、SMW、SW、T、C、LW、AC、*VD、*AC、*LD |

注：移位寄存器指令使 ENO=0 的错误条件是，0006（间接寻址）、0091（操作数超出范围）、0092（计数区错误）。受影响的 SM 标志位：SM1.1（溢出）。

字节交换指令使 ENO=0 的错误条件是：0006（间接寻址）。

**表 9-21　编码和译码指令**

| | 指 令 形 式 | 操 作 数 | |
|---|---|---|---|
| 编码 | ENCO IN,OUT<br>ENCO<br>EN ENO<br>IN OUT | IN | BYTE：IB、QB、VB、MB、SMB、SB、LB、AC、*VD、*LD 常数 |
| | | | WORD：IW、QW、VW、MW、SMW、SW、T、C、LW、AC、AIW、*VD、*LD、*AC、常数 |

续表

| | 指令形式 | 操作数 | |
|---|---|---|---|
| 译码 | DECO IN,OUT<br>DECO<br>EN ENO<br>IN OUT | OUT | BYTE：IB、QB、VB、MB、SMB、SB、LB、AC、* VD、* LD、* AC |
| | | | WORD：IW、QW、VW、MW、SMW、SW、T、C、LW、AC、AQW、* VD、* LD、* AC |

注：使 ENO=0 的错误条件，0006（间接寻址）。

图 9-9 给出了译码和编码指令程序举例。

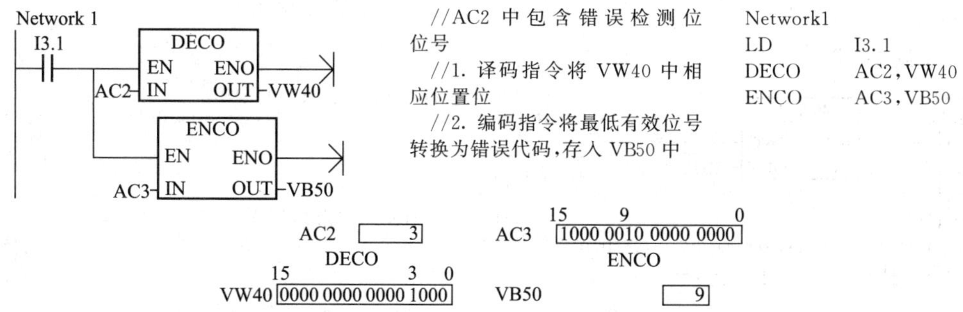


图 9-9 译码和编码指令程序举例

## 四、 数据处理指令应用实例

以下是数据处理指令在逻辑控制中应用的例子。台车控制是用移位指令实现顺序控制的，单按钮控制 5 台电动机启停应用的是编译码指令。

**【例 9-3】** 台车控制例 图 9-10 所示台车一个工作周期的动作要求如下。

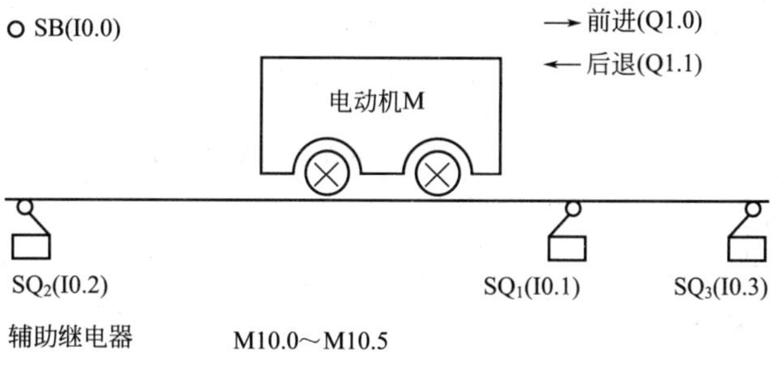


图 9-10 台车自动往返工况示意图

① 按下启动按钮 SB（I0.0）、台车电动机 M 正转（Q1.0）、台车第一次前进、碰到限位开关 $SQ_1$（I0.1）后台车电动机 M 反转（Q1.1）、台车后退。

② 台车后退碰到限位开关 $SQ_2$（I0.2）后、台车电动机 M 停转。停 5s 后、第二次前进、碰到限位开关 $SQ_3$（I0.3）、再次后退。

③ 当后退再次碰到限位开关 $SQ_2$（I0.2）时、台车停止。

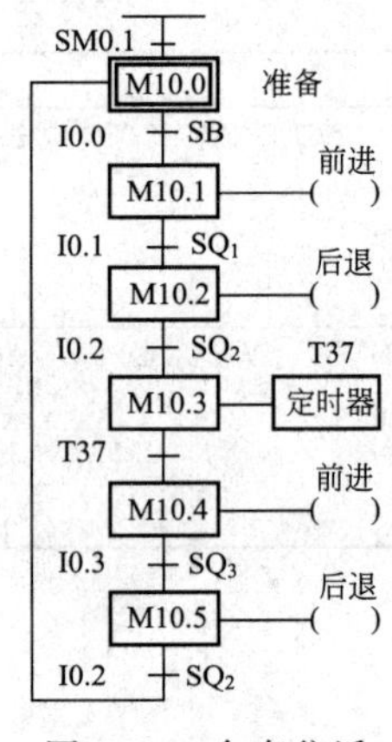

图 9-11 台车往返控制步序图

台车工作的步序图如图 9-11 所示、现使用移位指令形成步序之间的转移。相关梯形图见图 9-12。

另外、乘 2 指令也可以实现二进制数据中“1”的移动、也可以用于步序控制。

**【例 9-4】** 单按钮控制 5 台电动机启停 5 台电动机接于 Q1.1～Q1.5，使用单按钮控制启停。按钮接于 I1.0，具体操作方法为：按钮数次，最后一次保持 2s 以上，则号码与按钮的次数相同的电动机运行，再按按钮，电动机停止。图 9-13 为本例的梯形图程序。

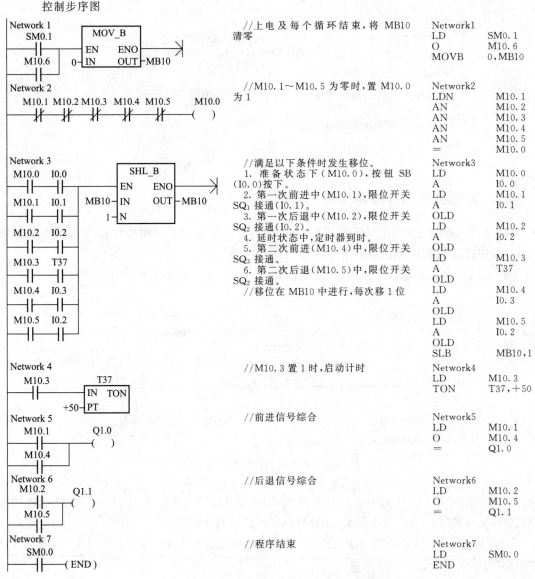

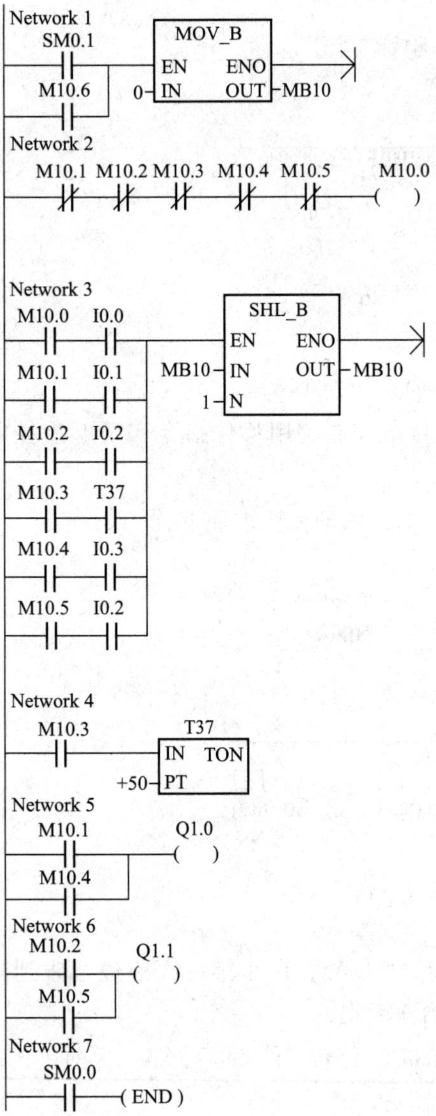

| 注释 | 语句表 |
|---|---|
| //上电及每个循环结束，将 MB10 清零 | Network1<br>LD SM0.1<br>O M10.6<br>MOVB 0,MB10 |
| //M10.1～M10.5 为零时，置 M10.0 为 1 | Network2<br>LDN M10.1<br>AN M10.2<br>AN M10.3<br>AN M10.4<br>AN M10.5<br>= M10.0 |
| //满足以下条件时发生移位。<br>1. 准备状态下（M10.0），按钮 SB（I0.0）按下。<br>2. 第一次前进中（M10.1），限位开关 $SQ_1$ 接通（I0.1）。<br>3. 第一次后退中（M10.2），限位开关 $SQ_2$ 接通（I0.2）。<br>4. 延时状态中，定时器到时。<br>5. 第二次前进（M10.4）中，限位开关 $SQ_3$ 接通。<br>6. 第二次后退（M10.5）中，限位开关 $SQ_2$ 接通。<br>//移位在 MB10 中进行，每次移 1 位 | Network3<br>LD M10.0<br>A I0.0<br>LD M10.1<br>A I0.1<br>OLD<br>LD M10.2<br>A I0.2<br>OLD<br>LD M10.3<br>A T37<br>OLD<br>LD M10.4<br>A I0.3<br>OLD<br>LD M10.5<br>A I0.2<br>OLD<br>SLB MB10,1 |
| //M10.3 置 1 时，启动计时 | Network4<br>LD M10.3<br>TON T37,+50 |
| //前进信号综合 | Network5<br>LD M10.1<br>O M10.4<br>= Q1.0 |
| //后退信号综合 | Network6<br>LD M10.2<br>O M10.5<br>= Q1.1 |
| //程序结束 | Network7<br>LD SM0.0<br>END |

图 9-12 采用移位指令实现的台车控制梯形图

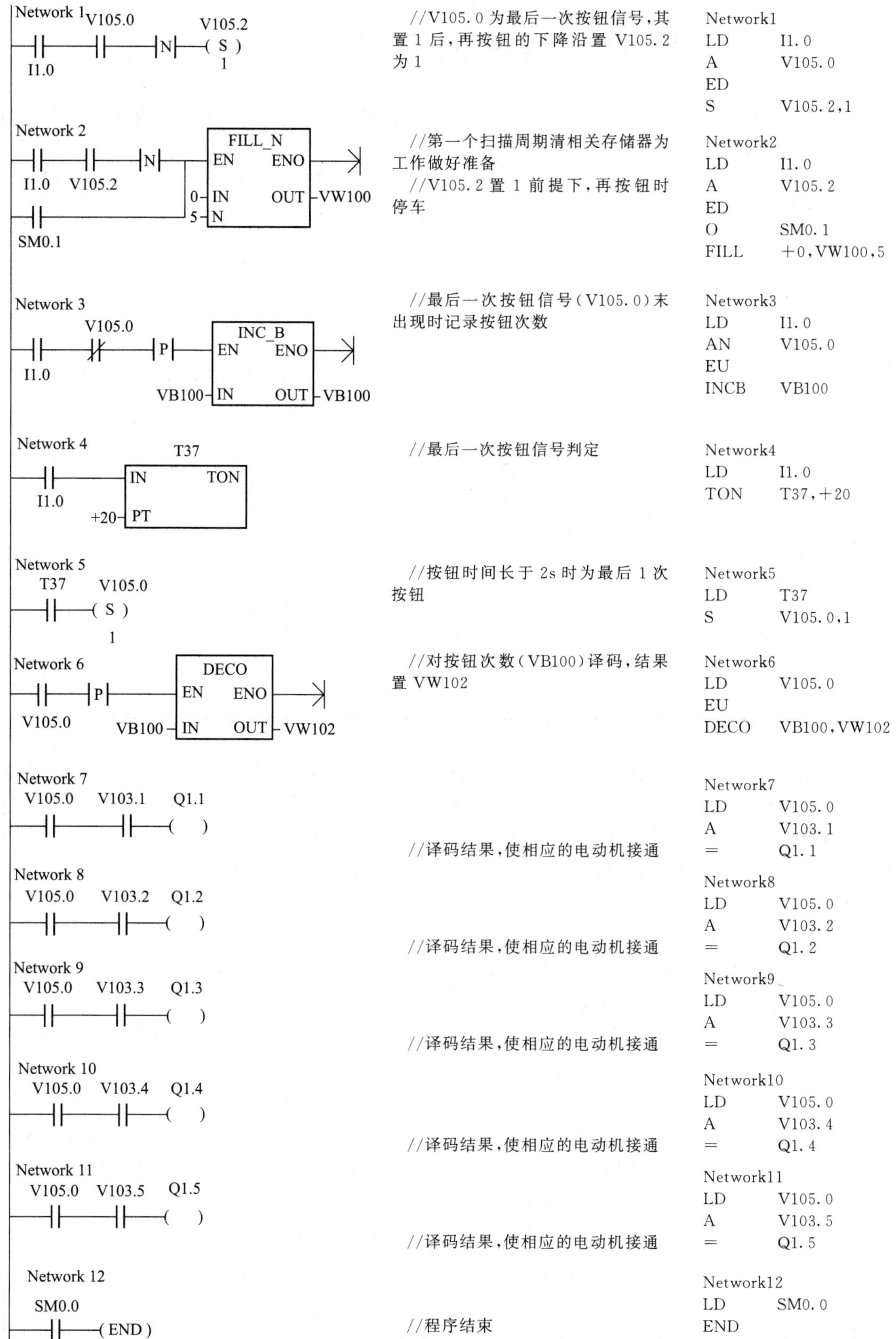


图 9-13　单按钮控制 5 台电动机梯形图

## 第五节 程序控制类指令及应用

程序控制指令用于程序执行流程的控制。对程序的扫描执行过程而言，跳转指令可以使程序出现跨越或跳跃以实现程序段的选择；子程序指令可调用子程序；循环指令可多次重复执行指定的程序段；中断指令则用于中断信号引起的子程序调用。程序控制类指令可以影响程序执行的流向及内容，对合理安排程序的结构，提高程序功能以及实现某些技巧性运算，具有重要的意义。

### 一、跳转指令

1. 跳转及标号指令

跳转指令使程序流程跳转到指定标号N处的程序分支执行。标号指令标记跳转目的地的位置N。跳转及标号指令的表达形式及操作数范围见表9-22。

表9-22 跳转及标号指令

| 指令的表达形式 | | 操作数的含义及范围 |
|---|---|---|
| 跳转指令<br>JMP N<br>N<br>—( JMP ) | 标号指令<br>LBL N<br>N<br>LBL | N：WORD常数0～255 |

图9-14是跳转指令在梯形图中应用的例子。Network4中的跳转指令使程序流程跨过一些程序分支（Network5～15）跳转到标号3处继续运行。跳转指令中的“N”与标号指令中的“N”值相同。在跳转发生的扫描周期中，被跳过的程序段停止执行，该程序段涉及的各输出器件的状态保持跳转前的状态不变，不响应程序相关的各种工作条件的变化。

使用跳转指令需注意以下几点。

① 由于跳转指令具有选择程序段的功能，在同一程序且位于因跳转而不会被同时执行程序段中的同一线圈不被视为双线圈。

② 可以有多条跳转指令使用同一标号，但不允许一个跳转指令对应两个标号的情况，即在同一程序中不允许存在两个相同的标号。

③ 可以在主程序、子程序或者中断服务程序中使用跳转指令，跳转与之相应的标号必须位于同一段程序中（无论是主程序、子程序还是中断子程序）。可以在顺序控制程序段中使用跳转指令，但相应的标号也必须在同一个SCR段中。一般将标号指令设在相关跳转指令之后，这样可以减少程序的执行时间。

④ 在跳转条件中引入上升沿或下降沿脉冲指令时，跳转只执行一个扫描周期，但若用特殊辅助继电器SM0.0作为跳转指令的工作条件，跳转就成为无条件跳转。

2. 跳转指令的应用例

跳转指令最常见的应用例子是程序初始化及设备的自动、手动两种工作方式涉及的程序段选择。图9-15是手动、自动转换梯形图。图9-16为跳转用来执行程序初始化工作的梯形图。

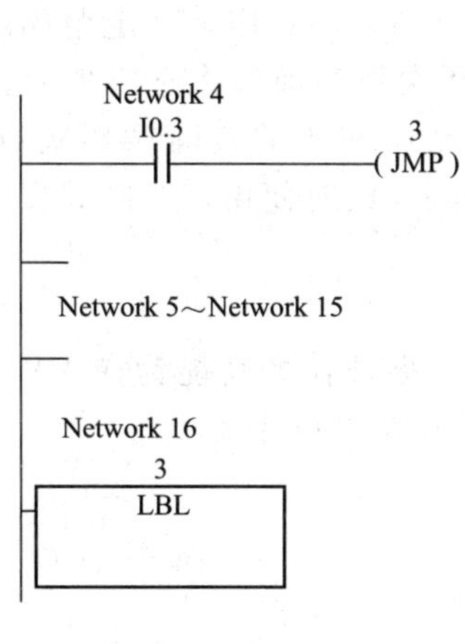


图 9-14　跳转指令应用

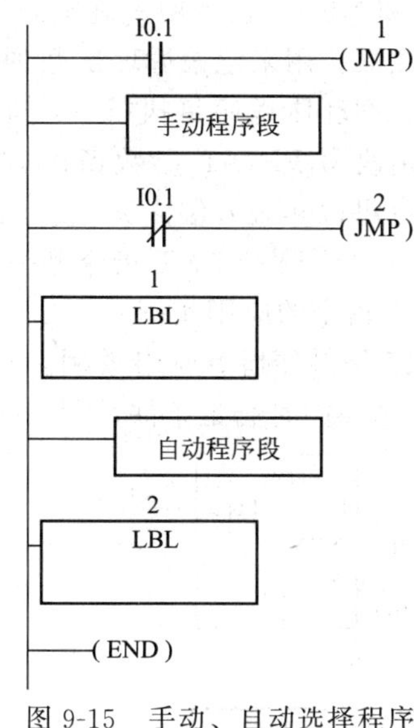


图 9-15　手动、自动选择程序

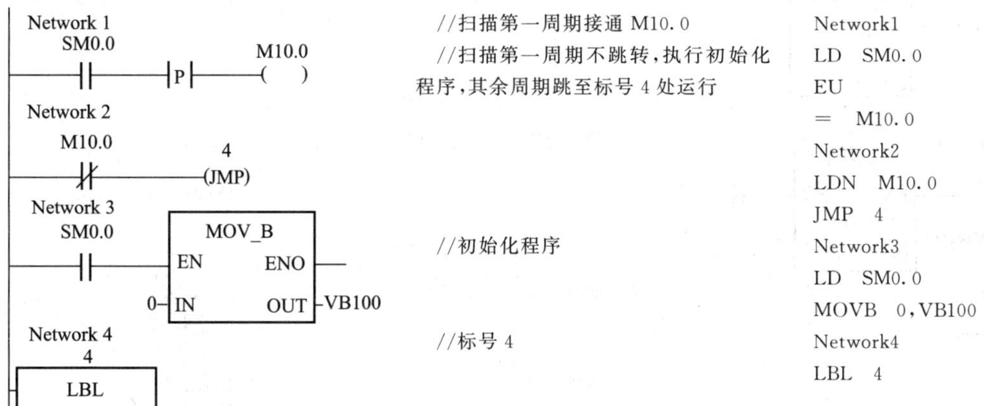


图 9-16　跳转指令用于程序初始化

## 二、 循环指令

1. 循环指令及其功能

FOR-NEXT 指令循环执行 FOR 指令和 NEXT 之间的循环体指令段一定次数。循环指令如表 9-23 所示。

表 9-23　FOR-NEXT 循环指令

| 指令的表达形式 | 操作数的含义及范围 |
|---|---|
| FOR 指令<br>FOR INDX，INIT，FINAL<br>FOR<br>EN　ENO<br>INDX<br>INIT<br>FINAL | INDX：(INT)IW、QW、VW、MW、SMW、SW、T、C、LW、AC、* VD、* LD * AC<br>INIT：(INT) VW、IW、QW、MW、SMW、SW、T、C、LW、AC、AIW、* VD * AC、常数<br>FINAL：(INT) VW、IW、QW、MW、SMW、SW、T、C、LW、AC、AIW、* VD * AC、常数 |
| NEXT 指令<br>NEXT<br>(NEXT) | |

FOR 和 NEXT 指令用来规定需重复一定次数的循环体程序。FOR 指令参数 INDX 为当前循环计数器，用来记录循环次数的当前值。参数 INIT 及 FINAL 用来规定循环次数的初值及终值。循环体程序每执行一次 INDX 值加 1。当循环次数当前值大于终值时，循环结束。可以用改写 FINAL 参数值的方法在程序运行中控制循环体的实际循环次数。FOR-NEXT 指令可以实现 8 层嵌套。FOR 指令和 NEXT 指令必须成对使用，在嵌套程序中距离最近的 FOR 指令及 NEXT 指令是一对。

2. 循环指令的应用实例

图 9-17 是循环指令应用举例。本例为 2 层循环嵌套，循环体的功能为向 VW200 中加 1，当两层循环同时满足条件，程序执行后，计向 VW200 中加 200 个 1。

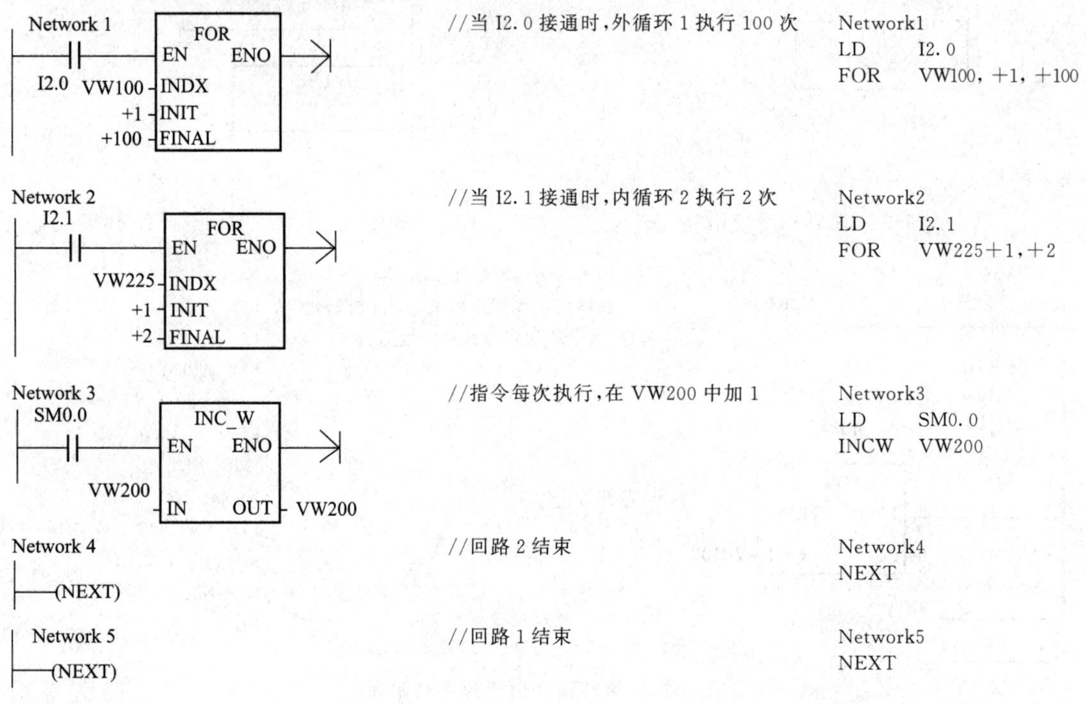


图 9-17 循环指令应用举例

## 三、 子程序指令

1. 子程序指令

子程序指令含子程序的调用及子程序返回指令。子程序调用指令将程序控制权交给子程序 SBR-N，该子程序执行完成后，程序控制权回到子程序调用指令的下一条指令。

子程序条件返回指令（CRET）在条件满足时中止子程序执行，子程序指令见表 9-24 所示。

**表 9-24 子程序指令**

| 指令的表达形式 | | 数据类型及操作数 |
|---|---|---|
| 子程序调用指令:CALL SBR-N<br>SBR-N<br>EN | 子程序条件返回指令:<br>CRET<br>—( RET ) | N:WORT 常数<br>CPU221、CPU222、CPU224:0～63<br>CPU226、CPU224XP:0～127 |

子程序，含中断子程序，是为一些特定的控制要求编制的相对独立的程序。为了和主程序区别，S7-200 编程手册中规定子程序与中断子程序分区排列在主程序的后边，且当子程序或中断子程序数量多于 1 时，分序列编号加以区别。

子程序指令在梯形图中使用的情况如图 9-18 所示。图中，主程序段中安排有子程序调用指令 CALL SBR-0，SM0.1 是子程序执行的条件。子程序 SBR _ 0 安排在子程序段中，其中也给出了子程序条件返回指令的使用例子，当 M14.3 置 1 时，子程序 0 将在结束前返回。如子程序中没有安排 CRET 指令，子程序将在子程序运行完毕后返回。

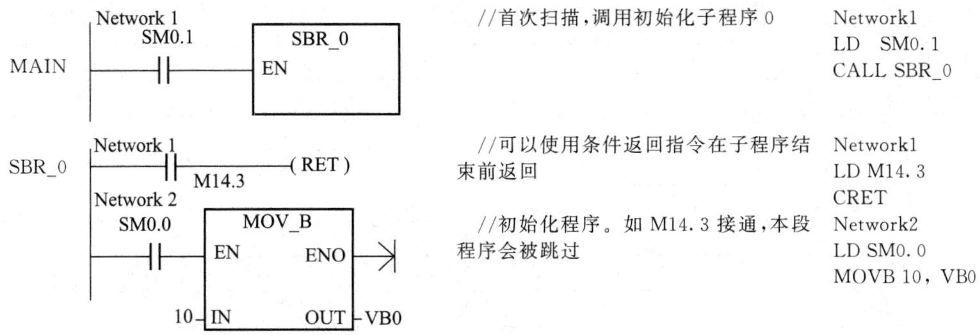


图 9-18　子程序指令举例

2. 子程序的执行过程及子程序的嵌套

当有一个子程序被调用时，系统会保存当前的逻辑堆栈，置栈顶值为 1，堆栈的其他值为零，把控制权交给被调用的子程序。当子程序完成后，恢复逻辑堆栈，把控制权交还给调用程序。S7-200 具有子程序嵌套调用功能，嵌套可以达到 8 层。但在中断子程序中仅能有一次子程序调用。子程序中可以出现调用自身的递归调用，但使用时须慎重。

图 9-19 是子程序一级嵌套的例子。子程序 SBR _ 0 中嵌套有子程序 SBR _ 1。主程序中，I1.0 置 1，调用 SBR _ 0 子程序 1 次。此时，若 I1.2 置 1 条件满足，则调用子程序 SBR _ 1。执行完成后返回子程序 SBR _ 0，完成子程序 SBR _ 0 后返回主程序。

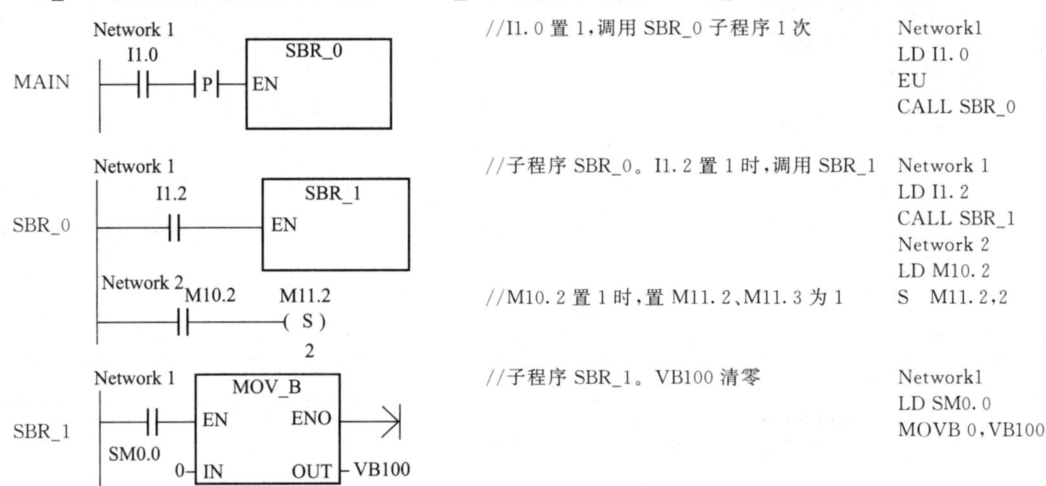


图 9-19　子程序的嵌套

## 四、 中断指令

1. 中断与中断源

中断是计算机特有的工作方式，指主程序执行过程中，中断主程序的执行去执行中断子程序。和普通子程序一样，中断子程序也是为特定的控制功能而设定的。和普通子程序不同的是，中断子程序是为随机发生且必须立即响应的事件安排的，其响应时间小于机器的扫描周期。能引起中断的信号叫中断源，S7-200 系列 CPU 支持 34 种中断源，如表 9-25 所示。从表中可以看出，不同的 CPU 对中断事件的支持是不同的。

**表 9-25 S7-200 CPU 支持的中断事件**

| 事件号 | 中断事件说明 | CPU221<br>CPU222 | CPU224 | CPU226<br>CPU224XP |
|---|---|---|---|---|
| 0 | I0.0 上升沿 | Y | Y | Y |
| 1 | I0.0 下降沿 | Y | Y | Y |
| 2 | I0.1 上升沿 | Y | Y | Y |
| 3 | I0.1 下降沿 | Y | Y | Y |
| 4 | I0.2 上升沿 | Y | Y | Y |
| 5 | I0.2 下降沿 | Y | Y | Y |
| 6 | I0.3 上升沿 | Y | Y | Y |
| 7 | I0.3 下降沿 | Y | Y | Y |
| 8 | Port 0:接收信号 | Y | Y | Y |
| 9 | Port 0:发送完成 | Y | Y | Y |
| 10 | 定时中断 0,SMB34 | Y | Y | Y |
| 11 | 定时中断 1,SMB35 | Y | Y | Y |
| 12 | HSC0 CV=PV(当前值=预置值) | Y | Y | Y |
| 13 | HSC1 CV=PV(当前值=预置值) |  | Y | Y |
| 14 | HSC1 输入方向改变 |  | Y | Y |
| 15 | HSC1 外部复位 |  | Y | Y |
| 16 | HSC2 CV=PV(当前值=预置值) |  | Y | Y |
| 17 | HSC2 输入方向改变 |  | Y | Y |
| 18 | HSC2 外部复位 |  | Y | Y |
| 19 | PLS0 脉冲计数完成中断 | Y | Y | Y |
| 20 | PLS1 脉冲计数完成中断 | Y | Y | Y |
| 21 | 定时器 T32 CT=PT 中断 | Y | Y | Y |
| 22 | 定时器 T96 CT=PT 中断 | Y | Y | Y |
| 23 | Port 0:接收完成 | Y | Y | Y |
| 24 | Port 1:接收完成 |  |  | Y |
| 25 | Port 1:接收信号 |  |  | Y |
| 26 | Port 1:发送完成 |  |  | Y |
| 27 | HSC 输入方向改变 | Y | Y | Y |
| 28 | HSC0 外部复位 | Y | Y | Y |
| 29 | HSC4CV=PV(当前值=预置值) | Y | Y | Y |
| 30 | HSC4 入方向改变 | Y | Y | Y |
| 31 | HSC4 外部复位 | Y | Y | Y |
| 32 | HSC3 CV=PV(当前值=预置值) | Y | Y | Y |
| 33 | HSC5 CV=PV(当前值=预置值) | Y | Y | Y |

注：Y 表示该机型支持对应中断事件。

34 种中断事件可分为三大类。

(1) 通信口中断 通信口中断含端口 0 及端口 1 接收及发送相关中断。PLC 的串行通信口可由应用程序控制，这种通信口操作模式称为自由口模式。这时，可由用户程序设置波特率、字符的位数、奇偶校验及通信协议。接收及发送中断可以简化程序对通信口的控制。

(2) I/O 中断 I/O 中断包括上升沿中断及下降沿中断、高速计数器中断和脉冲串输出中断。S7-200CPU 可用输入 I0.0～I0.3 的上升沿或下降沿产生中断，并可用这些上升沿或下降沿信号来表示某些需要及时响应的故障状态。

高速计数器中断可以是计数器等于预置值时的响应，也可以是计数方向改变时的响应，还可以是外部复位的响应。这些高速计数器事件可以实时地得到速成响应，而与 PLC 的扫描周期无关。脉冲串输出中断提供了完成指定脉冲数输出的即时响应，其典型应用是步进电动机的控制。

(3) 时基中断 时基中断包括定时中断及定时器 T32/T96 中断，S7-200CPU 可支持 2 个定时中断。定时中断按周期时间反复执行，周期时间范围为 5～255ms，增量为 1ms。定时中断 0 的周期时间应写入 SMB34，定时中断 1 的周期时间应写入 SMB35。每当定时器溢出时，定时中断事件把控制权交给相应的中断程序，通常可用定时中断以固定的时间间隔去控制模拟量输入的采样或者去执行一个 PID 回路。

定时器 T32/T96 中断允许及时地响应一个给定的时间间隔。这些中断只支持 1ms 分辨率的延时接通定时器（TON）和延时断开定时器（TOF）T32 和 T96。T32 和 T96 的工作方式与普通定时器相同。中断允许且定时器的当前值等于预置值时，执行被连接的中断程序。

2. 中断优先级及中断队列

由于中断控制是脱离于程序的扫描执行机制的，如有多个突发事件出现时处理也必须有个秩序，这就是中断优先级。S7-200PLC 中断优先组别从大的方面按下列顺序分级。

① 通信（最高级）；

② I/O（含 HSC 和脉冲列输出）；

③ 定时（最低级）。

在每一级中又可按表 9-26 所示的级别分级。优先级还有以下约定。

在指定的优先级内按先来先服务的原则处理中断。在任何时间点上，只有一个用户中断程序在执行。一旦某中断程序开始执行，就要一直执行到结束，而不会被别的中断程序，甚至是更高优先级的程序所打断。当一个中断处理时出现的新的中断需排队等待，这就是中断队列。表 9-27 给出了各种 CPU 所能容纳的各种中断队列的数量。在存在多种中断队列时，CPU 优先响应优先级别高的中断。

有时，可能有多于队列所能保存数目的中断出现，这时将出现中断的溢出。由系统维护的队列溢出存储器位将置 1。中断队列溢出位如表 9-27 所示。这些存储器位在队列变空或控制返回到主程序时复位。

3. 中断指令及中断程序

S7-200PLC 中断指令见表 9-28。

中断是计算机为应对紧急事件而设立的一种运行机制，但是并不一定在计算机的任何运行时间点上都可以允许中断的发生。对于 PLC 应用程序的运行来说，任何时候都响应内部及外部的所有中断称为全局开中断，任何时候都不响应各种中断称为全局禁止中断。当 PLC 进入 RUN 状态时，自动进入全局中断禁止状态，如需在适当的时候开放全局中断时，

**表 9-26 中断事件的优先级顺序**

| 事件号 | 中断描述 | 优先级 | 优先组中的优先级 |
|---|---|---|---|
| 8 | 端口 0:接收字符 | 通信(最高) | 0 |
| 9 | 端口 0:发送完成 | | 0 |
| 23 | 端口 0:接收信息完成 | | 0 |
| 24 | 端口 1:接收信息完成 | | 1 |
| 25 | 端口 1:接收字符 | | 1 |
| 26 | 端口 1:发送完成 | | 1 |
| 19 | PTO 0 完成中断 | I/O(中等) | 0 |
| 20 | PTO 1 完成中断 | | 1 |
| 0 | 上升沿,I0.0 | | 2 |
| 2 | 上升沿,I0.1 | | 3 |
| 4 | 上升沿,I0.2 | | 4 |
| 6 | 上升沿,I0.3 | | 5 |
| 1 | 下降沿,I0.0 | | 6 |
| 3 | 下降沿,I0.1 | | 7 |
| 5 | 下降沿,I0.2 | | 8 |
| 7 | 下降沿,I0.3 | | 9 |
| 12 | HSC0 CV=PV(当前值=预置值) | | 10 |
| 27 | HSC0 输入方向改变 | | 11 |
| 28 | HSC0 外部复位 | | 12 |
| 13 | HSC1 CV=PV(当前值=预置值) | | 13 |
| 14 | HSC1 输入方向改变 | | 14 |
| 15 | HSC1 外部复位 | | 15 |
| 16 | HSC2 CV=PV | | 16 |
| 17 | HSC2 输入方向改变 | | 17 |
| 18 | HSC2 外部复位 | | 18 |
| 32 | HSC3CV=PV(当前值=预置值) | | 19 |
| 29 | HSC4 CV=PV(当前值=预置值) | | 20 |
| 30 | HSC4 输入方向改变 | | 21 |
| 31 | HSC4 外部复位 | | 22 |
| 33 | HSC4 CV=PV(当前值=预置值) | | 23 |
| 10 | 定时中断 0 | 定时(最低) | 0 |
| 11 | 定时中断 1 | | 1 |
| 21 | 定时器 T32 CT=PT 中断 | | 2 |
| 22 | 定时器 T96 CT=PT 中断 | | 3 |

**表 9-27 S7-200CPU 容纳的中断队列及溢出位**

| 队 列 | CPU211、CPU222、CPU224 | CPU226、CPU224XP | SM 位(0=不溢出,1=溢出) |
|---|---|---|---|
| 通信中断队列 | 4 | 8 | SM4.0 |
| I/O 中断队列 | 16 | 16 | SM4.1 |
| 定时中断队列 | 8 | 8 | SM4.2 |

表 9-28　中断指令

| 指令的表达形式 | | 指令功能及指令对标志位的影响 |
| --- | --- | --- |
| 中断允许指令：　ENI<br>——(ENI)<br>中断禁止指令：　DISI<br>——(DISI)<br>中断条件返回指令：<br>CRETI<br>——(RETI)<br>中断无条件返回指令：<br>RETI<br>├——(RETI)<br>中断标号　INT N<br>N<br>├——[INT] | 中断连接指令：<br>ATCH INT, EVNT<br>[ATCH: EN, ENO, INT, EVNT]<br>中断分离指令：<br>DTCH EVNT<br>[DTCH: EN, ENO, EVNT] | 中断允许指令：允许所有的中断事件。<br>中断禁止指令：禁止所有的中断事件。<br>中断连接指令：指定与中断事件 EVENT 相关联的中断服务程序标号 INT，并对该事件开中断。<br>中断分离指令：取消某中断事件 EVENT 与所有中断服务程序的联系，并对该事件关中断。<br>中断服务程序无条件返回指令：中断程序必备的结束指令。<br>中断服务程序条件返回指令：根据前面的逻辑条件决定是否返回。<br>中断标号：标示 N 号中断服务程序的开始 |
| 操作数的含义及范围 | INT：0～127<br>EVENT：CPU221、CPU222　0～12，19～23，27～33；<br>CPU224　0～23，27～33；<br>CPU226、CPU224XP：0～33 | |

可在用户程序中使用全局中断允许指令（ENI），反之如需全局禁止中断时，可在应用程序中的适当位置使用全局中断禁止指令（DISI）。执行 DISI 指令不会影响当前正在执行中的中断程序的执行，只有当该中断程序执行完毕后，DISI 功能才有效。

相对全局开放中断的条件下，单个中断可独立地开放与禁止，所用的指令分别为中断连接指令（ATCH）及中断分离指令（DHCH）。ATCH 指令更重要的职能是将中断事件与该事件发生时需执行的中段程序段连接起来。在 ATCH 指令参数中，设有中断事件号及所对应的中段程序号，而所有的中断程序都依次排列在主程序之后，并用中断标号指令（INT）标示号码。在 ATCH 指令指定相应中断子程序时，自动允许该中断。与此相反，中断分离指令 DHCH 分离中断事件与中断子程序的联系，自动关闭该中断。

综上所述，中断程序编排的具体要求如下。

① 视需要在主程序的全局或某些程序段设置中断允许及中断禁止指令。

② 为程序中所有可能出现的中断，编制中断子程序并分别编号，并依次在主程序结束指令后中断子程序区放置。对于每个中断子程序，标号指令是开始，中断无条件返回指令是结尾。

③ 在主程序中设置中断连接指令，将各个中断事件与中断子程序联系起来。多个中断事件可建立同一个中断程序，但一个中断事件不可以同时建立多个中断程序。ATCH 激活中断事件对应的中断子程序段。当需中止该中断执行时在主程序中安排中断分离指令（DTCH），截断中断事件和中断程序之间的联系，使中断回到不激活或无效状态。

④ 在中断子程序中不能使用 DISI、ENI、HDEF、FOR/NEXT 和 END 等指令。

4．中断程序的执行

由于中断是随机产生的，也即是说在主程序执行的过程中随时都可能产生中断。为了减少主程序被中断的不良影响，要求被中断的时间越短越好。这就要求中断子程序尽可能简洁。在 CPU 接到中断申请且准备响应时，系统先将反映指令执行情况及累加器状态的逻辑堆栈、累加器、寄存器及特殊标志位保存，然后再去执行中断程序。对于通信及外部中断，每一个中断申请一般只执行中断程序一次。对于时基或定时器中断，每隔一定时间执行中断程序一次。当中断程序执行完毕时，恢复中断执行前保存的数据，程序返回主程序原断点执行。

5. 中断指令应用例

图 9-20 及图 9-21 为中断指令应用举例，分别为下降沿中断服务程序例及用定时中断读取模拟量数值的程序。

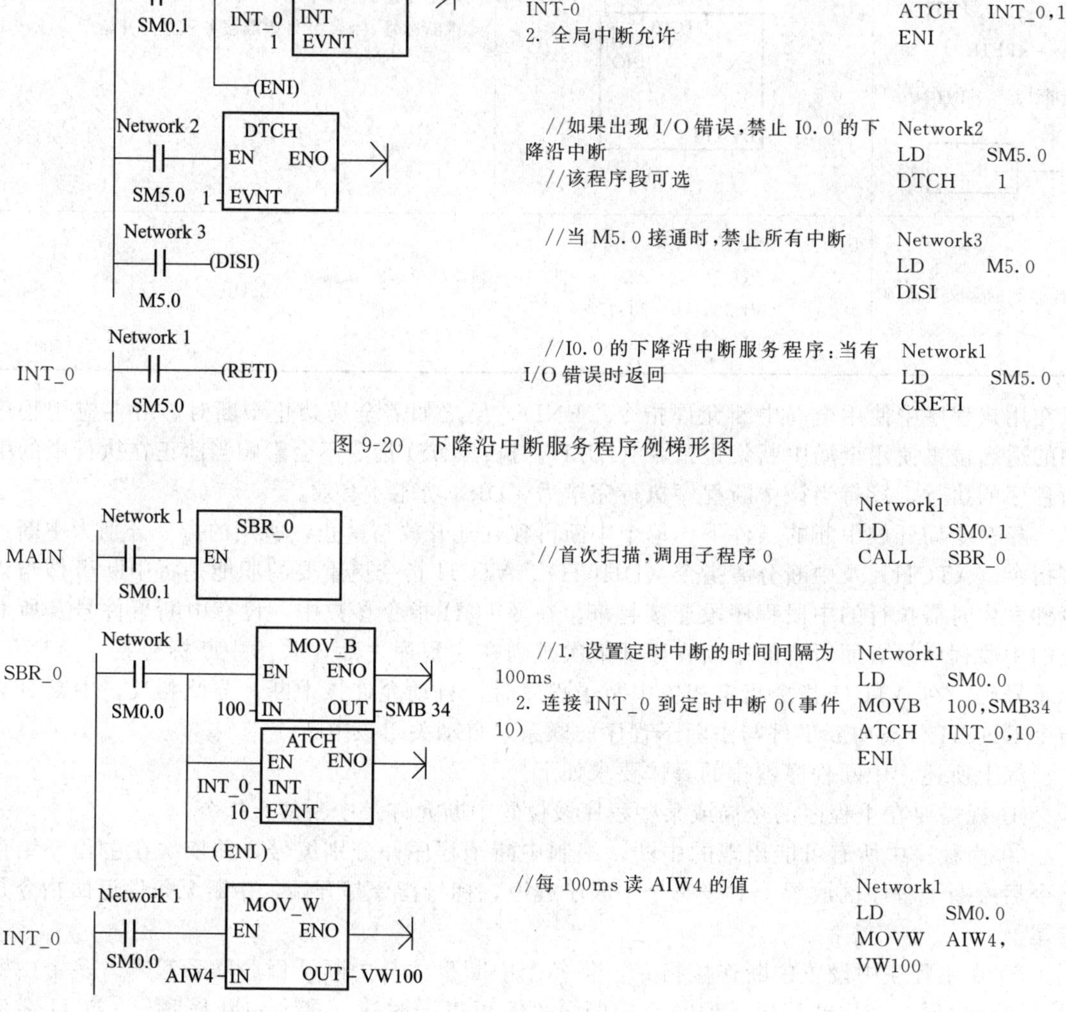


图 9-20 下降沿中断服务程序例梯形图



图 9-21 用定时中断读取模拟量数值梯形图

## 五、 程序控制指令与程序结构

程序是由一条条的指令组成的，一些指令的集合总是完成一定的功能。在控制功能复杂，程序也变得庞大时，这些表达一定功能的指令块又需合理地组织起来，这就是程序的结构。

程序结构至少在以下几个方面具有重要的意义。

① 方便程序的编写。编程序和写文章类似，合适的文章结构有利于作者思想的表达。选取了合适的文章结构后写作会得心应手。好的程序结构也有利于体现控制要求，能给程序设计带来方便。

② 有利于读者阅读程序。好的程序结构体现了程序编者清晰的思路，读者在阅读时容易理解，易于和作者产生共鸣。读程序的人往往是做维修或调试的人员，这对程序的维护有利。

③ 好的程序结构有利于程序的运行，可以减少程序的冲突，使程序的可靠性增加。

④ 好的程序结构有利于减少程序的实际运行时间，使 PLC 的运行更加有效。

常见的程序结构类型有以下几种。

(1) 简单结构　这是小程序的常用结构，也叫作线性结构。指令平铺直叙地写下来，执行时也是平铺直叙地运行下去。程序中也会分一些段，如在第七章中的三彩灯循环工作程序，放在程序最前边的是灯的开关、计数脉冲形成及初始化程序段，中间是时间点形成程序段，最后是灯输出控制程序段。简单结构程序的特点是每个扫描周期中每一条指令都要被扫描。

(2) 有跳越及循环的简单结构　由控制要求出发，程序需要有选择地执行时要用到跳转指令。前边已有这样的例子：如自动、手动程序段的选择，初始化程序段和工作程序段的选择。这时在某个扫描周期中就不一定全部指令被扫描了，而是有选择的，被跳过的指令不被扫描。循环可以看作是相反方向的选择，当多次执行某段程序时，其他程序就相当于被跳过。

(3) 组织模块式结构　虽然有跨越及反复，有跳越及循环的简单程序从程序结构来说仍旧是纵向结构。而组织模块式结构的程序则存在并列结构。组织模块式程序可分为组织块、功能块、数据块。组织块专门解决程序流程问题，常作为主程序。功能块则独立地解决局部的，单一的功能，相当于一个个的子程序。数据块则是程序所需的各种数据的集合。在这里，多个功能块和多个数据块相对组织块来说是并列的程序块。前边讨论过的子程序指令及中断程序指令常用来编制组织模块式结构的程序。

组织模块式程序结构为编程提供了清晰的思路。各程序块的功能不同，编程时就可以集中精力解决局部问题。组织块主要解决程序的入口控制，子程序完成单一的功能，程序的编制无疑得到了简化。当然，作为组织块中的主程序和作为功能块的子程序，也还是简单结构的程序。不过并不是简单结构的程序就可以简单地堆积而不要考虑指令排列的次序，PLC 的串行工作方式使得程序的执行顺序和执行结果有十分密切的联系，这在任何时候的编程中都是重要的。

和先进编程思想相关的另一种程序结构是结构化编程结构。它特别适合具有许多同类控制对象的庞大控制系统，这些同类控制对象具有相同的控制方式及不同的控制参数。编程时先针对某种控制对象编出通用的控制方式程序，在程序的不同程序段中调用这些控制方式程序时再赋予所需的参数值。结构化编程有利于多人协作的程序组织，有利于程序的调试。

## 第六节　其他功能指令

### 一、表指令

表指令指定一个不大于 100 个字的数据区，可以依次向该数据区内填入数据，也可以依次取出数据，还可以在数据区内查找符合一定条件的数据，进而对表内的数据进行统计、排序、比较等处理。表指令在数据的记录、监控等方面具有明显的意义。

表指令含填表、查表、先进先出和后进先出及存储器填充指令，存储器填充指令常用于程序初始化。

1. 填表指令

填表指令（ATT）（见表9-29）可以向表（TBL）中填入一个数值（DATA），表中第一个数是最大填表数（TBL），第二个数是实际填表数（EC），新填入的数据加在表中上一个数据的后边。每向表中添加一个新数据，EC会自动加1。

**表 9-29 填表指令**

| 指令的表达形式 | 操作数 | |
|---|---|---|
| | DATA | TBL |
| ATT DATA TBL<br>AD_T_TBL: EN ENO, DATA, TBL | IW、QW、VW、MW、SW、SMW、LW、AIW、T、C、AC、*VD、*AC、*LD、常数 | IW、QW、VW、MW、SW、SMW、LW、T、C、*VD、*AC、*LD |

注：使ENO=0的错误条件，SM1.4（表溢出）、0006（间接寻址）、0091（操作数超出范围）。受影响的SM标志位：如果表溢出，SM1.4置1。

图9-22给出了填表指令的一个例子。

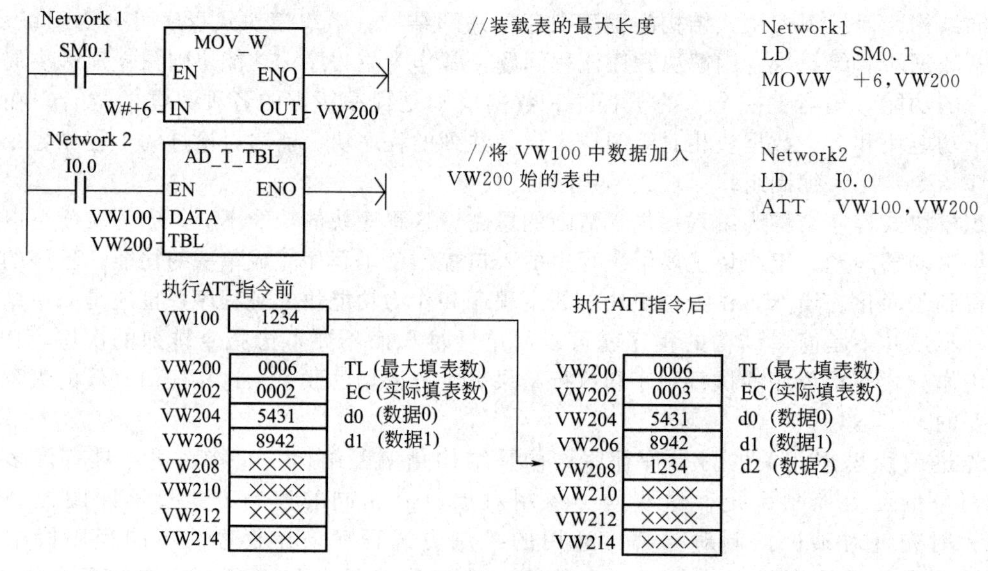


图9-22 填表指令举例

2. 先进先出、后进先出指令

先进先出指令（FIFO）从表（TBL）中移走第一个数据，并将此数据输出到DATA。剩余数据依次上移一个位置。后进先出（LIFO）指令从表中移走最后一个数据，并将此数据输出到DATA。每执行一次指令，表中的实际填表数（EC）减1。先进先出、后进先出指令的表达形式及操作数见表9-30。

图9-23给出了先进先出指令及后进先出指令的应用实例。

**表 9-30　先进先出、后进先出指令表**

<table>
<tr><td rowspan="2">指令表达形式</td><td>先进先出指令</td><td>后进先出指令</td><td colspan="2">操作数范围</td></tr>
<tr><td rowspan="2">FIFO TBL,DATA<br>FIFO<br>EN ENO<br>TBL DATA</td><td rowspan="2">LIFO TBL,DATA<br>LIFO<br>EN ENO<br>TBL DATA</td><td>TBL</td><td>DATA</td></tr>
<tr><td></td><td>IW、QW、VW、MW、SW、SMW、LW、T、C、* VD、* AC、* LD</td><td>IW、QW、VW、MW、SW、SMW、T、C、LW、AC、AQW、* VD、* AC、* LD</td></tr>
</table>

注：使 ENO=0 的错误条件是，SM1.5（表空）、0006（间接寻址）、0091（操作数超出范围）。受影响的 SM 标志位：如果试图从空表中移走数据，那么 SM1.5 置 1。

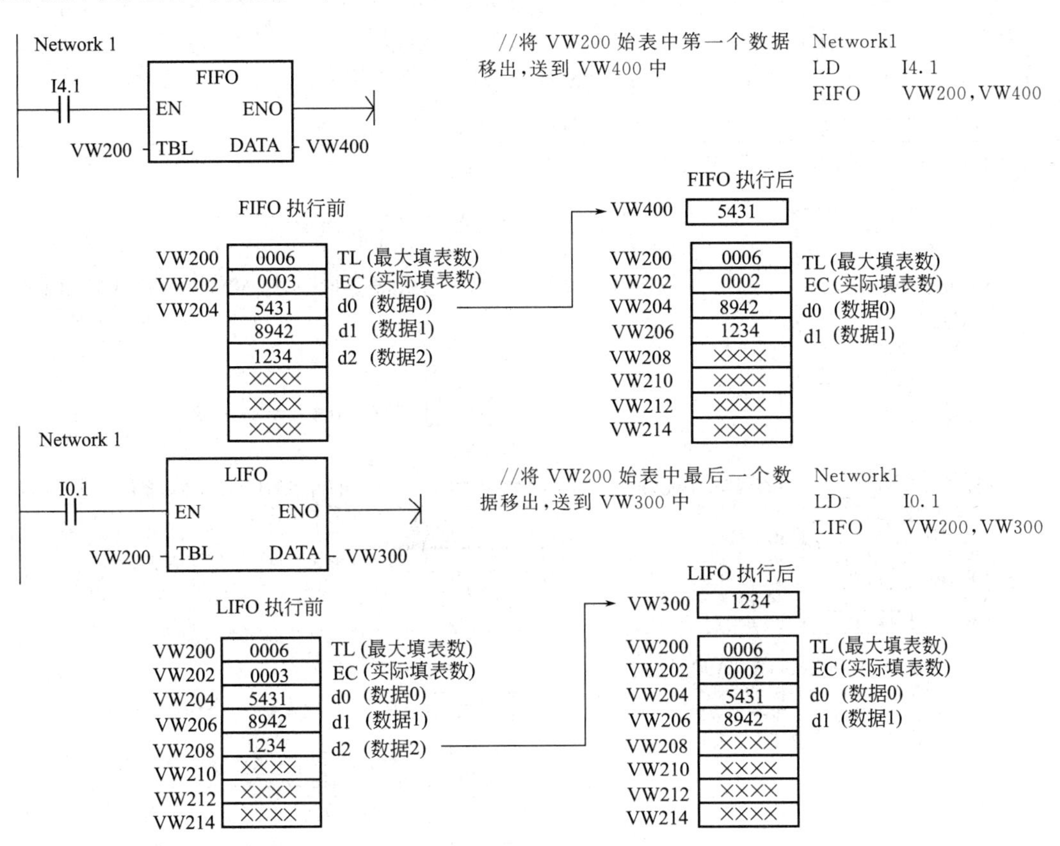


图 9-23　先进先出指令及后进先出指令应用实例

3. 查表指令

查表指令（见表 9-31）从 INDX 开始搜索表（TBL），寻找符合 PTN 数值和条件（=、<>、<、>）的数据。参数 CMD 为 1～4 的数，分别代表=、<>、< 和>。如果发现一个符合条件的数据，那么 INDX 指向表中该数的位置。为了查找下一个符合条件的数据，在激活查表指令前，必须先对 INDX 加 1。如果没有发现符合条件的数据，那么 INDX 等于 EC。一个表最多可以有 100 个数据，数据条标号从 0 到 99。

图 9-24 给出了一个查表指令的例子。图中关于所查表格地址的说明指出：FND 指令的操作数地址（例中 VW202）比相应的 ATT、LIFO 或 FIFO 指令的操作数（TABLE）要高两个字节。

4. 存储器填充指令

存储器填充指令（FILL）（见表 9-32）用输入值（IN）填充从输出（OUT）开始的 N

个字的内容，N可取1～255之间的整数。

**表9-31 查表指令**

| 指令的表达形式 | | 操作数 |
|---|---|---|
| TBL_FIND<br>EN ENO<br>TBL<br>PTN<br>INDX<br>CMD | FND=TBL,PNT,INDX<br>FND<>TBL,PNT,INDX<br>FND<TBL,PNT,INDX<br>FND>TBL,PNT,INDX | TBL：IW、QW、VW、MW、SMW、LW、T、C、* VD、* AC、* LD<br>PTN：IW、QW、VW、MW、SW、SMW、LW、AIW、T、C、AC、* VD、* AC、* LD、常数<br>INDX：IW、QW、VW、MW、SW、SMW、LW、T、C、AC、* VD、* AC、* LD<br>CMD：1—等于(=)，2—不等于(<>)，3—小于(<)，4—大于(>) |

注：使ENO=0的错误条件，0006（间接寻址）、0091（操作数超出范围）。

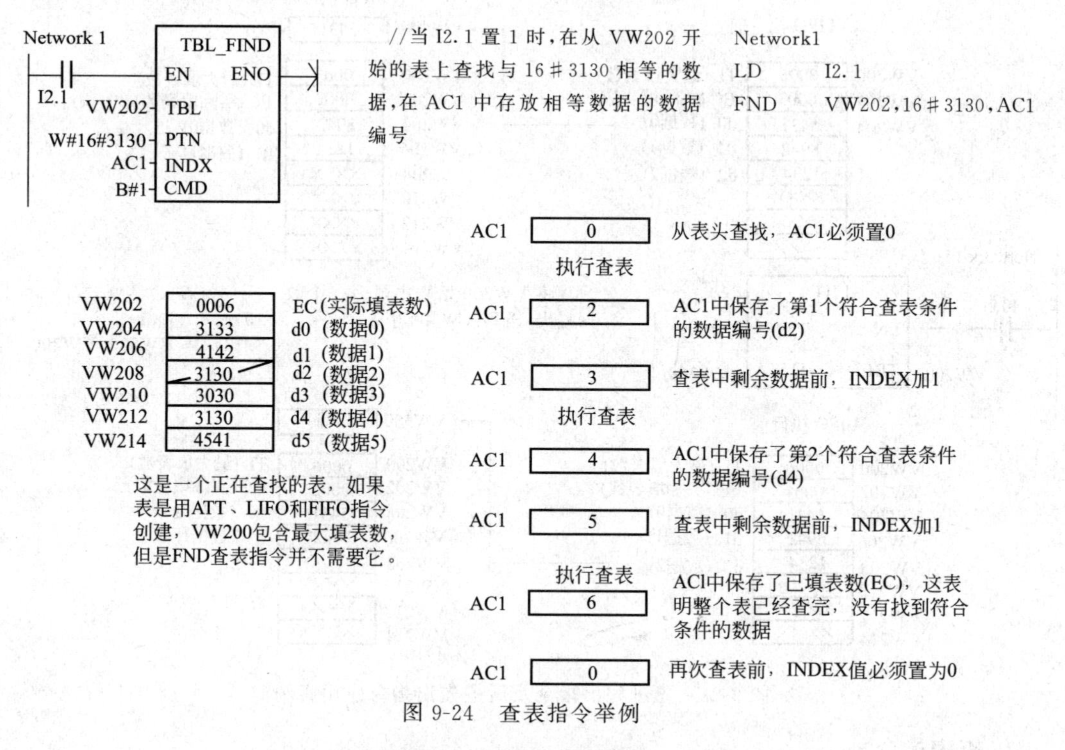


图9-24 查表指令举例

**表9-32 存储器填充指令**

| | 指令表达形式 | 操作数 |
|---|---|---|
| 存储器填充指令 | FILLIN,OUT,N<br>FILL_N<br>EN ENO<br>IN OUT<br>N | IN：IW、QW、VW、MW、SW、SMW、LW、AIW、T、C、AC、* VD、* AC、* LD、常数<br>OUT：IW、QW、VW、MW、SW、SMW、LW、AQW、T、C、* VD、* AC、* LD<br>N：IB、QB、VB、MB、SB、SMB、LB、AC、* VD、* AC、* LD、常数 |

注：使ENO=0的错误条件，0006（间接寻址）、0091（操作数超出范围）。

## 二、 时钟指令

S7-200 系列 PLC 中 CPU224 以上具有内置时钟，可以使用设置时钟指令指定从 T 开始的 8 个字节分别存储年、月、日、时、分、秒、空及星期数据而建立时钟，并可用读时钟指令将时间值读出，用于时间控制。日期及时间值采用 BCD 码格式。表 9-33 为读实时时钟及写实时时钟指令。

**表 9-33 读实时时钟及写实时时钟指令**

<table>
<tr><td rowspan="2">读实时时钟指令表达方式</td><td rowspan="2">TODR T<br>READ_RTC<br>EN ENO<br>T</td><td colspan="8">时钟指令的有效操作数 T</td></tr>
<tr><td colspan="8">IB、QB、VB、MB、SMB、SB、LB、* VD、* LD、* AC</td></tr>
<tr><td rowspan="5">写实时时钟指令表达方式</td><td rowspan="5">TODW T<br>SET_RTC<br>EN ENO<br>T</td><td colspan="8">时钟的格式</td></tr>
<tr><td>T</td><td>T+1</td><td>T+2</td><td>T+3</td><td>T+4</td><td>T+5</td><td>T+6</td><td>T+7</td></tr>
<tr><td>年</td><td>月</td><td>日</td><td>小时</td><td>分钟</td><td>秒</td><td></td><td>星期</td></tr>
<tr><td>00～99</td><td>01～02</td><td>01～31</td><td>00～23</td><td>00～59</td><td>00～59</td><td>0</td><td>0～7*</td></tr>
<tr><td colspan="8">* T+7 0=禁用星期 1=星期日,7=星期六</td></tr>
</table>

注：使 ENO=0 的出错条件，0006（间接寻址）、0007（TOD 数据错误），只对设置时钟指令有效，00C（时钟模块不存在）。

# 习题及思考题

9-1 什么是功能指令？有何作用？

9-2 功能指令在梯形图中采用怎样的表达形式？

9-3 功能指令有哪些使用要素？叙述它们的使用意义。

9-4 S7-200 系列 PLC 传送指令有哪些？简述这些指令的助记符、功能、操作数范围等。

9-5 基本指令中的 EU 指令及 DU 指令在功能指令程序中有什么用处？

9-6 三电动机相隔 5s 启动，各运行 10s 停止，循环往复。使用传送比较指令编程完成控制要求。

9-7 试用比较指令，设计一密码锁控制电路。密码锁为四键，若按 H 65 正确后 2s，开照明；按 H 87 正确后 3s，开空调。

9-8 设计一台计时精确到秒的闹钟，每天早上 6 点提醒按时起床。

9-9 用传送与比较指令设计简易四层升降机的自动控制程序。要求：

① 只有在升降机停止时，才能呼叫升降机；

② 只能接受一层呼叫信号，先按者优先，后按者无效；

③ 上升或下降或停止自动判别。

9-10 用拨动开关构成二进制数输入十进制数与 BCD 数字开关输入 BCD 数字有什么区别？应注意哪些问题？

9-11 试编写一个数字钟的程序。要求有时、分、秒的输出显示，应有启动、清除功能。进一步可考虑时间调整功能。

9-12 用 SFTL 位左移指令构成移位寄存器，实现广告牌字的闪耀控制。用 $HL_1$～$HL_4$ 四灯分别照亮“欢迎光临”四个字，其控制流程要求如表 9-34 所示，每步间隔 1s。

9-13 试用 DECO 指令实现某喷水池花式喷水控制。第一组喷嘴 4s→第二组喷嘴 2s→二组喷嘴 2s→均停 1s→重复上述过程。

表 9-34 广告牌字闪耀流程

| 步序 | 1 | 2 | 3 | 4 | 5 | 6 | 7 | 8 |
|---|---|---|---|---|---|---|---|---|
| $HL_1$ | × | | | | × | | × | |
| $HL_2$ | | × | | | × | | × | |
| $HL_3$ | | | × | | × | | × | |
| $HL_4$ | | | | × | × | | × | |

9-14 跳转发生后，CPU 还是否对被跳转指令跨越的程序段逐行扫描，逐行执行。被跨越的程序中的输出继电器、时间继电器及计数器的工作状态怎样？

9-15 某报时器有春冬季和夏季两套报时程序。请设计两种程序结构，安排这两套程序。

9-16 试比较中断子程序和普通子程序的异同点。

9-17 S7-200 系列可编程控制器有哪些中断源？如何使用？这些中断源所引出的中断在程序中如何表示？

9-18 第一次扫描时将 V0 清 0，每 100ms 将 V0 加 1，VB0＝100 时关闭定时中断，设计程序及中断程序。

9-19 首次扫描时给 QB0 置初值。用 T32 中断定时，控制接在 QB0 上的 8 个彩灯循环左移，设计出指令表程序。

9-20 某化工设备设有外应急信号，用以封锁全部输出口，以保证设备的安全。试用中断方法设计相关梯形图。

9-21 设计一个时间中断子程序，每 20ms 读取输入口 IB0 数据一次，每 1s 计算一次平均值，并送 VD100 存储。

# 第十章　S7-200系列PLC脉冲处理指令及运动控制技术

**内容提要：**脉冲处理类指令含高速计数器指令及脉冲输出指令。高速计数器是对机外高频信号计数的计数器。工业控制领域中的许多物理量，如转速、位移、电压、电流、温度、压力等都很容易转变为频率随物理量量值变化的脉冲列。这就为这些物理量输入可编程控制器实现数字控制提供了新的途径。另一方面，从输出角度，脉冲输出可用于定位控制，脉宽调制可用于模拟量输出。近年来，脉冲作为一种新的控制量形式，在工业控制中获得了广泛应用。

本章介绍S7-200系列CPU高速计数器指令及脉冲输出指令的功能，并结合运动控制给出了应用实例。

## 第一节　脉冲与运动控制

脉冲与运动控制的关联主要有以下两个方面。

### 一、 脉冲量作为运动参数的检测手段

光电编码器是运动控制系统中常用的检测装置，可将运动量转换为脉冲量，如将速度转换为脉冲的频率，或将线度、角度转换为脉冲的数量等。光电编码器有增量式及绝对式两大类。图10-1是增量式光电编码器的结构示意图。分置在转盘光栅码道两侧的发光及感光元件，利用光栅转动时对光的阻隔及透过，在感光器件上形成电脉冲。以脉冲的频率、数量及变化率感知运动体的运动参数。

增量式光电编码器的输出可以是单相脉冲信号，也可以是能够反映转动方向的两相脉冲信号。但它不能直接检测电动机轴的绝对角度。在启动或上电时需要执行回零操作以确定位置参数的起点，即使是很短时间的停电也会造成位置信息的丢失。与增量式光电编码器不同，绝对式光电编码器由如图10-2所示的有多个同心码道的码盘组成，采用数码指示转角的大小，具有固定的零位，对于一个转角位置，只有一个确定的数字代码。另有一种混合式光电编码器为带有简单磁极定位功能的增量式光电编码器，可以兼顾以上两种的功能。

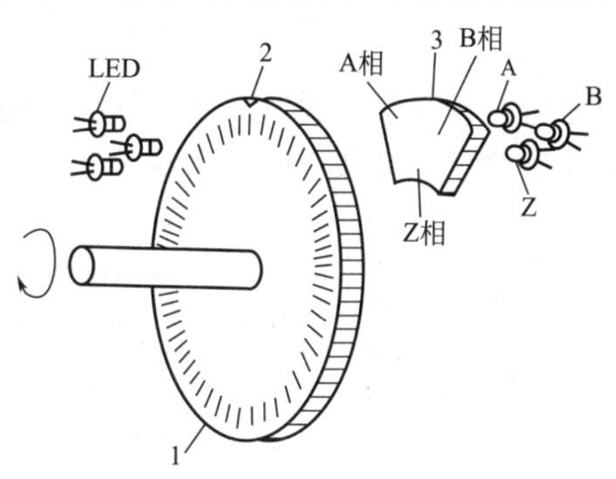

图10-1　增量式光电编码器的结构示意图
A相，B相，Z相—遮光板缝隙；
A，B，Z—受光元件；
LED—发光二极管；1—旋转圆盘；
2—转盘缝隙；3—遮光板

图10-3是光电编码器的外观图。图10-4是增量式光电编码器的典型接线端。其中DC及GND是电源端。A、B为脉冲输出端，Z为零位端。

### 二、 脉冲量用于运动系统执行器的控制

步进电动机及伺服电动机是运动控制系统常用

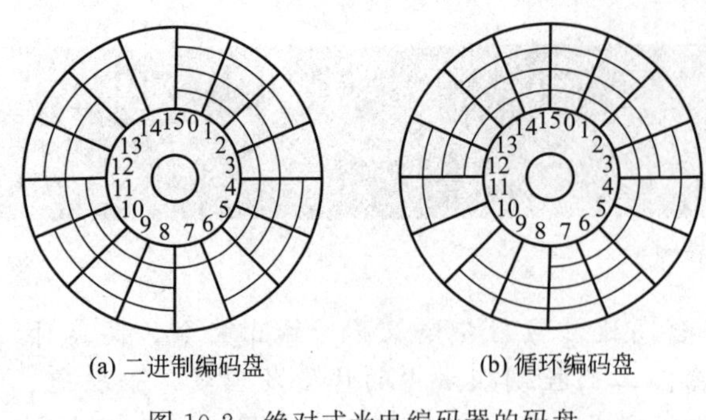


(a) 二进制编码盘　　(b) 循环编码盘

图 10-2 绝对式光电编码器的码盘

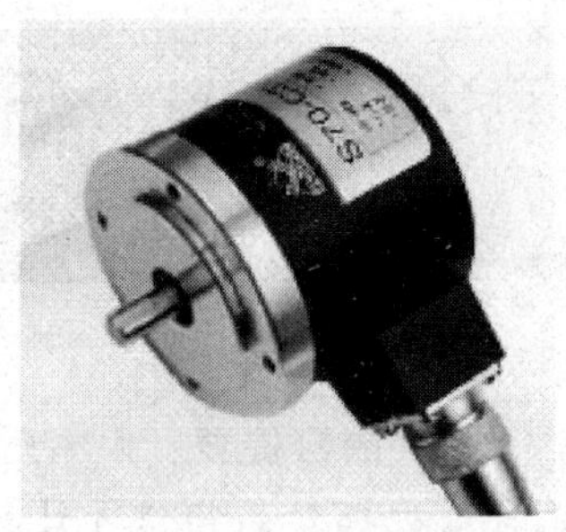

图 10-3 光电编码器外观

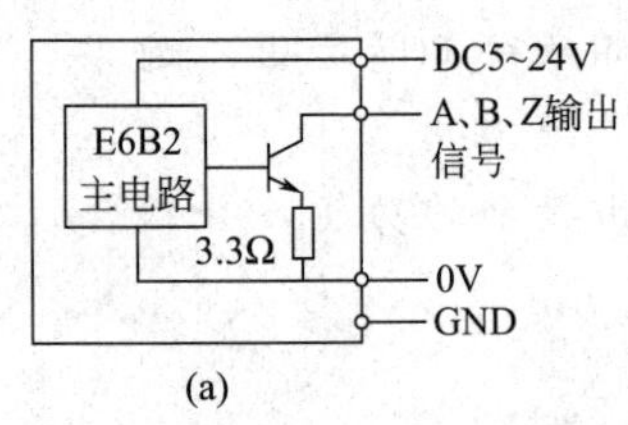


(a)

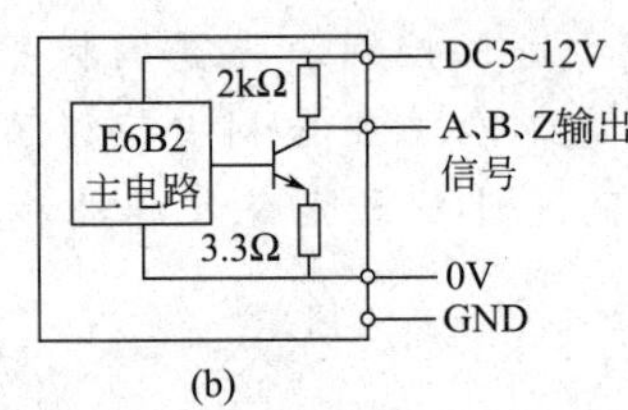


(b)

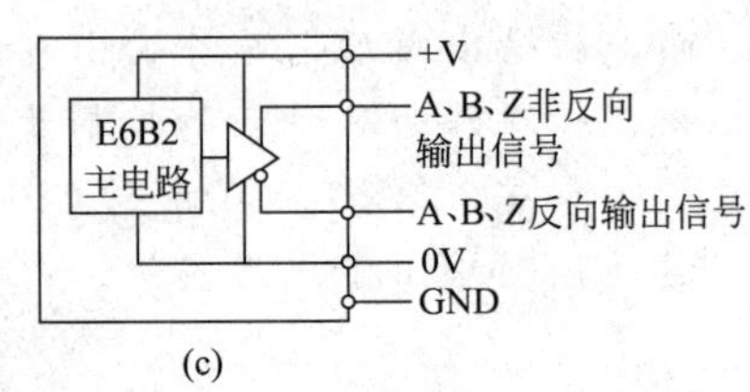


(c)

图 10-4 增量式光电编码器的典型接线端示意图

的执行器件，它们都可以在脉冲量的控制下工作。

图 10-5 所示的步进电动机由三相对称绕组及永磁转子构成，当三相绕组每次只有一相

(a) A相磁极通电时转子的位置

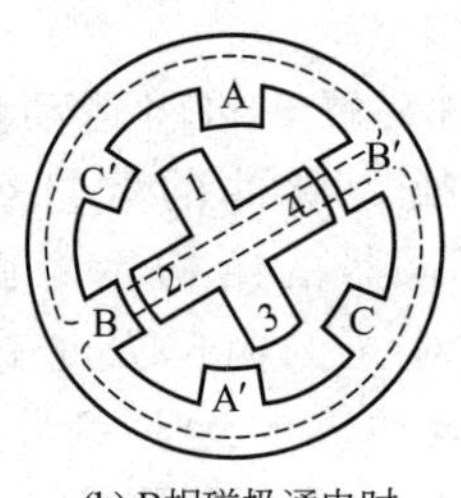


(b) B相磁极通电时转子的位置

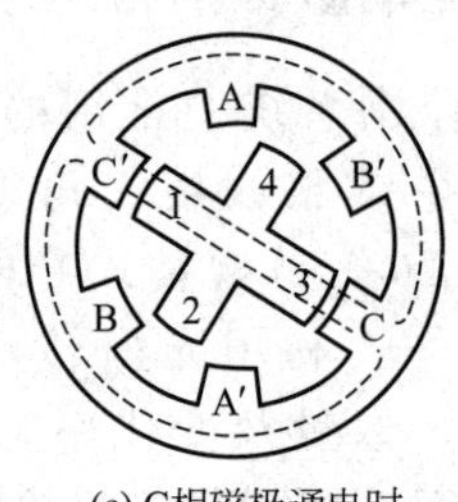


(c) C相磁极通电时转子的位置

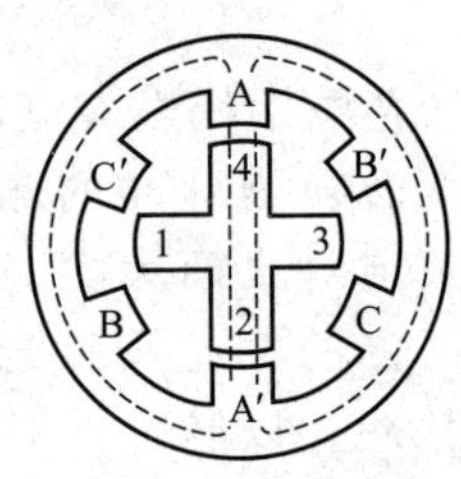


(d) 通电循环一周后转子的位置

图 10-5 步进电动机运行情况示意图

通电且三相通电一周时，永磁转子转过了一个齿距角。图 10-6 是脉冲信号源、步进电动机驱动器及步进电动机的连接示意图。步进电动机驱动器将信号源送来的脉冲串依一定的规律分配给步进电动机的三相绕组，并完成脉冲的功率放大任务。这样，步进电动机的转速或转角就和脉冲信号源的频率或脉冲的数量具有了比例的关联。

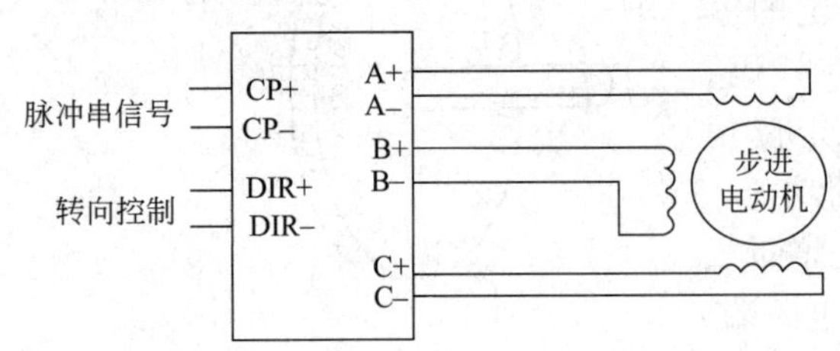


图 10-6 步进电动机驱动系统示意图

步进电动机可在运动控制系统中用作开环控制，伺服电动机在运动控制系统中则可用于闭环控制。伺服电动机配合伺服驱动器后可接收脉冲串形式的给定信号及反馈信号，经调节后控制伺服电动机的转速。伺服电动机驱动器还可以接收脉宽调制信号并转换为模拟电压或电流用于电动机的调速控制。

# 第二节　高速计数器及高速计数器指令

PLC 对高频脉冲串进行计数的设备是高速计数器。整体式 PLC 本身多集成高速计数器，如数量及技术指标不足时还可以使用专用的高速计数器单元。S7-200 系列 CPU 因型号而异每台机最多可以配置 6 个高速计数器 HSC。它们的标号及最高工作频率见表 10-1。

**表 10-1　S7-200 系列 CPU 支持的高速计数器**

| 项目 | | 功能 | | | | |
|---|---|---|---|---|---|---|
| | | CPU221 | CPU222 | CPU224 | CPU224XP | CPU226 |
| CPU 集成输入点数 | | 6 点 | 8 点 | 14 点 | 14 点 | 24 点 |
| 支持 HSC 号 | | HSC0、HSC3、HSC4、HSC5 | | HSC0～HSC5 全部 6 种 | | |
| 高速计数输入点数 | 总计 | 4 点 | 4 点 | 6 点 | 6 点 | 6 点 |
| | 单相 | 4 点，30kHz | 4 点，30kHz | 6 点，30kHz | 2 点，200kHz<br>4 点，30kHz | 6 点，30kHz |
| | 两相 | 2 点，20kHz | 2 点，20kHz | 4 点，20kHz | 3 点，20kHz<br>1 点，100kHz | 4 点，20kHz |

以上 HSC0～HSC5 六种均为 32 位双向计数器。相对每一种 CPU 而言，符合表中所规定的配置数量时，高速计数器的最高工作频率不受影响。

## 一、高速计数器类型、工作模式及输入端口配置

S7-200 系列 PLC 高速计数器 HSC0～HSC5 具有以下四种基本类型。

（1）带有内部方向控制的单向计数器　单向计数器为具有一相计数脉冲输入的计数器。计数方向采用专用控制位设定。如使用 HSC1 时，计数方向控制位为 SM47.3，当该位设定为 0 时为减计数，设定为 1 时为增计数。

（2）带有外部方向控制的单向计数器　外部方向控制为采用专用的输入口作为计数器的计数方向控制，如使用 HSC1 时，使用 I0.7 为计数方向控制点，置 1 时为增计数。

（3）带有增减脉冲的双向计数器　双向计数器为带有两相计数脉冲输入的计数器，其中一相脉冲为增计数脉冲，一相为减计数脉冲。增脉冲输入口上有 1 个脉冲到达时，计数器现时值加 1，减脉冲输入口上到达一个脉冲时，计数器现时值减 1。如果增脉冲的上升沿与减脉冲的上升沿之间的时间间隔小于 0.3ms，高速计数器会把这些事件看作是同时发生的，计数器当前值不变，计数方向指示也不变，只要增脉冲输入的上升沿与减脉冲输入的上升沿之间的间隔大于 0.3ms，高速计数器就能分别捕捉每个事件，正确计数。

（4）A/B 相正交计数器　A/B 相正交计数器也具有两相脉冲输入端，分别为脉冲 A 及脉冲 B。A/B 相正交计数器利用两输入脉冲相位的比较确定计数的方向，当脉冲 A 的上升沿超前于脉冲 B 的上升沿时为增计数，滞后时则为减计数。A/B 相正交计数器工作时还可设定为一倍速正交模式及四倍速正交模式。一倍速正交模式在接收一个计数脉冲时计一个数，四倍速正交模式接收一个计数脉冲计四个数，这样可以使计数的精确度提高到一个脉冲的四分之一。

HSC0～HSC5 均可以通过编程配置为以上类型中的任一种，且根据外部输入端的不同

配置，每个基本类型又可能配置成不同的模式，一共有 12 种模式。

表 10-2 给出了高速计数器类型、模式及对应的输入端子安排。表中各输入端口如被某一计数器占用，其他计数器及程序的其他功能就不能再用。表 10-2 常用来在依工作需要确定了高速计数器的工作模式后安排 PLC 的硬件输入点。

**表 10-2 高速计数器的标号、工作模式及输入端**

| | | | | | |
|---|---|---|---|---|---|
| 计数器标号及各种工作模式对应的输入端子 | HSC0 | I0.0 | I0.1 | I0.2 | |
| | HSC1 | I0.6 | I0.7 | I0.2 | I1.1 |
| | HSC2 | I1.2 | I1.3 | I1.1 | I1.2 |
| | HSC3 | I0.1 | | | |
| | HSC4 | I0.3 | I0.4 | I0.5 | |
| | HSC5 | I0.4 | | | |
| 带有内部方向控制的单向计数器 | 模式 0 | 脉冲输入 | | | |
| | 模式 1 | 脉冲输入 | | 复位 | |
| | 模式 2 | 脉冲输入 | | 复位 | 启动 |
| 带有外部方向控制的单向计数器 | 模式 3 | 脉冲输入 | | | |
| | 模式 4 | 脉冲输入 | | 复位 | |
| | 模式 5 | 脉冲输入 | | 复位 | 启动 |
| 带有增减计数脉冲输入的双向计数器 | 模式 6 | 增脉冲输入 | 减脉冲输入 | | |
| | 模式 7 | 增脉冲输入 | 减脉冲输入 | 复位 | |
| | 模式 8 | 增脉冲输入 | 减脉冲输入 | 复位 | 启动 |
| A/B 相正交计数器 | 模式 9 | 脉冲输入 A | 脉冲输入 B | | |
| | 模式 10 | 脉冲输入 A | 脉冲输入 B | 复位 | |
| | 模式 11 | 脉冲输入 A | 脉冲输入 B | 复位 | 启动 |

四种基本工作类型高速计数器的计数时序见图 10-7～图 10-11 所示。

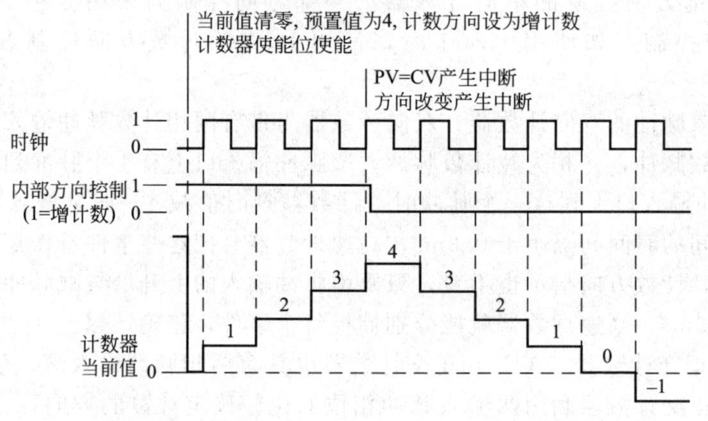


图 10-7 高速计数器模式 0、1、2 计数时序图

## 二、高速计数器指令

高速计数器指令见表 10-3 所示。定义高速计数器指令（HDEF）为指定的高速计数器 HSCN 设置一种工作模式。每个高速计数器只能使用本指令一次。可以用首次扫描脉冲

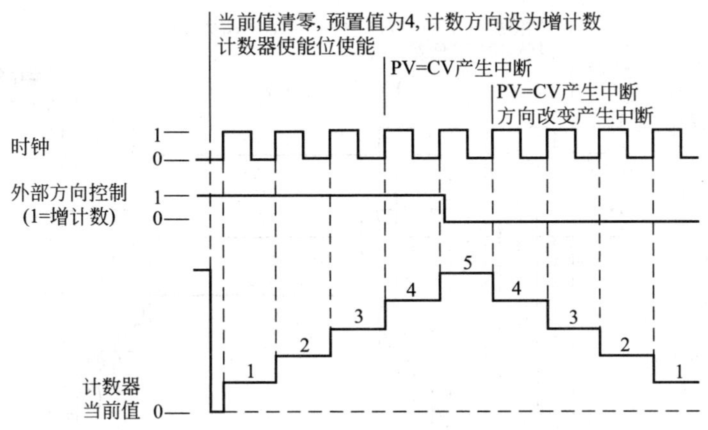


图 10-8　高速计数器模式 3、4、5 计数时序图

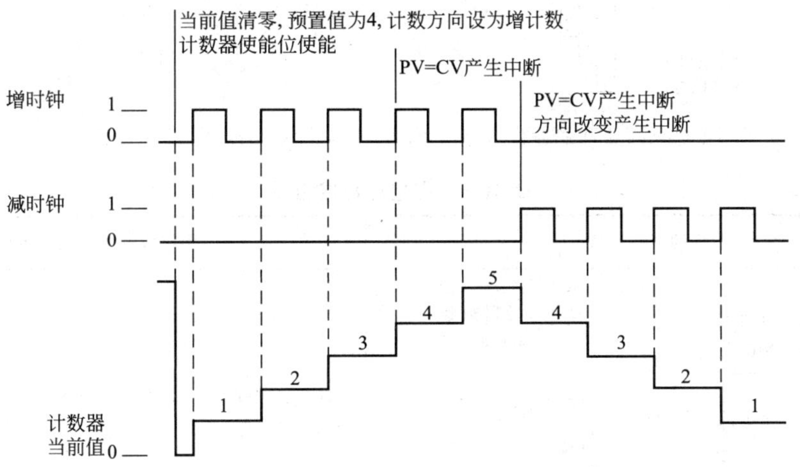


图 10-9　高速计数器模式 6、7、8 计数时序图

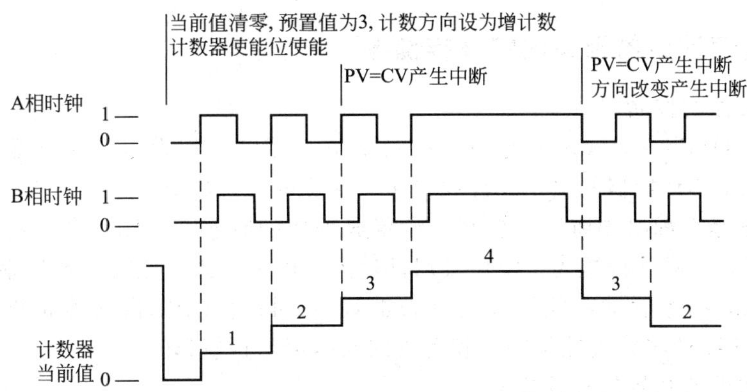


图 10-10　高速计数器模式 9、10、11 模式计数时序图（一倍速正交）

SM0.1 调用包含 HDEF 指令的子程序来定义高速计数器。高速计数器指令（HSC）用于启动编号为 N 的高速计数器。

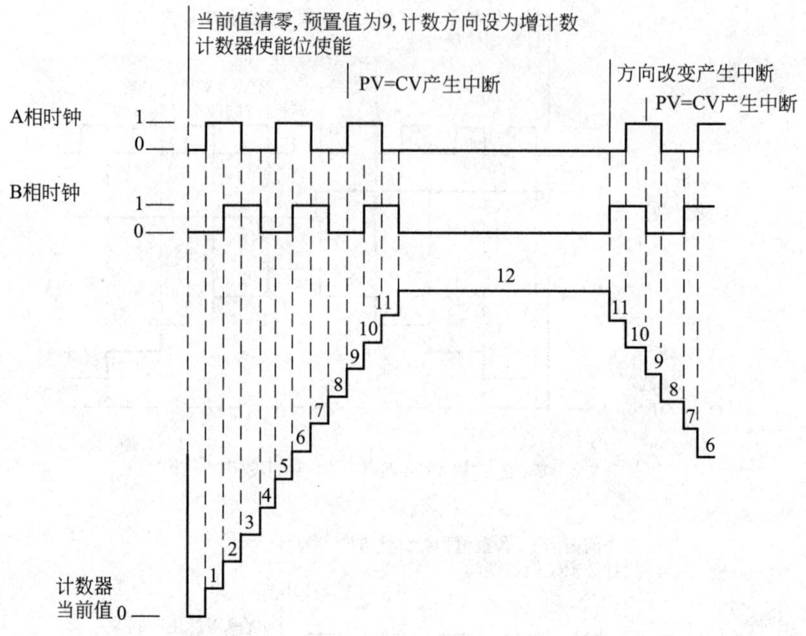


图 10-11　高速计数器模式 9、10、11 模式计数时序图（四倍速正交）

**表 10-3　高速计数器指令**

| 指令的表达形式 | | 操作数的含义及范围 |
| --- | --- | --- |
| 定义高速计数器指令<br>HDEF HSC,MODE<br>HDEF<br>EN　ENO<br>HSC<br>MODE | 高速计数器指令<br>HSC N<br>HSC<br>EN　ENO<br>N | HSC：(BYTE) 常数，MODE：(BYTE) 常数，N：(WORD)常数 |

## 三、与高速计数器相关的特殊存储器

1. 高速计数器的控制字节

高速计数器 HSC0～HSC5 均有一个控制字节，用以编程设定高速计数器的选用、启动、复位电平、正交计数器的倍率、计数方向、预置值及初始值等，如表 10-4 所示。

执行 HDEF 指令前必须将以上控制位设置成需要的状态，否则计数器将采用所选计数器模式的默认设置。默认设置为：复位及启动输入高电平有效，正交计数速率为输入频率的 4 倍。执行 HDEF 指令后就不能再改变计数器设置，除非 CPU 进入停止模式。每次执行 HSC 指令时，CPU 还将检查控制字节和有关的当前值与预置值。

2. 高速计数器的初始值及预置值

每个高速计数器都有一个 32 位的初始值和一个 32 位的预置值，均为带符号整数。在控制字节第 5、6 位中做了相关设定以后，将初始值及预置值存入表 10-5 所示的存储器中，然后，执行高速计数器 HSC 指令，即可完成高速计数器初始值及预置值的设定及更新。

表 10-4 HSC0～HSC5 的控制位

| HSC0 | HSC1 | HSC2 | HSC3 | HSC4 | HSC5 | 描 述 |
|---|---|---|---|---|---|---|
| SM37.0 | SM47.0 | SM57.0 | | SM147.0 | | 复位有效电平控制位，0=复位高电平有效，1=复位低电平有效 |
| | SM47.1 | SM57.1 | | | | 启动有效电平控制位，0=启动高电平有效，1=启动低电平有效 |
| SM37.2 | SM47.2 | SM57.2 | | SM147.2 | | 正交计数器计数速率选择，0=4×计数率，1=1×计数率 |
| SM37.3 | SM47.3 | SM57.3 | SM137.3 | SM147.3 | SM157.3 | 计数方向控制位，0=减计数，1=增计数 |
| SM37.4 | SM47.4 | SM57.4 | SM137.4 | SM147.4 | SM157.4 | 向 HSC 中写入计数方向，0=不更新，1=更新计数方向 |
| SM37.5 | SM47.5 | SM57.5 | SM137.5 | SM147.5 | SM157.5 | 向 HSC 中写入预置值，0=不更新，1=更新预置值 |
| SM37.6 | SM47.6 | SM57.6 | SM137.7 | SM147.7 | SM157.7 | 向 HSC 中写入新的初始值，0=不更新，1=更新初始值 |
| SM37.7 | SM47.7 | SM57.7 | SM137.7 | SM147.7 | SM157.7 | HSC 允许，0=禁止 HSC，1=允许 HSC |

表 10-5 高速计数器的初始值及预置值存储单元

| 要装入的值 | HSC0 | HSC1 | HSC2 | HSC3 | HSC4 | HSC5 |
|---|---|---|---|---|---|---|
| 初始值 | SMD38 | SMD48 | SMD58 | SMD138 | SMD148 | SMD158 |
| 预置值 | SMD42 | SMD52 | SMD62 | SMD142 | SMD152 | SMD162 |

另外，每个高速计数器还有一个以数据类型 HC 加上计数器标号构成地址的存储单元存储计数器的当前值。该数据为 32 位只读数据，可用于高速计数器当前值的读出。

3. 高速计数器的状态位

每个高速计数器都有一个状态字节，其中的状态位指出了当前计数方向，当前值是否大于或者等于预置值。这些状态位只有在执行中断服务程序时才有效。监视高速计数器状态位的目的是响应正在进行的操作所引发事件产生的中断。表 10-6 给出了状态位的定义。

表 10-6 HSC0～HSC5 的状态位

| HSC0 | HSC1 | HSC2 | HSC3 | HSC4 | HSC5 | 描 述 |
|---|---|---|---|---|---|---|
| SM36.0 | SM46.0 | SM56.0 | SM136.0 | SM146.0 | SM156.0 | 不用 |
| SM36.1 | SM46.1 | SM56.1 | SM136.1 | SM146.1 | SM156.1 | 不用 |
| SM36.2 | SM46.2 | SM56.2 | SM136.2 | SM146.2 | SM156.2 | 不用 |
| SM36.3 | SM46.3 | SM56.3 | SM136.3 | SM146.3 | SM156.3 | 不用 |
| SM36.4 | SM46.4 | SM56.4 | SM136.4 | SM146.4 | SM156.4 | 不用 |
| SM36.5 | SM46.5 | SM56.5 | SM136.5 | SM146.5 | SM156.5 | 当前计数方向状态位，0=减计数，1=增计数 |
| SM36.6 | SM46.6 | SM56.6 | SM136.6 | SM146.6 | SM156.6 | 当前值等于预置值状态位，0=不等，1=相等 |
| SM36.7 | SM46.7 | SM56.7 | SM136.7 | SM146.7 | SM156.7 | 当前值大于预置值状态位，0=小于等于，1=大于 |

## 第三节 高速计数器的配置及高速计数器程序实例

### 一、 高速计数器的配置

1. 确定高速计数器号

以 S7-200 系列 PLC 为例，并不是所有的 CPU 都支持全部的 6 种高速计数器号，也就是说选择高速计数器号要结合 CPU 类型。其次，要注意高速计数器的工作频率是否满足计数要求，特别是同一CPU需安排较多的高速计数器时，要注意总的频率要求能否满足。

2．确定高速计数器的类型及工作模式

高速计数器的类型及工作模式选用中首先考虑的是计数脉冲的类型，即是双相脉冲还是单相脉冲，双相脉冲是正交还是单列，单列脉冲要不要考虑计数方向及计数方向的变更模式。其次要考虑启动及复位的方式，高速计数器可以采用改变当前值方式实现内启动内复位，也可以通过输入端子实现外启动外复位。外启动、外复位端子且可编程设置为高电平有效或低电平有效。当设定的有效电平激活复位输入端时，计数器清除当前值并一直保持到复位端失效。当激活启动输入端时，允许计数器计数。当启动端失效时，计数器的当前值保持不变，并忽略时钟事件。如果在启动输入端无效的同时，复位信号被激活，则忽略复位信号，当前值保持不变。如果在复位信号被激活的同时，启动输入端被激活，当前值被清除。在配置高速计数器系统时，可根据以上特性结合控制现场要求确定需不需设外部启动及复位端。

3．明确相应的软硬件资源

前两项确定后，选用的计数器的控制位，初始值、预置值，状态位及输入口等就已确定，剩下的即是中断的安排。S7-200系列可编程控制器采用引起中断方式安排高速计数器事件的处理。所有的计数器模式都会在当前值等于预置值时产生中断，使用外部复位的计数模式支持外部复位中断。除了模式0、1和2之外，所有计数器模式支持计数方向改变中断。每种中断条件都可以分别使能或禁止。

其实所有的配置过程都是以控制要求决定的高速计数器工作过程为基础的。因而配置前要设计好高速计数器的工作过程。过程主要含在什么情况下如何启动计数，计数值的意义及计到什么数值如何启动控制系统的什么动作及如何实现计数器的刷新及如何启动下一轮的计数过程等。而由计数器工作状态自动引出的中断是工作过程中重要的时间点及最合适的契机，用于改变计数器各种工作值、改变计数方向及引出系统的控制动作都十分方便。

## 二、 高速计数器程序的构成

高速计数器的软硬件资源及工作过程最后要体现在程序上，程序含高速计数器初始化程序及高速计数器控制用程序两部分。高速计数器初始化程序要完成的任务如下。

① 设置控制字节。

② 使用高速计数器定义指令定义选定的高速计数器工作模式。

③ 设置初始值。

④ 设置预置值。

⑤ 指定并使能中断程序。

⑥ 激活高速计数器。

高速计数器初始化一般以子程序方式出现，在主程序中使用初次扫描存储位SM0.1调用初始化子程序。完成以上任务。

高速计数器控制程序指规定高速计数器计数状态引出的控制系统功能的程序，主要由中断程序方式编制。程序有系统控制及高速计数器工作过程安排两个方面的内容。其中系统控制指高速计数的控制对象的动作，如运动到位后运动体的机械参数控制等。高速计数器工作过程安排则主要是指计数器下个计数周期的配置及衔接，如频率控制中的频率的修正及预置值、计数方向改变的安排等。

## 三、 高速计数器应用程序例

**【例10-1】** 齿轮铣床用高速计数器配合分度机械作铣齿的角度定位。选用高速计数器为HSC1，为方便工艺操作，采用外复位及外启动的正交模式11。加工齿轮的一个齿的两侧的定位角度是相同的，但铣刀的进给方向不同。因而加工一个齿需两个步骤，先加工半齿曲面，达到定位角度后由当前值等于预置值引出中断变换进给方向后再加工下半齿。由此工艺要求安排HSC1控制位SMB47在初始化程序中为16#E8，其含义为：允许计数，更新初始值，更新预置值，不更新计数方向，增计数，4倍速计数，启动高电平，复位高电平。在第一个齿完成半齿加工后再将SMB47的值设为16#C8，与16#E8相比较的变化为不更新预置值。其后就将在同一预置值下加工完成一个齿轮的全部轮齿。

本例高速计数器相关程序含主程序、子程序及中断程序。主程序在SM0.1接通时调用子程序0，完成初始化，主程序还规定高速计数器的启动及复位。中断程序在当前值等于预置值时引出，复位初始值，并引出下一个计数过程。图10-12为子程序及中断程序的梯形图。中断程序中改变进给方向有关的内容未列入。

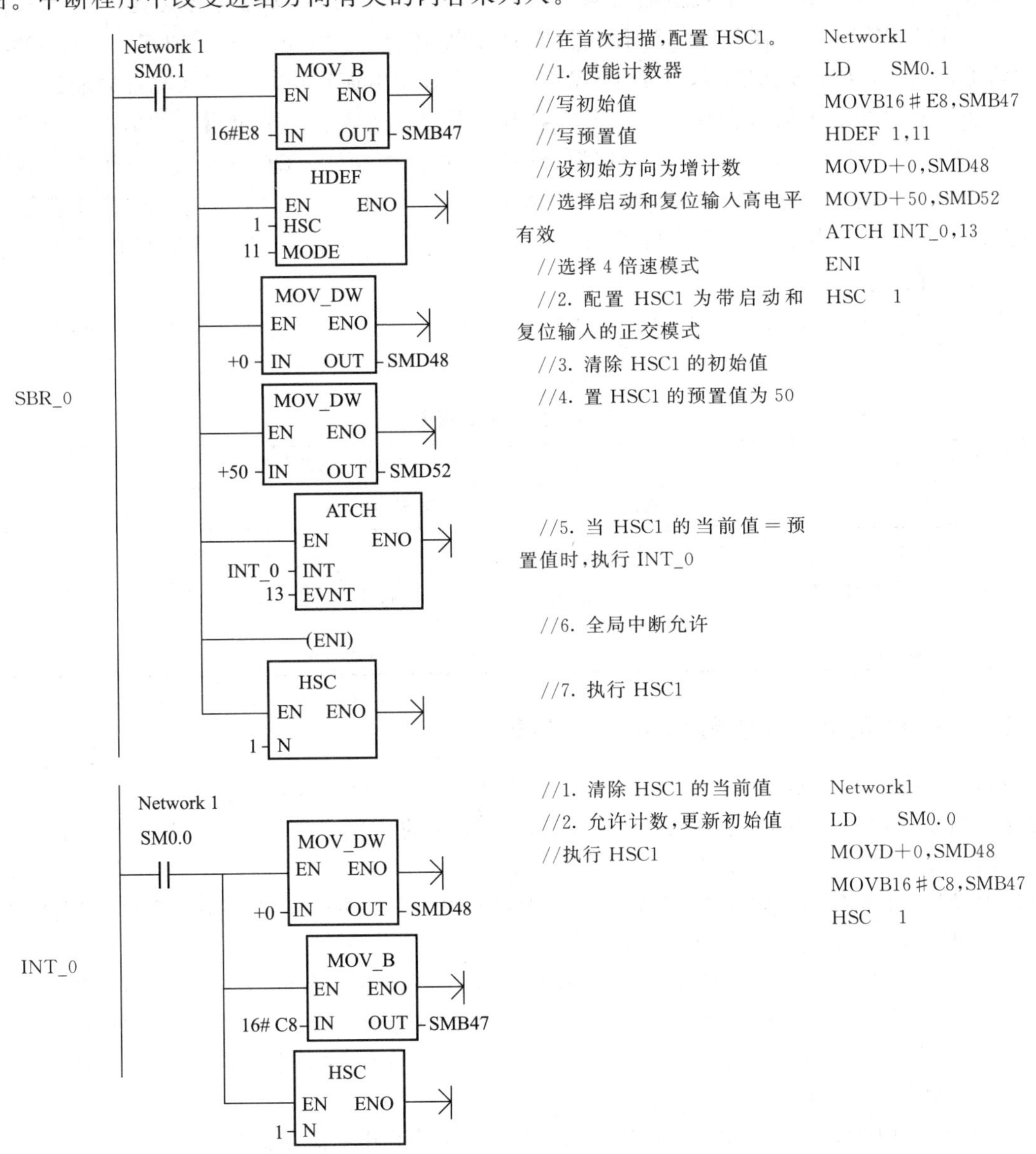


图10-12　高速计数器应用举例

# 第四节 高速脉冲输出及脉冲输出指令

## 一、高速脉冲输出功能及脉冲输出指令

和脉冲输入计数情况不同，高速脉冲输出指由PLC集成的输出口或专用的功能模块对机外设备输出一定参数的脉冲串（PTO）或PWM脉冲波的功能。脉冲串可以用作步进电动机或伺服电动机的输入控制信号，完成定位及调速控制。PWM脉冲可以转变为模拟量用在模拟量控制的场合。

每个S7-200系列CPU配有两个PTO/PWM发生器，它们可以任意设置成高速脉冲串输出或脉冲调制波输出。一个发生器是输出点Q0.0，另一个发生器是输出点Q0.1。S7-200 CPU的PTO/PWM发生器与输出过程映像寄存器共用Q0.0和Q0.1。当在Q0.0或Q0.1上激活PTO或者PWM功能时，PTO/PWM发生器对输出拥有控制权，同时普通输出点功能被禁止，输出波形不受过程映像区状态、输出点强制值或者立即输出指令的影响。当不使用PTO/PWM发生器时，输出点的控制权交回过程映像寄存器，Q0.0及Q0.1作为普通数字输出使用。因而，在使能PTO或者PWM操作之前，将Q0.0和Q0.1过程映像寄存器清0是必要的。另外，为了能使输出脉冲形成陡直的上升和下降沿，PTO/PWM的输出负载至少为10%的额定负载（可参考输出规范）。

S7-200系列PLC脉冲输出功能使用脉冲输出指令（PLS），指令的表达形式及操作数见表10-7。

**表10-7 脉冲输出指令**

| 指令的表达形式 | 脉冲输出指令的有效操作数 | | |
|---|---|---|---|
| PLSQ0.X | 输出 | 数据类型 | 操作数 |
| PLS<br>EN ENO<br>Q0.X | Q0.X | WORD | 常数：0（=Q0.0）<br>1（=Q0.1） |

## 二、PTO及PWM设置用特殊存储器

PTO及PWM功能的配置需要使用特殊存储器。和PTO/PWM功能相关的SM标志有三类：PTO/PWM功能的状态字节、PTO/PWM功能的控制字节及PTO/PWM功能寄存器。其中寄存器用来存储周期值、脉宽值及脉冲数目值等设定数据。控制字节用来安排PTO/PWM的工作模式，状态字节用来反映PTO/PWM功能的工作情况。PTO/PWM功能相关的两个输出点Q0.0及Q0.1分别安排有专用的SM寄存器。具体安排可见表10-8。作为一个快速参考，针对一些典型应用，表10-9给出了控制字节的取值情况。PTO/PWM功能可以通过修改SM存储区（包括控制字节），然后执行PLS指令来改变波形的特性。也可以在任意时刻禁止PTO或者PWM波形，方法为：首先将控制字节的使能位（SM67.7）清0，然后执行PLS指令。

使用与PTO/PWM功能相关特殊存储器SM还有以下几项需注意。

① PTO状态字节中的空闲位SM66.7或者SM76.7标志着脉冲串输出完成，可由此引出一段中断服务程序，使用多段操作时，在整个包络表完成后执行中断服务程序。

② 周期增量有可能使 PTO 产生非法周期值，会引起算术溢出错误，会终止 PTO 功能并在状态字节中将增量计算错误位 SM66.4 或者 SM76.4 置 1。

③ 如果要终止一个正在进行中的 PTO 包络，可以把状态字节中的用户终止位 SM66.5 或 SM76.5 置 1。

④ PTO 多段管线功能中，当管线满时，如果试图装载管线，状态存储器中的 PTO 溢出位 SM66.6 或者 SM76.6 置 1。如果想用该位检测序列的溢出，必须在检测到溢出后清除该位。当 CPU 切换至 RUN 模式时，该位被初始化为 0。

**表 10-8 PTO/PWM 控制寄存器与有关的特殊存储器**

| Q0.0 | Q0.1 | 状 态 字 节 |
|---|---|---|
| SM66.4 | SM76.4 | PTO 包络由于增量计算错误而终止，0＝无错误；1＝终止 |
| SM66.5 | SM76.5 | PTO 包络由于用户命令而终止，0＝无错误；1＝终止 |
| SM66.6 | SM76.6 | PTO 管线上溢/下溢，0＝无溢出；1＝上溢/下溢 |
| SM66.7 | SM76.7 | PTO 空闲，0＝执行中；1＝PTO 空闲 |
| Q0.0 | Q0.1 | 控 制 字 节 |
| SM67.0 | SM77.0 | PTO/PWM 更新周期值，0＝不更新；1＝更新周期值 |
| SM67.1 | SM77.1 | PWM 更新脉冲宽度值，0＝不更新；1＝更新宽度值 |
| SM67.2 | SM77.2 | PTO 更新脉冲数，0＝不更新；1＝更新脉冲数 |
| SM67.3 | SM77.3 | PTO/PWM 时间基准选择，0＝1μs/时基；1＝1ms/时基 |
| SM67.4 | SM77.4 | PWM 更新方式，0＝异步更新；1＝同步更新 |
| SM67.5 | SM77.5 | PTO 操作，0＝单段操作；1＝多段操作 |
| SM67.6 | SM77.6 | PTO/PWM 模式选择，0＝选择 PTO；1＝选择 PWM |
| SM67.7 | SM77.7 | PTO/PWM 允许，0＝禁止；1＝允许 |
| Q0.0 | Q0.1 | 其他 PTI/PWM 寄存器 |
| SMW68 | SMW78 | PTO/PWM 周期值(范围：2～65535) |
| SMW70 | SMW80 | PWM 脉冲宽度值(范围：0～65535) |
| SMD72 | SMD82 | PTO 脉冲计数值(范围：1～4294967295) |
| SMB166 | WMB176 | 进行中的段数(仅用在多段 PTO 操作上) |
| SMW168 | SMW178 | 包络表的起始位置，用从 V0 开始的字节偏移表示(仅用在多段 PTO 操作上) |

**表 10-9 PTO/PWM 控制字节参考**

| 控制寄存器(十六进制) | 执行 PLS 指令的结果 | | | | | | | |
|---|---|---|---|---|---|---|---|---|
| | 允许 | 模式选择 | PTO 段操作 | PWM 更新方法 | 时基 | 脉冲数 | 脉冲宽度 | 周期 |
| 16#81 | YES | PTO | 单段 | | 1μs/周期 | | | 装入 |
| 16#84 | YES | PTO | 单段 | | 1μs/周期 | 装入 | | |
| 16#85 | YES | PTO | 单段 | | 1μs/周期 | 装入 | | 装入 |
| 16#89 | YES | PTO | 单段 | | 1ms/周期 | | | 装入 |
| 16#8C | YES | PTO | 单段 | | 1ms/周期 | 装入 | | |
| 16#8D | YES | PTO | 单段 | | 1ms/周期 | 装入 | | 装入 |
| 16#A0 | YES | PTO | 多段 | | 1μs/周期 | | | |
| 16#A8 | YES | PTO | 多段 | | 1ms/周期 | | | |
| 16#D1 | YES | PWM | | 同步 | 1μs/周期 | | | 装入 |
| 16#D2 | YES | PWM | | 同步 | 1μs/周期 | | 装入 | |
| 16#D3 | YES | PWM | | 同步 | 1μs/周期 | | 装入 | 装入 |
| 16#D9 | YES | PWM | | 同步 | 1ms/周期 | | | 装入 |
| 16#DA | YES | PWM | | 同步 | 1ms/周期 | | 装入 | |
| 16#DB | YES | PWM | | 同步 | 1ms/周期 | | 装入 | 装入 |

## 三、 PTO 及 PWM 功能的几种模式及配置方法

1. 脉冲串操作（PTO）

如图 10-13 所示，PTO 输出占空比为 50%的方波。脉冲个数可在 1～4294967295 间设定。如设为零，机器将缺省地设定脉冲个数为 1。脉冲的周期有二种时间基准，一是以微秒为基准，一是以毫秒为基准，周期的范围为：50～65535μs 或者 2～65535ms。周期值应为偶数，如为奇数，会引起占空比失真。如设定周期小于两个时间单位，机器将缺省地设定周期为两个时间单位。PTO 可以产生单段脉冲串或者多段脉冲串，各段脉冲的属性参数可存在由存储单元构成的脉冲包络表中。PTO 功能允许脉冲串"链接"或者"排队"。在当前脉冲串输出完成时，会立即开始输出一个新的脉冲串。这保证了多个输出脉冲串之间的连续。

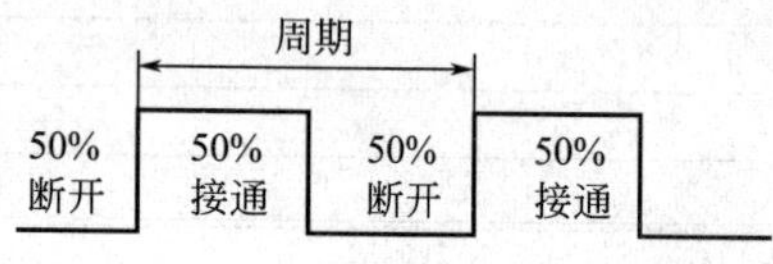


图 10-13 脉冲串（PTO）输出波形

（1）PTO 脉冲串的单段管线 单段管线模式，即一次只能存储一段脉冲串的属性。一旦启动了起始 PTO 段，就必须按照第二个波形的要求改变特殊寄存器，并再次执行 PLS 指令。第二个脉冲串的属性在管线中一直保持到第一个脉冲串发送完成。当第一个脉冲串发送完成时，接着输出第二个波形，此时管线可以用于下一个新的脉冲串。重复以上过程可以设定并输出多个脉冲串。

除去以下两种情况之外，脉冲串之间可以做到平滑转换：时间基准发生了变化或者在利用 PLS 指令捕捉到新脉冲之前，启动的脉冲串已经完成。

（2）PTO 脉冲串的多段管线 多段管线模式，即一次设定多段脉冲串的属性。属性可存储在 V 存储器区的包络表中。PTO 开始工作后，CPU 自动从 V 存储器区的包络表中读出每个脉冲串的特性。在该模式下，不仅要使用特殊存储器区的控制字节和状态字节，选择多段操作，还必须装入包络表在 V 存储器的起始地址偏移量（SMW168 或 SMW178）。在包络表中的周期值必须使用同一个时间基准，而且在包络正在运行时不能改变。启动多段操作也需执行 PLS 指令。

多段管线包络表中，每段脉冲串管线的记录长度为 8 个字节，由 16 位周期值、16 位周期增量和 32 位脉冲数值组成。表 10-10 中给出了包络表的格式。可以通过编程的方式使脉冲的周期自动增减。在周期增量处输入一个正值将增加周期：输入一个负值将减少周期，输入 0 将不改变周期。当 PTO 包络执行时，当前启动段的编号保存在 SMB166（或 SMB176）中。

**表 10-10 多段 PTO 操作的包络表格式**

| 从包络表开始的字节偏移 | 包络段 | 描 述 |
|---|---|---|
| 0 | | 段数(1～255) |
| 1 | #1 | 初始周期(2～65535 时间基准单位) |
| 3 | | 每个脉冲的周期增量(有符号值)(－32768～32767 时间基准单位) |
| 5 | | 脉冲数(1～4294967295) |
| 9 | #2 | 初始周期(2～65535 时间基准单位) |
| 11 | | 每个脉冲的周期增量(有符号值)(－32768～32767 时间基准单位) |
| 13 | | 脉冲数(1～4294967295) |
| ⋮ | 3#<br>⋮ | ⋮ |

注：输入 0 作为脉冲串的段数会产生一个非致命错误，将不产生 PTO 输出。

（3）包络表数据的计算 PTO/PWM 发生器的多段管线功能在许多应用中非常有用，尤其在步进电动机控制中。图 10-14 给出了步进电动机加速启动、恒速运行和减速过程，下面用此例说明如何生成包络表中的数据。本例设 3 段的脉冲总数为 4000，启动和结束频率是 2kHz，最大脉冲频率是 10kHz。由于包络表中的值是用周期表示的，而不是用频率，需要把给定的频率值转化为周期值。所以，启动和结束脉冲周期为 500μs，最高频率的对应周期为 100μs。在输出包络的加速部分，要求在 200 个脉冲左右上升到 10kHz。减速部分在 400 个脉冲内完成。本例中，可用一个简单公式计算 PTO 发生器调整脉冲周期的增量值

$$给定段的周期增量=|ECT-ICT|/Q$$

式中，ECT、ICT 和 Q 分别是该段结束时的周期、该段开始时的周期和脉冲数。利用这个公式算出的加速部分（第一段）的周期增量是 -2μs/周期，减速部分（第三段）的周期增量是 1μs/周期。由于第二段是输出波形的恒速部分，该段的周期增量为 0。

假定包络表存放在从 VB500 开始的 V 存储器区，表 10-11 给出了产生要求波形的数据。表中的数据可以在程序中用指令送入 V 存储区，也可以在数据块中定义包络表中的值。本章第五节内容中将举例介绍多段 PTO 操作的程序。

**表 10-11 包络表值**

| V 存储器地址 | 存 储 值 | V 存储器地址 | 存 储 值 |
|---|---|---|---|
| VB500 | 3（总段数） | VW511 | 0（周期增量——段＃2） |
| VW501 | 500（初始周期——段＃1） | VW513 | 3400（脉冲数——段＃2） |
| VW503 | -2（周期增量——段＃1） | VW517 | 100（初始周期——段＃3） |
| VW505 | 200（脉冲数——段＃1） | VW519 | 1（周期增量——段＃3） |
| VW509 | 100（初始周期——段＃2） | VW521 | 400（脉冲数——段＃3） |

为了实现段与段间的平滑转换，段的最后一个脉冲的周期必须计算出来（除非周期增量是 0）。计算最后一个脉冲周期的公式是

$$段的最后一个脉冲的周期时间=ICT+[DEL*(Q-1)]$$

式中，ICT、DEL 和 Q 分别是该段初始周期、该段的周期增量和该段的脉冲数。

由于周期增量必须是以微秒或毫秒为单位的整数，每个脉冲都需要修改周期，实际的情况要复杂得多。周期增量的计算可能需要迭代法并对给定段的结束周期或脉冲数作一定的调整。

可利用下式计算一个包络段的时间

$$包络段的持续时间=Q*\{ICT+[(DEL/2)*(Q-1)]\}$$

式中，Q、ICT 和 DEL 的意义与前述相同。

2. 脉宽调制（PWM）

PWM 产生可变占空比的脉冲输出，如图 10-15 所示，可以以微秒或者毫秒为单位指定其周期和脉冲宽度。周期指定范围为 50～65535μs 或者 2～65535ms。脉宽指定范围为 0～65535μs 或者 0～65535ms。如设定脉宽大于周期（使占空比为 100%），输出连续接通，设定脉宽等于 0（使占空比为 0%），输出断开。

可用下述两个方法改变 PWM 波形。

（1）同步更新 PWM 的典型操作是当周期保持常数时变化脉冲宽度。这样做不需要改变时间基准，称为同步更新。利用同步更新，波形特性的变化发生在两个周期的交界处，可实现平滑过渡。

（2）异步更新 如果需要改变 PTO/PWM 发生器的时间基准，就要使用异步更新。异

步更新瞬时关闭PTO/PWM发生器，与PWM的输出波形不同步，可能引起被控设备的抖动。因此建议采用PWM同步更新。

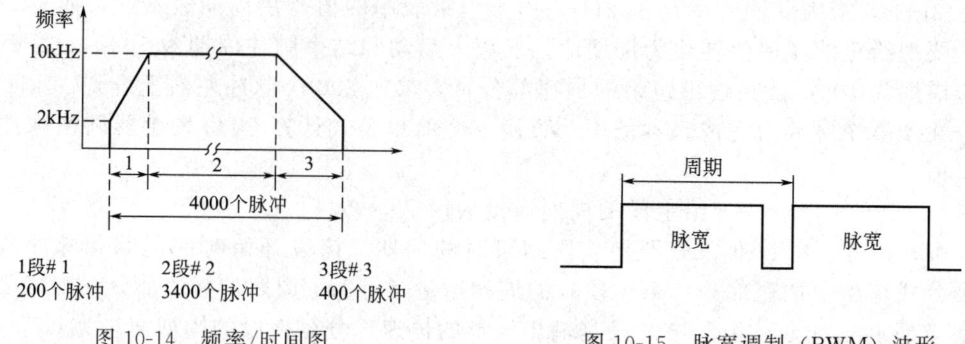


图 10-14　频率/时间图　　图 10-15　脉宽调制（PWM）波形

控制字节中的PWM更新方式位（SM67.4或SM77.4）用来指定更新类型。执行PLS指令可以激活这些改变。如果改变了时间基准，不管PWM更新方式位的状态如何，都会产生一个异步更新。

## 第五节　PTO及PWM功能配置与编程

### 一、PTO及PWM输出的配置

和高速计数器配置类似，PTO及PWM输出的配置一般先从硬件开始。首先要确定用哪个输出口，单用Q0.0或Q0.1或同时使用两个都是可行的。其次要根据输出波形要求及控制过程确定PTO或PWM参数相关存储单元，并确定参数的量值。最后是编制相关PLC程序。程序可以含初始化配置、修改输出脉冲参数及系统控制相关的内容，均可在子程序及中断子程序中执行。在主程序中还可用首次扫描标志位SM0.1将PTO/PWM使用的输出点清0，为PTO/PWM输出作好准备。

### 二、PTO及PWM输出配置实例

**【例 10-2】** 某步进电机需以500ms每步前进4步后转为以1000ms每步前进4步，再转为以500ms每步前进4步，再转为1000ms每步前进4步，并循环交替运行。请设计PTO输出控制功能。

本例为单段PTO操作实例。每段输出4个脉冲，每段输出完成后利用中断事件19改变周期参数，并交替运行。本例中，选Q0.0为输出端口，梯形图程序如图10-16所示。其中子程序0为初始化，中断程序0为变换周期。输出波形图也绘在图10-16中了。

**【例 10-3】** 某步进电动机工作一次需带动负载前进确定的距离，运行过程含升速，匀速、降速停车三个阶段。升降速的变化率需满足步进电动机运行特性，以不丢步及兼顾快速性考虑。当完成一个运动过程时，需发出指示信号。

本例可考虑以多段脉冲串操作实现。选用Q0.0输出三段包络表操作。设计梯形图如图10-17所示。图中，M10.0为执行开关子程序0执行时安排依电动机特性及控制要求计算出的三段包络表数据，设置PTO控制及中断服务。并通过中断事件19引出中断子程序0接通Q0.5发出完成信号。

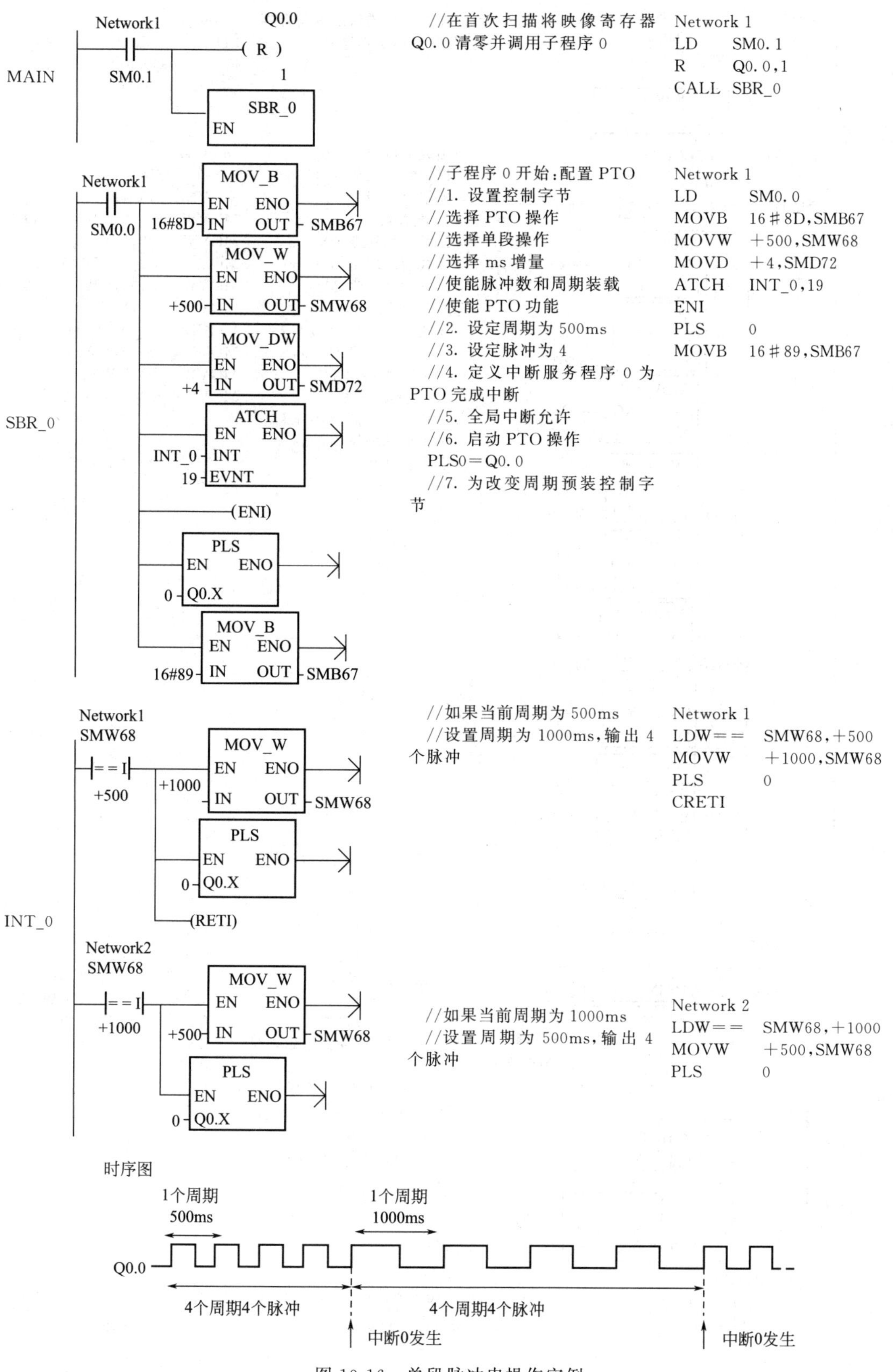


图 10-16　单段脉冲串操作实例

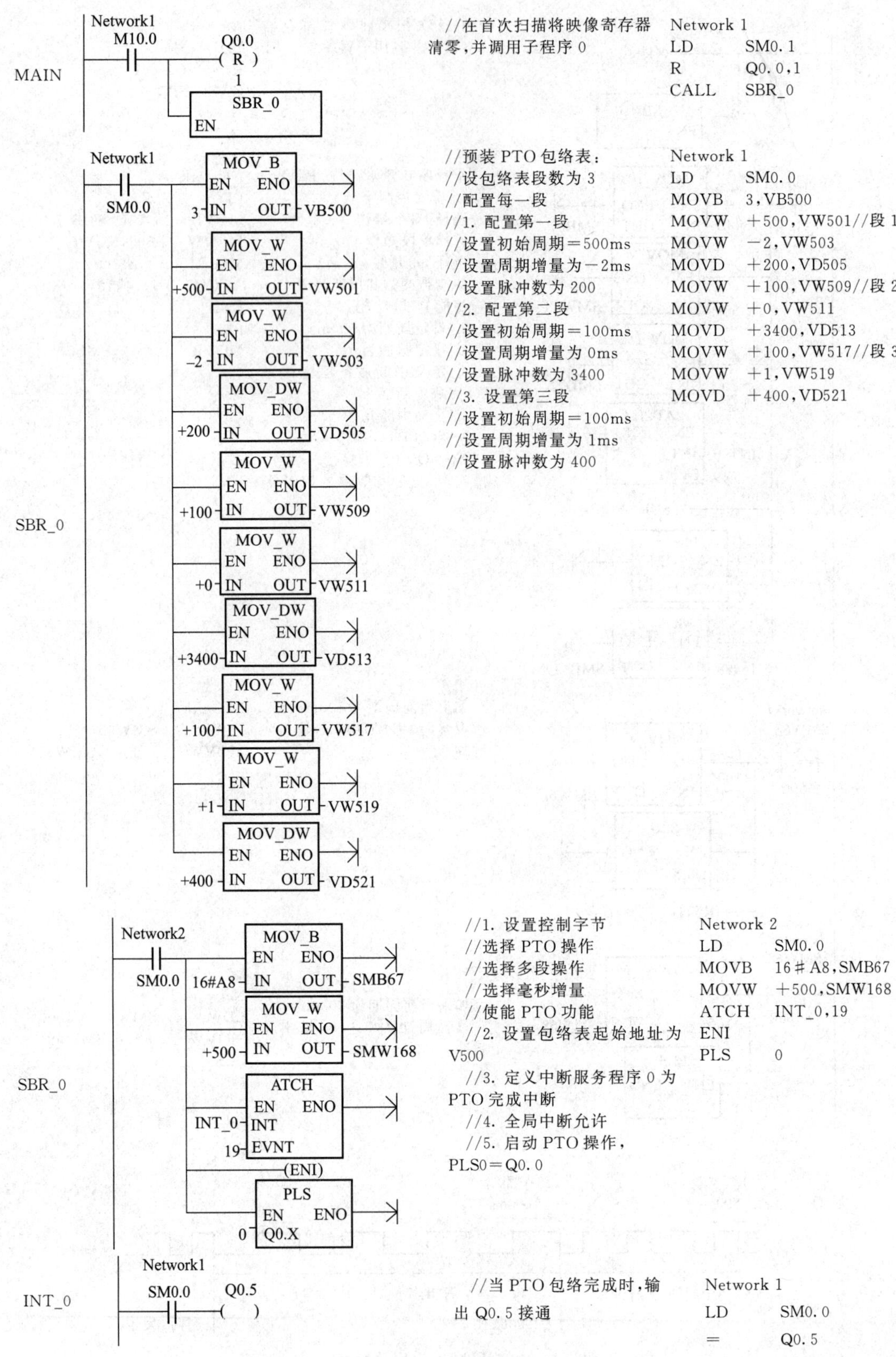


图 10-17 多段脉冲串操作实例

【例 10-4】 某调速设备采用 PWM 波实现的模拟量控制，经计算，初启动时控制电压相当于占空比为 10%的 PWM 波，低速运行一定时间后调高运转速度，需产生占空比为 50%的 PWM 波以实现控制。

本例选用 Q0.1 为 PWM 输出端口。在子程序 0 中初始化 10%占空比的 PWM。在子程序 1 中更改脉宽。梯形图程序如图 10-18 所示。主程序 M0.0 为调高转速时的控制信号。梯形图中已备有说明，存储器的储值请读者自己验算。

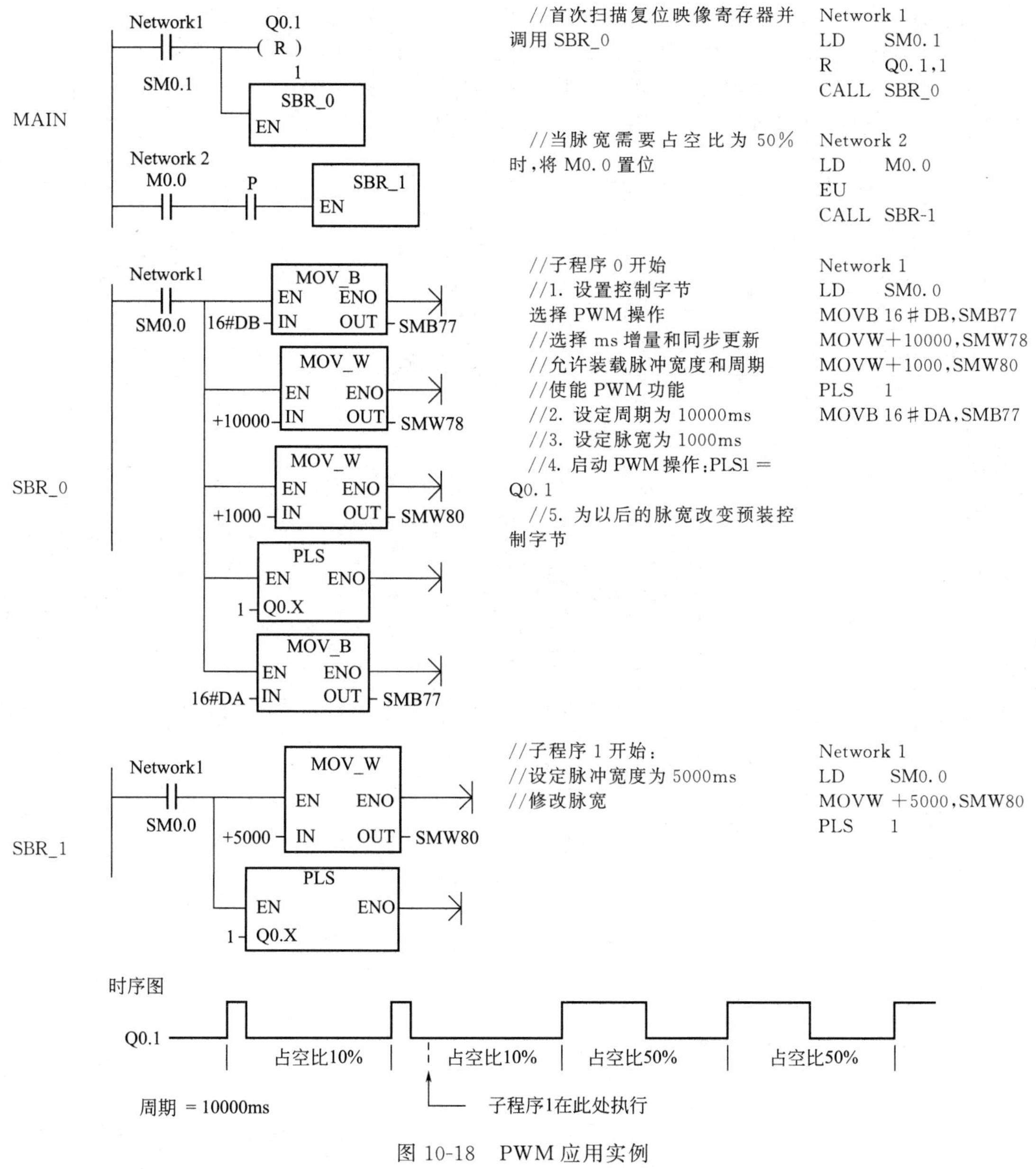

图 10-18　PWM 应用实例

## 习题及思考题

10-1　高速计数器与普通计数器在使用方面有哪些异同点？

10-2　高速计数器和输入口有什么关系？使用高速计数器的控制系统在安排输入口时要注意些什么？

10-3 如何控制高速计数器的计数方向？

10-4 什么是高速计数器的外启动、外复位功能？该功能在工程上有什么意义？外启动、外复位和在程序中安排的启动复位条件间是什么关系？

10-5 S7-200系列PLC采用什么方法实现高速计数器计数值与设定值相等时的控制功能，叙述控制过程。

10-6 某化工设备需每分钟记录一次温度值，温度经传感变换后以脉冲列给出，试安排相关设备及编绘梯形图程序。

10-7 PWM及PTO功能在工程中有什么意义？举例说明它们的应用。

10-8 试叙述PWM及PTO功能的配置及规划过程。

10-9 在PTO操作中如何改变脉冲数，举例说明操作过程。

10-10 在PWM操作中如何改变周期值，举例说明操作过程。

# 第十一章　S7-200系列PLC模拟量单元及PID指令

**内容提要：**模拟量工作单元是 PLC 特种功能单元中最常见的品种，其使用模式对学习 PLC 功能单元应用具有普遍性的意义。本章以 EM235 说明模拟量单元的使用。PID 调节是传统自动控制中使用最多的调节方式，PLC 的 PID 指令为在 PLC 中使用 PID 调节提供了方便。

作为计算机，PLC 用于模拟量控制首先遇到的问题是要有合适的接口，包括 PLC 接收输入模拟量的 A/D 转换及 PLC 输出模拟量的 D/A 转换接口。

A/D 及 D/A 转换一般通过电子电路完成，PLC 产品中，A/D 或 D/A 模拟量转换模块实质上就是这样的一些电路。第六章表 6-9 中给出了 S7-200 系列 PLC 的模拟量转换模块 EM231、EM232 或 EM235 的基本规格。此外，CPU224XP 还集成了 2 路 A/D 及一路 D/A 转换电路。

可编程控制器 A/D 或 D/A 模拟量转换模块一般都输入工业控制仪表配接标准电压、电流量。也有直接连接指定传感器的，如 EM231 热电偶模块就是连接指定热电偶的。与一般模拟量单元相比，在对口的测量工作中，直接连接传感器省掉了送变器，使用更加方便。

可编程控制器的 A/D 及 D/A 模块一般是无源的，需从基本单元取得电源。它们一般也是非智能的，模块内不含 CPU。为了具有通用性，输入模块电路中设有衰减或增益调整电路，可通过硬件或编程设定，以便连接各类输出标准电流、电压量的传感变送器件。模拟量输出模块则可利用接线变更输出电量的电压或电流类型及改变输出量程。可编程控制器的 A/D 及 D/A 模块都是与 CPU 配套设计的，可方便地安装及连接 CPU 总线，并在 CPU 或自配的存储器中设置专用的存储单元。A/D 及 D/A 单元既有单独模入或模出的，也有混合的，一般都有多路，且多路的数据可分别存储。从工作过程来说，模入模出的数据依扫描周期自动更新，在程序中安排取用。

以下以 S7-200 系列产品中模拟量混合模块 EM235 说明模拟量模块的使用方法。

## 第一节　EM235 模拟量工作单元

### 一、 性能指标

表 11-1 给出了 EM235 的输入输出技术规范。由表 11-1 可知 EM235 输入规格有 16 种之多，输出有 DC 电压±10V 及 DC 电流 0～20mA 两种。

### 二、 模块的安装及接线

模块的外形尺寸使模块能方便地与基本单元或其他扩展模块安装在一起。图 11-1 中给出 EM235 的接线端子情况，图的上方为输入端子，4 路端子可分别接 4 路输入，要注意信号的类型（电流或电压）不同时，接线方法不一样。在 4 路端子中有闲置不用的时，应将该路短接。输出端子在图的下方，输出是电流量还是电压量在接法上有区别。除了图中所示输入信号线及输出信号线外，模块与 CPU 的连接电缆未绘出。另从图 11-1 中也可以看出，EM235 单元是机外供电的。

**表 11-1 模拟量扩展模块 EM235 输入/输出技术规范**

| 输入技术规范 | | 输出技术规范 | |
|---|---|---|---|
| 最大输入电压 | 30V DC | 隔离(现场到逻辑) | 无 |
| 最大输入电流 | 32mA | 信号范围 | |
| 输入滤波衰减 | −3dB,3.1kHz | 电压输出 | ±10V |
| 分辨率 | 12位A/D转换器 | 电流输出 | 0～20mV |
| 隔离 | 否 | 分辨率,满量程 | |
| 输入类型 | 差分 | 电压 | 12位 |
| 输入范围 | | 电流 | 11位 |
| 电压单极性 | 0～10V,0～5V,0～1V,0～500mV,0～100mV,0～50mV。 | 数据字格式见图11-4 | |
| 电压双极性 | ±10V,±5V,±2.5V,±1V,±500mV,±250mV,±100mV,±50mV,±25mV | 电压 | −32000～+32000 |
| | | 电流 | 0～+32000 |
| 电流 | 0～20mA | 精度 | |
| 输入分辨率 | 见表11-2 | 最差情况,0～55℃ | |
| A/D转换时间 | <250μs | 电压输出 | ±2%满量程 |
| 模拟输入阶跃响应 | 1.5ms到95% | 电流输出 | ±2%满量程 |
| 共模抑制 | 40dB,DC到60Hz | 典型,25℃ | |
| 共模电压 | 信号电压加共模电压必须≤±12V | 电压输出 | ±5%满量程 |
| | | 电流输出 | ±5%满量程 |
| 24V DC电压范围 | 20.4至28.8 | 设置时间 | |
| 数据字格式 | 见图11-3 | 电压输出 | 100μs |
| 双极性,满量程 | −32000～+32000 | 电流输出 | 2ms |
| 单极性,满量程 | 0～32000 | 最大驱动 | |
| DC输入阻抗 | ≥10MΩ电压输入 | 电压输出 | 5000Ω最小 |
| | 250Ω电流输入 | 电流输出 | 500Ω最大 |

## 三、 输入信号量程选择及校准

EM235 在接入电路工作前需设置及校准。设置是选择输入信号的量程，校准是调整机内放大器的增益。配置及校准操作位置见图 11-2。图中可见增益及偏移调节使用的是电位器，设置使用的是 SW1～SW6 共 6 只 DIP 开关。开关的状态组合所对应的输入范围及分辨率可见表 11-2，开关的分类功用见表 11-3，从表 11-3 中可知开关 SW1～SW3 用于衰减选择，SW4、SW5 用于增益选择，SW6 用于极性选择。针对表 11-2 中增益、衰减及量程可以看出，无论对于哪一种量程，写入单元中模拟量输入字中满度值对应的模拟量的值是一样的，即有下式

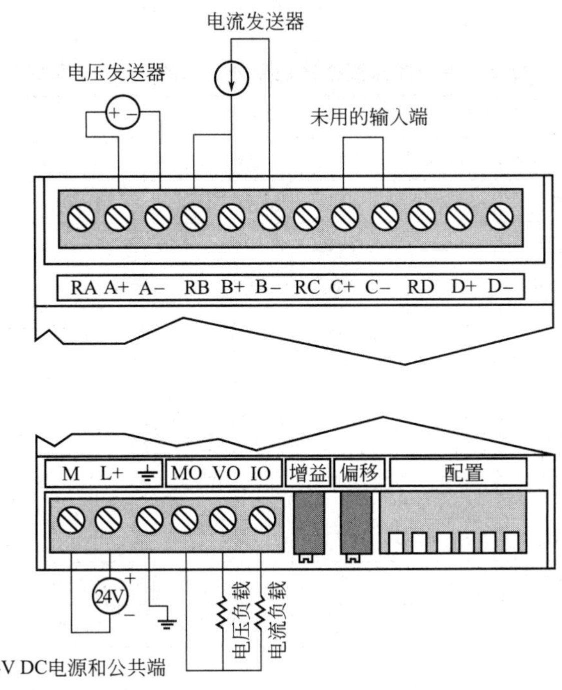


图 11-1　EM235 输入输出端子接线

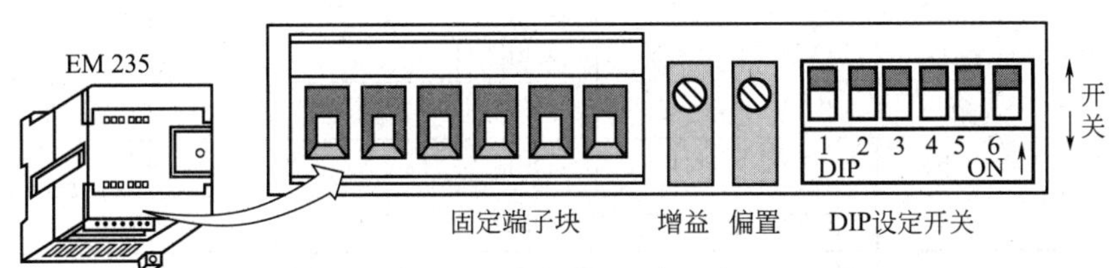


图 11-2　EM235 的校准电位器及 DIP 配置开关

满量程输入×衰减×增益=模拟量输入字中数据所对应的模拟量实际值

经计算，这个值在电压输入时的绝对值为 4V。

校准输入的步骤如下。

① 切断模块电源，使用设置开关选择需要的输入范围。

② 接通 CPU 各模块电源，并稳定 15min。

③ 用一个传感器，一个电压源或一个电流源，将零值信号加到一个输入端。

④ 读出 CPU 中测量值。

⑤ 调节偏置电位器，使读数为零或为一个所需要的数据值。

⑥ 将一个满刻度信号接入某个输入端，读取 CPU 的值。

⑦ 调节增益电位器，直到 CPU 的读数为 32000，或所需要的数据值。

必要时，重复偏置及增益的校准过程。

由于量程和分辨率选择只有一套开关，也由于校准调节影响到转换器后电路的放大级，校准对所有的输入通道都将发生作用。而且，校准后的运行中由于不同的输入通道元件参数发生变化，仍有可能同一输入信号在不同通道之间的读数存在轻微差异，为了保证模块能达到表 11-1 所列的技术参数，应在软件中使用输入滤波器，且在计算平均值时，选择 64 次或更多的采样次数。

**表 11-2 用于选择模拟量程和分辨率的 EM235 配置开关**

| 单极性 | | | | | | 满量程输入 | 分辨率 |
|---|---|---|---|---|---|---|---|
| SW1 | SW2 | SW3 | SW4 | SW5 | SW6 | | |
| ON | OFF | OFF | ON | OFF | ON | 0～50mV | 12.5μV |
| OFF | ON | OFF | ON | OFF | ON | 0～100mV | 25μV |
| ON | OFF | OFF | OFF | ON | ON | 0～500mV | 125μV |
| OFF | ON | OFF | OFF | ON | ON | 0～1V | 250μV |
| ON | OFF | OFF | OFF | OFF | ON | 0～5V | 1.25mV |
| ON | OFF | OFF | OFF | OFF | ON | 0～20mA | 5μA |
| OFF | ON | OFF | OFF | OFF | ON | 0～10V | 2.5mV |
| **双极性** | | | | | | **满量程输入** | **分辨率** |
| SW1 | SW2 | SW3 | SW4 | SW5 | SW6 | | |
| ON | OFF | OFF | ON | OFF | OFF | ±25mV | 12.5μV |
| OFF | ON | OFF | ON | OFF | OFF | ±50mV | 25μV |
| OFF | OFF | ON | OFF | OFF | OFF | ±100mV | 50μV |
| ON | OFF | OFF | OFF | ON | OFF | ±250mV | 125μV |
| OFF | ON | OFF | OFF | ON | OFF | ±500mV | 250mV |
| OFF | OFF | ON | OFF | ON | OFF | ±1V | 500μA |
| ON | OFF | OFF | OFF | OFF | OFF | ±2.5V | 1.25mV |
| OFF | ON | OFF | OFF | OFF | OFF | ±5V | 2.5mV |
| OFF | OFF | ON | OFF | OFF | OFF | ±10V | 5mV |

**表 11-3 EM235 配置开关的用途及说明表**

| EM235 配置开关 | | | | | | 单极性/双极性 | 增益选择 | 衰减选择 |
|---|---|---|---|---|---|---|---|---|
| SW1 | SW2 | SW3 | SW4 | SW5 | SW6 | | | |
| | | | | | ON | 单极性 | | |
| | | | | | OFF | 双极性 | | |
| | | | OFF | OFF | | | ×1 | |
| | | | OFF | ON | | | ×10 | |
| | | | ON | OFF | | | ×100 | |
| | | | ON | ON | | | 无效 | |
| ON | OFF | OFF | | | | | | 0.8 |
| OFF | ON | OFF | | | | | | 0.4 |
| OFF | OFF | ON | | | | | | 0.2 |

## 四、 输入/输出数据字格式

EM235 工作时，将输入模拟量转变为数字量。图 11-3 为输入数据字格式。最高有效位为符号位，0 表示正值。模拟量的数字转换值为 12 位数左对齐，单极性格式中，右端 3 个连续的 0 使得模数转换的计数值每变化一个单位，数据字则以 8 为单位变化。在双极性格式中，右端 4 个连续的 0 使得模数转换的计数值每变化一个单位，数据字则以 16 为单位变化。

图 11-4 为输出数据字格式。模块的数字量在模拟量转换器的 12 位读数在其输出数据格式中是左对齐的。最高有效位为符号位，0 表示正值，数据在装载到转换器的寄存器之前，4 个连续的零是被截断的，对输出信号值不发生影响。

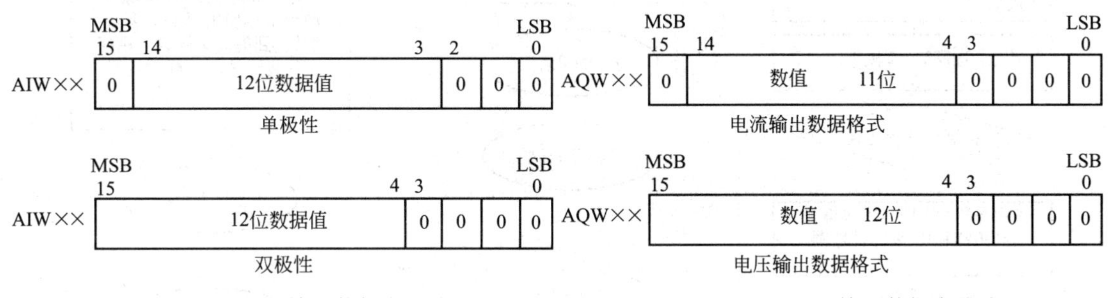


图 11-3　EM235 输入数据字格式　　图 11-4　EM235 输出数据字格式

# 第二节　EM235 的配置及应用实例

## 一、 EM235 的安装及程序编制

EM235 安装过程如下。

① 根据输入信号的类型及范围设置 DIP 开关，完成模块的设置工作，必要时进行校准。

② 完成硬件的接线工作。注意输入、输出信号的类型不同，采用不同的接入方式。为防止空置端对接线端的干扰，空置端应短接。接线还应注意传感器的线路尽可能的短，且应使用屏蔽双绞线，要保证 24VDC 传感器电源无噪声、稳定可靠。

③ 确定模块在系统中的安装位置，确定模块的编号。S7-200 扩展单元安装时在 CPU 的右边依次排列，并从 0 开始编号。模块安装完毕后，将模块自带的接线排插入扩展总线。

④ 依扩展模块的编址规定（见本书第六章中的有关内容），为各个输入转换后的数字量安排模拟量输入 AIW 单元，为输出量转换前的数字量安排模拟量输出 AQW 单元，在变量存储区 V 存放处理产生的中间数据。

EM235 的工作程序一般包含以下内容。

① 设置初始化子程序，在该子程序中完成采样次数的预置及采样和单元的清零工作。

② 设置模块检测子程序，该子程序检查模块连接的正确性及模块工作的正确性。

③ 设置子程序完成采样及相关的计算工作。

④ 工程所需的有关该模拟量的处理程序。

⑤ 处理后的模拟量输出工作。

## 二、 应用实例

**【例 11-1】** S7-200CPU 配合 EM235 构成控制系统。EM235 扩展编号为 0，使用一路模拟量输入及一路模拟量输出。输入为 ±10V 电压，输出也为 ±10V 电压。输入与输出占用模拟量存储单元为 AIW0 及 AQW0。程序中采用求平均值的方法增加系统工作的稳定性。图 11-5 为程序的框图，框图说明了程序的构成、各个子程序的功用及数据处理的过程。图 11-6 为梯形图，程序注释请读者自己查阅。

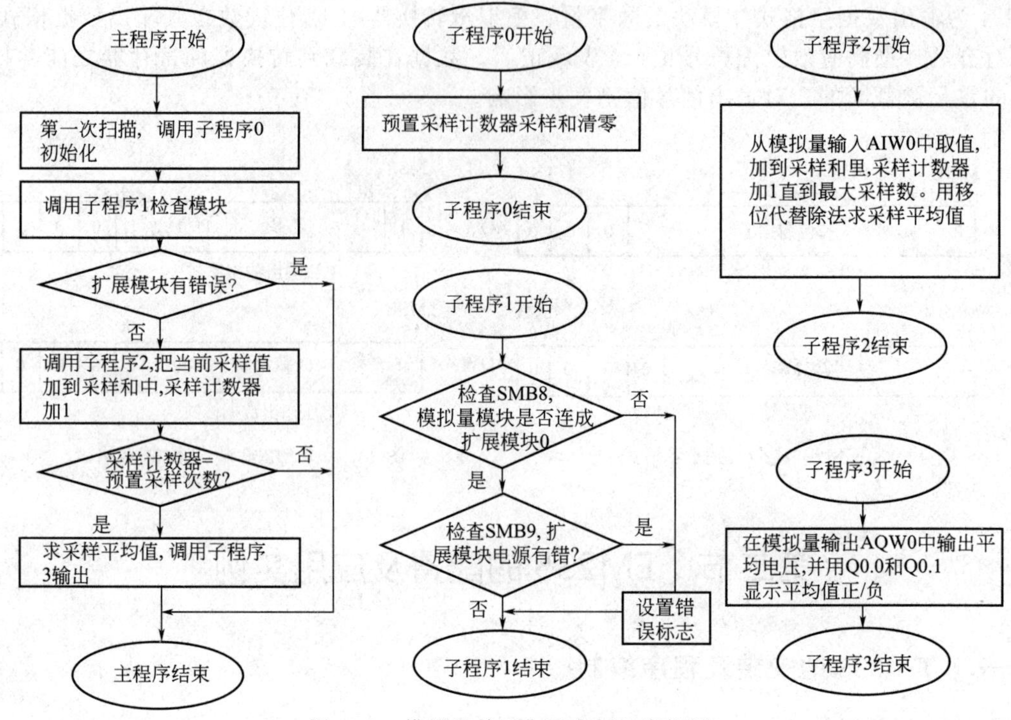


图 11-5 模拟量单元应用实例程序框图

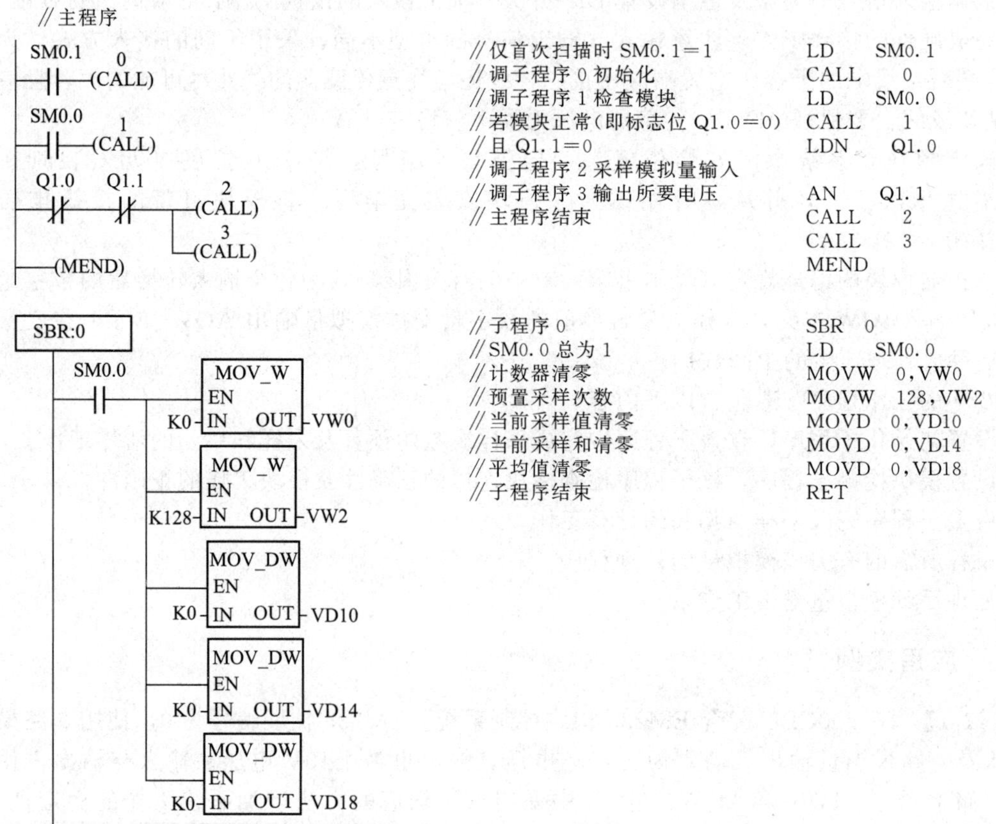


```
//仅首次扫描时 SM0.1=1              LD     SM0.1
//调子程序 0 初始化                  CALL   0
//调子程序 1 检查模块                LD     SM0.0
//若模块正常(即标志位 Q1.0=0)       CALL   1
//且 Q1.1=0                         LDN    Q1.0
//调子程序 2 采样模拟量输入
//调子程序 3 输出所要电压            AN     Q1.1
//主程序结束                        CALL   2
                                    CALL   3
                                    MEND

//子程序 0                          SBR    0
//SM0.0 总为 1                      LD     SM0.0
//计数器清零                        MOVW   0,VW0
//预置采样次数                      MOVW   128,VW2
//当前采样值清零                    MOVD   0,VD10
//当前采样和清零                    MOVD   0,VD14
//平均值清零                        MOVD   0,VD18
//子程序结束                        RET
```

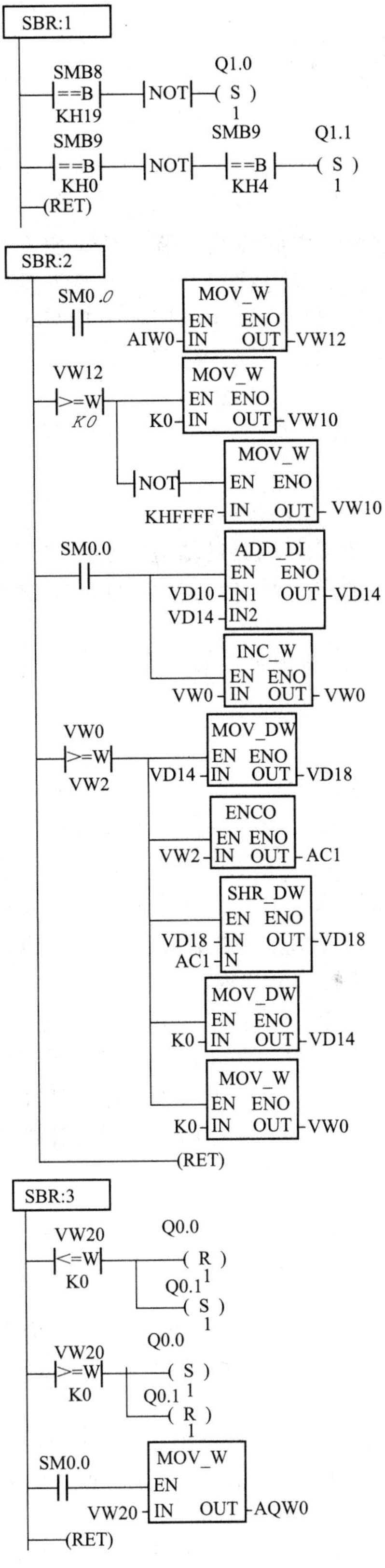

```
//子程序 1                                   SBR     1
//检查第一个扩展模块是否存在                   LDB=    SMB8,16#19
//若不存在,则置 Q1.0=1
//检查第一个扩展模块是否有错误                 NOT
//检查电源是否正常                             S       Q1.0,1
//若有错误,则置 Q1.1=1                         LDB=    SMB9,16#00
                                              NOT
                                              AB=     SMB9,16#04
                                              S       Q1.1,1
                                              RET
//子程序 2                                   SBR     2
//SM0.0 总为 1                               LD      SM0.0
//在 VW12 中放置模拟量输入值                   MOVWAIW0,VW12
//检查输入信号                                 LDW>=   VW12,0
//把输入值转换成双字                           MOVW    0,VW10
//即 VD10=模拟量输入值(当前采样值)             NOT
                                              MOVW16#FFFF,VW10
//SM0.0 总为 1                               LD      SM0.0
//把当前采样值加到采样和中                     +D      VD10,VD14
//采样计数器值加 1                             INCW    VW0
//若达到采样次数                               LDW>=   VW0,VW2
//则把采样和 VD14 复制到 VD18 中               MOVD    VD14,VD18
//计算位移数                                   ENCO    VW2,AC1
//用移位实现除法,即求采样平均值               SRD     VD18,AC1
//重新初始化,即将采样和清 0                    MOVD    0,VD14
//采样计数器清 0                               MOVW    0,VW0
//模拟量输入平均值=VW20
//子程序 2 结束                                RET
//子程序 3                                   SBR     3
//如果平均值为负                               LDW<=   VW20,K0
//则关断 Q0.0                                  R       Q0.0,1
//且接通 Q0.1,用来显示当前平均值为负           S       Q0.1,1
//如果平均值为正                               LDW>=   VW20,K0
//则接通 Q0.0                                  S       Q0.0,1
//且关断 Q0.1,用来显示当前平均值为正           R       Q0.1,1
//SM0.0 总为 1                               LD      sm0.0
//在模块 AQW0 输出平均值                       MOVW    VW20,AQW0
//子程序 3 结束                                RET
```

图 11-6　EM235 应用实例梯形图

# 第三节 PID控制及PID指令

## 一、 PID控制方程式及在PLC中的实现

1. PID方程的离散化

比例、积分、微分控制（即PID控制）是闭环模拟量控制中的传统控制方式，它在改善控制系统品质，保证系统偏差 $e$ 达到预定指标，使系统实现稳定状态方面具有良好的效果。PID调节控制的原理基于下面的方程式，它描述了输出 $M(t)$ 作为比例项、积分项和微分项的函数关系。

$$M(t)=K_{\mathrm{C}}e+K_{\mathrm{C}}\int_{0}^{t}e\,\mathrm{d}t+M_{\mathrm{initial}}+K_{\mathrm{C}}\frac{\mathrm{d}e}{\mathrm{d}t} \tag{11-1}$$

输出＝比例项＋积分项＋微分项

式中，$M(t)$ 为PID回路的输出，是时间的函数；$K_{\mathrm{C}}$ 为PID回路的增益，也叫比例常数；$e$ 为回路的误差，即给定值（SP）和过程变量（PV）的差；$M_{\mathrm{initial}}$ 为PID回路输出的初始值。以上各量都是连续量。

为了能使计算机完成算式的运算，连续算式必须离散化为周期采样偏差算式。改式(11-1）为离散表达式如下

$$M_n=K_{\mathrm{C}}e_n+K_{\mathrm{I}}\sum_{i=1}^{n}e_i+M_{\mathrm{initial}}+K_{\mathrm{D}}(e_n-e_{n-1}) \tag{11-2}$$

输出＝比例项＋积分项＋微分项

式中，$M_n$ 为在第 $n$ 个采样时刻PID回路输出的计算值；$K_{\mathrm{C}}$ 为回路增益；$e_n$ 为在第 $n$ 个采样时刻的回路误差值；$e_{n-1}$为在第 $n-1$ 个采样时刻的误差值（偏差常项）；$K_{\mathrm{I}}$ 为积分项的比例常数；$M_{\mathrm{initial}}$为PID回路输出的初值；$K_{\mathrm{D}}$ 为微分项的比例常数。

从式(11-2）可以看出，积分项包括从第1个采样周期到当前采样周期所有的误差项；微分项由本次和前一次采样值所决定；比例项仅为当前采样的函数。在计算机中保存所有采样的误差值是不实际的，也是不必要的。由于从第1次采样开始，每获得一个误差，计算机都要计算出一次输出值，所以只需将上一次的误差值及上一次的积分项存储，利用计算机处理的迭代运算，即可以化简以上算式为

$$M_n=K_{\mathrm{C}}e_n+K_{\mathrm{I}}e_n+MX+K_{\mathrm{D}}(e_n-e_{n-1}) \tag{11-3}$$

输出＝比例项＋积分项＋微分项

式中，$M_n$ 为在第 $n$ 个采样时刻计算出来的回路控制输出值；$K_{\mathrm{C}}$ 为回路增益；$e_n$ 为在第 $n$ 个采样时刻的回路误差；$e_{n-1}$ 在第 $n-1$ 个采样时刻的误差；$K_{\mathrm{I}}$ 为积分项的比例常数；$MX$ 为上一次的积分项；$K_{\mathrm{D}}$ 为微分项的比例常数。

其后，在式(11-3）中代入 $e_n=\mathrm{SP}_n-\mathrm{PV}_n$，$K_{\mathrm{I}}=K_{\mathrm{C}}(T_{\mathrm{S}}/T_{\mathrm{I}})$，$K_{\mathrm{D}}=K_{\mathrm{C}}(T_{\mathrm{D}}/T_{\mathrm{S}})$，且假定给定值不变（$\mathrm{SP}_n=\mathrm{SP}_{n-1}$），整理后得到式(11-4)，即用来计算PID回路输出值的实际公式

$$M_n=K_{\mathrm{C}}(\mathrm{SP}_n-\mathrm{PV}_n)+K_{\mathrm{C}}(T_{\mathrm{S}}/T_{\mathrm{I}})(\mathrm{SP}_n-\mathrm{PV}_n)+\mathrm{MX}+K_{\mathrm{C}}(T_{\mathrm{D}}/T_{\mathrm{S}})(\mathrm{PV}_{n-1}-\mathrm{PV}_n) \tag{11-4}$$

式中，$K_C$ 为回路增益；$T_S$ 为采样时间间隔；$T_I$ 为积分时间常数；$T_D$ 为微分时间常数；$SP_n$ 为第 $n$ 个采样时刻的给定值；$PV_n$ 为第 $n$ 个采样时刻的过程变量值；$PV_{n-1}$ 为第 $n-1$ 个采样时刻的过程变量值；MX 为积分项前值。

2. PID 回路控制指令

基于以上的讨论，提取式(11-4) 中的必要参数，并设置 PID 运算回路表，即可实现计算机控制的 PID 运算功能。表 11-4 为 PID 指令的表达形式及操作数。其中，TABLE 是回路表的起始地址；LOOP 是回路号，可以是 0～7 的整数，即在程序中最多可以用 8 条 PID 指令。如果两个或两个以上的 PID 指令用了同一个回路号，那么即使这些指令的回路表不同，这些 PID 运算之间也会相互干涉，产生不可预料的结果。

**表 11-4　PID 指令的表达形式及操作数**

| 指令的表达形式 | 操作数的含义及范围 |
|---|---|
| PID TBL,LOOP<br>PID<br>EN　ENO<br>TBL<br>LOOP | TABLE:VB<br>LOOP:常数(0～7) |

注：使 ENO=0 的错误条件是，SM1.1（溢出）、0006（间接寻址）。受影响的特殊标志位：SM1.1（溢出）。

PID 指令的回路表如表 11-5 所示。表中包含了式(11-4) 中的所有 9 个参数。这些参数分别是过程变量当前值（$PV_n$）、过程变量前值（$PV_{n-1}$）、给定值（$SP_n$），输出值（$M_n$）、增益（$K_C$）、采样时间（$T_S$）、积分时间（$T_I$），微分时间（$T_D$）和积分项前值（MX）。

为了让 PID 运算以预想的采样频率工作，PID 指令必须用在定时发生的中断程序中，或者在主程序中以定时器控制依一定的频率执行。采样时间必须填入 PID 运算回路中。

**表 11-5　PID 指令的回路表**

| 地址偏移量 | 参数 | 格式 | I/O 类型 | 描述 |
|---|---|---|---|---|
| 0 | 过程变量当前值($PV_n$) | 双字-实数 | I | 过程变量，必须在 0.0～1.0 之间 |
| 4 | 设定值($SP_n$) | 双字-实数 | I | 给定值，必须在 0.0～1.0 之间 |
| 8 | 输出值($M_n$) | 双字-实数 | I/O | 输出值，必须在 0.0～1.0 之间 |
| 12 | 增益($K_C$) | 双字-实数 | I | 比例常数，可正可负 |
| 16 | 采样时间($T_S$) | 双字-实数 | I | 单位为秒，正数 |
| 20 | 积分时间($T_I$) | 双字-实数 | I | 单位为分钟，正数 |
| 24 | 微分时间($T_D$) | 双字-实数 | I | 单位为分钟，正数 |
| 28 | 积分项前值(MX) | 双字-实数 | I/O | 积分项前项，必须在 0.0～1.0 之间 |
| 32 | 过程变量前值($PV_{n-1}$) | 双字-实数 | I/O | 最近一次 PID 运算的过程变量值 |

使用PID指令编写PID控制程序，还有以下几项需要注意。

(1) 回路表中要求给定值和过程变量的取值在0.0～1.0之间。但它们都是实际工程量，其大小、范围和工程单位都可能不一样。因而在对这些量进行PID运算以前，必须把它们转换成标准的浮点型实数。

转换的第一步是把16位整数值转换成浮点型实数值。下面的指令序列提供了实现这种转换的方法。

```
XORD    AC0, AC0      //清累加器AC0
ITD     AIW, ACO      //将输入值转换为双整数
DTR     AC0, AC0      //将32位双整数转换成实数
```

第二步是把实数格式的工程实际值转化为0.0～1.0之间的无量纲相对值。可以用下面的算式完成这一过程。

$$R_{\text{Norm}}=(R_{\text{Raw}}/\text{Span})+\text{Offset}$$

式中，$R_{\text{Norm}}$为工程实际值的归一化值；$R_{\text{Raw}}$为工程实际值的实数形式值；Offset为调整值，单极性为0.0，双极性为0.5；Span为值域大小，可能的最大值减去可能的最小值，单极性为32000（典型值），双极性为64000（典型值）。

下面的指令把双极性实数归一化为0.0～1.0之间的实数。通常用在第一步转换之后。

```
/R    64000.0, AC0     //累加器中的标准化值
+R    0.5, AC0         //加上偏置，使其在0.0～1.0之间
MOVR  AC0, VD100       //标准化的值存入回路表
```

(2) 与以上情况相反，输出表中输出量值也是0.0～1.0之间的数，在将其送到指定的AQW单元输出前需转换成控制工程量标定的16位整数值。这一过程实际是以上归一化过程的逆过程。

该过程的第一步把回路输出转换成相应的实数值，公式如下

$$R_{\text{scal}}=(M_n-\text{Offset})\text{Span}$$

式中，$R_{\text{scal}}$为已按工程量标定的实数格式的回路输出；$M_n$为归一化实数格式回路输出；Offset为调整值，单极性为0.0，双极性为0.5；Span为值域大小，可能的最大值减去可能的最小值，单极性为32000（典型值），双极性为64000（典型值）。

这一过程可以用下面的指令序列完成。

```
MOVR    VD108, AC0       //把回路输出值移入累加器（设TABLE表首地址为
                           VB100）
-R      0.5, AC0         //对双极性场合减去0.5（仅适用于双极性情况）
*R      64000.0, AC0     //在累加器中的值按工程量标定
```

第二步是把回路输出转换成16位整数格式，可通过下面的指令序列来完成。

```
ROUND   AC0, AC0         //把实数转换为32位整数
DTI     AC0, LW0         //把32位整数转换为16位整数
MOVW    LW0, AQW0        //把16位整数写入模拟量输出存储单元
```

(3) 如果使用积分控制，积分项前值MX要根据PID运算结果更新。这个更新了的值

用作下一次 PID 运算的输入，当输出值超过范围（大于 1.0 或小于 0.0），那么积分项前值必须根据下列公式进行调整

$$MX=1.0-(M_{Pn}+M_{Dn})\text{，当计算输出 }M_n>1.0$$

或

$$MX=-(M_{Pn}+M_{Dn})\text{，当计算输出 }M_n<0.0$$

式中，MX 为经过调整了的积分和（积分项前值）；$M_{Pn}$ 为第 $n$ 个采样时刻的比例项值；$M_{Dn}$ 为第 $n$ 个采样时刻的微分项值；$M_n$ 为第 $n$ 个采样时刻的输出值。

这样调整积分前值，一旦输出回到范围后，可以提高系统的响应性能。而且积分项前值也要限制在 0.0～0.1 之间，在每次 PID 运算结束后，把积分项前值写入回路表，以备在下次 PID 运算中使用。

用户可以在执行 PID 指令以前修改回路表中的积分项前值。在实际运用中，这样做的目的是解决由于积分项前值引起的问题。手工调整积分项前值时，必须小心谨慎，还应保证写入的值在 0.0～1.0 之间。

(4) S7-200 的 PID 回路没有设置控制方式，只要 PID 块有效，就可以执行 PID 运算。从这种意义上说，PID 运算存在一种“自动”运行方式。当 PID 运算不被执行时，称之为“手动”方式。

同计数器指令相似，PID 指令有一个使能位。当该使能位检测到一个信号的正跳变（从 0 到 1），PID 指令执行一系列的动作，使 PID 指令从手动方式无扰动的切换到自动方式。为了达到无扰动切换，在转变到自动控制前，必须用手动方式把当前输出值填入回路表中的 $M_n$ 栏。PID 指令对回路表中的值进行下列动作，以保证当使能位正跳变出现时，从手动方式无扰动切换到自动方式。

① 置给定值（$SP_n$）＝过程变量（$PV_n$）。

② 置过程变量前值（$PV_{n-1}$）＝过程变量现值（$PV_n$）。

③ 置积分项前值（MX）＝输出值（$M_n$）。

(5) 在许多控制系统中，只需要 P、I、D 一种或两种回路控制类型。例如，只需要比例控制或者比例积分控制。通过设置参数，可对回路控制类型进行选择。

如果不想要积分作用，可以把积分时间设为无穷大。即使没有积分作用，积分项还是不为 0，因为有初值 MX。

如果不想要微分作用，可以把微分时间设为 0.0。

如果不想要比例作用，但需要积分或微分控制，可以把增益设为 0.0，系统会在计算积分项和微分项时，把增益当作 1 看待。

(6) 正作用或反作用回路。如果增益为正，那么该回路为正作用回路；如果增益为负，那么该回路是反作用回路；对于增益为 0 的积分或微分控制来说，如果指定积分时间、微分时间为正，就是正作用回路，指定为负，则为反作用回路。

(7) 出错条件。如果 PID 指令指定的回路表开始地址以及回路号操作数超出范围，在编译期间会产生编译错误以致编译失败。PID 指令不检查回路表中的值是否在范围内，所以必须小心操作以保证过程变量和设定值在 0.0～1.0 之间。

如果 PID 计算的算术运算发生错误，那么特殊存储器标志位 SM1.1（溢出或非法值）会被置

1，并且中止 PID 指令的执行（要想消除这种错误，单靠改变回路表中的输出值是不够的，正确的方法是在下一次执行 PID 运算前，改变引起算术运算错误的输入值）。

## 二、 PID 指令编程举例

**【例 11-2】** 某水箱里的水以变化的速度流出，一台变频驱动的水泵给水箱打水以保持水位为满水位的 75%。过程变量由水位检测仪提供。PID 控制器的输出值作为变频器的速度给定值。过程变量与回路输出均为单极性模拟量，取值范围为 0.0～1.0。本例使用比例和积分控制，给定值为 0.75，选取控制器的参数初值为 $K_C=0.25$，$T_S=0.1\text{s}$，$T_I=30\text{min}$。

系统启动时，关闭出水口，用手动控制水泵速度，使水位达到满水位的 75%，然后打开出水口，同时水泵控制从手动方式切换到自动方式。这种切换由输入 I0.0 控制，I0.0 置 0 代表手动，置 1 代表自动。

当工作在手动方式下时，可以把水泵速度（0.0～1.0 之间的实数）写到 VD108 中（VD108 是回路表中保存输出的寄存器）。

本例 PID 控制相关梯形图如图 11-7 所示。

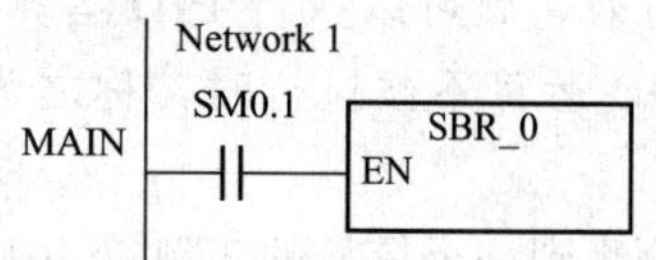


```
//首次扫描调用初始化子程序          Network1
                                   LD     SM0.1
                                   CALL   SBR_0
```

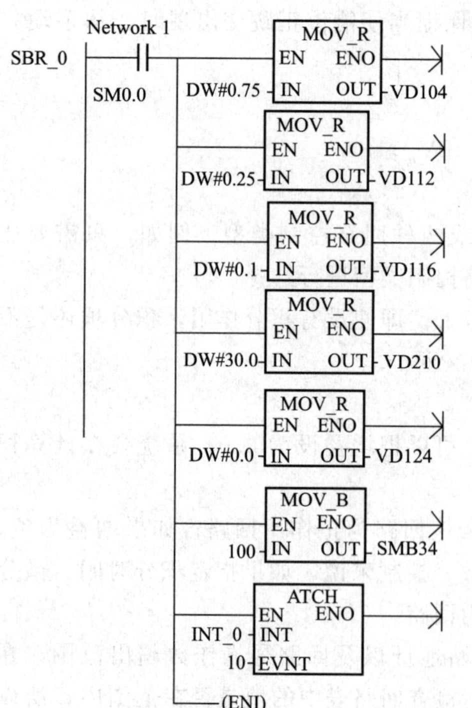


```
//装载 PID 参数和连接 PID 中断服务程序    Network1
//装入回路设定值=75%                    LD     SM0.0
//装入回路增益=0.25                     MOVR 0.75,VD104
//装入采样时间=0.1s                     MOVR 0.25,VD112
//装入积分时间=30min                    MOVR 0.1,VD116
//关闭微分作用                          MOVR 30.0,VD120
//设定定时中断 0 的时间间隔为 100ms      MOVR 0.0,VD124
//设定定时中断执行 PID 程序              MOVB 100,SMB34
//允许中断                              ATCH INT_0,10
                                        ENI
```

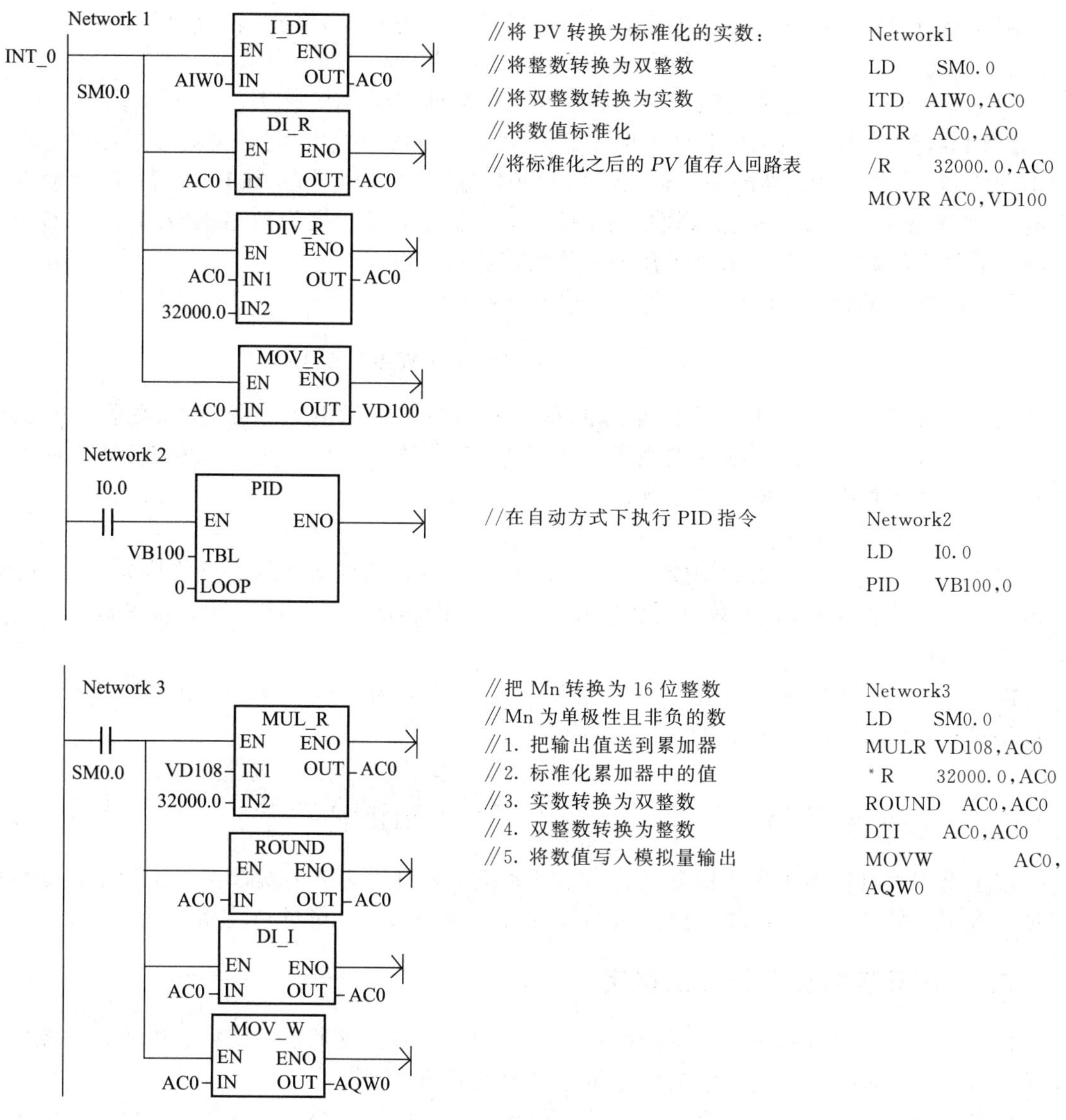


图 11-7 PID 指令实例梯形图

# 第四节 模拟量处理类程序编制的相关问题

## 一、 工程量的换算

无论是输入 PLC 的模拟量，还是在 PLC 中运作的数字量，都与工程控制中的实际物理量有个对应的量度关系，认识这一点在 PLC 程序设计及调试时非常重要。应考虑传感器变送器的输入输出量程、模拟量输入模块的量程，模拟量模块中的数据长度，找出被测物理量与 A/D 转换后的数字之间的比例关系。

**【例 11-3】** 压力变送器的量程为 0～10MPa，输出信号为 4～20mA，模拟量输入模块的量程为0～20mA，转换后的数字量为 0～27648，设转换后得到的数字为 $N$，试求以千帕为单位的压力值。

**解** 0～10MPa（0～10000kPa）对应的转换后数字为0～27648，转换的公式为

$$P=10000\times N/27648\text{kPa}$$

注意运算时一定要先乘后除，否则会损失原始数据的精度。

**【例11-4】** 某发电机电压互感器电压比为10kV/100V（线电压），电流互感器的电流比为1000A/5A，功率变送器的额定输入电压和额定输入电流分别为AC100V和5A，额定输出电压为DC±10V，模拟量输入模块将DC±10V输入信号转换为数字＋27648～－27648，设转换后得到的数字为$N$，求以千瓦为单位的有功功率值。

**解** 根据互感器额定值计算的原边有功功率额定值为

$$\sqrt{3}\times10000\times1000\text{W}=17321000\text{W}=17321\text{kW}$$

由以上关系不难推算出互感器原边的有功功率与转换后的数字之间的关系为17321/27648＝0.62648kW/字。转换后的数字为$N$时，对应的有功功率为0.6265$N$kW，如果以千瓦为单位显示功率$P$，使用定点数时的计算公式为

$$P=N\times6265/10000\text{kW}$$

**【例11-5】** 用于测量锅炉炉膛压力（－60～＋60Pa）的变送器的输出信号为4～20mA，模拟量输入模块将0～20mA转换为数字0～27648，设转换后的数字为$N$，试求以0.1Pa为单位的压力值。

**解** 4～20mA的模拟量对应于数字量5530～27648，即－600～600（相对0.1Pa）对应于数字量5530～27648，压力的计算公式应为

$$P=\left[\frac{1200}{27648-5530}(N-5530)-600\right]0.1\text{Pa}=\left[\frac{1200}{22118}(N-5530)-600\right]0.1\text{Pa}$$

以上是工程量转换中的几种数量关系。计算机工程量的调节一般都需将工程量转变为相对值。为了方便工程量的换算，PLC安排了相关用途的指令。可酌情使用。

## 二、闭环控制反馈极性的确定

闭环控制必须保证系统是负反馈而不是正反馈。如果接成了正反馈将会失控，被控量会向单一方向增加或减少，给系统的安全带来极大的威胁。

闭环控制的反馈极性与很多因素有关，例如，因为接线改变了变送器输出电流或电压的极性，在PID控制程序中改变了误差的计算公式，改变了某些直线位移或转角位移传感器的安装方向等都有可能改变反馈的极性。

可以用下述方法来判断反馈的极性：在调试时断开D/A转换器与执行器之间的连接线，在开环状态下运行PID控制程序。如果控制中有积分环节，因为反馈被断开了，不能消除误差，这时D/A转换器的输出电压会向一个方向变化，假设接上执行机构后，能减小误差，则为负反馈，反之为正反馈。

## 三、PID控制器的参数整定方法

PID控制器有4个主要参数$T_S$、$K_C$、$T_I$、$T_D$需要整定，这些参数的取值对控制效果有很大的影响。

在P、I、D这三种控制作用中，比例部分与误差信号在时间上是一致的，只要误差一出现，比例部分就能及时地产生与误差成正比的调节作用。具有调节及时的特点。比例系数$K_P$越大，调节作用越强，系统的稳态精度越高。但对于大多数系统，$K_P$过大会使系统的

输出量振荡加剧，稳定性降低。

控制器中的积分作用与当前误差的大小及误差的历史情况都有关系，只要误差不为零，控制器的输出就会因积分作用而不断变化，一直要到误差消失，系统处于稳定状态时，积分部分才不会变化，因此积分部分可以消除稳态误差，提高控制精度，但是积分作用的动作缓慢，可能给系统的动态稳定性带来不良影响，因而很少单独使用。

积分时间常数 $T_I$ 增大时，积分作用减弱，系统的动态稳定性可能有所改善，但是消除误差的速度减慢。

根据误差变化的速度，微分部分提前给出较大的调节作用。微分部分反映了系统变化的趋势，它较比例调节更加及时，所以微分部分具有超前及预设的特点。微分时间常数 $T_D$ 增大时，超调量减少，动态性能得到改善，但是抑制高频干扰的能力下降，如果 $T_D$ 过大，可能出现频率较高的振荡。

选取采样周期 $T_S$ 时，应使它远远小于系统阶跃响应的纯滞后时间或上升时间。为使采样值能及时反映模拟量的变化，$T_S$ 越小越好。但 $T_S$ 过小会增加 CPU 的运算工作量，相邻两次采样的差值几乎没有什么变化，所以也不宜将 $T_S$ 取得过小。表 11-6 给出了采样周期的经验数据。

**表 11-6　采样周期的经验数据**

| 被控制量 | 流量 | 压力 | 温度 | 液位 | 成分 |
| --- | --- | --- | --- | --- | --- |
| 采样周期/s | 1～5 | 3～10 | 15～20 | 6～8 | 15～20 |

在调节 PID 参数时，首先需要确定控制器参数的初始值，如果预选的参数初始值与理想的参数值差得很远（甚至可能差几个数量级），将给参数调试带来很大的困难，因此选择一组较好的 PID 参数初始值对 PID 参数的整定是很关键的。以下介绍扩充响应曲线法，该法可用来初定 PID 控制器的参数。具体操作如下。

① 断开系统的反馈，令 PID 控制器为 $K_P=1$ 的比例控制器，在系统输入端加一阶跃信号，测量并画出广义被控对象（包括执行机构）的开环阶跃响应曲线如图 11-8 所示。图中 $c(\infty)$是系统输出量的稳态值。

② 在曲线的最大斜率处作切线，求得被控对象的纯滞后时间 $\tau$ 和上升时间常数 $T_1$。

③ 求出系统的控制度。所谓控制度是指计算机直接数字控制与模拟控制器的控制效果之比。控制效果一般用误差平方的积分值表示，即

$$控制度=\frac{\left[\int_0^{\infty} e^2(t)\mathrm{d}t\right]^{\mathrm{DDC}}}{\left[\int_0^{\infty} e^2(t)\mathrm{d}t\right]^{模拟}}$$

当控制度为 1.05 时，认为两者控制效果相当。

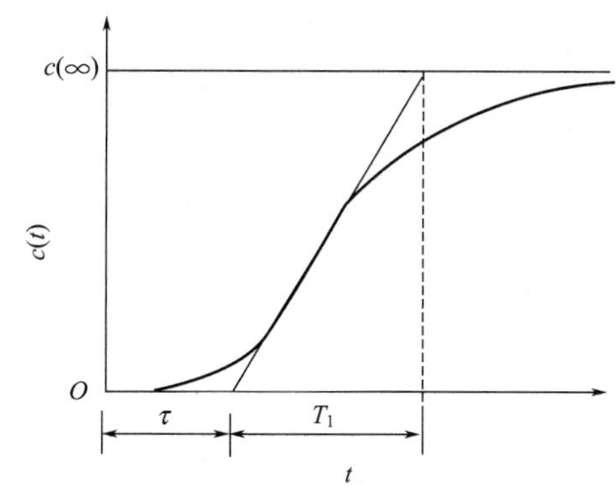

图 11-8　被控对象的开环阶跃响应曲线

④ 根据求出的 $T_1$ 和控制度的值，可查表 11-7，确定 PID 控制器的 $K_P$、$T_I$、$T_D$ 和 $T_S$。$T_S$ 也可参考表 11-6 选取。

用以上方法确定的 4 个参数值还需在闭环调度中调整，并反复修改，直到取得较好的效果。如依以上过程求取控制度等参数有困难，也可以直接依表 11-7 取值试验，选取一组较好的参数作为控制器的初始值。

目前许多工控软件中提供PID模拟调节帮助，可借鉴使用。

表11-7 扩充响应曲线法参数整定表

| 控制度 | 控制方式 | $K_P$ | $T_I$ | $T_D$ | $T_S$ |
|---|---|---|---|---|---|
| 1.05 | PI | $0.84T_1/\tau$ | $3.4\tau$ | — | $0.1\tau$ |
| | PID | $1.15T_1/\tau$ | $2.0\tau$ | $0.45\tau$ | $0.05\tau$ |
| 1.2 | PI | $0.78T_1/\tau$ | $3.6\tau$ | — | $0.2\tau$ |
| | PID | $1.0T_1/\tau$ | $1.9\tau$ | $0.55\tau$ | $0.16\tau$ |
| 1.5 | PI | $0.68T_1/\tau$ | $3.9\tau$ | — | $0.5\tau$ |
| | PID | $0.85T_1/\tau$ | $1.62\tau$ | $0.65\tau$ | $0.34\tau$ |
| 2.0 | PI | $0.57T_1/\tau$ | $4.2\tau$ | — | $0.8\tau$ |
| | PID | $0.6T_1/\tau$ | $1.5\tau$ | $0.82\tau$ | $0.6\tau$ |

## 习题及思考题

11-1 说明PLC模拟量模块的功能、用途及工作原理。

11-2 模拟量输入输出模块EM235的主要技术指标如何？

11-3 PLC模拟量工作单元如何适应多种传感器及多种输入量程的要求？

11-4 叙述EM235模块的配置过程。

11-5 对2点模拟量电流输入信号进行采样，并将1号通道的采样平均值与2号通道的采样平均值相加，然后将和作为电流模拟量输出。请选择模块，再编写梯形图程序。

11-6 现有4点电压模拟量输入信号，要求对其进行输入采样，并加以平均，再将该值作为电压模拟量输出值输出；同时求得1号通道输入值与平均值之差，用绝对值表示后，将其放大2倍，作为另一模拟量输出。请选用模块，再编写梯形图程序。

11-7 在模拟量闭环控制系统中PLC承担哪些工作？

11-8 PID控制器的参数与系统的性能有什么关系？

11-9 叙述PID回路表中变量的意义及编程时的配置方法。

11-10 如何将PLC中的PID工作单元设置为PI或PD调节器？

11-11 如何将本章模拟量控制例程序和PID指令控制例程序合二为一，完成模拟量PID处理的全过程？

# 第十二章　S7-200系列PLC通信指令与应用

**内容提要**：可编程控制器的组网与通信是近年来自动控制领域颇受重视的新兴技术。本章在简要介绍了 S7-200 系列 PLC 支持的通信协议后，着重说明了 S7-200 系列 PLC PPI 及自由口两种通信模式的配置及程序编制，并给出了简单的应用实例。

S7 系列可编程控制器具有很强的通信能力。特别是 S7-300 及 S7-400 机型，可以在 PROFIBUS 总线网络乃至工业以太网中承担网络主站任务，S7-200 系列 PLC 虽相对弱些，也可以实现 PLC 与计算机、PLC 与 PLC、PLC 与其他智能控制装置之间的联网通信。

## 第一节　S7-200 系列 PLC 支持的通信协议及组网器件

### 一、 S7-200 系列 PLC 支持的通信协议

S7-200 系列 PLC 安装有串行通信口。CPU221、CPU222、CPU224 为 1 个 RS-485 口，定义为 Port0。CPU226 及 CPU224XP 为 2 个 RS-485 口，定义为 Port0 及 Port1。S7-200CPU 应用中支持 PPI（Point to Point），点对点接口、MPI（ Multi-Point），多点接口、PROFIBUS 通信协议中的一种或多种，如果使用相同的波特率，这些协议可以在同一个网络中同时运行而互不干扰。

1. PPI 协议

PPI 通信协议是西门子公司专为 S7-200 系列 PLC 开发的内置通信协议。PPI 协议物理上基于 RS-485 口，通过屏蔽双绞线就可以实现 PPI 通信，是一种主-从协议。主站设备发送要求到从站设备，从站设备响应，从站不能主动发出信息。主站靠 PPI 协议管理的共享连接与从站通信。PPI 协议不限制与任意一个从站通信的主站的数量，但在一个网络中，主站不能超过 32 个。

PPI 协议最基本的用途为使用计算机运行 STEP7-Micro/WIN 软件编程时上载及下载应用程序。与此类似的情况是由 PC 机作为主站，一台或多台 S7-200 机作为从站的 PPI 通信。PC/PPI 电缆仍旧是 RS-232/RS-485 口的主要匹配设备。图 12-1 为通过 PC/PPI 电缆与多台 S7-200 机通信时的连接。

PPI 通信协议用于多主站时，网络中可以有 PC 机、PLC、可编程人机界面（HMI）等主站设备。这时 S7-200 机可以作为主站也可作为从站。图 12-2 为多主站的 PPI 网络。图中 HMI 为 S7-200 人机界面。

2. MPI 协议

MPI 允许主-主通信和主-从通信。S7-200 系列 PLC 在 MPI 协议网络中仅能作为从站。PC 机运行 STEP7-Micro/WIN 与 S7-200 机通信时必须通过 CP 卡，且设备之间通信连接的个数受

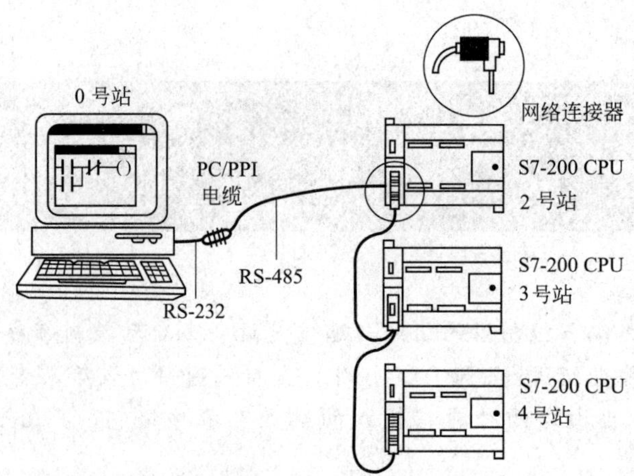


图 12-1 PC 机利用 PC/PPI 电缆和数个 S7-200 CPU 通信

S7-200CPU 及 PROFIBUS-DP 分布 I/O 的扩展接口 EM277 所支持的连接个数的限制。图 12-3 为带有主站及从站的 MPI 协议网络。

3. PROFIBUS 协议

PROFIBUS 协议通常用于与分布式 I/O 的高速通信。可以使用不同厂家的 PROFIBUS 设备。这些设备可以包括普通的输入、输出模块、电机控制器及 PLC。PROFIBUS 网络通常可以有一个主站及若干个 I/O 从站。S7-200 系列 PLC 可作为从站通过 EM277 接入 PROFIBUS 网络。图 12-4 给出了一个 S7-300 主机带有一个 S7-200 从站的网络。

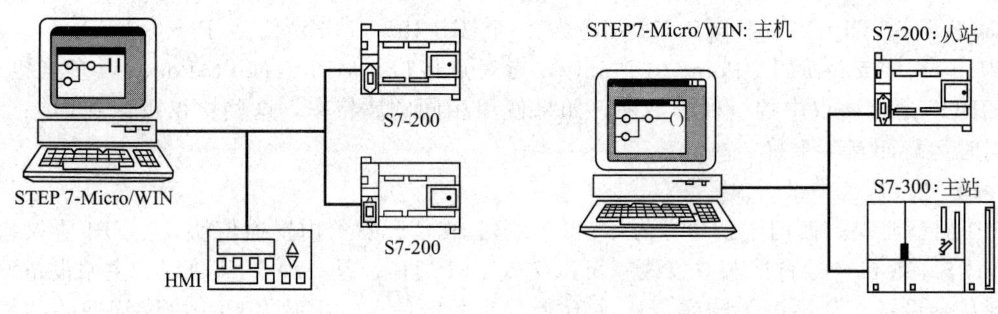


图 12-2 多主站 PPI 网络　　　　图 12-3 带有主站及从站的 MPI 协议网络

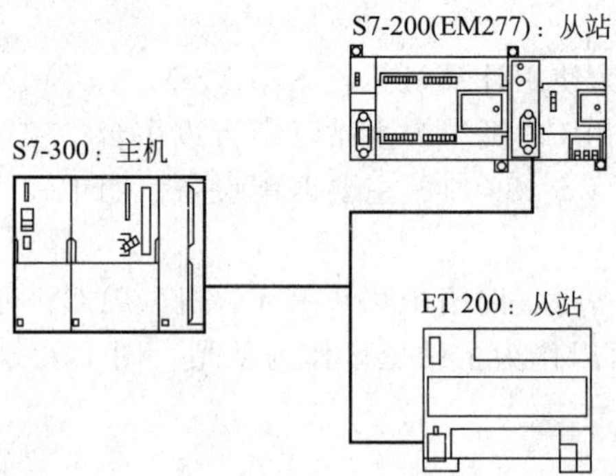


图 12-4 PROFIBUS 网络中的 S7-200

4. 自由口协议

自由口协议为用户定义协议，允许应用程序控制 S7-200 的 CPU 通信端口，因而 S7-200 系列 PLC 可以在自由口协议下与任何已知协议的智能设备通信。例如，打印机、条形码阅读器、调制解调器、变频器和上位计算机，也可以用于两台 CPU 间的数据交换。使用 PC/PPI 电缆还可以将 S7-200 连接到带有 RS-232 兼容标准接口的多种设备。

此外，S7-200 系列 PLC 可以通过通信处理器，如 CP243-1 进入工业以太网，通过 MODEM，接入电话线网。S7-200 系列 PLC 还可以作为主站采用 USS 协议与变频器建立通信，在工业控制网络中应用灵活方便。

## 二、 S7-200 系列 PLC 组网硬件及性能

1. 双绞线电缆

S7-200 网络使用 RS-485 标准，使用双绞线电缆连接。表 12-1 列出了电缆的技术指标。在一个网段上最多可以连接 32 个设备，通信距离可达 1200m。(需增加设备及增大传送距离时可在网络中加接中继器。传送距离与波特率有关。)

**表 12-1　网络电缆的通用技术指标**

| 电缆类型 | 屏蔽双绞线 | 电缆类型 | 屏蔽双绞线 |
| --- | --- | --- | --- |
| 回路阻抗 | ≤115Ω/km | 衰减 | 0.9dB/100m(频率=200kHz) |
| 有效电容 | 30pF/m | 导线截面积 | 0.3～0.5mm |
| 标称阻抗 | 大约 135～160Ω(频率为 3～20MHz) | 电缆直径 | (8±0.5)mm |

2. RS-485 接口

S7-200 系列 PLC 安装的为标准的 9 针 D 型连接器。表 12-2 中给出了其物理连接和通信接口的引脚分配。

**表 12-2　S7-200 系列 PLC RS-485 通信接口引脚分配**

| 连　接　器 | 针 | PROFIBUS 名称 | 端口 0/端口 1 |
| --- | --- | --- | --- |
| 1 6 9 5 | 1 | 屏蔽 | 机壳接地 |
| | 2 | 24V 返回 | 逻辑地 |
| | 3 | RS-485 信号 B | RS-485 信号 B |
| | 4 | 发送申请 | RTS(TTL) |
| | 5 | 5V 返回 | 逻辑地 |
| | 6 | +5V | +5V,100Ω 串联电阻 |
| | 7 | +24V | +24V |
| | 8 | RS-485 信号 A | RS-485 信号 A |
| | 9 | 不用 | 10 位协议选择 |
| | 连接器外壳 | 屏蔽 | 机壳接地 |

3. 网络连接器

为了方便设备的连接，西门子公司提供了专用的网络连接器，用于连接 RS-485 接口设备。图 12-5 为电缆接入网络连接器的情况。图中可见每个连接器中配有两组螺丝钉连接端子，用来分别连接接入电缆及接出电缆，网络连接器配有网络偏置及终端匹

配选择开关。图中还给出了网络连接器偏置电阻和终端电阻的典型值。有的连接器上还配有编程口供用。

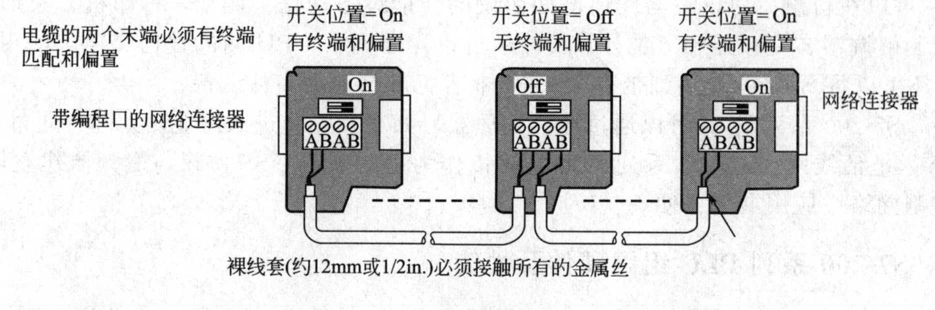


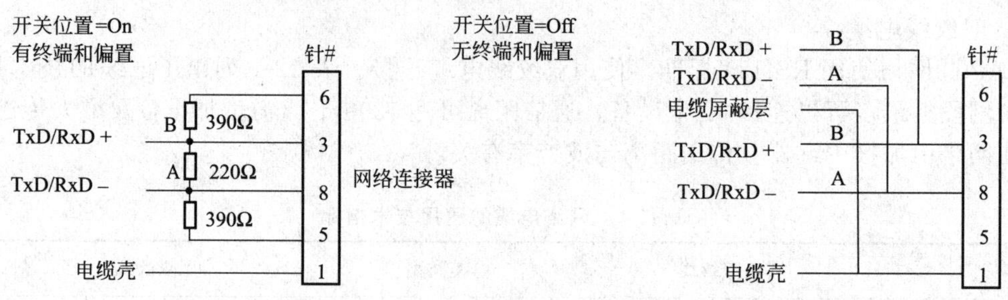


图 12-5 网络电缆的连接、偏置及终端

# 第二节 配置PPI通信

## 一、网络读及网络写指令

NETR和NETW指令的表达形式如表12-3所示。网络读指令（NETR）初始化通信操作，通过指令端口（PORT）从远程设备上接收数据并形成表（TBL）。网络写指令（NETW）初始化通信操作，通过指令端口（PORT）向远程设备写表（TBL）中的数据。

图12-6给出了指令所涉及的TBL参数表格式。NETR指令可以从远程站点上读最多16个字节的信息，NETW指令则可以向远程站点写最多16个字节的信息。TBL表中含有通信所需的许多参数，如远程站的地址，远程站的数据区指针，数据的长度及数据。表中偏移量为零的字节为PPI通信有关的标志位及错误码，表12-4为错误码的含义。

**表 12-3 NETR及NETW指令**

| | 网络读指令 | 网络写指令 | 操作数的含义及范围 |
|---|---|---|---|
| 指令的表达形式 | NETR TBL,PORT<br>NETR: EN, ENO, TBL, PORT | NETW TBL,PORT<br>NETW: EN, ENO, TBL, PORT | TBL:(BYTE)VB,MB,*VD,*AC,*LD<br>PORT:对于CPU221、CPU222、CPU224＃0;<br>对于CPU226、CPU224XP＃0或1 |

注：使ENO=0的错误条件是，SM4.3（运行时间），0006（间接寻址）

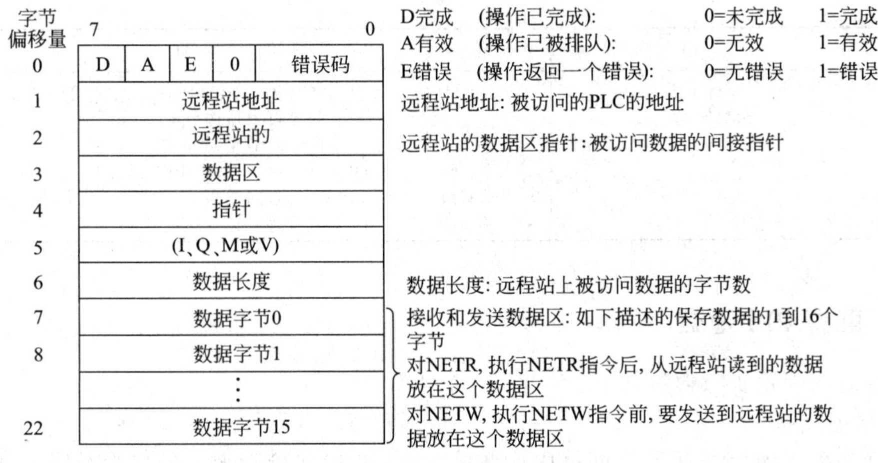


图 12-6　TBL 参数表的格式及参数的含义

**表 12-4　TBL 表中错误码的意义**

| 错误码 | 定　　义 |
|---|---|
| 0 | 无错误 |
| 1 | 时间溢出错,远程站点不响应 |
| 2 | 接收错:奇偶校验错,响应时帧或校验和出错 |
| 3 | 离线错:相同的站地址或无效的硬件引发冲突 |
| 4 | 队列溢出错:激活了超过 8 个的 NETR/NETW 方框 |
| 5 | 违反通信协议:没有在 SMB30 中允许 PPI,就试图执行 NETR/NETW 指令 |
| 6 | 非法参数:NETR/NETW 表中包含非法或无效的值 |
| 7 | 没有资源:远程站点正在忙中(上装或下装程序在处理中) |
| 8 | 第七层错误:违反应用协议 |
| 9 | 信息错误:错误的数据地址或不正确的数据长度 |
| A～F | 未用(为将来的使用保留) |

和 PPI 及自由口通信均有密切联系的特殊标志字节 SMB30（Port0）及 SMB130（Port1）中规定了 PPI 通信的设定方式。见表 12-5 所示。

**表 12-5　SMB30 和 SMB130 格式**

| PORT0 | PORT1 | 说　　明 |
|---|---|---|
| SMB30 格式 | SMB130 格式 | MSB 7　LSB 0<br>p p d b b b m m　自由口模式控制字节 |
| SM30.6 和 SM30.7 | SM130.6 和 SM130.7 | pp:校验选择　00=无检验<br>01=偶校验<br>10=无校验<br>11=奇校验 |
| SM30.5 | SM130.5 | d:每个字符占用位数<br>0=每字符 8 位<br>1=每字符 7 位 |
| SM30.2 至 SM30.4 | SM130.2 至 SM130.4 | bbb:自由口波特率　000=38400bps　100=2400bps<br>001=19200bps　101=1200bps<br>010=9600bps　110=600bps<br>011=4800bps　111=300bps |

续表

| PORT0 | PORT1 | 说 明 |
|---|---|---|
| SM30.0<br>SM30.1 | SM130.0<br>SM130.1 | mm:通信协议选择 00=PPI 协议(PPI/从站模式)<br>01=自由口协议<br>10=PPI/主站模式<br>11=保留(缺省 PPI/从站模式)<br>当选择 mm=10,PLC 成为网络的一个主站,可以执行 NETR 及 NETW 指令。在 PPI 模式下忽略 2~7 位 |

## 二、 配置 PPI 通信

PPI 通信的配置步骤大致如下。

1. 网络的连接

使用双绞线及网络连接器将网络内设备的 RS-485 口连接起来，连接为总线方式。

2. 站地址及存储区的安排

依网络读及网络写指令操作数的要求，依主站及从站的不同需要在各站中指定足够数量的存储单元，并明确它们的用途，如为发送数据区、接收数据区或其他数据区。

为网络内所有通信口指定唯一的站地址。S7-200 支持的网络地址从 0～126。表 12-6 列出了 S7-200 设备的缺省站地址设置。

**表 12-6 S7-200 设备的缺省站地址**

| S7-200 设备 | 缺省地址 |
|---|---|
| STEP7-Micro/WIN | 0 |
| HMI(TD200、TP 或 OP) | 1 |
| S7-200CPU | 2 |

当 STEP7-Micro/WIN 在网络中应用时，其波特率必须和网络上的其他站点相同，站地址应当是唯一的。通常不必改变其缺省地址，仅当网络中包含其他使用 SETP7 类编程软件的编程设备时，才需要考虑改变 STEP7-Micro/WIN 的缺省值。STEP7-Micro/WIN 设置站地址及波特率的操作如下。

① 在 STEP7-Micro/WIN 编程软件操作栏中点击通信图标。

② 双击通信设置图标。

③ 在 SetPG/Pcinterface 对话框中点击属性按钮。

④ 为 STEP7-Micro/WIN 选择站地址。

⑤ 为 STEP7-Micro/WIN 选择波特率

为 S7-200 设置波特率与站地址的方法与以上类似，可以在操作栏中点击系统块图标或者在命令菜单中选择 View > Component > System Block，然后进行选择。值得注意的是设置的地址及波特率需和应用程序一起下载到 CPU 中生效。

3. 程序的编制

PPI 为 S7-200 系列 PLC 内置通信协议，在硬件连接及站址安排完成后，只需在程序中引用 NETR、NETW 指令即可，而不需考虑通信的联络过程。指令带有的 TBL 表中第一个字节给出的各种状态标志可以在程序中应用。在 STOP 状态下，机器进入 PPI 通信方式。在 RUN 状态，机器的默认值也为 PPI 方式。为了可靠，通常在通信初始化程序段中安排写 SMB30 语句，使能 PPI 模式。

## 三、 PPI 通信例

**【例 12-1】** 如图 12-7 所示，某生产线配有 4 台打包机及 1 台分流机。打包机用于将每 8 只黄油桶封装入一个纸箱，分流机用于给每个打包机分配黄油桶。每台打包机配有一台 CPU221，分流机配有带有 TD200 数据单元的 CPU222，这些 S7-200 设备连接成网络并运

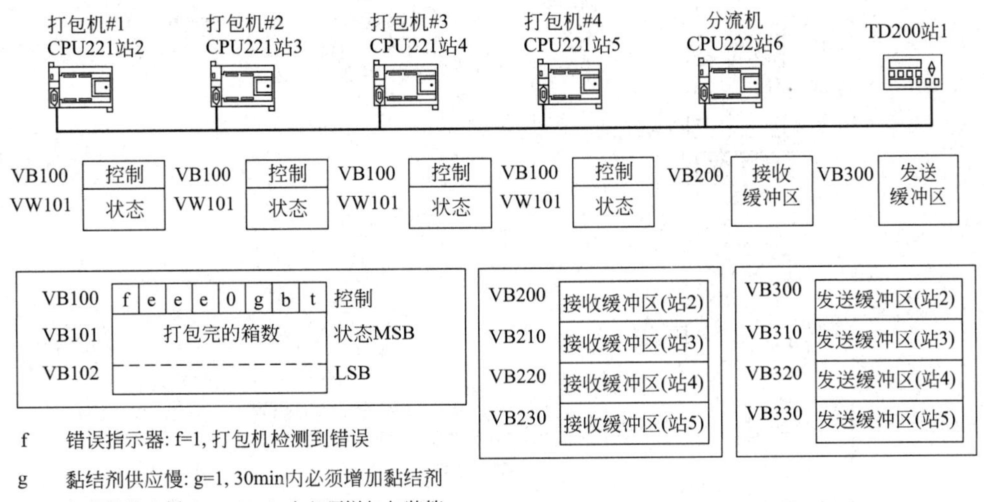


图 12-7　分流机 PPI 通信系统配置

行 PPI 协议。除了设备的连接情况外，图 12-7 中还标出了站号及各设备的数据存储单元安排。其中分流机为主站，站号为 6。主站担负读、写从站数据的任务，因而设有发送及接收两部分缓冲存储区。打包机均为从站，只设有一个读写数据区，且各站设置的区域相同。本例与通信相关的控制要求是：由打包机统计各自的打包箱数并存储在自己的读写数据区内。分流机则轮询各台打包机的数据并以百箱为单位统计每台打包机打包的箱数。图 12-8 给出了 1 号打包机打包数据统计相关的一段程序。程序中由分流机通过 NETR 指令收存 1 号打包机的工作数据，并在该数据等于 100 时使用 NETW 指令将 1 号打包要的数据区清零。图 12-9 则为分流机中 1 号打包机数据缓冲区的详细安排。其他打包机的安排及程序与 1 号打包机是类似的。图 12-8 中通过 SMB30 设定分流机为 PPI 主站，打包机程序中则同样方法设置为 PPI 从站。

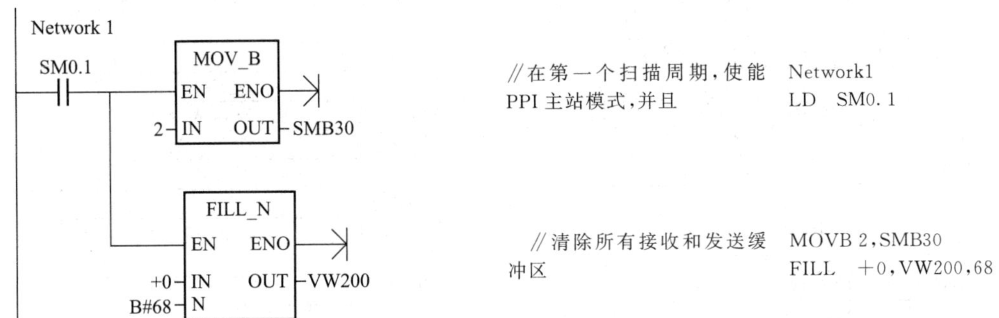


图 12-8

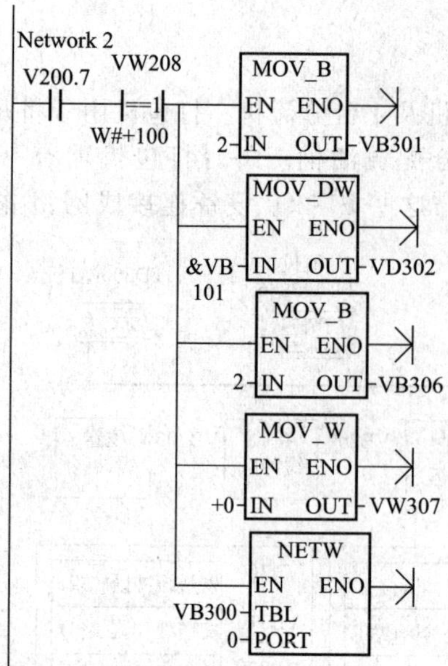

```
Network 2
LD     V200.7
AW=    VW208,+100
MOVB   2,VB301
MOVD   &VB101,VD302
MOVB   2,VB306
MOVW   +0,VW307
NETW   VB300,0
```

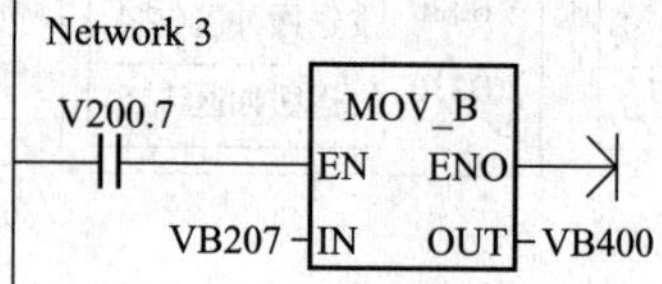

//当NETR完成标志位V200.7置位并且包装完100箱时

//1. 装载1#包装机的站地址

//2. 装载指向远程站数据的指针

//3. 装载发送数据的长度

//4. 装载发送数据

//5. 复位1#包装机包装的箱数

```
Network 3
LD     V200.7
MOVB   VB207,VB400
```

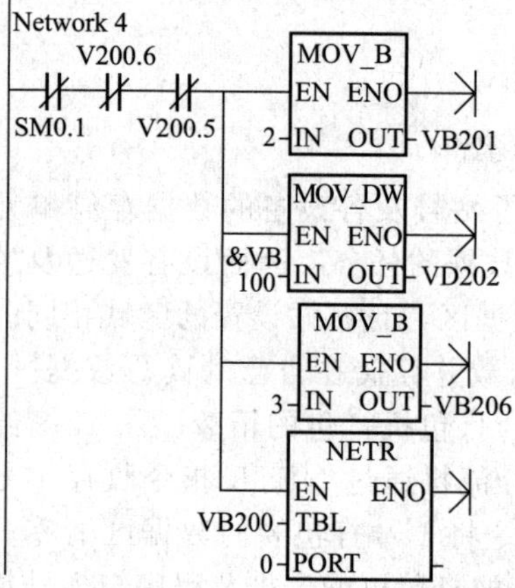

//当NETW完成标志位置位时，保存来自1#包装机的控制数据

```
Network 4
LDN    SM0.1
AN     V200.6
AN     V200.5
MOVB   2,VB201
MOVD   &VB100,VD202
MOVB   3,VB206
NETR   VB200,0
```

//如果不是第一个扫描周期并且没有错误发生

//1. 装载1#包装机的站地址

//2. 装载指向远程站数据的指针

//3. 装载发送数据的长度

//4. 读1#包装机的控制和状态数据

图12-8 分流机PPI通信部分梯形图

用于读打包机#1的分流机接收缓冲区

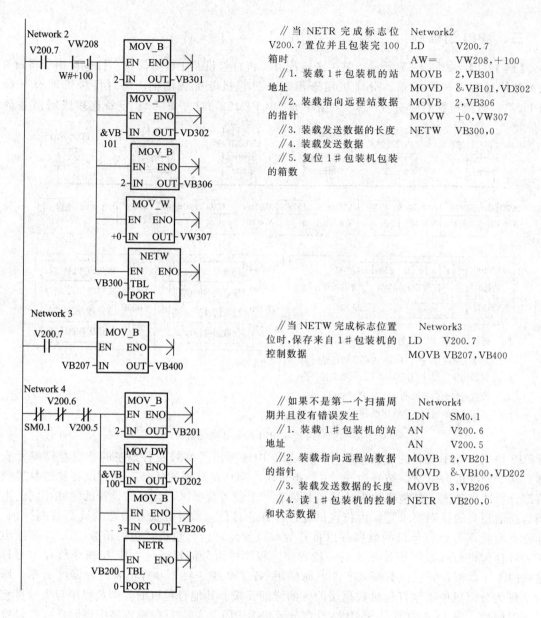

| | 7 | | | | 0 |
|---|---|---|---|---|---|
| VB200 | D | A | E | 0 | 错误码 |
| VB201 | 远程站地址 | | | | |
| VB202 | 指向远程站（&VB100） | | | | |
| VB203 | 的数据区指针 | | | | |
| VB204 | | | | | |
| VB205 | | | | | |
| VB206 | 数据长度=3字节 | | | | |
| VB207 | 控制字节 | | | | |
| VB208 | 状态（最高有效字节） | | | | |
| VB209 | 状态（最低有效字节） | | | | |

清除打包机#1读数的分流机发送缓冲区

| | 7 | | | | 0 |
|---|---|---|---|---|---|
| VB300 | D | A | E | 0 | 错误码 |
| VB301 | 远程站地址 | | | | |
| VB302 | 指向远程站（&VB100） | | | | |
| VB303 | 的数据区指针 | | | | |
| VB304 | | | | | |
| VB305 | | | | | |
| VB306 | 数据长度=2字节 | | | | |
| VB307 | 0 | | | | |
| VB308 | 0 | | | | |

图12-9 分流机相关数据缓冲区

# 第三节　配置自由口通信

自由口通信方式指通信协议完全由用户安排的通信。采用自由口通信，S7-200 PLC 通过 RS-485 口可与任何通信协议已知的设备通信。为了方便自由口通信，S7-200 配有发送及接收指令，发送及接收中断，以及用于通信设置的特殊标志位。

## 一、　发送及接收指令

表 12-7 给出了发送及接收指令的表达方式。

**表 12-7　发送指令及接收指令**

| 指令的表达形式 | 发送指令 | 接收指令 | 操作数的含义及范围 |
|---|---|---|---|
| | XMT TBL,PORT | RCV TBL,PORT | TBL:IB,QB,VB,MB,SB,SMB,* VD,* AC,* LD<br>PORT:对于 CPU221、CPU222、CPU224　0;<br>对于 CPU226、CPU224XP　0 或 1 |
| | XMT<br>EN　ENO<br>TBL<br>PORT | RCV<br>EN　ENO<br>TBL<br>PORT | |

注：使 ENO=0 的错误条件是，0006（间接寻址）、0009（在端口 0 同时 XMT/RCV）、000B（在端口 1 同时 XMT/RCV）RCV 参数错误，置位 SM86.6 和 SM186.6；S7-200 CPU 没有处于自由口模式。

发送指令（XMT）激活发送数据缓冲区（TBL）中的数据。数据格式如图 12-10 所示。数据缓冲区的第一个数据指明了要发送的字节数，最大数为 255 个。PORT 指定了用于发送的端口。如果有一个中断服务程序连接到发送结束事件上，在发送完缓冲区中的最后一个字符时，则会产生一个中断（对端口 0 为中断事件 9，端口 1 为中断事件 26），通过监视 SM4.5 或 SM4.6 信号，也可以判断发送是否完成。当端口 0 及端口 1 发送空闲时，SM4.5 或 SM4.6 置 1。

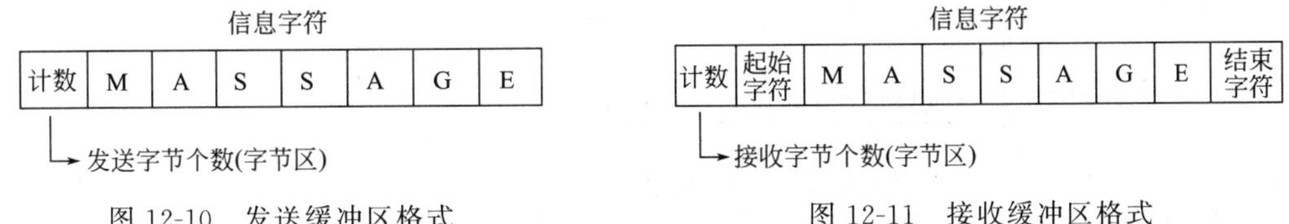


图 12-10　发送缓冲区格式　　图 12-11　接收缓冲区格式

接收指令（RCV）启动接收信息的功能。通过指定端口（PORT）接收的信息存储于数据缓冲区（TBL），接收数据缓冲区的格式如图 12-11 所示。缓冲区中第一个数据指明了接收的字节数，缓冲区最多可有 255 个信息字节。信息末可以安排结束字符，如果程序认为有必要的话。如果有一个中断服务程序连接到接收信息完成事件上，在接收完缓冲区中的最后一个字符时，S7-200 会产生一个中断（对端口 0 为中断事件 23，端口 1 为中断事件 24）。也可以不使用中断，通过监视 SMB86（端口 0）或者 SMB186（端口 1）来接收信息。当接收指令未被激活或者已经被中止时，这一字节不为 0；当接收正在进行时，这一字节为 0。

## 二、　配置自由口通信

1. 网络的连接

使用双绞线及网络连接器将网络内设备的 RS-485 口连接起来，连接为总线方式。

2. 站地址及存储区的安排

为网络内所有通信设备指定唯一的站地址。依发送及接收指令操作数的要求，在各站中指定足够数量的存储单元为发送及接收缓冲区等。

3. 通信秩序的规划及程序的编制

只有在 CPU 处于 RUN 状态下才能实现自由口通信，置 SMB30（对 Prot0）或 SMB130（对 Port1）的通信协议选择位为 01，就完成了自由口模式的使能（见表 12-5），在自由口模式下 CPU 不可与编程设备通信。

可以通过特殊标志位 SM0.7 控制进入自由口模式。SM0.7 的状态对应模式开关的位置，模式开关在 TERM 位置时，SM0.7=0；模式开关在 RUN 位置时，SM0.7=1。

采用自由口通信时，通信秩序完全靠用户程序保障。比如，当接收指令执行时，在接收口上有来自其他器件的信号，接收信息功能有可能从一个字符的中间开始接收字符，从而导致校验错误和接收信息功能的终止，这就是接收的同步问题。

为了实现接收的同步，可充分利用 S7-200 CPU 提供的各种编程条件。特殊标志位 SMB86～SM94，SM186～SM194 分别为端口 0 和端口 1 的接收信息状态字及控制字，它们的意义及功用如表 12-8 所示。

**表 12-8 SMB86～SMB94 和 SMB186～SMB194 的意义及功用**

| 端口 0 | 端口 1 | 描述 |
|---|---|---|
| SMB86 | SMB186 | 接收信息状态字节<br>MSB 7 … LSB 0<br>n \| r \| e \| 0 \| 0 \| t \| c \| p<br>n:1=用户通过禁止命令结束接收信息<br>r:1=接收信息结束，输入参数错误或缺少起始和结束条件<br>e:1=收到结束字符<br>t:1=接收信息结束，超时<br>c:1=接收信息结束，字符数超长<br>p:1=接收信息结束，奇偶校验错误 |
| SMB87 | SMB187 | 接收信息控制字节<br>MSB 7 … LSB 0<br>en \| sc \| ec \| il \| c/m \| tmr \| bk \| 0<br>en:0=禁止接收信息功能<br>1=允许接收信息功能<br>每次执行 RCV 指令时检查允许/禁止接收信息位。<br>sc:0=忽略 SMB88 或 SMB188<br>1=使用 SMB88 或 SMB188 的值检测起始信息<br>ec:0=忽略 SMB89 或 SMB189<br>1=使用 SMB89 或 SMB189 的值检测结束信息<br>il:0=忽略 SMW90 或 SMW190<br>1=使用 SMW90 值检测空闲状态<br>c/m:0=定时器是内部字符定时器<br>1=定时器是信息定时器<br>tmr:0=忽略 SMW92 或 SMW192<br>1=当执行 SMW92 或 SMW192 时终止接收<br>bk:0=忽略中断条件<br>1=使用中断条件来检测起始信息<br>信息的中断控制字节位用来定义识别信息的标准。信息的起始和结束均需定义。<br>起始信息:il* sc+bk* sc<br>结束信息=ec+tmr+最大字符数 |

续表

| 端口 0 | 端口 1 | 描　　述 |
|---|---|---|
| SMB87 | SMB187 | 起始信息编程：<br>1：空闲线检测　il=1，sc=0，bk=0，SMW90>0<br>2：起始字符检测　il=0，sc=1，bk=0，SMW90　被忽略<br>3：断点检测　il=0，sc=1，bk=1，SMW90　被忽略<br>4：对一个信息的响应　il=1，sc=0，bk=0，SMW90=0<br>（信息定时器用来终止没有响应的接收）<br>5：断点和起始字符　il=0，sc=1，bk=1，SMW90　被忽略<br>6：空闲线和起始字符　il=1，sc=1，bk=0，SMW90>0<br>7：空闲线和起始字符（非法）　il=1，sc=1，bk=0，SMW90=0<br>注意：通过超时和奇偶校验错误（如果允许），可以自动结束接收过程 |
| SMB88 | SMB188 | 信息字符的开始 |
| SMB89 | SMB189 | 信息字符的结束 |
| SMB90<br>SMB91 | SMB190<br>SMB191 | 空闲线时间按毫秒设定。空闲线时间溢出后接收的第一个字符是新的信息的开始字符。SMB90（或 SMB190）是最高有效字节，SMB91（或 SMB191）是最低有效字节 |
| SMB92<br>SMB93 | SMB192<br>SMB193 | 中间字符/信息定时器溢出值按毫秒设定。如果超过这个时间段，则终止接收信息，SMB92（或 SMB192）是最高有效字节，SMB93（或 SMB193）是最低有效字节 |
| SMB94 | SMB194 | 要接收的最大字符数（1～255 个字节）<br>注意：这个范围必须设置到所希望的最大缓冲区大小，即使信息的字符数始终达不到 |

结合表 12-8 的信息，结合控制方便，为使接收与信息的起始同步，可在编程时采用空闲线检测、起始字符检测、断点检测等数种接收起始条件。还可以采用结束字符检测、信息定时器超时、最大字符计数等数种结束信息的方式，建立顺畅的通信秩序。

通信程序一般由主程序、子程序及中断程序等组成。初始化程序中设置通信模式及参数，并准备存储单元及初始数据。初始化以后的编程主要是通过程序实现通信流程图的过程。S7-200 系列 PLC 通信中断功能在程序编制中很有用处，SMB2 及 SMB3 在单字节通信中也常使用，通信程序常采用结构化程序，这对简化程序段功能，方便程序的分析是有利的。

## 三、自由口通信例

**【例 12-2】** 两台设备均采用 CPU 226 为控制装置，现要求采用自由口通信方式，实现设备 1 的 I0.0 启动设备 2 电动机的星-三角启动控制，设备 1 的 I0.1 终止设备 2 的电动机的转动。设备 2 的 I0.2 启动设备 1 电动机的星-三角启动。设备 2 的 I0.3 终止设备 1 的电动机转动。

本例采用两个总线连接器及网络电缆将两台 CPU 的 Port0 口 3 号脚与 3 号脚，8 号脚与 8 号脚相连，如图 12-12 所示。CPU 有关输入输出口接线如图 12-13 所示。

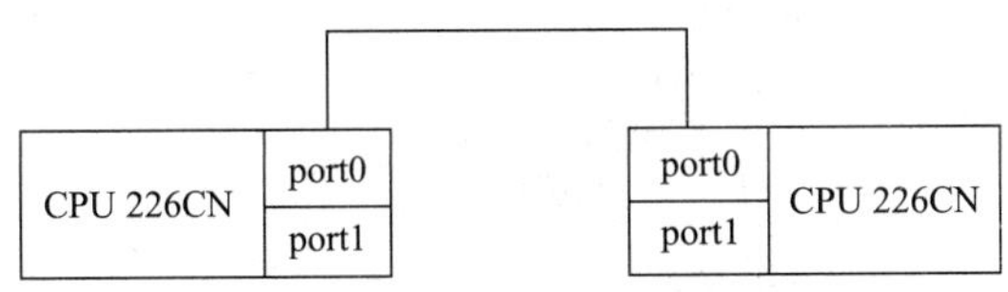


图 12-12　自由口通信硬件配置

设备 1 的主程序如图 12-14 所示。

设备 1 的子程序 0 如图 12-15 所示。

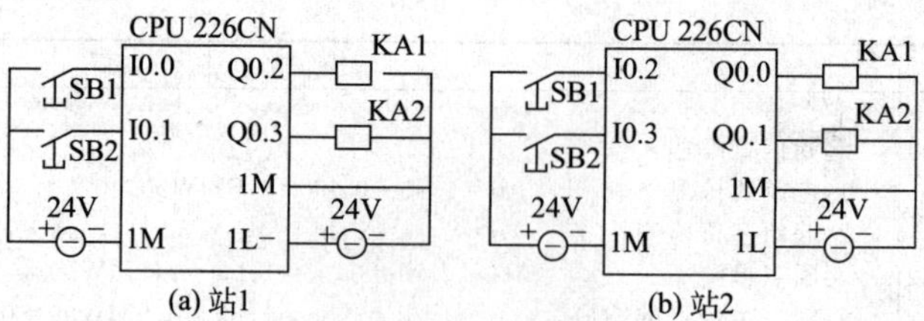


图 12-13 接线图

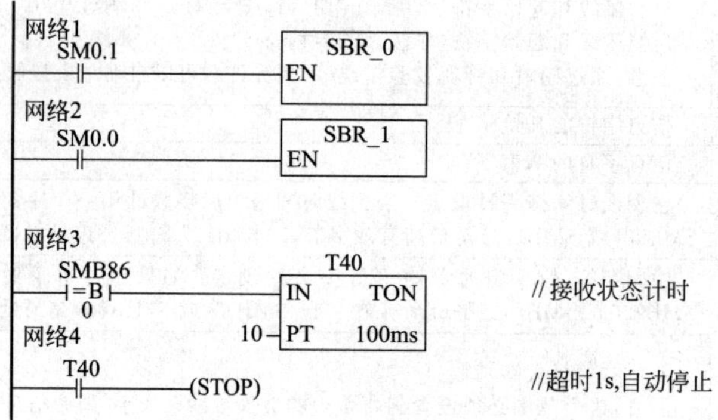


图 12-14 自由口通信主程序

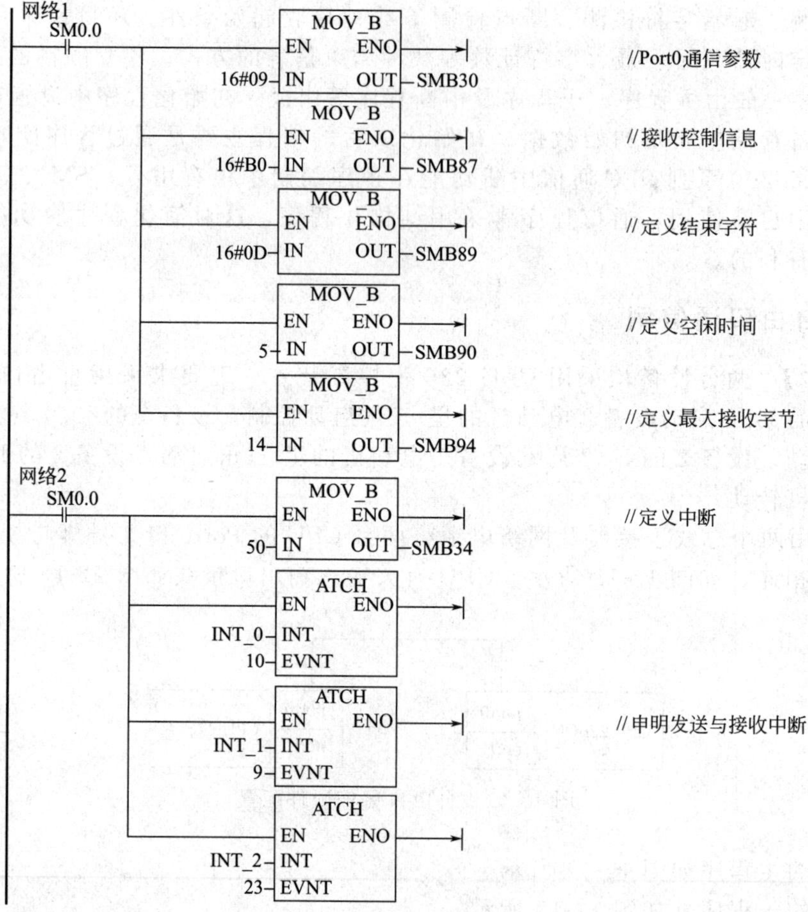


图 12-15 自由口通信子程序 0

设备 1 的子程序 1 如图 12-16 所示。

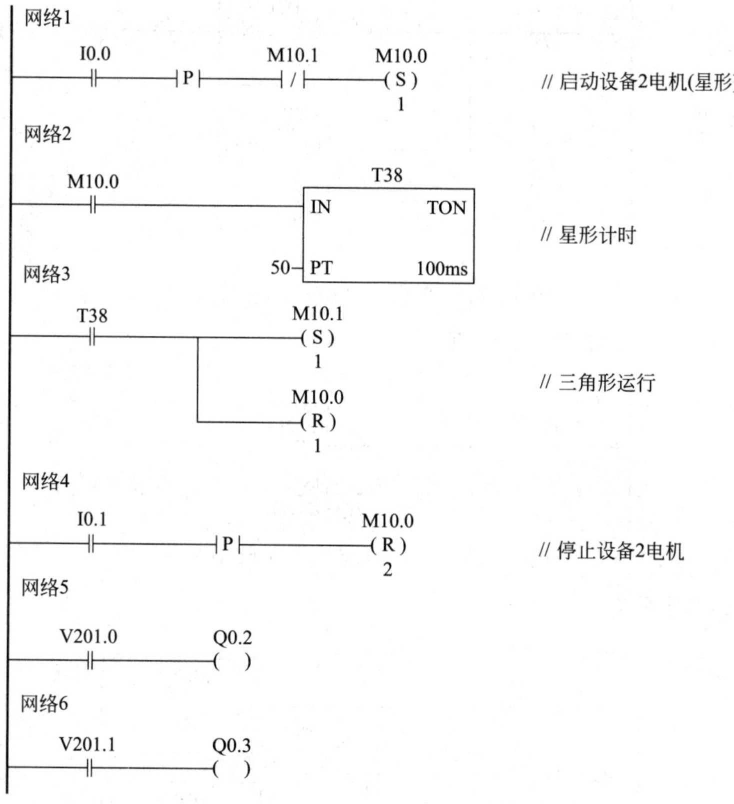


图 12-16　自由口通信子程序 1

设备 1 的中断程序 0 如图 12-17 所示。

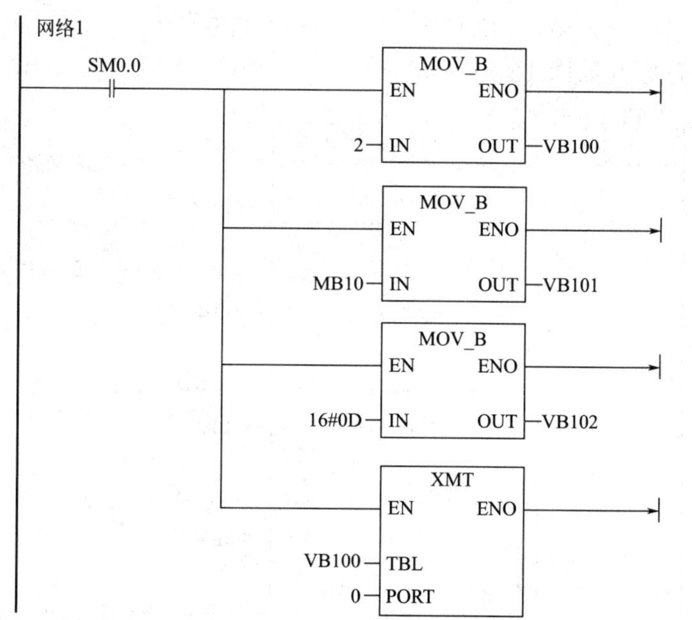


图 12-17　自由口通信中断程序 0

设备 1 的中断程序 1 如图 12-18 所示。

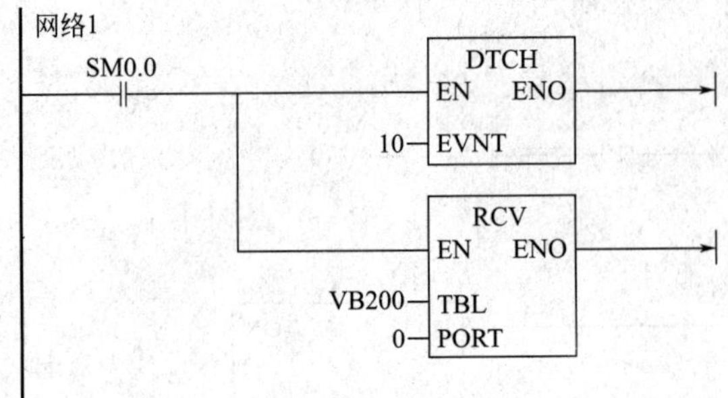


图 12-18 自由口通信中断程序 1

设备 1 的中断程序 2 如图 12-19 所示。

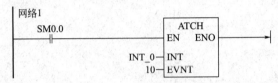

网络1
SM0.0
ATCH
EN ENO
INT_0 INT
10 EVNT

图 12-19 自由口通信中断程序 2

设备 2 的主程序如图 12-20 所示。

网络1
SM0.1
SBR_0
EN
网络2
SM0.0
SBR_1
EN

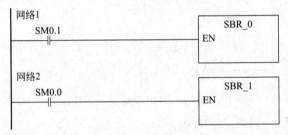

图 12-20 自由口通信主程序

设备 2 的子程序 0 如图 12-21 所示。

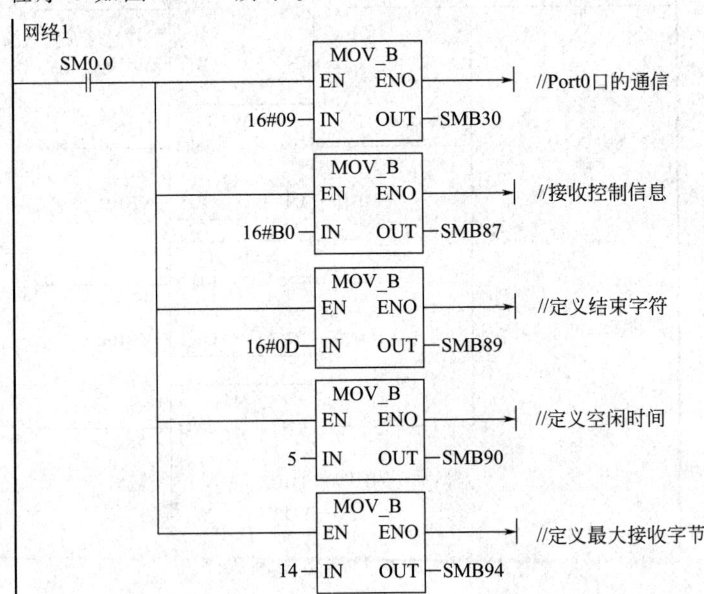

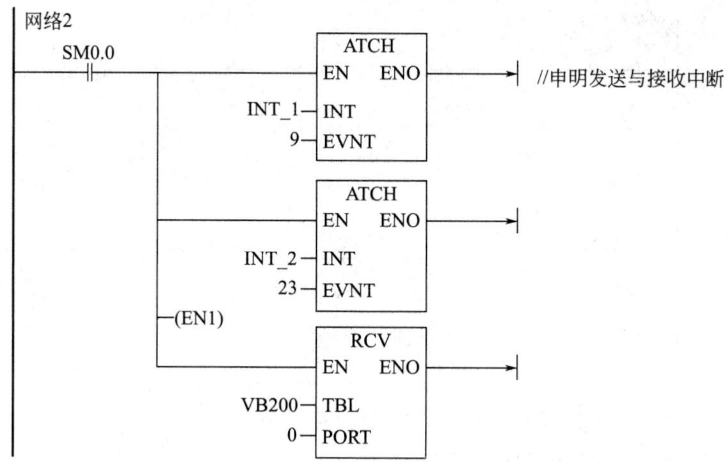


图 12-21 自由口通信子程序 0

设备 2 的子程序 1 如图 12-22 所示。

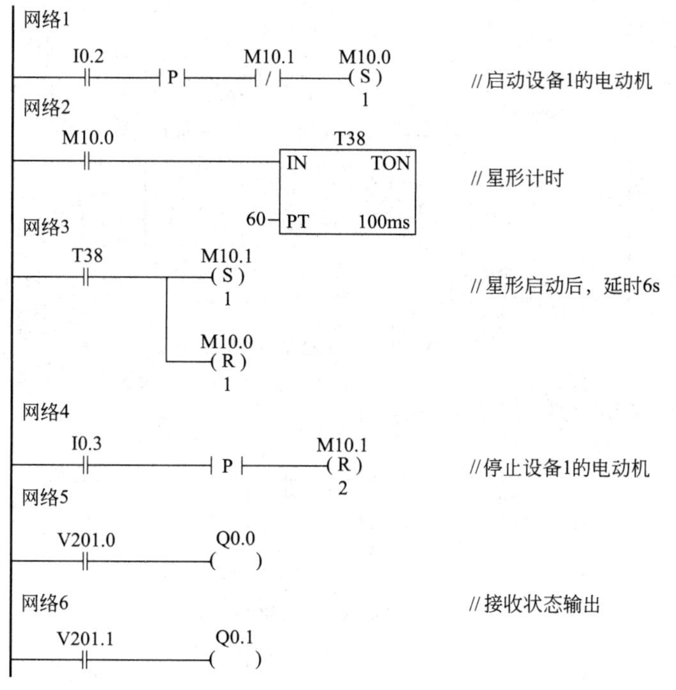


图 12-22 自由口通信子程序 1

设备 2 的中断程序 0 如图 12-23 所示。

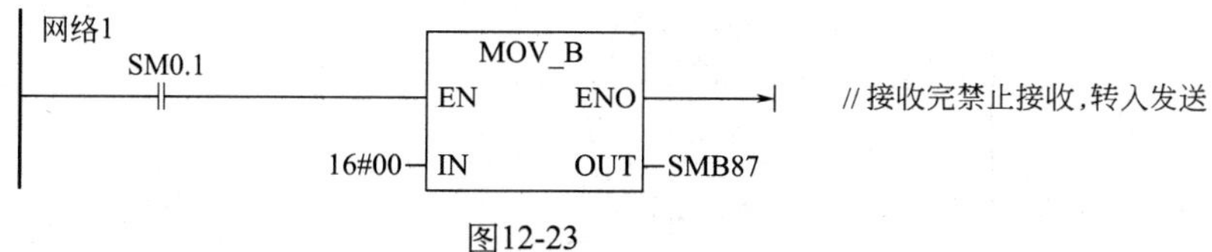


图12-23

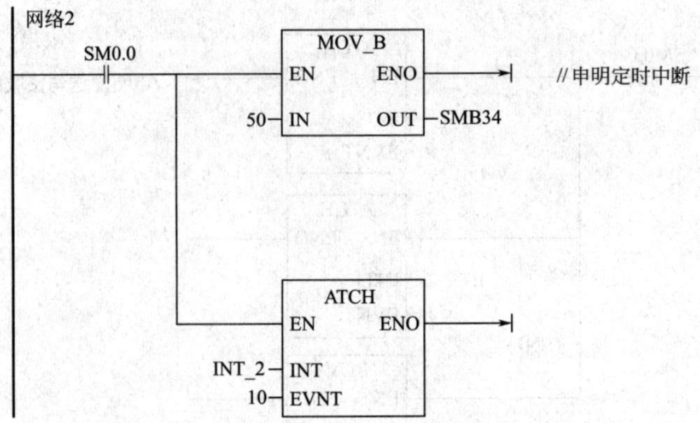


图 12-23 自由口通信中断程序 0

设备 2 的中断程序 1 如图 12-24 所示。

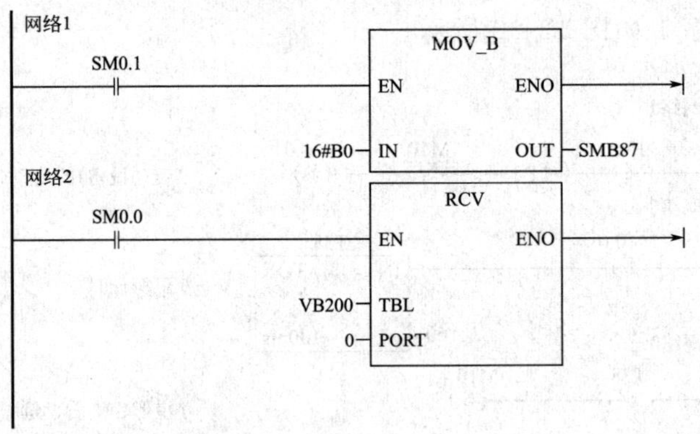


图 12-24 自由口通信中断程序 1

设备 2 的中断程序 2 如图 12-25 所示。

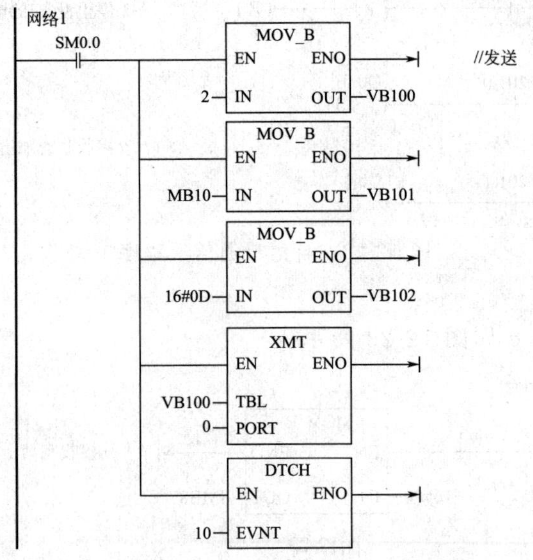


图 12-25 自由口通信中断程序 2

# 第四节 西门子变频器的 USS 指令控制

## 一、 概述

可采用通信方法实现对变频器的控制。具体到 S7-200 PLC，可以使用 USS 指令实现对 MM440 系列变频器的控制。采用这种控制方式时，变频器的 RS-485 通信口与 PLC 的 RS-485 通信口相连。每一台 PLC 可以最多连接 31 台变频器，连接最好使用“双绞屏蔽”电缆，在连接的终端应使用 150Ω 的终端电阻，或将 SIEMENS 总线连接器上的终端开关置 ON。

在采用本方式连接时，变频器为从站，PLC 为主站，PLC 以“广播轮询”方式访问从站。变频器在接到主站命令后才能向主站发送数据。变频器间不能进行数据的交换。

采用本控制方式对 PLC 有以下要求。

① 作为 CPU 与变频器通信的端口不能再作他用。CPU 与 PLC 的通信速率与变频器的台数、波特率及 CPU 的循环扫描时间有关，当波特率设定为 19200bit/s 时，与一台变频器的通信时间为 35ms。

② 为了调试方便，最好选择带有双通信口的 CPU，以同时连接编程设备，实现对 PLC 的监控。

③ CPU 通信口相关的系统标志寄存器 SM 将被变频器控制。

④ 运行变频器的控制程序需要 2.3～3.6KB 的用户程序存储器，并占用 400B 的变量存储空间。

⑤ 变频器控制需要占用 14 个子程序，3 个中断程序并使用 4 个累加器。

⑥ 变频器控制需要占用 16B 的通信缓冲区。

采用本控制方式时编程软件需安装 STEP7-Micro/WIN32 指令库（Libraries），通过指令库中的 USS Protocol 提供变频器控制指令。

## 二、 变频器 USS 参数的设定

1. USS 控制特殊参数

为了通过 PLC 控制变频器，需要设定如下参数。

P0003＝3：保护级选择专家级。

P0700＝5：变频器运行控制指令的输入方式选择远程集中控制方式，并以 USS 串行通信协议进行控制（PLC 控制方式）。

P1000＝5：变频器频率给定的输入方式选择远程集中控制方式，由 RS-485 接口通过连接总线以 USS 串行通信协议进行输入（PLC 控制方式）。

P2010 [0]：USS 波特率设定。设定值与波特率的关系如表 12-9 所示。

**表 12-9 P2010 设定值与波特率对应表**

| 设定值 | 4 | 5 | 6 | 7 | 8 | 9 | 10 | 11 | 12 |
|---|---|---|---|---|---|---|---|---|---|
| 波特率 | 2400 | 4800 | 9600 | 19200 | 38400 | 57600 | 76800 | 93750 | 115200 |

P2011 [0]：USS 地址设定，根据实际连接情况设定 0～31。

P2000 [0]：基准频率设定，输入十六进制4000H（32768）所对应的频率给定值。

P2009 [0]：“0”根据P2000设定，对USS输入频率进行标准化处理；
“1”USS输入频率直接转换为十进制值（单位0.01Hz）。

**【例12-3】** 设定P2000 [0] =300Hz时，如设定P2009 [0] = “0”，当USS输入频率为十六进制2000H（16384）时，对应的频率给定值为

$$f=\frac{16384}{32768}\times300=150\text{Hz}$$

如设定P2009 [0] =1，当USS输入频率为十六进制2000H（16384）时，对应的频率给定值为：163.84Hz。

P2014 [0]：数据传送超时报警时间设定。在经过本设定时间后，USS接口还没有收到其他数据，变频器发出报警F0070。

P2012 [0]：MM440发送给PLC的变频器工作状态字的长度（0～8）。

P2013 [0]：PLC发送给MM440的变频器命令字的长度（设定127为可变长度）。

P2019 [0] ～ [7]：MM440发送给PLC的变频器工作状态字1～8的内容。

**【例12-4】** 设定P2019 [0] =52.0、P2019 [1] =21，其余为0时，MM440发送给PLC的变频器工作状态字内容为变频器的参数r0052 [0]、r0021，相应的内容为变频器的“准备中”信号（参数r0052 [0] ）与变频器的实际输出频率（参数r0021）。

2. 电动机基本参数

除以上USS控制所需要的特殊参数外，同样需要对变频器设定如下的电动机基本参数。

P0100：按要求选择电动机标准。

P0205：按要求选择变频器控制方式。

P0300：按要求选择电动机类型

P0304：按要求输入电动机额定电压（V）。

P0305：按要求输入电动机额定电流（A）。

P0307：按要求输入电动机额定功率（kW）。

P0310：按要求输入电动机额定频率（Hz）。

P0311：按要求输入电动机额定转速（r/min）。

P1080：变频器最低输出频率（Hz）。

P1081：变频器最高输出频率（Hz）。

P1120：变频器加速时间（s）。

P1121：变频器减速时间（s）。

P1130：变频器控制方式选择。

## 三、 PLC控制指令

1. 变频器控制指令

（1）变频器初始化指令USS _ INIT 变频器初始化指令的作用是建立变频器与PLC之间的通信联系，“使能”被控制的变频器与PLC的集成接口的USS通信功能，一般只需要在程序中调用1次。指令的梯形图格式如图12-26所示。

变频器初始化指令以调用子程序的形式进行编程，子程序的内容已经加密，一般情况下

无法进行显示。

使用初始化指令，需要对局部变量 L 进行赋值，指令所使用的局部变量表如表 12-10 所示，表中列出了各输入/输出信号的符号名（Symbol）、变量的类型（Var Type）、数据类型（Data Type），输入/输出的含义如下。

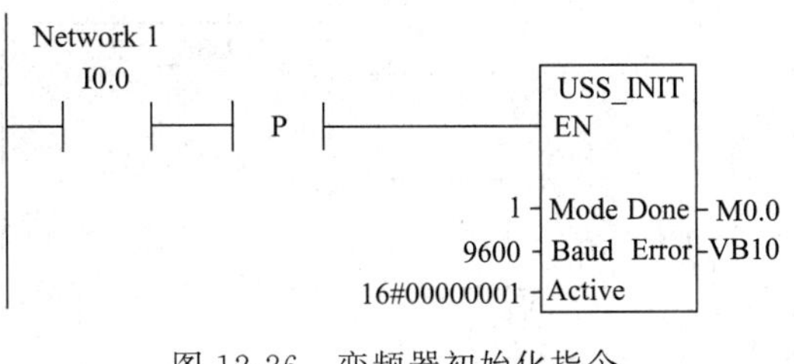


图 12-26　变频器初始化指令

**表 12-10　USS _ INIT 变量表**

| | 符号地址 | 变量类型 | 数据类型 | | 符号地址 | 变量类型 | 数据类型 |
|---|---|---|---|---|---|---|---|
| | EN | IN | BOOL | | | IN_OUT | |
| LB0 | Mode | IN | BYTE | L9.0 | Done | OUT | BOOL |
| LD1 | Baud | IN | DWORD | LB10 | Error | OUT | BYTE |
| LD5 | Active | IN | DWORD | | | OUT | |
| | | IN | | | | TEMP | |

① 输入变量（IN）。

EN：指令“使能”输入端，输入“1”启动指令，为了防止初始化指令的频繁调用，应使用边沿信号调用指令。

Mode：USS 接口启动/停止输入，当输入“1”时，启动 USS 通信；输入“0”时，禁止 USS 通信（端口 0 被用作 PPI 接口）。

Baud：PLC 与变频器通信速率设定。

Active：使能的变频器地址，双字长（32 位）输入，每 1 位控制 1 台变频器，bit0 为第 1 台，bit31 为第 32 台。设定相应位为“1”，对应的变频器被“使能”。例如：输入十六进制 0001H，为“使能”地址为“0”的第 1 台变频器；输入十六进制 0008H，为“使能”地址为“3”的第 4 台变频器等。

② 输出变量（OUT）。

Done：指令“使能”输出端，USS _ INIT 指令被正确执行完成后，输出为“1”。

Error：指令执行错误代码输出。

错误代码的含义如下。

0：无出错。

1：变频器无响应。

2：变频器通信“求和”校验出错。

3：变频器通信“奇偶”校验出错。

4：PLC 程序接口错误。

5：使用了非法指令。

6：使用了非法的变频器地址。

7：未使用 USS 通信协议。

8：通信忙。

9：速度（频率）给定输出超过最大值。

10：变频器通信应答时间设定错误。

11：变频器通信应答首字符出错。

12：变频器通信应答字符长度错误。

13：变频器通信应答错误。

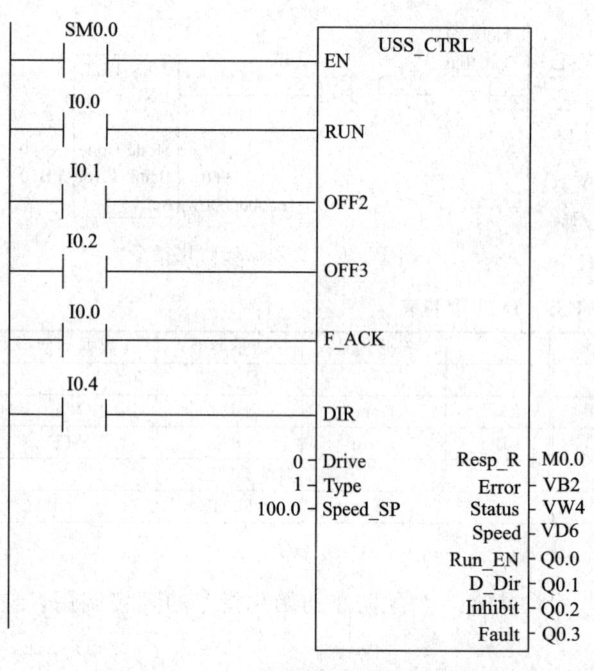


图 12-27 变频器控制指令

14：变量存储器地址选择错误。

15：参数号选择错误。

16：USS通信协议存在错误。

17：USS协议不能完成转换。

18：通信速率设定不正确。

19：变频器未"使能"。

20：设定的变频器参数值不正确。

21：输入的数据的类型不正确（试图将双字长数据写入到1字长的存储器中）。

22：输入的数据的类型不正确（试图将1字长数据写入到双字长的存储器中）。

（2）变频器控制指令USS_CTRL 变频器控制指令相当于将变频器上的频率给定输入与开关量输入控制端全部转移到了PLC程序中。指令的梯形图格式如图12-27所示。

变频器控制指令同样需要以调用子程序的形式进行编程，子程序的内容已经加密，一般情况下无法进行显示。

使用控制指令，需要对局部变量L进行赋值，指令所使用的局部变量如表12-11所示。

**表 12-11 USS_CTRL 变量表**

| | 符号地址 | 变量类型 | 数据类型 | | 符号地址 | 变量类型 | 数据类型 |
|---|---|---|---|---|---|---|---|
| | EN | IN | BOOL | L15.0 | Run_EN | OUT | BOOL |
| L0.0 | RUN | IN | BOOL | L15.1 | D_Dir | OUT | BOOL |
| L0.1 | OFF2 | IN | BOOL | L15.2 | Inhibit | OUT | BOOL |
| L0.2 | OFF3 | IN | BOOL | L15.3 | Fault | OUT | BOOL |
| L0.3 | F_ACK | IN | BOOL | | | OUT | |
| L0.4 | DIR | IN | BOOL | LW16 | STW | TEMP | WORD |
| LB1 | Drive | IN | BYTE | LW18 | HSW | TEMP | WORD |
| LB2 | Type | IN | BYTE | LB20 | CKSM | TEMP | BYTE |
| LD3 | Speed_SP | IN | REAL | LB21 | UPDATE | TEMP | BYTE |
| | | IN_OUT | | LW22 | ZSW | TEMP | WORD |
| L7.0 | Resp_R | OUT | BOOL | LW24 | HIW | TEMP | WORD |
| LB8 | Error | OUT | BYTE | LB26 | SIZE | TEMP | BYTE |
| LW9 | Status | OUT | WORD | | | TEMP | |
| LD11 | Speed | OUT | REAL | | | | |

表12-11中各输入/输出的含义如下。

① 输入变量（IN）。

EN：指令"使能"输入端，输入"1"允许执行变频器控制指令，一般情况下，为了随时保证PLC的控制，此输入需要固定为"1"。

RUN：变频器运行控制端，"1"变频器运行"0"变频器停止。

OFF2：变频器停止输入，根据变频器内部参数设定的输入极性，通过"1"或"0"信号，使电动机自由停车。

OFF3：变频器快速停止输入，根据变频器内部参数设定的输入极性，通过"1"或"0"信号，使电动机快速（带电气制动）停车。

F_ACK：变频器故障清除回答信号，在变频器发生报警后如果故障已经清除，通过本信号复位变频器报警。

DIR：电动机转向控制信号，可以通过本信号的“0”/“1”改变电动机转向。

Drive：变频器地址。

Type：变频器类型，MM4**系列为“1”，MM3**系列为“0”。

Speed _ SP：以百分比形式给出的频率（速度）给定输入，允许范围－200％～200％。

② 输出变量（OUT）。

Resp _ R：应答响应输出端，本输出为“1”（1 个 PLC 循环周期），USS _ CTRL 的输出状态被刷新。

Error：指令执行错误代码输出，错误代码同 USS _ INIT 指令。

Status：变频器工作状态输出，与变频器参数 P2019 的设定有关。

Speed：以百分比形式给出的变频器实际输出频率，允许范围－200％～200％。

Run _ EN：变频器运行指示，“1”变频器运行中，“0”变频器停止。

D _ Dir：变频器实际转向输出。

Inhibit：变频器禁止状态输出。

Fault：变频器故障输出“0”变频器无故障，“1”变频器故障。

2. 变频器参数读写指令

（1）参数阅读指令 USS _ RPM _ *　变频器参数阅读指令的作用是将变频器的参数读入 PLC 程序存储器中，根据参数格式的不同，可以使用 USS _ RPM _ W（16 位整数）、USS _ RPM _ D（32 位整数）、USS _ RPM _ R（32 位浮点数）。

指令的梯形图格式如图 12-28 所示。

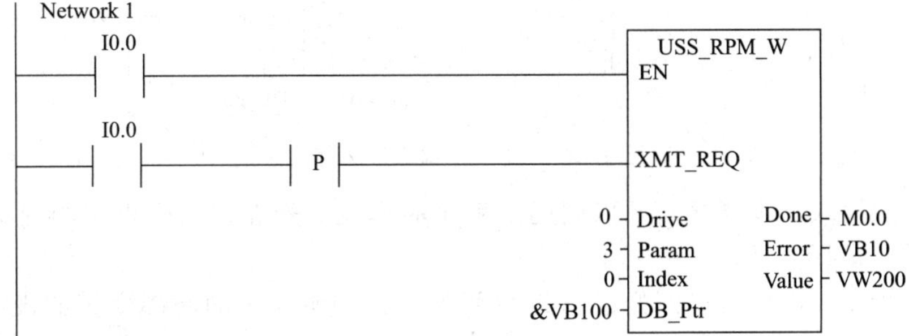


图 12-28　变频器参数阅读指令

变频器参数阅读指令同样需要以调用子程序的形式进行编程，子程序的内容已经加密，一般情况下无法进行显示。

使用参数阅读指令，需要对局部变量 L 进行赋值，指令所使用的局部变量如表 12-12 所示。

**表 12-12　USS _ RPM _ * 变量表**

| | 符号地址 | 变量类型 | 数据类型 | | 符号地址 | 变量类型 | 数据类型 |
|---|---|---|---|---|---|---|---|
| | EN | IN | BOOL | | | IN_OUT | |
| L0.0 | XMT_REQ | IN | BOOL | L10.0 | Done | OUT | BOOL |
| LB1 | Drive | IN | BYTE | LB11 | Error | OUT | BYTE |
| LW2 | Param | IN | WORD | LD12 | Value | OUT | DWORD |
| LW4 | Index | IN | WORD | | | OUT | |
| LD6 | DB_Ptr | IN | DWORD | L16.0 | SIZE | TEMP | BOOL |
| | | IN | | | | TEMP | |

表 12-12 中各输入/输出的含义如下。

① 输入变量（IN）。

EN：指令“使能”输入端，输入“1”允许执行变频器参数阅读指令。

XMT _ REQ：参数阅读请求，“1”变频器参数传送到 PLC，“0”停止参数传送（只能使用边沿信号)。

Drive：变频器地址。

Param：变频器参数号。

Index：变频器参数下标号。

DB _ Ptr：用于参数传送的16位缓冲存储器地址。

② 输出变量（OUT)。

Done：指令“使能”输出端，指令被正确执行完成后，输出为“1”。

Error：指令执行错误代码输出，错误代码同USS _ INIT指令。

Value：变频器参数值。

(2) 参数写入指令USS _ WPM _ *　变频器参数写入指令的作用是通过PLC程序向变频器写入参数。根据参数格式的不同，可以使用USS _ WPM _ W (16位整数)、USS _ WPM _ D (32位整数)、USS _ WPM _ R (32位浮点数)。指令的梯形图格式如图12-29所示。

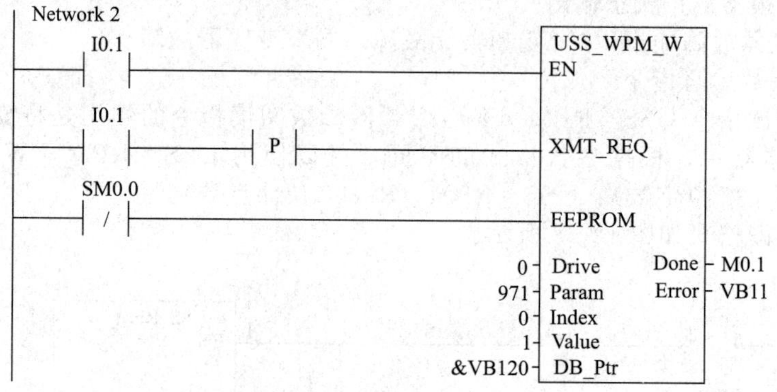


图12-29　变频器参数写入指令

变频器参数写入指令同样需要以调用子程序的形式进行编程，子程序的内容已经加密，一般情况下无法进行显示。

使用写入指令，需要对局部变量L进行赋值，指令所使用的局部变量如表12-13所示。表12-13中各输入/输出的含义如下。

**表12-13　USS _ WPM _ * 变量表**

| | 符号地址 | 变量类型 | 数据类型 | | 符号地址 | 变量类型 | 数据类型 |
|---|---|---|---|---|---|---|---|
| | EN | IN | BOOL | | | IN | |
| L0.0 | XMT_REQ | IN | BOOL | | | IN_OUT | |
| L0.1 | EEPROM | IN | BOOL | L12.0 | Done | OUT | BOOL |
| LB1 | Drive | IN | BYTE | LB13 | Error | OUT | BYTE |
| LW2 | Param | IN | WORD | | | OUT | |
| LW4 | Index | IN | WORD | L14.0 | SIZE | TEMP | BOOL |
| LW6 | Value | IN | WORD | | | TEMP | |
| LD8 | DB_Ptr | IN | DWORD | | | | |

① 输入变量（IN)。

EN：指令“使能”输入端，输入“1”允许执行变频器参数写入指令。

XMT _ REQ：参数写入请求，“1”PLC参数写入变频器，“0”停止参数传送（只能使用边沿信号)。

EEPROM：“1”参数同时写入到变频器的RAM与EEPROM中，“0”只写入到RAM中。

Drive：变频器地址。

Param：变频器参数号。

Index：变频器参数下标号。

Value：写入的变频器参数值。

DB _ Ptr：用于参数传送的 16 位缓冲存储器地址。

② 输出变量（OUT）。

Done：指令“使能”输出端，指令被正确执行完成后，输出为“1”。

Error：指令执行错误代码输出，错误代码同 USS _ INIT 指令。

## 四、 变频器的 PLC 通信

**【例 12-5】** 试编制满足如下要求的变频器控制程序。

① PLC 通过 RS-485 接口、利用 USS 协议对变频器进行控制，通信速率为 19200bit/s；变频器地址为 0。

② 变频器的控制输入；运行、自由停车、紧急停止、报警应答、电动机转向依次为 I0.0～I0.4；变频器输出频率为 50Hz（变频器基准频率值，通过 I0.6 写入）。

③ 变频器的输出指示灯：通信正常、运行、现行转向、变频器禁止、变频器报警依次为 Q0.0～Q0.4。

④ PLC 变量存储器分配如下。

VB0：初始化错误代码存储。

VB2：变频器运行错误代码存储。

VW4：变频器工作状态存储。

VB10：变频器参数阅读错误代码存储。

VB14：变频器参数写入错误代码存储。

⑤ 变频器参数读出：当输入 I0.5 为“1”时，将变频器参数 P0005 [0]（变频器显示功能设定）读到 PLC 的变量存储器VW12 中。

⑥ 变频器参数写入：当输入 I0.6 为“1”时，将常数 50.0 写入到变频器参数 F2000 [0]（变频器基准频率设定）中。

⑦ 参数读写的通信缓冲器地址为 VB20、VB40。

根据要求编制的 PLC 程序如图 12-30 所示。

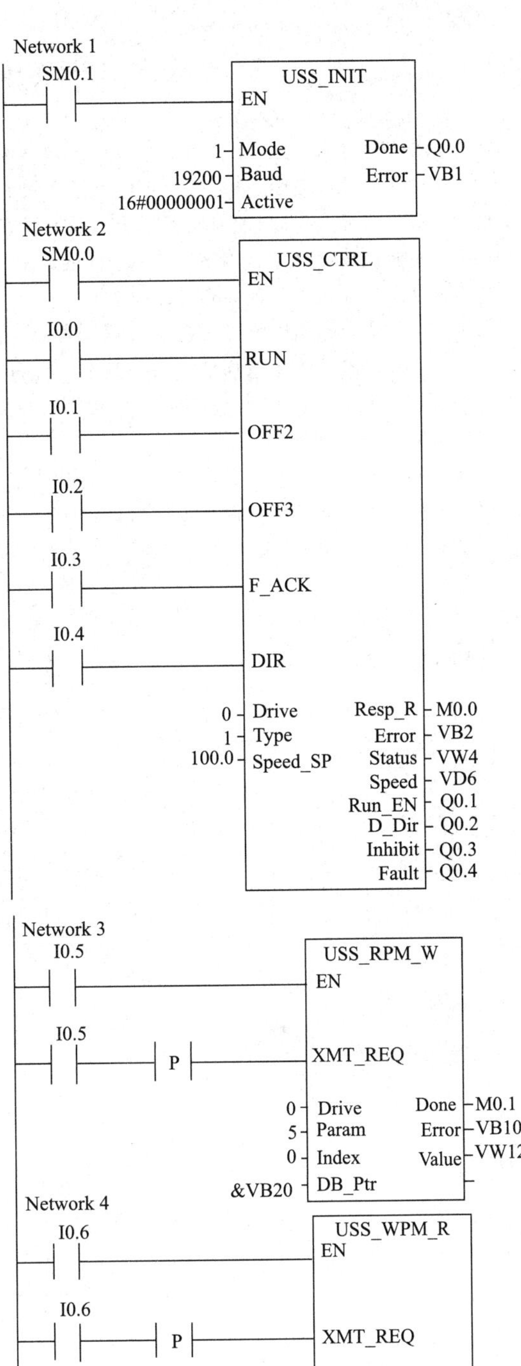

图 12-30 变频器 PLC 控制程序

## 习题及思考题

12-1 S7-200 系列 PLC 在西门子工业控制网络中可承担哪些工作？

12-2 S7-200 系列 PLC 可以采用哪些通信协议完成通信工作？

12-3 S7-200 系列 PLC 的 PPI 通信方式及自由口通信方式有哪些特点？

12-4 如何设置 PPI 通信时 S7-200 CPU 的站地址？

12-5 自由口通信时如何设定站地址？

12-6 在自由口通信时需考虑握手过程，为什么在 PPI 通信时不需考虑？

12-7 三台 CPU224 组成通信网络，其中一台为主站，两台为从站。拟用主站的 I0.0～I0.7 分时控制两从站的输出口 Q0.0～Q0.7，每 10s 为一周期交替切换 1 号从站及 2 号从站。试用 PPI 及自由口两种方式编制程序，完成以上功能。

12-8 在自由口模式下用发送完成中断实现计算机与可编程控制器之间的通信，波特率为 9600bps，8 个数据位，1 个停止位，偶校验，无起始符，停止字符为 16#AA，超时检测时间为 2s，可接收的最大字符数为 200，接收缓冲区起始地址为 VB50，设计 PLC 通信程序中的初始化程序。

Chapter 04

# 第四篇 电气控制系统设计及应用

## 第十三章　电气控制系统的设计及实例

**内容提要：** 设计是建造一个成功的电气控制系统的第一步，科学合理的设计是保障系统满足生产要求、长期稳定工作的核心条件。本章简述电气控制系统设计的内容、步骤及设计方法，给出了设计实例及设计评价。

### 第一节　电气控制系统规划设计的基本原则

由于构成系统的核心设备及关键技术上的差别，电气控制系统规划设计的中心内容可以有很大的不同。比如传统的继电器接触器控制系统设计中，原理电路的设计固然重要，但工艺设计却可能花费大量的精力；就连同属于计算机控制的 PLC 系统与单片机系统在设计的重心上也有不小的差别，单片机系统设计中单片机本身的结构配置是绕不开的重头戏，而由于 PLC 是已经过了一次开发的计算机，相关内容的设计只需做好 PLC 选型就可以了。可编程控制器系统与继电控制系统在设计流程上也有很大的区别，硬件和软件可分开进行设计是 PLC 控制系统设计的特点。

但是，就工业电气控制系统规划设计的基本原则来说，无论采用什么技术，使用哪些装置，原则都是一样的。这些原则如下所述。

① 最大限度地满足被控对象的控制要求。不能满足被控对象控制要求的系统是毫无用处的。能最大限度地满足被控对象要求的设计，是任何设计的首要标准。本条即设计成果必须“适用”。

② 在满足控制要求的前提下，力求使控制系统操作简单，功能完善，安全可靠，使用及维修方便。本条即设计出来的系统必须“好用”。

③ 控制系统工作安全稳定，具有合理的使用寿命。本条即设计出来的系统必须“耐用”。

④ 在满足以上各点的基础上，尽量少花钱，多办事。本条即设计出来的系统必须“经济”。

考虑到生产的发展和工艺的改进，在选择及设计控制系统时，设备能力应适当留有裕量。此外，设计还应符合国家及安全管理部门的各种相关规定，设计选用的各种器件、器材应符合国家的各种相关标准。

## 第二节 电气控制系统设计的步骤与基本内容

电气控制系统的设计流程如图 13-1 所示。以下为该图的简要说明。

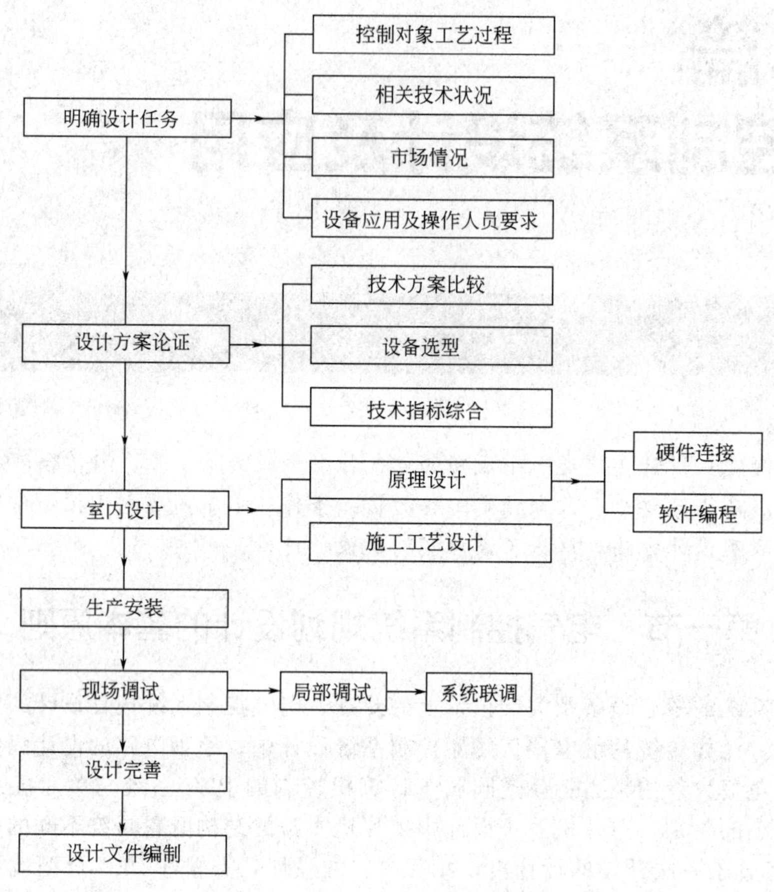


图 13-1 电气控制系统设计流程图

1. 了解控制要求，明确设计任务

电气控制系统都是为具体的生产过程服务的，都有具体的控制对象。控制对象的工艺过程及控制要求即是设计的核心内容。因而在设计前，应深入现场进行调查，搜集资料，与控制对象相关的其他人员如机械部分的设计人员和实际操作者密切接触，分析控制任务，拟定控制方案，协同解决设计及设备实际运行中可能出现的各种问题。必要的话，还应对设备市场及技术动态做出调研。

2. 设计方案论证

任何任务都可能有多种实现方案。传统的继电器接触器系统虽然越来越多地被智能化系统取代，在小规模、简单任务、恶劣生产环境中仍不失为良好的选择。即使同样采用智能设备实现控制，在一些众多模拟信号的场合，采用普通仪表控制可能会比计算机系统更经济。

在大方案确定之后，技术实现的方案也很重要。比如在 PLC 定位控制系统中，使用步进机与使用伺服机，及使用变频调速在技术及控制精度及实现便利等方面都有不小的差别。

具体到 PLC 控制系统，设计方案中也有不少需认真考虑的问题，如设备选型、功能模块的使用、CPU 功能指标、系统的安全保障、维修维护及长远的技术更新等。

因此，设计方案最好能多方案比较，在技术经济指标的综合评定后确认。

3. 室内设计

方案基本确定后就可以动手纸面上的设计了。其中含原理设计及工艺设计两大内容。以下以 PLC 控制系统设计为例说明。

（1）原理设计　原理设计包括硬件及软件两个方面。

硬件方面在设备选型基础上完成输入输出信号及电源的统计，确定输入输出及操控显示装置的型式及数量，安排输入输出端口，如需采用人机界面设备要同时考虑通信接口，并在此基础上设计电气原理图。

软件设计在硬件配置前提下结合控制要求进行。首先要考虑程序的实现方案，程序的结构及机内编程元件的安排。对于功能较复杂的控制建议采用组织模块化程序。使用主程序、子程序及中断程序配合能使程序的功能更协调，更简明，程序的编制也相对容易。即便是功能简单的程序，也要考虑指令选用及程序实现的技巧，比如顺控指令就常为程序人员采用。

（2）工艺设计　工艺设计指控制系统施工建造中所需的图纸及工艺线路的设计，含设备布置图、安装箱、接线箱体图、安装板及接线图及工艺操作规范，还包括为安装产生的各类支架、电缆沟槽及接地桩等的设计及技术要求。

4. 现场施工

现场指控制对象所在现场。现场施工指控制系统安装所需场地、箱体、操控台、各类支架管件的制作及安装，控制装置的安装布线及线路连接等。此内容可与程序设计同步进行。

5. 局部调试及全局调试

现场施工及程序设计完成后可以先局部调试，后全局调试，以检查硬件及程序设计的正确性。

6. 设计完善

在施工及调试过程中及时发现设计中的缺陷及时修改。在试运行过程中听取使用方意见对设计做最后修订，使设计得以完善。

7. 设计文件的编制

编制设计说明，使用说明，含各类图纸、材料标准、施工工艺要求、操作及维修指南等。存档及交使用方备案。

## 第三节　电气控制系统设计实例：过程及点评

设计一个功能卓越的电气控制系统远不是了解以上设计过程就能办到的。一个优秀的设计师需要具有全面深入的专业知识，丰富的设计经验，甚至要有对控制对象所涉及专业的广泛了解。而坚持多实践，多动手设计，包括学习别人成功的设计案例都是有益的。本节希望通过一些案例印证前述设计过程，说明设计方法，其中对案例设计评价中的不足可以作为习题供读者思考并设法改进。

**【例 13-1】** 台车呼车控制系统设计

1. 控制要求

一部轨道运输车供 8 个加工点使用。车停在某个加工点（下称工位）无用车呼叫（下称呼车）时，则各工位的指示灯亮，表示各工位均可以呼车。某工作人员按本工位的呼车按钮呼车时，各工位的指示灯均灭，此时别的工位呼车无效。每个加工点每次用车时该车在该点工作停车 30s。

2. 控制方案构想

为了区分用车工位，必须为工位编号，由于车是在同一轨道上运行，工位号可以参照轨道顺序制订。这样也就有了停车工号与呼车工号比较以确定小车运行方向的基本方案。为此，除了各工位配备呼车按钮、呼车指示灯外，每个工位还配备限位开关，以在小车到达用车工位时停止小车运行。呼车系统基本配置示意图如图 13-2 所示。

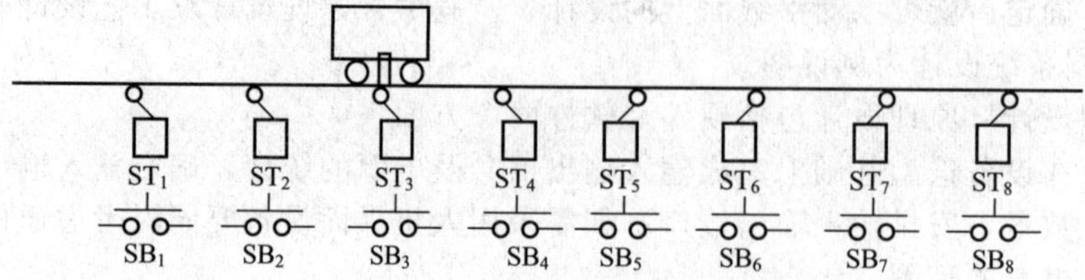


图 13-2 呼车系统基本配置示意图

从安全角度出发，系统应具有总的启停开关操作控制，停电再来电时，小车不应自行启动。

3. PLC 硬件安排

本控制系统所需输出口数量少，统计系统基本配置所需输入/输出口数量后，选择 S7-221 基本单元 1 台及 EM221 扩展单元 2 台组成系统。PLC 端口及机内器件安排见表 13-1 所示。PLC 端口地址及连接的按钮、限位开关编号及其他存储单元在安排表中均有说明。

**表 13-1 呼车系统输入/输出端口安排表**

| 限位开关(停车号) | | 呼车按钮(呼车号) | | 其 他 | |
|---|---|---|---|---|---|
| $ST_1$ | I2.0 | $SB_1$ | I1.0 | Q1.0 | 可呼车指示 |
| $ST_2$ | I2.1 | $SB_2$ | I1.1 | Q0.0 | 电动机正转接触器 |
| $ST_3$ | I2.2 | $SB_3$ | I1.2 | Q0.1 | 电动机反转接触器 |
| $ST_4$ | I2.3 | $SB_4$ | I1.3 | M10.1:呼车封锁中间继电器 | |
| $ST_5$ | I2.4 | $SB_5$ | I1.4 | M10.2:系统启动中间继电器 | |
| $ST_6$ | I2.5 | $SB_6$ | I1.5 | I0.0 | 系统启动按钮 |
| $ST_7$ | I2.6 | $SB_7$ | I1.6 | I0.1 | 系统停止工作按钮 |
| $ST_8$ | I2.7 | $SB_8$ | I1.7 | | |

4. 软件规划及编程

依以上控制方案设想绘制呼车控制系统工作流程如图 13-3 所示。程序应当是流程图的编程语言复述。主干程序段落可以为“传送停车工位号”“传送呼车工位号”及“停车工位号与呼车工位号比较确定车的启停及运行方向”。所编制的程序如图 13-4 所示。详情可参阅图中的程序注释。

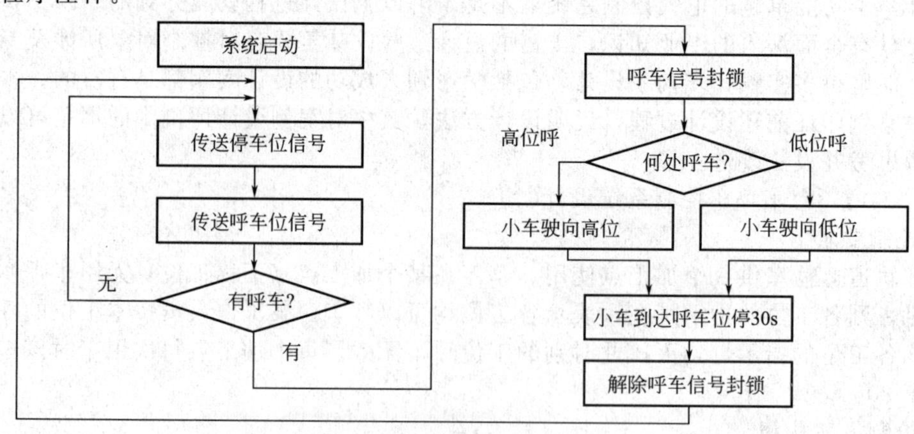


图 13-3 呼车控制系统工作流程

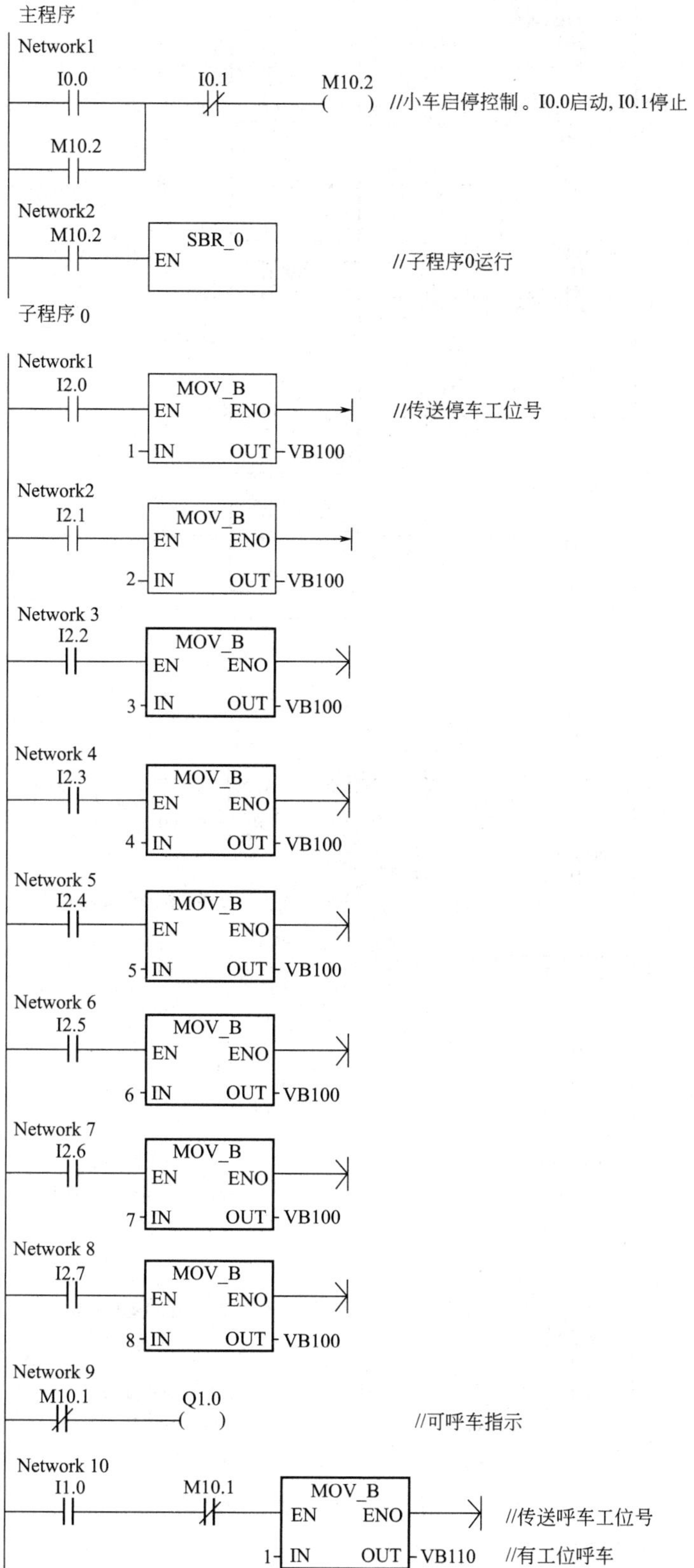
主程序
Network1
I0.0
I0.1
M10.2
//小车启停控制。I0.0启动，I0.1停止
M10.2
Network2
M10.2
SBR_0
EN
//子程序0运行
子程序 0
Network1
I2.0
MOV_B
EN ENO
1 IN OUT VB100
//传送停车工位号
Network2
I2.1
MOV_B
EN ENO
2 IN OUT VB100
Network 3
I2.2
MOV_B
EN ENO
3 IN OUT VB100
Network 4
I2.3
MOV_B
EN ENO
4 IN OUT VB100
Network 5
I2.4
MOV_B
EN ENO
5 IN OUT VB100
Network 6
I2.5
MOV_B
EN ENO
6 IN OUT VB100
Network 7
I2.6
MOV_B
EN ENO
7 IN OUT VB100
Network 8
I2.7
MOV_B
EN ENO
8 IN OUT VB100
Network 9
M10.1
Q1.0
//可呼车指示
Network 10
I1.0
M10.1
MOV_B
EN ENO
//传送呼车工位号
1 IN OUT VB110
//有工位呼车

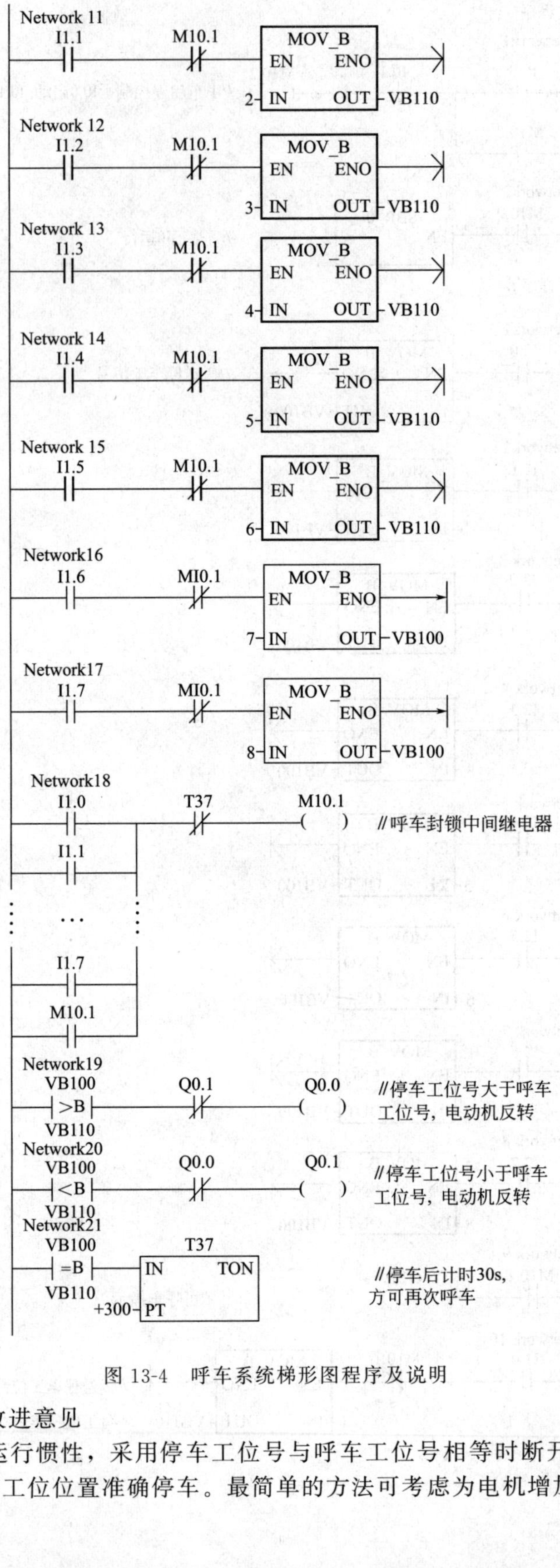

```
Network 11
I1.1        M10.1       MOV_B
                        EN    ENO
                      2-IN    OUT-VB110

Network 12
I1.2        M10.1       MOV_B
                        EN    ENO
                      3-IN    OUT-VB110

Network 13
I1.3        M10.1       MOV_B
                        EN    ENO
                      4-IN    OUT-VB110

Network 14
I1.4        M10.1       MOV_B
                        EN    ENO
                      5-IN    OUT-VB110

Network 15
I1.5        M10.1       MOV_B
                        EN    ENO
                      6-IN    OUT-VB110

Network16
I1.6        MI0.1       MOV_B
                        EN    ENO
                      7-IN    OUT-VB100

Network17
I1.7        MI0.1       MOV_B
                        EN    ENO
                      8-IN    OUT-VB100

Network18
I1.0        T37         M10.1
                        ( )      //呼车封锁中间继电器
I1.1
…
I1.7
M10.1

Network19
VB100       Q0.1        Q0.0
>B                      ( )      //停车工位号大于呼车
VB110                            工位号，电动机反转

Network20
VB100       Q0.0        Q0.1
<B                      ( )      //停车工位号小于呼车
VB110                            工位号，电动机反转

Network21
VB100       T37
=B          IN    TON            //停车后计时30s,
VB110  +300-PT                   方可再次呼车
```

图 13-4 呼车系统梯形图程序及说明

5. 设计点评及改进意见

① 由于小车的运行惯性，采用停车工位号与呼车工位号相等时断开电机电源的方法并不一定能实现小车在工位位置准确停车。最简单的方法可考虑为电机增加电磁抱闸。抱闸在

电机得电时松开，在电机失电时制动。

② 在 PLC 程序中通过 M10. 2 控制子程序 0 的执行实现失压保护不如增加系统总电源接触器更安全。

③ 应增加手动调整环节，在自动故障或特殊情况时使用。

**【例 13-2】** 某停车场门禁及停车数量显示系统设计

1. 控制要求

某停车场有 50 个停车泊位。为方便车辆进出，需在进门处显示停车数量，当场内停车数小于 45 辆时，入口处绿灯亮。等于或大于 45 辆时，绿灯闪亮。等于 50 辆时红灯亮。并在无泊位可用时封闭进门横杆禁止车辆入场。

2. 设计方案选择

停车场车辆进出可采用光电或感应开关产生计数脉冲。停车数量可用数码器件显示。因而可选用可编程控制器实现。

3. 硬件设计

由于数码显示需要较高的开关速度，采用 CPU 224 晶体管输出型机一台，扩展一个 8 点的数字量输出模块 EM222，其输入输出信号分配如表 13-2 所示。硬件接线图如图 13-5 所示。

**表 13-2　端口安排表**

| 输入元件 | 输入信号 | 用途 | 输出信号 | 控制对象 |
|---|---|---|---|---|
| 传感器 IN | I0. 0 | 检测进场车辆 | Q0. 0～Q0. 6 | 个位数显示 |
| 传感器 OUT | I0. 1 | 检测出场车辆 | Q2. 0～Q2. 6 | 十位数显示 |
| | | | Q1. 0 | 绿灯 |
| | | | Q1. 1 | 红灯 |

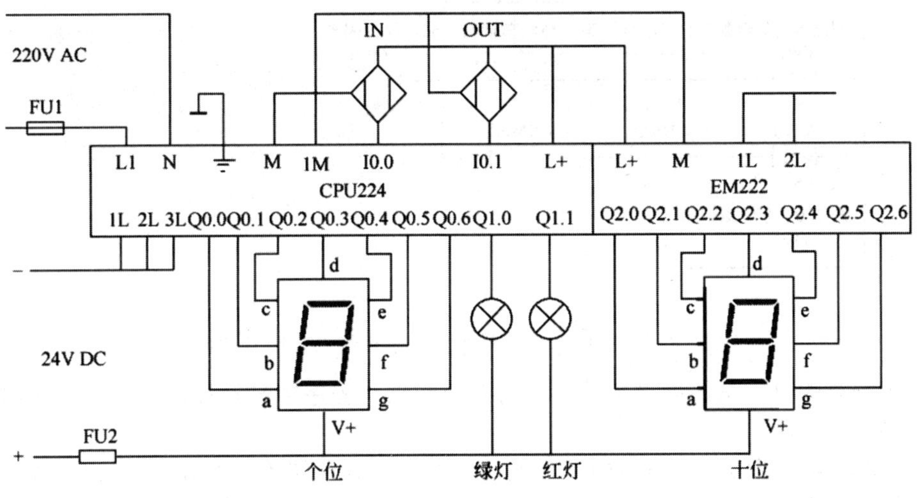


图 13-5　停车场门禁系统 PLC 接线图

4. 软件编制

设想本例程序有三个主要功能程序段。第一段为场存车辆数量统计程序。拟用加 1、减 1 指令完成车辆数量统计，车辆数量存在 VW0 中。第二段为存车数的显示功能。可先将 VW0 中的整数转换为 BCD 码，再用与指令及移位指令分别取出车辆数的十位及个位，转换为符合要求的段码数据后分送两个数码管显示。第三个任务是指示灯控制，可以用比较指令与机内脉冲配合完成。初步设计的梯形图如图 13-6 所示。

5. 设计评价及改进方向

梯形图 13-6 存在不妥，待改进内容如下。

① 停车场门禁显示应重点显示空泊位数量而不应只显示已停车数量。因为待停车车主

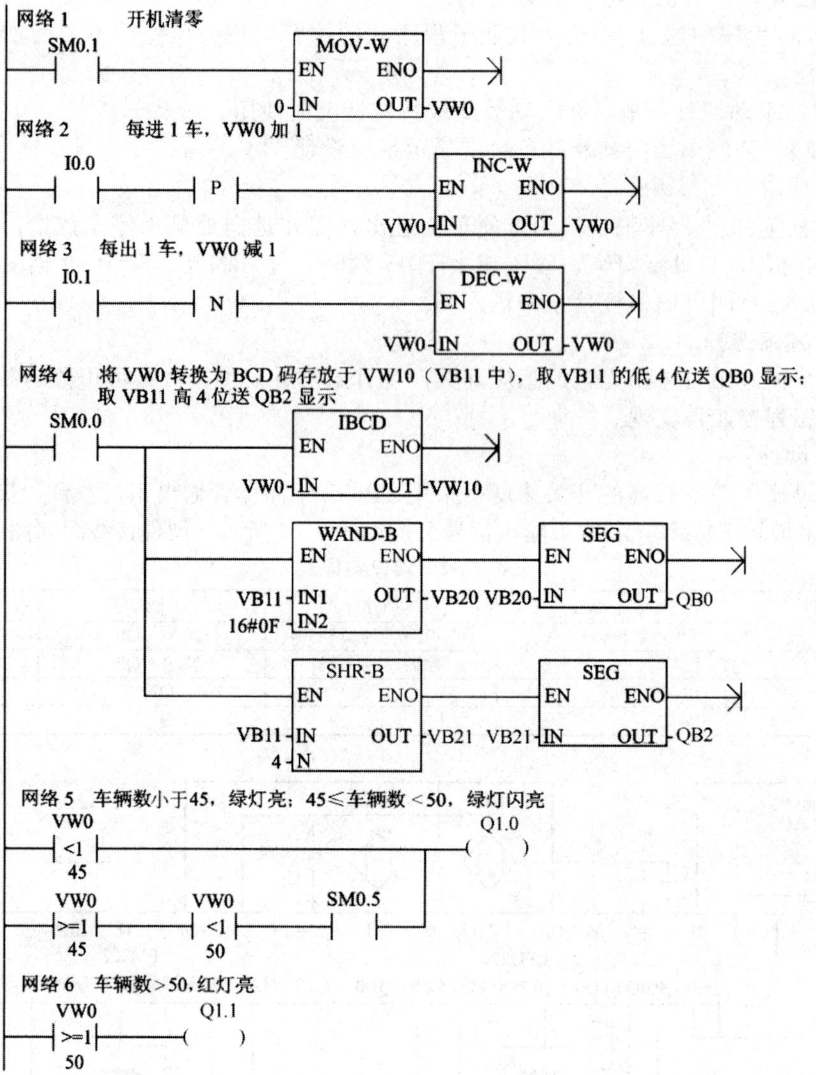

网络1 开机清零

SM0.1 MOV-W EN ENO 0-IN OUT-VW0

网络2 每进1车，VW0加1

I0.0 P INC-W EN ENO VW0-IN OUT-VW0

网络3 每出1车，VW0减1

I0.1 N DEC-W EN ENO VW0-IN OUT-VW0

网络4 将VW0转换为BCD码存放于VW10（VB11中），取VB11的低4位送QB0显示；取VB11高4位送QB2显示

SM0.0 IBCD EN ENO VW0-IN OUT-VW10

WAND-B EN ENO VB11-IN1 16#0F-IN2 OUT-VB20 SEG EN ENO VB20-IN OUT-QB0

SHR-B EN ENO VB11-IN 4-N OUT-VB21 SEG EN ENO VB21-IN OUT-QB2

网络5 车辆数小于45，绿灯亮；45≤车辆数<50，绿灯闪亮

VW0 <I 45 Q1.0

VW0 >=I 45 VW0 <I 50 SM0.5

网络6 车辆数>50，红灯亮

VW0 >=I 50 Q1.1

图 13-6 停车场门禁及停车数显示系统梯形图及注释

并不了解车场总泊位数量。如显示装置只有两位数据，程序中最好加入空泊位运算内容，并将运算结果送去显示。

② 图13-6梯形图第一支路功能为上电清空在场车数存储单元VW0。这在系统首次运行时是合理的，但系统如场内存有车辆时停电停机，再次开车就不能是清零VW0了。因而系统应具备开机手动调整在场车数的功能。

③ 一般门禁系统应配有进出门横杆自动开闭功能，而本例中并没实现。可增加进出车辆检测及横杆开闭控制，并与显示单元联锁工作。

**【例 13-3】** 搬运机械手控制系统设计

1. 控制要求

如图13-7所示机械手用来将工件由左工作台搬运到右工作台。机械手所需具备的动作都已标在图中了，有上升/下降、左移/右移和夹紧/放松等动作。这些动作均由汽缸驱动，而汽缸又由相应的电磁阀控制。其中，上升/下降和左移/右移分别由双线圈两位电磁阀控制。例如，当下降电磁阀通电时，机械手下降；当下降电磁阀断电时，机械手下降停止。只

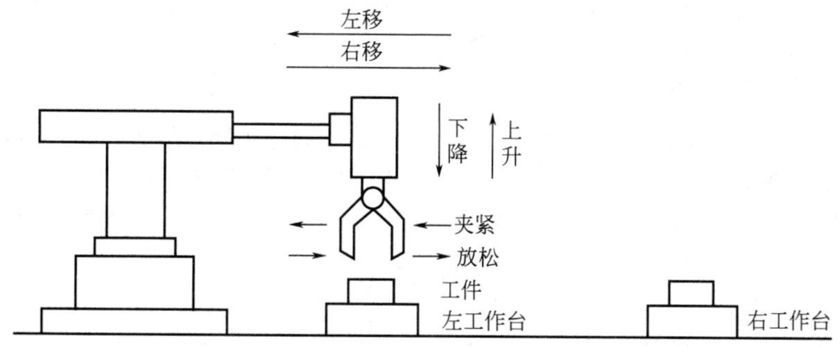


图 13-7　机械手动作示意

有当上升电磁阀通电时，机械手才上升；当上升电磁阀断电时，机械手上升停止。同样，左移/右移分别由左移电磁阀和右移电磁阀控制。机械手的放松/夹紧由一个单线圈两位电磁阀（称为夹紧电磁阀）控制。当该线圈通电时，机械手夹紧；当该线圈断电时，机械手放松。

当机械手右移到位并准备下降时，为了确保安全，必须在右工作台无工件时才允许机械手下降。也就是说，若上一次搬运到右工作台上的工件尚未搬走时，机械手应自动停止下降，用光电开关进行无工件检测。

机械手的动作过程如图 13-8 所示。从原点开始，按下启动按钮，下降电磁阀通电，机械手下降。下降到底时，碰到下限位开关，下降电磁阀断电，下降停止；同时接通夹紧电磁阀，机械手夹紧。夹紧后，上升电磁阀通电，机械手上升。上升到顶时，碰到上限位开关，上升电磁阀断电，上升停止；同时接通右移电磁阀，机械手右移。右移到位时，碰到右限位开关，右移电磁阀断电，右移停止。若此时工作台上无工件，则光电开关接通，下降电磁阀通电，机械手下降。下降到底时，碰到下限位开关，下降电磁阀断电，下降停止；同时夹紧电磁阀断电，机械手放松。放下工件后，上升电磁阀通电，机械手上升。上升到顶时，碰到上限位开关，上升电磁阀断电，上升停止；同时接通左移电磁阀，机械手左移。左移到原点时，碰到左限位开关，左移电磁阀断电，左移停止。至此，机械手经过 8 个动作完成了一个工作周期。

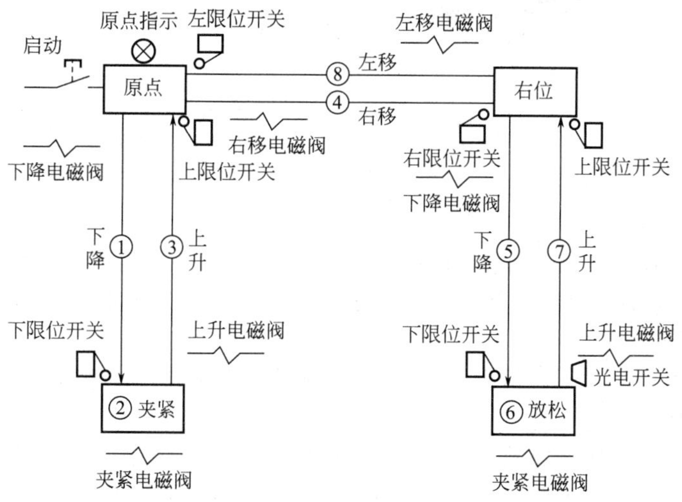


图 13-8　机械手的动作过程

依据机械手的运行工况要求机械手具备手动操作和自动操作两种方式。自动操作方式又分为步进、单周期和连续操作等情况。各种操作方式的具体要求如下。

手动单步操作：用按钮对机械手的每一步运动单独进行操作控制。例如，当选择上/下运动时，按下启动按钮，机械手下降；按下停止按钮，机械手上升。当选择左/右运动时，按下启动按钮，机械手右移；按下停止按钮，机械手左移。当选择夹紧/放松运动时，按下启动按钮，机械手夹紧；按下停止按钮，机械手放松。

步进操作：每按一次启动按钮，机械手完成一个动作后自动停止。

单周期操作：机械手从原点开始，按一下启动按钮，机械手自动完成一个周期的动作后停止。

连续操作：机械手从原点开始，按一下启动按钮，机械手的动作将自动的、连续不断的周期性循环。在工作中若按一下停止按钮，则机械手将继续完成一个周期的动作后，回到原点自动停止。

2. 设计方案选择

机械手是典型的自动循环操作机械。主体机构在各种传感器控制下，一步一步地完成一个个动作。西门子 PLC 的顺控继电器指令在处理这类控制时有独到的优越性。为了应对多种工况的生产需要，为了应对调整及停电等特殊情形，自动循环机械往往要求具有单步、单周期等运行方式，这只要配置一些选择开关，编写一些专用程序即可以了。因而本例选择 PLC 控制，绘顺控功能图，编写步进控制程序。

3. 硬件设计

根据机械手具有单操作、步进操作、单周期操作及自动循环操作等功能的控制要求，需安排一些操作开关，并设计控制箱面板布置图如图 13-9 所示。

图 13-9 右侧工作方式选择用四挡选一开关用于单操作、步进操作、单周期操作及自动循环操作的选择。左侧手动操作三选一开关用于左/右、上/下、松/紧三类加载动作。另有启动及停止按钮用于各种动作的启停。为这些开关分配的 PLC 的输入口已标在图 13-9 中了。这些开关的操作设想如下。

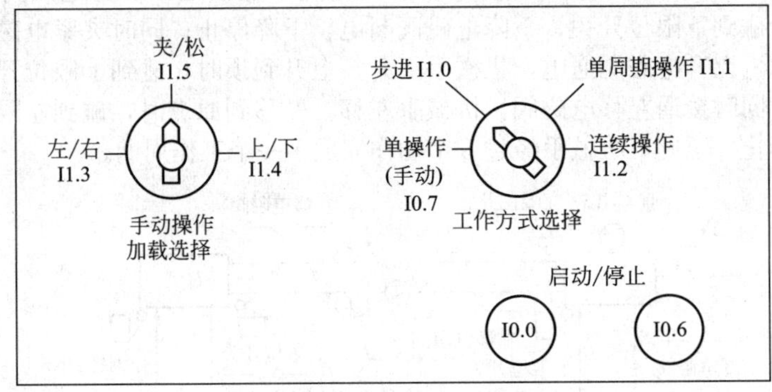


图 13-9 控制箱面板布置图

接通 I0.7 是单操作方式。加载选择开关如在左/右位置，按下启动按钮，机械手右行；若按下停止按钮，机械手左行。加载开关位于另两个位置时的情形与上类似。上述操作可用于使机械手回到原点。

接通 I1.0 是步进方式。机械手在原点时，按下启动按钮，向前操作一步；每按启动按钮一次，操作一步。

接通 I1.1 是单周期操作方式。机械手在原点时，按下启动按钮，自动操作一个周期。

接通 I1.2 是连续操作方式。机械手在原点时，按下启动按钮，连续执行自动周期操作，当按下停止按钮，机械手完成此周期后自动回到原点并不再动作。

结合图 13-8，清点机械手配用的限位及传感器数量，选择 CPU224 作为主控制器。绘输入输出端子接线图如图 13-10 所示。

4. 程序规划及编制

根据控制要求，在程序中安排机械手单操作、步进操作、自动操作等功能程序，并使用

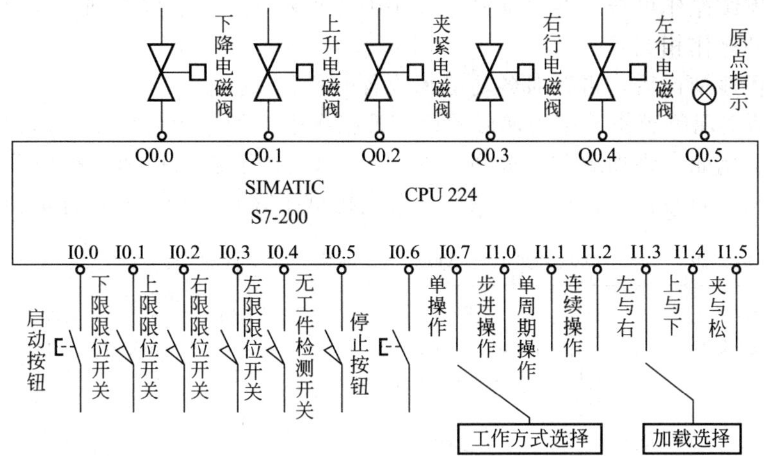


图 13-10 输入输出端子接线图

跳转指令选择这些程序段的执行。规划程序整体结构如图 13-11 所示。

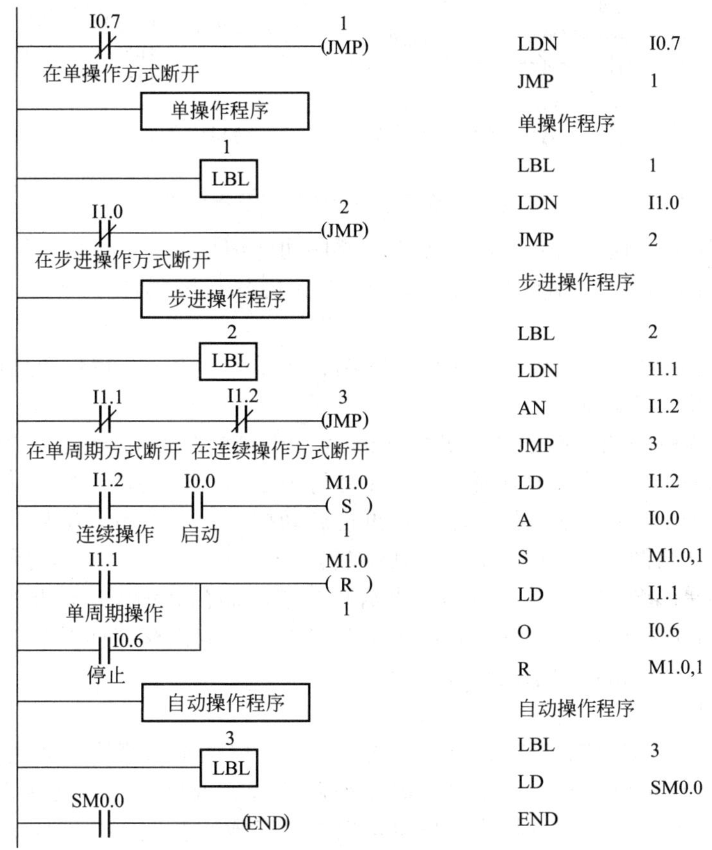


图 13-11 梯形图程序的整体结构

若选择单操作工作方式，I0.7 常闭断开，LMP 1 不执行，JMP 2 及 JMP3 的跳转条件满足，执行单操作程序。单操作程序独立于步进及自动操作程序，可单独设计。

若选择步进工作方式，I1.0 常闭断开，LMP 2 不执行，JMP 1 及 JMP3 的跳转条件满足，执行步进操作程序。

单周期和连续操作可合并在自动操作程序中并采用 M1.0 加以区别。自动程序的执行选择方式与前两种操作相同。

有了整体程序结构后，再针对各功能编制各分段程序。

图 13-12 是实现单操作工作的梯形图程序及指令表。为避免发生误动作，程序中插入了一些联锁条件。例如，将加载开关扳到“左/右”挡，按下启动按钮，机械手向右行；按下停止按钮，机械手向左行。且这两个动作只有当机械手处在上限位置时才能执行。

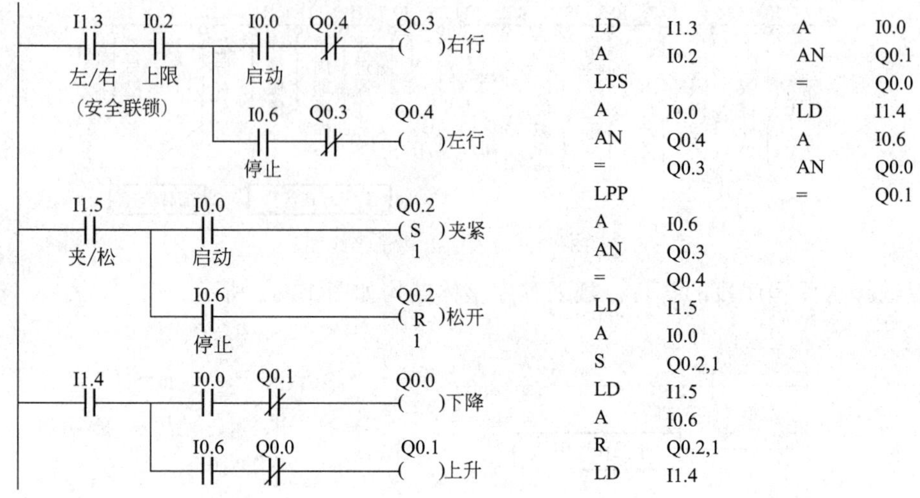


图 13-12 单操作梯形图程序及指令表

自动操作程序采用顺控指令编制。先绘出顺序功能图如图 13-13 所示。图的下部可以找到单周期及循环控制的开关 M1.0。与图 13-13 对应的梯形图如图 13-14 所示，功能读者自行分析。

步进操作也是顺序动作，也绘出顺序功能图如图 13-15 所示。梯形图请读者自绘。

5. 设计评价及改进方向

① 采用顺控指令完成具有连续步骤的重复运行机械的控制是合适的。特别是设计了单操作模式，为机械的调整提供了方便。例如在运行中系统若掉电，机械手动作停止。重新启动时，可先用手动操作将机械手移回原点，再按启动按钮，又重新开始自动操作。

② 程序整体结构图 13-11 中，如不使用跳转指令，还可以用子程序指令实现。

③ 自动运行梯形图 13-14 第一行为上电清顺控继电器存储程序。若开机上电时，图13-9 中工作方式选择开关不在自动位置，则此条指令将无效。应当移到梯形图 13-11 中罗列。

**【例 13-4】** 恒温水箱控制系统设计

1. 恒温控制装置的工艺过程及控制要求

图 13-16 为恒温水箱控制装置的构成示意图。它由恒温水箱箱体、加热装置、搅拌电动机、冷却器、冷却风扇电动机、储水箱、温度检测装置、温度显示、功率显示、流量显示、阀门及有关的状态指示器等部件构成。恒温水箱在工厂或实验室为使用者提供恒温水环境。

恒温水箱控制系统要求控制水温保持在 20～80℃之间的某整数设定值。设定值可通过两位拨码开关设定。当水温低于设定值时，采用电加热升温，加热功率约 1.5kW。当水温高于设定值时，放部分热水到储水箱中并从储水箱中泵入冷水，当储水箱中水温高于设定值时，启动冷却风扇并使水流经冷却器。水箱的搅拌器是为了水温均匀而设的。两个液位检测开关分别用来检测水的深度。其中下部液位开关置 1 表示箱中水达到可以工作的最低水位。上部液位开关置1表示箱中水已满。系统水箱控制系统设有三处温度传感器，分别用于

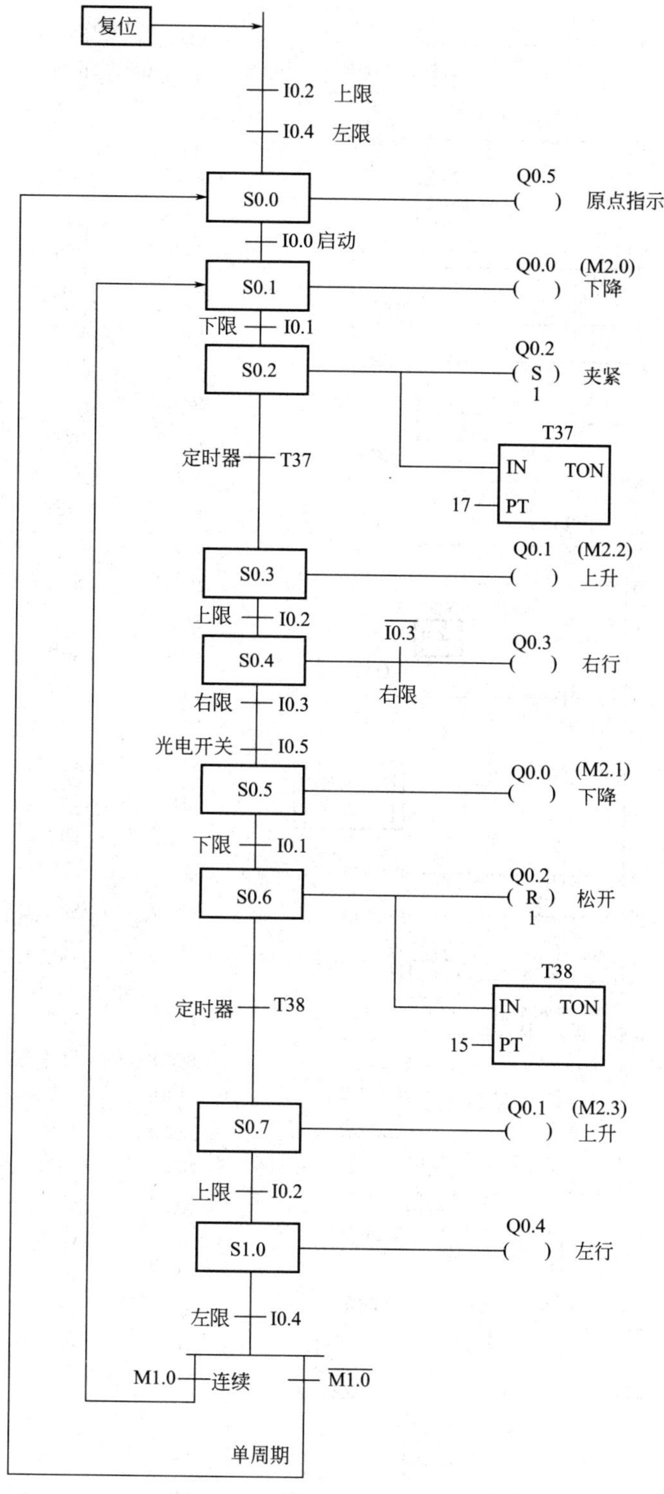


图 13-13　自动操作顺序功能图

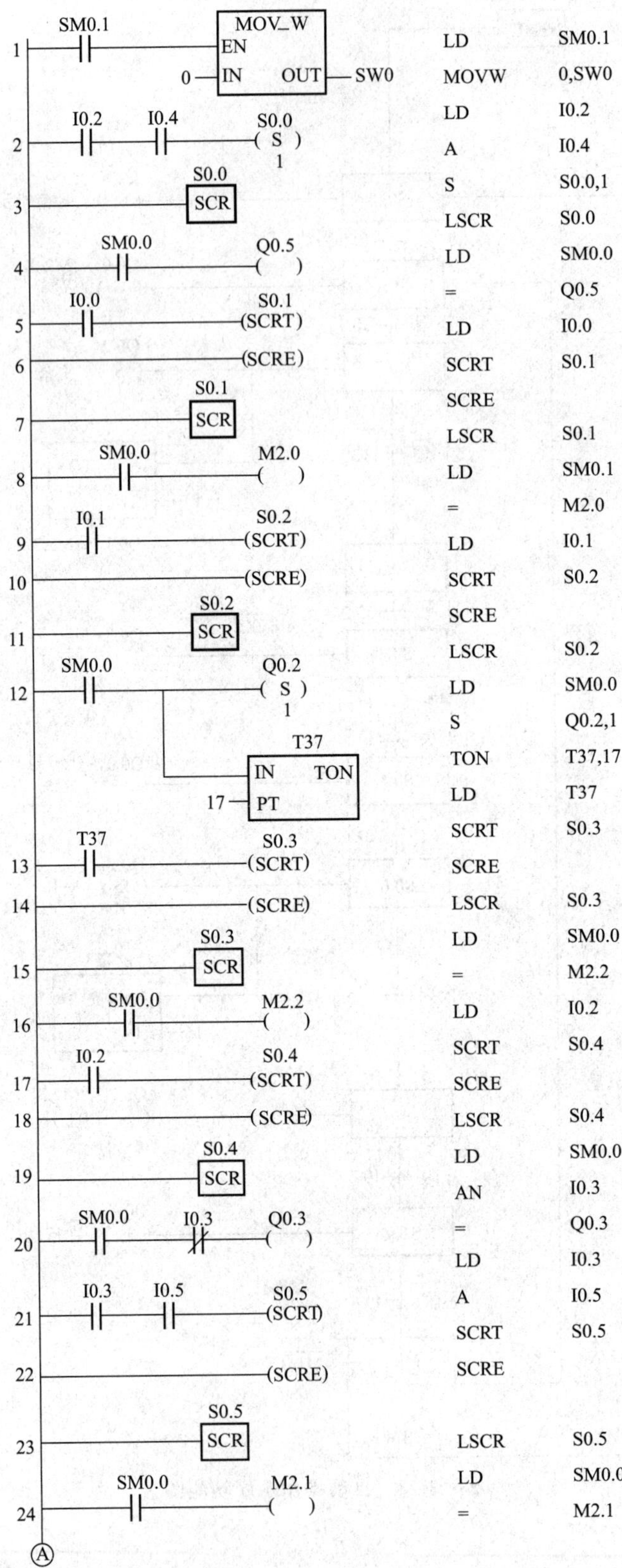
LD SM0.1
MOVW 0,SW0
LD I0.2
A I0.4
S S0.0,1
LSCR S0.0
LD SM0.0
= Q0.5
LD I0.0
SCRT S0.1
SCRE
LSCR S0.1
LD SM0.1
= M2.0
LD I0.1
SCRT S0.2
SCRE
LSCR S0.2
LD SM0.0
S Q0.2,1
TON T37,17
LD T37
SCRT S0.3
SCRE
LSCR S0.3
LD SM0.0
= M2.2
LD I0.2
SCRT S0.4
SCRE
LSCR S0.4
LD SM0.0
AN I0.3
= Q0.3
LD I0.3
A I0.5
SCRT S0.5
SCRE
LSCR S0.5
LD SM0.0
= M2.1

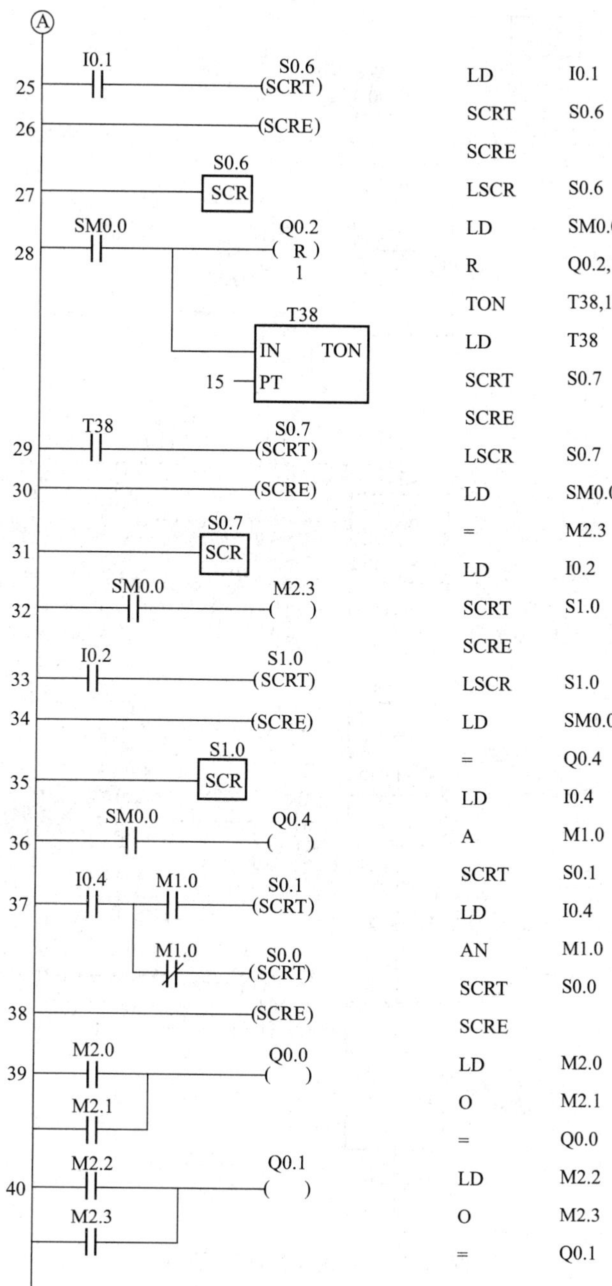


图 13-14　自动操作梯形图及指令表

测量恒温水箱的水温、储备水箱中的水温及水箱入水口处的水温。温度传感器为模拟量传感器，测量范围为 0～100℃，输出 0～10VDC 电压量。系统中水的流动可采用电磁阀或手动阀开关控制。阀门 1 用于将恒温水箱中水放入储备水箱，阀门 2 及阀门 3 用于将储备水箱中水泵入恒温水箱，这儿有两条通道，当阀门 2 及阀门 3 通电时水流经冷却器，不通电时不流经冷却器。这三只均为电磁阀。手阀用于应急时的一些操作。管路中设有水泵，为水流动提供动力，水的流速由叶轮计量并通过 PLC 显示，不用于自动控制。系统要求为恒温水箱水温、储水箱中的水温、水箱入水口处的水温、水的流速及加热功率 5 项数据设置两位 LED

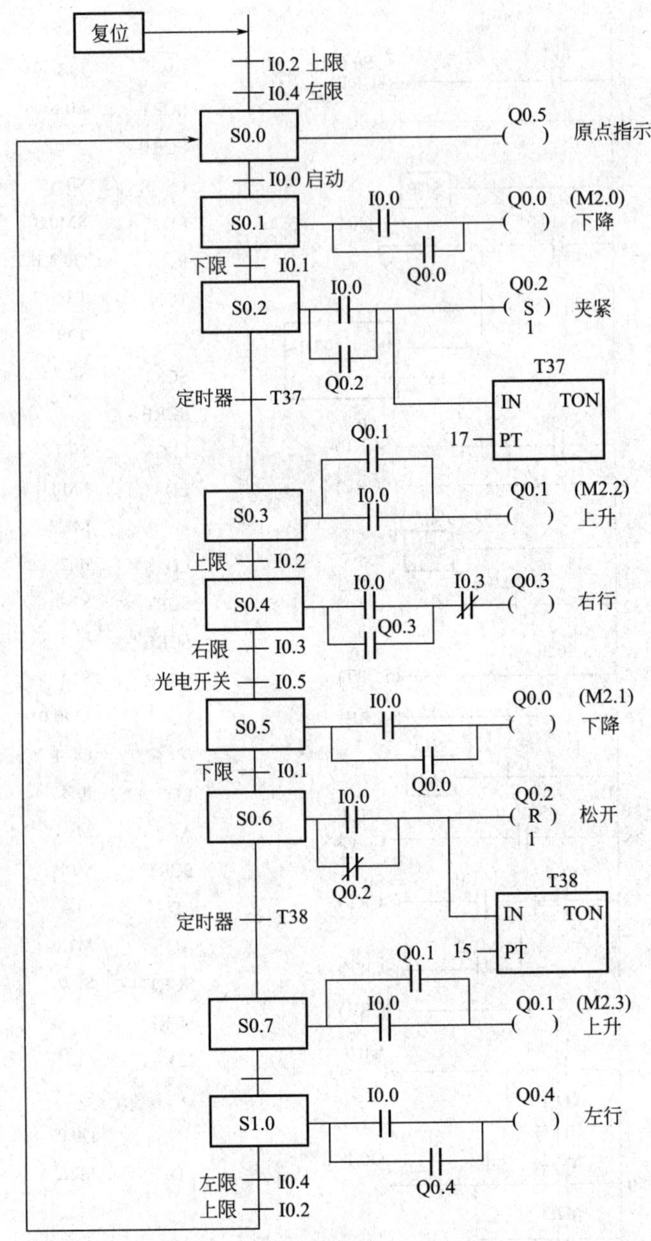


图 13-15　步进操作顺序功能图

数值显示。三只电磁阀的通、断状态，搅拌电动机和冷却风扇电动机的工作状态设指示灯显示。系统还要求具有报警功能，如当启动泵时无流量，或加热时无温度变化则发出报警信号。

综合以上控制要求，本系统的工作过程可以是这样的：当设定水温后（在拨码开关上设定温度后按设定按钮完成设定），如水箱中水少则启动水泵向恒温水箱中注水，当水位达到水箱下部液位开关时启动搅拌电动机，测量水温并与设定值比较；若温度小于设定值，则开始加热。若水温高于设定值时，进冷水，当储备水箱水温高于设定值时，采用进水与风机冷却同时进行的方法实现降温控制。当水温高于设定值且水箱水达到上部水位时放掉部分热水。

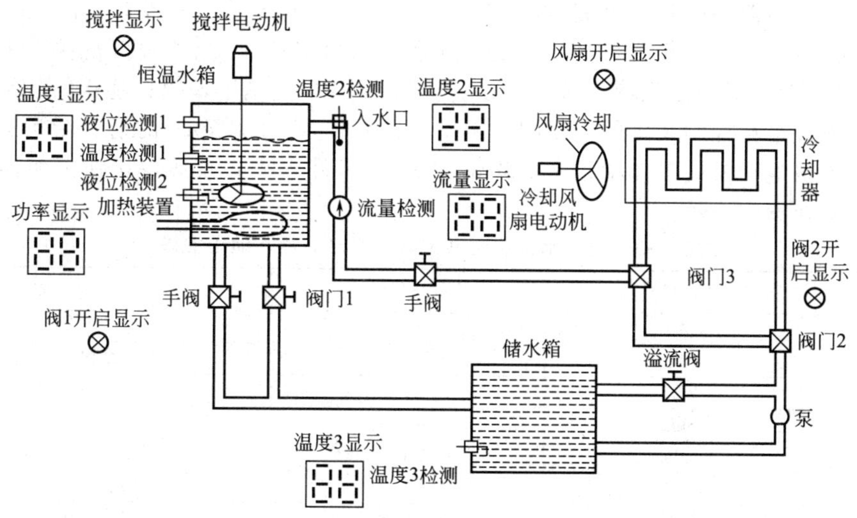


图 13-16 恒温水箱控制装置构成示意图

2. 控制方案分析

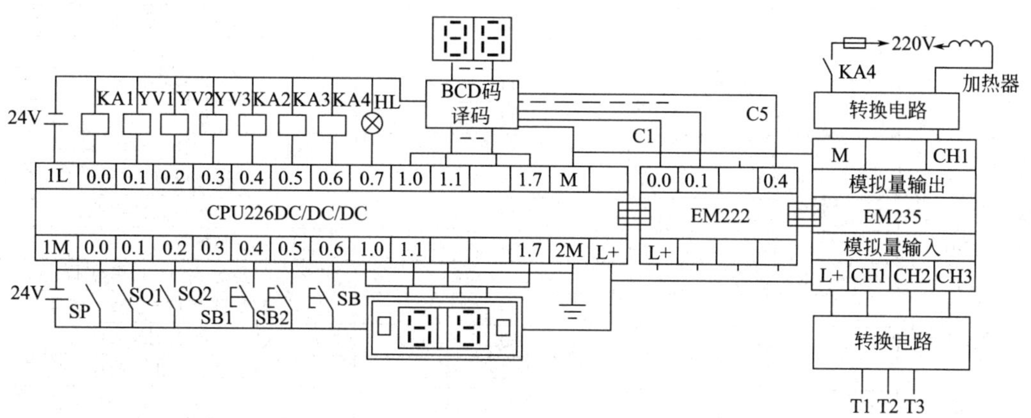


图 13-17 恒温水箱控制装置 PLC 接线图

由系统的工艺过程及控制要求可知，本系统的工作实质是根据恒温水箱及储备水箱中水的温度，决定系统的工作状态：或加热搅拌，或经两个路径（冷却及不冷却）为恒温箱供入冷水。由于温度传感器为模拟量传感器，系统中三处温度对应的模拟量均需变换为数字量供 PLC 运算处理。为了提高加热的快速性及系统的稳定性，加热拟采用可调压的可控电源，且电源的功率采用 PID 规律调控。可调压电源为电压量控制方式。这样系统输入及输出均需 A/D、D/A 转换单元。本系统中还有流量显示要求，拟选用叶轮式流量计，并用 PLC 的高速计数器对流量计输出脉冲计数的方式测定流量。

为了方便温度、流量、功率的显示并减少投资，拟采用同一组输出口驱动数码显示器分时完成 5 处显示，译码片选信号也用 PLC 的输出口控制。从总体控制功能来说，系统为温度值控制下的加热或冷却系统，输入量为温度值、液位值、流量值，输出为搅拌电机、冷却风扇电机及电磁阀的动作及自动调节的加热功率。

3. 系统的配置及 I/O 地址表

统计本系统的输入信号有启动开关、停止开关、液位开关、流量检测信号、温度传感信号等。输出的控制对象有水泵、水阀、冷却风机、搅拌电动机、加热装置及温度显示装置等，主要输入输出器件的名称见表 13-3 所列。结合输入输出信号及控制功能，本系统选用 CPU 226 DC/DC/DC 型 PLC 一台，扩展 8 数字量输出 EM222 及 4 模拟量输入 1 模拟量输出 EM235 各一台构成控制系统。选用晶体管输出型 PLC 是基于输出口连接的数码管动态显示的需要。恒温水箱控制装置的接线图如图 13-17 所示。三只电磁阀的通、断状态，搅拌电动机和冷却风扇电动机的工作状指示灯均采用 PLC 机外安排，直接并接在接触器或继电器的线圈上，未在图中表示。

**表 13-3 恒温水箱控制系统输入输出器件及地址安排**

| 信号类型 | 器件代号 | 地址编号 | 功能说明 |
|---|---|---|---|
| 输入信号 | SB1 | I0.4 | 系统启动开关 |
| | SB2 | I0.5 | 系统停止开关 |
| | SQ1 | I0.1 | 恒温箱上部液位开关 |
| | SQ2 | I0.2 | 恒温箱下部液位开关 |
| | SP | I0.0 | 流量检测脉冲输入 |
| | SB | I0.6 | 温度给定值设定置数按钮 |
| | 拨码开关 | I1.0～I1.7 | 温度设定置数 |
| | 模拟量输入通道 1 | AIW0 | 温度 1 输入(恒温水箱水温) |
| | 模拟量输入通道 2 | AIW2 | 温度 2 输入(储水箱水温) |
| | 模拟量输入通道 3 | AIW4 | 温度 3 输入(恒温水箱入水口水温) |
| 输出信号 | KA1 | Q0.0 | 水泵电动机接触器 |
| | YV1 | Q0.1 | 电磁阀门 1 |
| | YV2 | Q0.2 | 电磁阀门 2 |
| | YV3 | Q0.3 | 电磁阀门 3 |
| | KA2 | Q0.4 | 冷却风扇电动机接触器 |
| | KA3 | Q0.5 | 搅拌电机接触器 |
| | KA4 | Q0.6 | 加热装置接触器 |
| | HL | Q0.7 | 报警指示灯 |
| | BCD 译码器 | Q1.0～Q1.7 | 温度、流量、功率显示 |
| | C1 | Q2.0 | 温度显示 1LED 选择信号 |
| | C2 | Q2.1 | 温度显示 2LED 选择信号 |
| | C3 | Q2.2 | 温度显示 3LED 选择信号 |
| | C4 | Q2.3 | 流量显示 LED 选择信号 |
| | C5 | Q2.4 | 功率显示 LED 选择信号 |
| | 模拟量输出通道 | AQW0 | 加热器控制 |

4. 控制程序及说明

控制系统软件用程序语言描述系统的工作任务。结合恒温水箱的工作内容。程序有以下两大任务。

(1) 完成系统设置，完成传感器送来数据的处理，并转化为系统工作所需格式，安排输出数据的工作方式等。本例中指扩展模块工作状态的设置及检查，三处温度及流量值的读入与处理，显示机构的安排等。本项工作类似于系统工作前的准备。

(2) 系统正常工作时的调控过程。本例中指水泵、风机、阀门的控制过程。

经删减简化的控制程序如图 13-18、图 13-19、图 13-20 所示。由于程序内容较多，本例采用主子程序结构。其中主程序规划子程序的执行。子程序 0 完成系统初始化。子程序 1 完成模块检查。子程序 2 为输入数据的处理。子程序 3 完成系统的调节控制过程。子程序 4 为输出显示。以上子程序中，从任务出发分类，只有子程序 3 是属于任务 2 的。其余均为任务 1 的。

以上程序中，子程序 0 初始化完成了数据区清零，设置采样次数及设置高速计数器的工作。本例中流量脉冲从 I0.0 口中输入 PLC，由高速计数器统计单位时间的脉冲数并换算为流量。

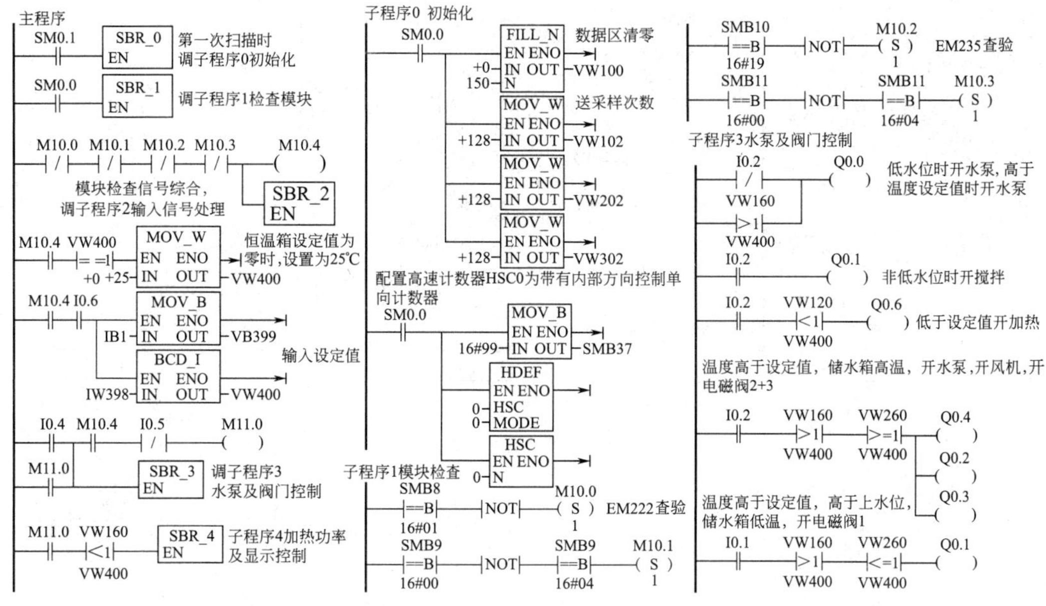

图 13-18 恒温水箱主程序及子程序 0、子程序 1、子程序 3

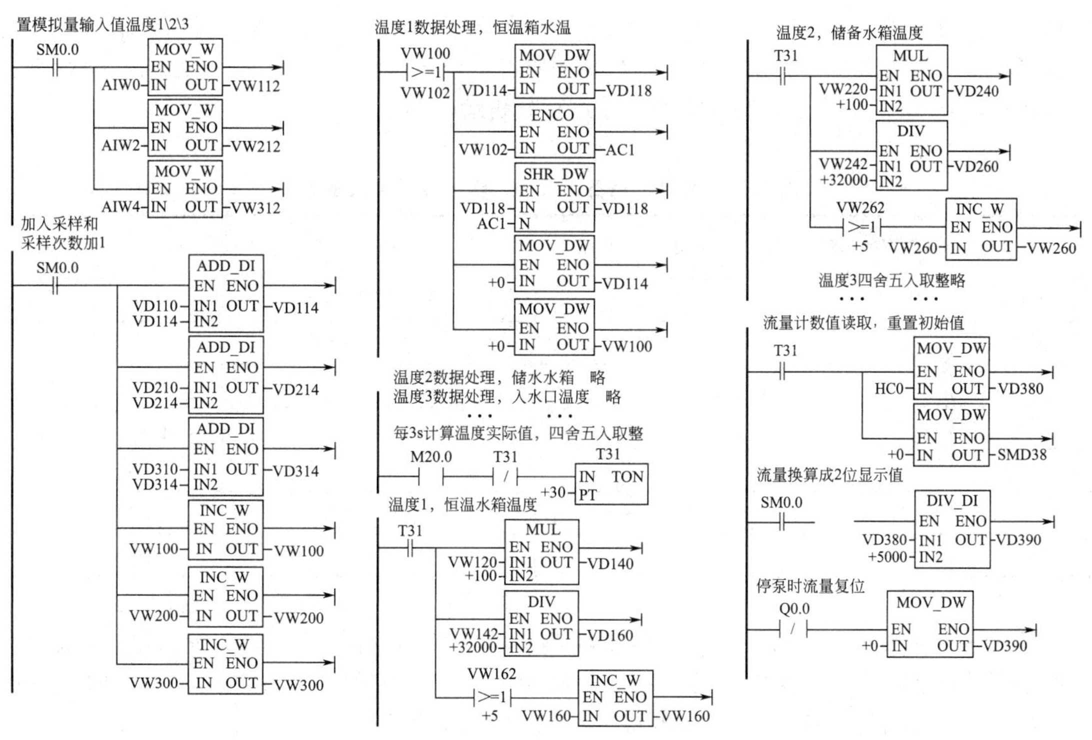

图 13-19 恒温水箱子程序 2

以上程序中子程序 2 承担温度及流量数据的处理任务。本例中温度值安排了平均值计算，为 128 次采样数据相加再取平均值，这可以提高采样的准确性。温度值为了与给定及显示对应，采用二位整数表示，为此，程序中安排了四舍五入的计算。

子程序 3 用于工作过程控制。主要是以温度、液位的数据控制各种阀门及电动机的工

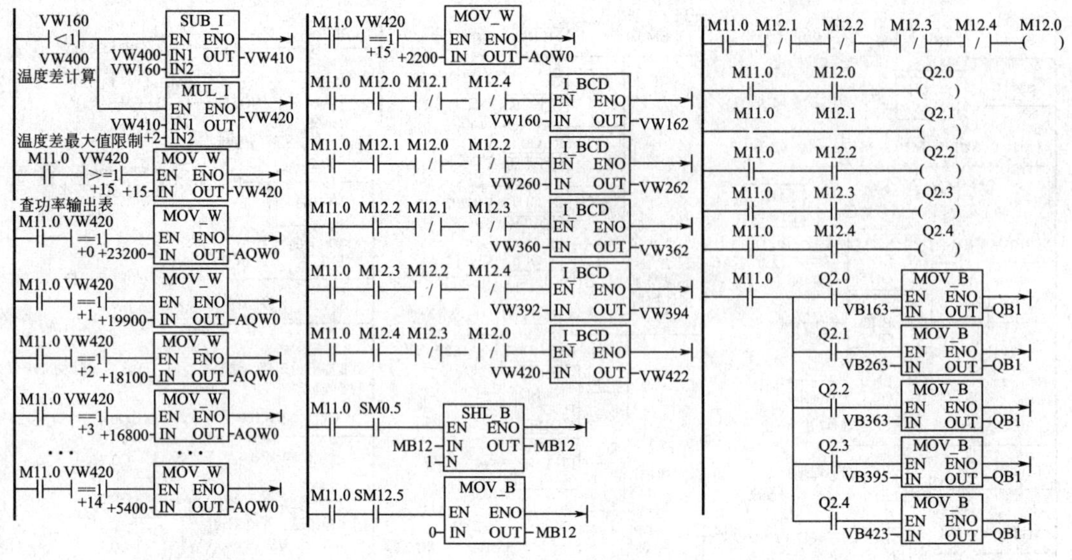


图 13-20 恒温水箱子程序 4

作。这部分程序看来比较简单。程序的安排主要根据表 13-4 进行。表中，工作水位指达到水箱下部液位开关位置及以上。低水位为未达到水箱下部液位开关位置，高水位指水位为达到水箱上部水位开关位置。温度的高低都是相对温度设定值而言的。“☆”为该项设备处于工作状态。表 13-4 是根据恒温水箱的工作过程分析绘出的。

**表 13-4 恒温水箱各工况输入输出量逻辑关系表**

| 液位 | 水箱温度 | 储水箱水温 | 水泵 | 搅拌机 | 风机 | 阀 1 | 阀 2 | 阀 3 | 加热 |
|---|---|---|---|---|---|---|---|---|---|
| 低水位 | — | — | ☆ | | | | | | |
| 工作水位 | 低 | — | | ☆ | | | | | ☆ |
| 工作水位 | 高 | 低 | ☆ | ☆ | | | | | |
| 工作水位 | 高 | 高 | ☆ | ☆ | ☆ | | ☆ | ☆ | |
| 高水位 | 低 | — | | ☆ | | | | | |
| 高水位 | 高 | 低 | ☆ | ☆ | | ☆ | | | |
| 高水位 | 高 | 高 | ☆ | ☆ | ☆ | ☆ | ☆ | ☆ | |

子程序 3 中的温度控制方法主要采用比较指令实现。这在数据控制中是很常见的。

子程序 4 为加热及显示控制。本例中加热功率的大小采用 PLC 模拟量输出电压控制。本例采用了查表法 PID。这里表是指由加热装置的触发特性及 PID 控制要求设定的一组数据。数据的选择由温差控制。因而子程序 4 中有温度差计算及乘 2 的内容。查表则指由温度差决定的送数大小。大小不同的数据送到模拟量输出单元后即可使图 13-20 中转换单元输出不同的功率。

子程序 4 中温度、流量及功率的显示是分时的。这主要通过移位指令实现。另外报警有关程序已略去。

虽经简化，程序仍较长，为了方便阅读，特将程序中所用存储单元用途列表如表 13-5 所示。

表 13-5　恒温水箱程序中使用的主要存储单元

| 存储单元地址 | 用途 | 存储单元地址 | 用途 |
|---|---|---|---|
| M10.4 | 模块检查综合 | VD390 | 流量计算终值 |
| M11.0 | 开关及模块检查综合 | VW420 | 温差值 |
| VW400 | 水箱温度设定值 | VW162 | 水箱温度显示 BCD 码 |
| VW100 | 水箱温度采样平均值 | VW262 | 储水箱温度显示 BCD 码 |
| VW200 | 储水箱温度采样平均值 | VW362 | 水箱入水口温度显示 BCD 码 |
| VW300 | 水箱入水口温度采样平均值 | VW394 | 流量显示 BCD 码 |
| VW160 | 水箱温度计算终值 | VW422 | 功率显示 BCD 码 |
| VW260 | 储水箱温度计算终值 | MB12 | 分时显示移位单元 |
| VW360 | 水箱入水口温度计算终值 | | |

# 习题及思考题

13-1　电气控制系统的工程设计有哪些基本原则，为什么说“适用”是首要的原则？

13-2　电气控制系统设计中原理设计与施工设计各完成哪些工作，它们的关系怎样？

13-3　电气安装图及接线图在工程中各有哪些用途？

13-4　简述电气控制系统设计的步骤。

13-5　结合本章的设计实例讨论对于 PLC 输入、输出端口的安排，结合 PLC 选型，除了考虑控制规模满足要求外，还应注意哪些问题？

13-6　PLC 软件设计中，某一控制功能的实现常有多种方法，请以本章实例中的一段程序举例说明。

# 附录

## 附录 A 常用电器的图形符号与文字符号

| 电器名称 | 图形符号 | 文字符号 | 电器名称 | 图形符号 | 文字符号 |
|---|---|---|---|---|---|
| 三极刀开关 | | QS | 时间继电器 | 通电延时型线圈：<br>断电延时型线圈：<br>延时闭合的常开触点：<br>延时断开的常开触点：<br>延时闭合的常闭触点：<br>延时断开的常闭触点： | KT |
| 负荷开关 | | QS | 速度继电器触点 | n | KS |
| 隔离开关 | | QS | 动合按钮(不闭锁) | | SB |
| 具有自动释放的负荷开关 | | QS | 动断按钮(不闭锁) | | SB |
| 三相笼型异步电动机 | M 3～ | M | 旋钮开关、旋转开关(闭锁) | | SA |
| 单相笼型异步电动机 | M ～ | M | 行程开关、接近开关 | 动合触点：<br>动断触点：<br>对两个独立电路作双向机械操作的位置或限制开关： | SQ |
| 三相绕线转子异步电动机 | M 3～ | M | 断路器 | | QF |
| 带间隙铁芯的双绕组变压器 | | TC | 热继电器 | 热元件<br>动断触点 | FR |
| 接触器 | 线圈<br>主触点<br>辅助触点 | KM | | | |
| 过电流继电器线圈 | I> | KI | | | |
| 欠电压继电器线圈 | U< | KV | | | |
| 中间继电器线圈 | | KA | | | |
| 继电器触点 | | K、KA | | | |
| 熔断器 | | FU | | | |

# 附录 B　S7-200 系列 PLC 特殊存储器（SM）标志位

表 B-1　状态位（SMB0）

| SM 位 | 描　　述 |
|---|---|
| SM0.0 | 该位始终为 1 |
| SM0.1 | 该位在首次扫描时为 1 |
| SM0.2 | 若保持数据丢失，则该位在一个扫描周期中为 1 |
| SM0.3 | 开机后进入 RUN 方式，该位将接通一个扫描周期 |
| SM0.4 | 该位提供周期为 1min，占空比为 50%的时钟脉冲 |
| SM0.5 | 该位提供周期为 1s，占空比为 50%的时钟脉冲 |
| SM0.6 | 该位为扫描时钟，本次扫描时置 1，下次扫描时置 0 |
| SM0.7 | 该位指示 CPU 工作方式开关的位置(0 为 TERM 位置，1 为 RUN 位置)。在 RUN 位置时该位可使自由端口通信方式有效；在 TERM 位置时可与编程设备正常通信 |

表 B-2　状态位（SMB1）

| SM 位 | 描　　述 |
|---|---|
| SM1.0 | 指令执行的结果为 0 时该位置 1 |
| SM1.1 | 执行指令的结果溢出或检测到非法数值时该位置 1 |
| SM1.2 | 执行数学运算的结果为负数时该位置 1 |
| SM1.3 | 除数为零时该位置 1 |
| SM1.4 | 试图超出表的范围执行 ATT(Add to Table)指令时该位置 1 |
| SM1.5 | 执行 LIFO、FIFO 指令时，试图从空表中读数该位置 1 |
| SM1.6 | 试图把非 BCD 数转换为二进制数时该位置 1 |
| SM1.7 | ASCII 码不能转换为有效的十六进制数时该位置 1 |

表 B-3　自由端口接收字符缓冲区（SMB2）

| SM 位 | 描　　述 |
|---|---|
| SMB2 | 在自由端口通信方式下，该区存储从口 0 或口 1 接收到的每个字符 |

表 B-4　自由端口奇偶校验错（SMB3）

| SM 位 | 描　　述 |
|---|---|
| SM3.0 | 接收到的字符有奇偶校验错时 SM3.0 置 1 |
| SM3.1～SM3.7 | 保留 |

表 B-5　中断允许、队列溢出、发送空闲标志位（SMB4）

| SM 位 | 描　　述 |
|---|---|
| SM4.0 | 通信中断队列溢出时该位置 1 |
| SM4.1 | I/O 中断队列溢出时该位置 1 |
| SM4.2 | 定时中断队列溢出时该位置 1 |
| SM4.3 | 运行时刻发现编程问题时该位置 1 |
| SM4.4 | 全局中断允许位。允许中断时该位置 1 |
| SM4.5 | 端口 0 发送空闲时该位置 1 |
| SM4.6 | 端口 1 发送空闲时该位置 1 |
| SM4.7 | 发生强置时该位置 1 |

**表 B-6 I/O 错误状态位（SMB5）**

| SM 位 | 描述 |
| --- | --- |
| SM5.0 | 有 I/O 错误时该位置 1 |
| SM5.1 | I/O 总线上连接了过多的数字量 I/O 点时该位置 1 |
| SM5.2 | I/O 总线上连接了过多的模拟量 I/O 点时该位置 1 |
| SM5.3 | I/O 总线上连接了过多的智能 I/O 点时该位置 1 |
| SM5.4～SM5.6 | 保留 |
| SM5.7 | 当 DP 标准总线出现错误时该位置 1 |

**表 B-7 CPU 识别（ID）寄存器（SMB6）**

| SM 位 | 描述 |
| --- | --- |
| 格式 | MSB 7 … LSB 0<br>\| × \| × \| × \| × \|  \|  \|  \|  \| |
| SM6.4～SM6.7 | ××××：<br>CPU212/CUP222 0000<br>CPU214/CPU224 0010<br>CPU221 0110<br>CPU215 1000<br>CPU216/CPU226 1001 |
| SM6.0～SM6.3 | 保留 |

**表 B-8 I/O 模块识别和错误寄存器（SMB8～SMB21）**

| SM 位 | 描述(只读) |
| --- | --- |
| 格式 | 偶数字节:模块识别(ID)寄存器<br>MSB 7 … LSB 0<br>\| M \| t \| t \| A \| i \| i \| Q \| Q \|<br>M:模块存在 0—有模块;1—无模块<br>tt:00—非智能 I/O 模块;01—智能模块;<br>10—保留;11—保留<br>A:I/O 类型 0—开关量;1—模拟量<br>ii:00—无输入;10—4AI 或 16DI;<br>01—2AI 或 8DI;11—8AI 或 32DI<br>QQ:00—无输出;10—4AQ 或 16DQ;<br>01—2AQ 或 8DQ;11—8AQ 或 32DQ<br><br>奇数字节:模块错误寄存器<br>MSB 7 … LSB 0<br>\| C \| 0 \| 0 \| b \| r \| p \| f \| t \|<br>C:配置错误<br>b:总线错误或校验错误<br>r:超范围错误<br>p:无用户电源错误<br>f:熔断器错误<br>t:端子块松动错误<br>（以上：0—无错误；1—有错误） |
| SMB8、SMB9 | 模块 0 识别(ID)寄存器、模块 0 错误寄存器 |
| SMB10、SMB11 | 模块 1 识别(ID)寄存器、模块 1 错误寄存器 |
| SMB12、SMB13 | 模块 2 识别(ID)寄存器、模块 2 错误寄存器 |
| SMB14、SMB15 | 模块 3 识别(ID)寄存器、模块 3 错误寄存器 |
| SMB16、SMB17 | 模块 4 识别(ID)寄存器、模块 4 错误寄存器 |
| SMB18、SMB19 | 模块 5 识别(ID)寄存器、模块 5 错误寄存器 |
| SMB20、SMB21 | 模块 6 识别(ID)寄存器、模块 6 错误寄存器 |

表 B-9　扫描时间寄存器（SMW22～SMW26）

| SM字 | 描　　述(只读) |
|---|---|
| SMW22 | 上次扫描时间 |
| SMW24 | 进入RUN方式后所记录的最短扫描时间 |
| SMW26 | 进入RUN方式后所记录的最长扫描时间 |

表 B-10　模拟电位器寄存器（SMB28～SMB29）

| SM字节 | 描　　述(只读) |
|---|---|
| SMB28、SMB29 | 存储对应模拟调节器0、1触点位置的数字值，在STOP/RUN方式下，每次扫描时更新该值 |

表 B-11　永久存储器写控制寄存器（SMB31、SMW32）

| SM字节 | 描　　述 |
|---|---|
| 格式 | SMB31中存入写命令　MSB 7 … LSB 0：c 0 0 0 0 0 s s<br>SMW32中存入V存储器地址　MSB 7 … LSB 0：V存储器地址 |
| SM31.0、SM31.1 | ss：被存数据类型<br>00—字节；10—字；<br>01—字节；11—双字 |
| SM31.7 | c：存入永久存储器(EEPROM)命令<br>0—无存储操作的请求；<br>1—用户程序申请向永久存储器存储数据，每次存储操作完成后，CPU复位该位 |
| SMW32 | SMW32提供V存储器中被存数据相对于V0的偏移地址，当执行存储命令时，把该数据存到永久存储器(EEPROM)中相应的位置 |

表 B-12　定时中断的时间间隔寄存器（SMB34、SMB35）

| SM字节 | 描　　述 |
|---|---|
| SMB34 | 定义定时中断0的时间间隔(从1～255ms，以1ms为增量) |
| SMB35 | 定义定时中断1的时间间隔(从1～255ms，以1ms为增量) |

表 B-13　扩展总线校验错（SMW98）

| SM字 | 描　　述 |
|---|---|
| SMW98 | 扩展总线出现校验错时SMW98加1，系统上电或用户程序清0时SMW98为0 |

# 附录C　S7-200系列PLC错误代码

表C-1　致命错误代码及其含义

| 错误代码 | 含　　义 |
|---|---|
| 0000 | 无致命错误 |
| 0001 | 用户程序编译错误 |
| 0002 | 编译后的梯形图程序错误 |
| 0003 | 扫描看门狗超时错误 |
| 0004 | 内部EEPROM错误 |
| 0005 | 内部EEPROM用户程序检查错误 |
| 0006 | 内部EEPROM配置参数检查错误 |
| 0007 | 内部EEPROM强制数据检查错误 |
| 0008 | 内部EEPROM默认输出表值检查错误 |
| 0009 | 内部EEPROM用户数据、DB1检查错误 |
| 000A | 存储器卡失灵 |
| 000B | 存储器卡上用户程序检查错误 |
| 000C | 存储器卡配置参数检查错误 |
| 000D | 存储器卡强制数据检查错误 |
| 000E | 存储器卡默认输出表值检查错误 |
| 000F | 存储器卡用户数据、DB1检查错误 |
| 0010 | 内部软件错误 |
| 0011 | 比较接点间接寻址错误 |
| 0012 | 比较接点非法值错误 |
| 0013 | 存储器卡空或者CPU不识别该卡 |
| 0014 | 比较接口范围错误 |

注：比较接点错误既能产生致命令错误又能产生非致命错误，产生致命错误是由于程序地址错误。

表C-2　编译规则错误（非致命）代码及其含义

| 错误代码 | 含　　义 |
|---|---|
| 0080 | 程序太大无法编译，须缩短程序 |
| 0081 | 堆栈溢出：须把一个网络分成多个网络 |
| 0082 | 非法指令：检查指令助记符 |
| 0083 | 无MEND或主程序中有不允许的指令：加条MEND或删去不正确的指令 |
| 0084 | 保留 |
| 0085 | 无FOR指令：加上FOR指令或删除NEXT指令 |
| 0086 | 无NEXT：加上NEXT指令或删除FOR指令 |
| 0087 | 无标号(LBL,INT,SBR)：加上合适标号 |
| 0088 | 无RET或子程序中有不允许的指令：加条RET或删去不正确指令 |
| 0089 | 无RETI或中断程序中有不允许的指令：加条RETI或删去不正确指令 |

续表

| 错误代码 | 含　　义 |
| --- | --- |
| 008A | 保留 |
| 008B | 从/向一个SCR段的非法跳转 |
| 008C | 标号重复(LBL,INT,SBR):重新命名标号 |
| 008D | 非法标号(LBL,INT,SBR):确保标号数在允许范围内 |
| 0090 | 非法参数:确认指令所允许的参数 |
| 0091 | 范围错误(带地址信息):检查操作数范围 |
| 0092 | 指令计数域错误(带计数信息):确认最大计数范围 |
| 0093 | FOR/NEXT嵌套层数超出范围 |
| 0095 | 无LSCR指令(装载SCR) |
| 0096 | 无SCRE指令(SCR结束)或SCRE前面有不允许的指令 |
| 0097 | 用户程序包含非数字编码和数字编码的EV/ED指令 |
| 0098 | 在运行模式进行非法编辑(试图编辑非数字编码的EV/ED指令) |
| 0099 | 隐含网络段太多(HIDE指令) |
| 009B | 非法指针(字符串操作中起始位置指定为0) |
| 009C | 超出指令最大长度 |

**表C-3　程序运行错误代码及其含义**

| 错误代码 | 含　　义 |
| --- | --- |
| 0000 | 无错误 |
| 0001 | 执行HDEF之前,HSC禁止 |
| 0002 | 输入中断分配冲突并分配给HSC |
| 0003 | 到HSC的输入分配冲突,已分配给输入中断 |
| 0004 | 在中断程序中企图执行ENI、DISI或HDEF指令 |
| 0005 | 第一个HSC/PLS未执行完之前,又企图执行同编号的第二个HSC/PLS(中断程序中的HSC同主程序中的HSC/PLS冲突) |
| 0006 | 间接寻址错误 |
| 0007 | TODW(写实时时钟)或TODR(读实时时钟)数据错误 |
| 0008 | 用户子程序嵌套层数超过规定 |
| 0009 | 在程序执行XMT或RCV时,通信口0又执行另一条SMT/RCV指令 |
| 000A | HSC执行时,又企图用HDEF指令再定义该HSC |
| 000B | 在通信口1上同时执行XMT/RCV指令 |
| 000C | 时钟存储卡不存在 |
| 000D | 重新定义已经使用的脉冲输出 |
| 000E | PTO个数设为0 |
| 0091 | 范围错误(带地址信息):检查操作数范围 |
| 0092 | 某条指令的计数域错误(带计数信息):检查最大计数范围 |
| 0094 | 范围错误(带地址信息):写无效存储器 |
| 009A | 用户中断程序试图转换成自由口模式 |
| 009B | 非法指令(字符串操作中起始位置值指定为0) |

# 参 考 文 献


[1] 张万忠等. 可编程控制器应用技术. 北京：化学工业出版社，2002.

[2] 钟肇新，等. 可编程控制器原理及应用. 广州：华南理工大学出版社，1991.

[3] 西门子公司 . SIMATIC S7-200 系统手册，2002.

[4] 陈立定，等. 电气控制及可编程控制器. 广州：华南理工大学出版社，2001.

[5] 黄净. 电器及 PLC 控制技术. 北京：机械工业出版社，2002.

[6] 陈浩. 案例解说 PLC、触摸屏及变频器综合应用. 北京：中国电力出版社，2007.

[7] 龚仲华 . S7-200/300/400 PLC 应用技术 . 通用篇 . 北京：人民邮电出版社，2008.